원더풀
사이언스

옮긴이 김소정

대학에서 생물학을 전공했고 과학책과 역사책을 즐겨 읽는 번역가다. 과학과 인문학을 접목한 책을 많이 읽고 소개하고 싶다는 꿈이 있다. 『매머드, 빙하기 거인의 부활』, 『길 위의 수학자』, 『만물과학』, 『위대한 전환』, 『미친 연구 위대한 발견』, 『닐스 보어』, 『커져버린 사소한 거짓말』 외 50여 권을 번역했다. 여가시간에는 독서회와 번역 스터디에 나가서 여러 사람과 함께 공부하며, 글 쓰는 법을 새롭게 익히려고 노력하고 있다.

원더풀 사이언스 – 아름다운 기초과학 산책

나탈리 앤지어 | 김소정 옮김

1판 1쇄 · 2010년 1월 15일
1판 4쇄 · 2019년 1월 15일

발행처 · 도서출판 지호 | 출판등록 · 2007년 4월 4일 제2018-000061호 | 주소 · 서울시 서대문구 증가로19길 10, 203호 | 전화 · 02-6396-9611 | 팩스 · 02-6488-9611 | 이메일 · chihobook@naver.com

ISBN 978-89-5909-053-2

원더풀 사이언스

아름다운 기초과학 산책

나탈리 앤지어 지음 | 김소정 옮김

지호

6.5×10^9명 가운데 단 한 사람

나의 릭에게

차례

서문 7

1. 과학적으로 생각하기: 유체 이탈 체험 36
2. 확률: 누구를 위한 종형 곡선인가? 85
3. 척도: 크기와 놀다 126
4. 물리: 그리고 내게는 공허가 가득 차 있네 153
5. 화학: 불, 얼음, 스파이, 그리고 생명 206
6. 진화생물학: 모든 몸들의 이론 248
7. 분자생물학: 세포와 부속품 310
8. 지질학: 세계의 조각들을 상상하기 358
9. 천문학: 천상의 피조물들 395

감사의 글 443

찾아보기 446

〈일러두기〉

*본문의 모든 각주는 지은이 주이다.

** 책은 『 』로, 잡지는 「 」로, 신문 및 영화 등은 〈 〉로 표시했다.

서문

둘째 아이가 열세 살이 되었을 때 언니는 우리 두 가족이 자주 가곤 하던 과학박물관과 동물원에서 벗어나야겠다고 마음먹었다. 왜냐하면 그런 곳은 아이가 어렸을 때나 가는 곳이니까. 이제 조카들은 보다 어른스러운 취향을 가지게 되었다. 언니네 가족은 좀더 고상한 여흥들을 좋아했다. 그러니까 미술관, 극장, 발레 공연 같은 것들. 뭔가 멋지지 않니? 몸집이 커가는 만큼 아이들의 집중력도 늘어났다. 조카들은 의자 밑에 붙어 있는 딱딱한 껌에 정신을 빼앗기지 않은 채로 몇 시간 동안 〈맥베스〉를 감상할 수 있었다. 그러니 이제는 더 이상 인공 지진을 일으키기 위해 손잡이를 쳐대려고 오랫동안 줄을 서서 기다리지 않아도 되고 뉴턴의 운동 법칙을 확인하기 위해 기계 장치를 가동시키지 않아도 됐다. 또 더 이상 지루한 안내판을 읽느라 고생할 필요가 없어졌고, '어, 엄마! 이거 작동하질 않아요!'라는 투정에 싱가셔하지 않아도 된다. 이제는 더 이상 고릴라 흉내를 내는 법도 없고, 북극곰은 왜 흰 털이나 있는지에 대해서 말싸움하지도 않고, 턱수염에다 침을 질질 흘리고 있는 단봉낙타에 대해서도 궁금해하지 않는다. 후우. 어쩌면 시간의 슬리퍼는 그렇게 빠르게 날아가며, 끝이 쇠로 된 날렵한 앞코는 항상 그렇게 앞으로만 향하는지. 사실 이 같은 일은 중산 계층의 아이가 성인으로 자라나며 으레 거치게 되는 통과의례다. 망가베이 원숭이에서 모딜리아니로 티라노사우루스 렉스에서 오이디푸스 렉스*Oedipus Rex*(오이디푸스 왕)로, 그렇게 자연스럽게 옮겨간다.

음향도 아이들과 어른들의 길을 갈라놓는 또 다른 요소다. 동물원, 과학박물관, 자연사박물관은 시끄럽고 활기 넘치며 높은 음역의 소리들을 가득 찬 곳이다. 그러나 극장과 미술관에서는 누구나 정중한 바리톤 목소리로 조심스레 속삭일 뿐이다. 음악이 연주되는 동안 핸드폰이 간신히 들릴 정도로 베토벤 음악의 벨소리를 울리는 것만으로도, 게다가 그 전화를 받는 만용까지 부리게 된다면, 그건 다른 사람들에게 자신을 포스터로 돌돌 말아 쇠고리로 목매달아 '죽여주십쇼' 하는 말과 크게 다르지 않다. 과학을 즐기는 것은 어리거나 가만히 있지 못하는 신경불안증 환자에게나 어울리는 것이라고 치부돼버린다. 과학은 생식선이 활발히 성장하고 있을 때나 재밌는 것이고, 파리에서 개최된 마티스와 피카소 전시회가 거미에 관한 옴니맥스 영화보다 매력적으로 느껴지는 날이 바로 지성의 사교계에 데뷔하는 날이라고 여긴다. 나 여기 있어! 이리 와서 나 좀 데려가! 참! 프루스트도 잊어버리지 말고!

당연하게도 언니가 새로운 문화생활을 하겠다고 선언한 후부터 나는 기회가 있을 때마다 잔소리를 늘어놓았다. 애들이 수염이 나기 시작했다고 과학을 포기하다니 그게 말이나 돼? 자연을 배우는 것은 이제 여기까지라고? 우리 애들이 우주에 대해, 세포에 대해, 원자나 자기장, 정동석 geode(석회암과 셰일에 들어 있는 속이 빈 광물), 삼엽충, 염색체, 푸코의 추에 대해 이미 알건 다 알았다고 생각하는 거냐? 스티븐 제이 굴드도 아직 다 모른다고 했는데? 꽃병 한 개나 얼굴 옆모습 두 개로만 보일 뿐 결코 얼굴 두 개**와** 꽃병 하나로는 보이지 않고 요리저리 교묘하게 변하는 착시 현상 같은 건 어떻게 설명할 거야? 아무리 힘을 주고 노려보건, 눈에 힘을 빼고 편하게 쳐다보건, 그저 한 곳을 뚫어지게 바라보건, 험프리 보가트처럼 눈을 가늘게 뜨고 보건, 구태의연하게 순서대로 보지 말고 한꺼번에 동시에 보는 멀티 지각 능력을 발휘하라고 스스로에게 아무리 명령하건 간에 그렇게 보이는 현상은 어떻게 설명할 건데? 정말로 아이들은 이 광대한 우주의 수수께끼와 질문에 답할 준비가 돼 있는 거야? 나는 정말 힘껏 물어본다. **당신은** 어떻죠?

내가 옳다고 믿을 때면 언제나 그렇듯이 날카로운 목소리로 추궁하는 나에게 언니는 늘 어깨를 으쓱해 보이며 이렇게 말했다. 과학박물관이나 동물원은 비싼걸. 애들이야 학교에서 많이 배울 텐데 뭘. 한 녀석은 그냥 내버려둬도 해양 생물학자가 되겠다고 하고. 나야 PBS를 보면 되고. 그런데 굳이 내가 따로 챙길 필요가 어디 있어?

왜냐하면 나는 그 필요를 깨닫고 있으니까, 나는 투덜거렸다. 기회만 준다면 개인적으로 나는 제트 기류라도 타볼 텐데.

안타깝기는 해도 언니가 얼마 안 되는 과학계와의 연결 고리를 끊어버렸다는 사실로 비난을 퍼부을 수는 없다. 오리건 과학·산업박물관은 근사하기는 하지만 똥오줌 같은 체액과 신체기능이 버무려진 기이한 세계가 펼치는 '지저분한 엽기과학' 공연의 진가를 알아줄 이는 오직 아주 어린 방문객들뿐이다.

또래 구성원들 모두가 과학의 진가를 분명하게 알고 있는 것은 오직 어렸을 때뿐이다. 중학교에 입학하게 되면 잔털도, 솜털도, 재미도, 소화기관의 환희도 남김없이 뽑혀나가고 결국에는 과학은 소수의 사제 집단, 그것도 초라한 의복을 걸친 사제 집단들만의 유폐된 영역이 되고 만다. 그때가 되면 '지저분한 엽기과학'이 주던 즐거움은 더러움에 대한 두려움으로 바뀌고 만다. 이 나라에서 과학을 좋아하는 청소년은 과학을 좋아하는 사람들을 지칭하는 별명들보다 적은 것 같다. 그들은 괴짜geek, 범생이nerd, 헛똑똑이egg-head, 아는척쟁이pointy-head, 괴짜천재brainiac, 실험실 쥐lab rat, 보다 최근에 생긴 사이비 자폐증 환자와 같은 별명으로 불리곤 한다. 하긴 과학을 좋아하는 청소년들을 가리키는 별명이 어디 그뿐이랴! 삑삑이(peeps, 필통을 챙기는 사람들pocket protectors), 멍멍이(dogs, 안경에 테이프를 감은 사람들duct taps on glasses), 떨거지(losers, 편 갈라 시합을 할 때 가장 늦게 뽑히는 사람last ones selected for every sport) 같은 별명도 있다. 흔히 10대라고 알려져 있는 나머지 아이들, 그러니까 과학을 좋아하지 않는 청소년들은 자기들끼리 '애들guys'이라고 부른다. '애들아', '안녕 애들아', 뭐, 이런 식으로. 이 '애들'은 너무나도 쉽게 자신들과 과학적 재능을 지닌 괴짜들을 구별해낸다. 그렇다면 이 아이들은 자기들과 다른 괴짜들을 어떻게 생각할까? 얼마 전, 열여섯 살 정도로 보이는 여자아이 둘이 내 앞에서 걷고 있었다.

그때 한 아이가 다른 아이에게 엄마 직업이 뭐냐고 물었다.

"아, 우리 엄마는 베데스다에서 일해. NIH에 다니거든." NIH는 국립보건원이다. "과학자야."

그 말을 들은 첫 번째 아이가 대답했다.

"휘유……." 나는 이제 곧 '정말 대단하다!' 라든가 '진짜 멋져!', '끝내준다!', '근사해!' 같은 말이 나오고 그 뛰어난 엄마는 어떤 분야를 연구하고 있는지 물어볼 줄 알았다. 그런데 몇 초 후에 그 아이 입에서 튀어나온 말은 이거였다. "난 과학 싫은데."

"뭐, 어쩌겠어, 부모를 선택할 순 없잖아." 두 번째 아이가 자신의 연한 갈색 머리를 툭툭 치며 심드렁하게 말했다. "그건 그렇고, 너 토요일엔 뭐 할 거야?"

연애만 좋아하는 과학 작가

어린 꽃이 활짝 피어나면 범생이들과 다른 아이들을 가르는 경계는 훨씬 크고 두꺼워져 결국 가시가 돋아나기 시작한다. 그 가시는 도무지 꺾을 수 없을 것만 같다. 미용실에서 머리를 하고 있는데 헤어스타일리스트가 이제 곧 푸에르토리코에 갈 거라고 했다. 나도 지난여름에 가본 곳이라, 푸에르토리코에 가면 그곳 북서쪽에 있는 아레시보 전파 망원경Arecibo radio telescope을 꼭 보고 오라고 조언했다. 그러자 그 사람은 내가 마치 세제 공장에라도 가보라고 한 것처럼 이상한 표정을 지었다. 한참 만에 드디어 그가 입을 열었다. "제가 대체 거길 왜 가야죠?"

"세상에서 가장 큰 망원경 가운데 하나거든요. 게다가 일반인들도 가서 볼 수 있고요. 아름답고 멋진 데다 벼랑 끝에 서 있는 모습이 마치 거울로 만든 거대한 1960년대의 사탕접시 같아요."

"흠……." 헤어스타일리스트는 그러더니 내 앞머리를 크게 싹둑 잘라버렸다.

"게다가 멋진 과학박물관도 함께 있어요. 우주에 대해 많은 걸 알게 되실 걸요?"

"아시다시피 전 그런 쪽 기술자는 아니잖아요." 싹둑, 싹둑, 싹둑, 싹둑, 싹둑.

"게다가 조디 포스터가 나온 〈콘택트Contact〉 촬영지이기도 하고요." 나는 포기하지 않고 끈질기게 매달렸다.

피라니아 같은 가윗날은 멈추지 않았다. "난 한 번도 조디 포스터를 좋아해본 적이 없어요. 아무튼 충고는 고맙게 들을게요."

"안녕 여보!" 집에 들어서는 나를 보고 남편이 말했다. "세상에, 대체 그 머리 어디서 한 거야?"

사실 나는 늘상 이런 일을 반복해왔다. 어떻게 그렇지 않을 수 있겠는가? 나는 과학 작가인데. 나는 수십 년 동안 평생의 직업으로 이 일을 해왔다. 나는 분명히 인정한다. 내가 과학을 사랑한다는 걸. 내 과학 사랑은 어릴 적 국립자연사박물관에 다니면서 생겼다. 그 사랑은 미시건주 뉴버펄로에 있는 작은 고등학교에 들어갔을 때 잠시 길을 잃고 방황했다. 내가 다닌 고등학교는 재정이 쪼들렸기 때문에 한 선생님은 진짜 직업은 축구 감독이면서 운동장에서 뛰지 않을 때는 생물이나 화학, 역사 등을 가르쳤다. 하지만 선생님은 그런 과도한 업무에도 유머 감각을 잃지 않았다. 하루는 골판지에 곤충 이십여 마리를 핀으로 박아놓은 생물 숙제를 가지고 선생님 책상으로 갔다. 그런데 자세히 들여다보니 사마귀, 풍뎅이, 박각시나방 같은 그 곤충들이 아직 죽지 않은 채 말뚝에 박혀 꼼지락거리고 있었다. 나는 소녀다운 새된 비명을 지르며 가지고 간 숙제를 바닥에 떨어뜨려버렸다. 그 모습을 보고 선생님은 싱긋 웃으며 유쾌한 듯 눈을 동그랗게 뜨고서 내가 '아기 돼지를 해부할 수 있게 될 때까지 기다려줄 순 없다'고 말하셨다.

대학에 들어오고 나서야 과학에 대한 내 불타는 사랑이 조금 회복됐지만 여전히 작은 램프 수준이었다. 당시 나는 작가가 되기로 마음먹고 있었는데도 과학 강의를 상당히 많이 들었다. 작가 지망생인 다른 친구들은 왜 내가 물리학이나 미적분, 전산학, 천문학, 고생물학 같은 지루한 강의를 듣는지 이해하지 못했다. 사실 나도 내가 연구실 타입은 절대 아니라는 걸 잘 알고 있었기 때문에 의아하기는 마찬가지였다. 과학 수업을 듣는 동안 내용을 억지로 머릿속에 집어넣고 머리카락을 잡아 뜯으며 고뇌해야 했지만 과학 강의를 놓을 수 없었다.

그런 나를 보며 친구가 말했다. "뭐 네가 C. P. 스노우 화이트와 두 문화(과학과 인문학의 상호 교류를 역설한 '두 문화'라는 강연을 한 C. P. 스노우와 백설공주를 뜻하는 스노우 화이트를 섞은 말장난—옮긴이)라도 되니? 이런 지능 교배 실험을 들으려는 이유가 뭐야?"

"나도 잘 모르겠어. 그냥 난 과학이 좋아. 난 과학을 신뢰해. 정말이야. 과학은 왠지 날 낙관적으로 만들어. 내 인생을 좀더 논리정연하게 만들어주기도 하고."

그렇다면 과학자가 되지 그러느냐고 했다. 나는 아름다운 연애를 결혼이라는 형태로 망쳐버리고 싶지 않다고 대답했다. 더구나 나는 내 자신이 뛰어난 과학자가 될 수 없다는 사실도 잘 알고 있었다.

그러면 아마추어 과학자가 되고 싶은 거야? 그 친구가 또 물었다.

뭐 그 비슷한 것이 되긴 했다. 지금 나는 과학 작가니까.

그래서 지금은 근육에 대해서 이야기하거나, 이것이 차골인지 또는 연골인지, 아니면 꽁무니뼈와 피부인지 구분하는 정도까지 됐다. 25년 동안 나는 과학 작가로 살아왔으며 과학을 사랑한다. 그러나 나는 동시에 과학이 얼마나 사람들의 일상과 섞이지 못하고 있는지, 얼마나 확연히 세상으로부터 떨어져 있는지, 과학을 좋아하는 사람은 뇌만 지나치게 커버린 비정상적인 괴짜라는 이미지가 얼마나 사람들의 뇌리에 깊이 박혀 있는지를 확인하고 또 확인해야 했다. 내 직업을 말할 때마다 수년째 되풀이해서 듣고 있는 말이 있다. "과학 작가시라고요? 아이고 나는 고등학교 화학 시간에 낙제한 후론 과학이라면 질색이에요."(뭐 '물리 시간에 낙제한 후로는' 이라고 말하는 사람들도 있다) 칼텍Caltech(캘리포니아 공과대학)의 화학 교수 재클린 바튼도 비슷한 말을 들었다고 하면서 화학을 그저 못한 게 아니라 아예 낙제를 받은 사람이 그렇게 많다는 사실이 놀랍다며 빈정댔다. 해마다 계속되는 성적 인플레이션에도 국가 전체의 화학 수준은 F를 벗어나지 못하고 있다.

'재-미-없는' 과학

과학 글쓰기도 문학과 저널 분야에서 고독한 영역으로 남아 있기는 마찬가지다. 〈뉴욕타임스〉만 해도 일주일에 한 번씩 과학 기사를 내보내지만 아무리 좋은 내용의 기사를 써도 거의 대부분의 장소에서, 거의 대부분의 시간 동안 그저 무시되고 말 뿐이다. 「하퍼즈」도 「애틀랜틱」도 「뉴요커」도 마찬가지고 아마도 독자들 대부분이 유사 괴짜들임이 분명한 「살롱」 같은 고품격 온라인 잡지도 마찬가지다. 나는 〈뉴욕타임스〉의 모든 기획 섹션 중 화요일마다 실리는 '사이언스 타임스'가 가장 인기가 많다는 기록을 본 적이 있다. 그러나 동시에 나는 많은 사람들이 섹션 전체를 그대로 덮어둔다는 사실을 친절한 지인들에게서 들어 알고 있다. 〈뉴욕타임스〉에서 일하는 사람들도 예외는 아니었다. 몇 년 전 〈뉴욕타임스〉 과학 담당 편집자가 신문사 편집국장에게 과학부서 직원들의 사기를 진작시키기 위해 격려사를 한마디 보내달라고 간절히 부탁했다. 요청을 받은 편집국장은 과학부서로 언제나 과학 기사를 읽는 순간을 고대하고 있다는 격려사를 보냈다. 그것도 매주 수요일마다! 〈뉴욕타임스〉에 기사를 싣기로 하고 칼럼니스트인 윌리엄 새파이어를 만났을 때 과학 기자라고 나를 소개했다. 그러자 윌리엄은 말했다. "아, 그럼 목요일마다 당신의 기사를 볼 수 있겠네요." 노벨상 수상자인 해럴드 바머스는 이 이야기를 듣고 "물론이죠. 48시간 후에 읽는다면 분명히 그렇겠죠"라고 받아쳐주지 그랬냐고 아쉬워했다.

아, 가슴 아프다. 왜 안 그렇겠는가! 누구도 자신이 무의미하며 구석에 처박힌 존재라고 느끼길 원치 않을 것이다. 누구나 예외 없이 낙제점을 받는 고등학교 화학 시간도 아닌데 굉장한 실패자처럼 취급받는 것을 누가 좋아할까? 그렇지만 나는 인정할 수밖에 없을 것 같다. 누군가가 '관심 없어요'라고 하거나 '알고 싶지 않아요'라거나 '이해를 못 하겠는데요'라고 할 때마다 나는 내가 실패자라는 느낌이 든다. HBO 텔레비전 시리즈 〈6피트 아래Six Feet Under〉에서 한 여성이 '유전공학'을 배울 것이라고 말하자 남자친구가 "재-미-없어. 왜 그런 게 되려고 하는 거야?" 하고 말하는 장면을 본 적이 있다. 그 말은 왠지 내게 하는 말같이 들렸다. 이봐! 잠깐만! 당신은 지금이 생물학의 황금시대라는 말도 못 들은 거야?

어쩜 그 사람은 페리클레스 시대의 아테네 이야기도 재-미-없다고 할지 모르겠다. 한 번은 시아버지가 유전자와 암세포에 관한 내 기사를 읽은 적이 있다. 다 읽은 시아버지는 무척 재미있는 글이라고 하셨지만 끝에 이렇게 물어보셨다. "그런데 유전자랑 세포 중에 어느 게 더 크니?" 아이고 이런, 내가 정말 실수했구나 싶었다. 세포는 정말 작지만 세포 하나가 2만 5천여 개 정도 되는 인간의 모든 유전자—기능이 정확히 알려져 있지 않은 유전염기서열의 묶음—를 전부 담을 만큼은 크다는 것을 명확히 하지 않고서 내가 뭘 제대로 설명할 수 있을까. 한 번은 교열 담당 편집자가 고래 유전자에 관한 내 원고를 보면서, 고래가 포유류이고, 포유류는 동물이라는 내용을 좀더 확실하게 표현주기를 요청했다. 아이고 이런. 그러나 이번에는 충격과 경악의 의미였다. 아, 아, 과학을 아는 사람은 아무도 없나보다. 아, 아. 아무도 관심을 가지지 않나보다.

내 말이 자기 연민으로 가득 찬 스스로를 방어하려는 우는 소리로 들린다고? 물론이다. 언제나 최상의 공격은 잉잉거리는 방어와 함께 시작되는 법이니까. 내가 만약 과학의 기본 지식을 담은 책을 쓰기로 마음먹었다면 그건 그런 책을 필요로 하는 사람이 있을 거라고 확신했기 때문이다. 그리고 나는 지금 그런 책을 쓰고 있다. 내가 과학의 기초로 안내하는 입문서를 쓰겠다고 결심한 이유는 이 세계에는 준비되어 있지 않은 거대한 땅이, 과학에 대한 무지, 과학 문맹, 기술 공포증이라는 광대한 평원과 깊은 계곡이 있어서, 젖을 먹이는 고래의 특성조차도 가리워져 있기 때문이다. 사람들은 여전히 과학은 지루하고 괴상하고 어려우며 추상적이고 피상적인 분야라고 생각하며 아마도 오늘날에 특히 더 그렇게 생각하는 듯하다. 2005년, 열세 살부터 열다섯 살까지의 영국 학생들 950

명을 대상으로 실시한 설문 조사에서 51퍼센트에 달하는 학생들이 과학 시간은 지루하고 선생님 설명은 너무나 어려워 무슨 말인지 하나도 모르겠다고 대답했다. 고등학교로 가면 그 수치는 더 증가한다. 과학 분야에 종사하는 사람들을 멋지다고 생각하는 사람은 전체 조사 인원의 7퍼센트에 불과했으며 가장 유명한 과학자를 골라보라는 질문에는 알베르트 아인슈타인이나 아이작 뉴턴이 아닌 탐험가인 크리스토퍼 콜럼버스를 꼽았다.

그런 결과가 나오자 과학자들은 곧바로 일반인들이 과학을 싫어하게 된 것에 자기들의 책임이 있다며 '내 탓이오!'라고 소리쳤다. 우리가 제대로 하지 못했기 때문입니다! 과학자들은 말했다. 일반인들에게 우리의 일을 알리는 데 소홀했고 어린 학생들을 가르치는 데 태만했다. 지금까지 자기 일만 하느라 바빴다. 일반인을 위한 글을 쓰고 멋진 제안을 하는 데 게을렀다. 후학들을 가르치고 일반인들과 호흡하고 새로운 과학 지식을 소개하는, 그래서 PBS의 과학 스페셜 〈노바〉로 제작될 만한 과학 교양서를 저술하는 일 등은 등한시하고, 연구에만 몰두하는 과학자들에게만 보상을 주는 시스템이 이런 사태를 만들었다. '끈 이론'을 널리 알린 브라이언 그린 외에 대중 가까이 다가가려고 노력한 과학자들이 도대체 몇 사람이나 되나? 이 모든 혐의를 고려하면, 우리들은 유죄이다. 일반인들을 계몽시켜야 할 의무를 게을리했다는 것이 과학자들의 뼈아픈 반성이었다.

이 시점에서 우리는 마땅히 한 가지 질문을 해보아야 한다. 우리가 이런 일들을 해야 할 필요가 있을까? 과학에 대해 아는 것이 거의 없거나 전혀 모르는 사람들이 그렇게 많다는 사실이, 과학에 관심이 없는 사람들이 그렇게 많다는 사실이 과연 문제가 되는 걸까? 평범한 갑남을녀들이 지구에서 가장 가까운 별의 이름을(태양이다), 토마토에도 유전자가 있는지 없는지를(있다), 테이블에 손을 통과시킬 수 없는 이유를(전자끼리 서로를 밀어내고 있기 때문이다) 모른다고 해서 뭐 달라질 게 있나? 전문적인 내용이야 전문가들만 알면 되지 않을까? 동맥을 치료하는 방법이야 심장전문의가 알면 되고 유전자를 검사하는 법이야 생물학자가 알면 되고 자리에서 일어나 화장실에 가려고 할 때면 어김없이 들어오는 '안전벨트 착용' 지시등을 켜는 법은 여객기 기장이나 알면 되는 거 아닌가? 평범한 일반인들이야 그저 비행기 표나 사고 평화롭게 칼로리 계산이나 하면 되지 않을까?

미신과 망상을 버리려면

과학에 보다 많은 관심을 기울이고 과학적 추론에 보다 더 익숙해져야 한다는 주장은 산더미 같으며, 많은 사람들이 이런 주장들에 이제는 지치기까지 한다. 과학자들이 대중들이 과학에 관심을 기울여야 하는 이유로 가장 즐겨 드는 근거는 오늘날의 중대한 이슈들에 과학이 깊게 관여되어 있다는 것이다. 지구 온난화, 대체 에너지, 배아줄기세포 연구, 미사일 방어 시스템, 드라이클리닝 산업의 비극적인 규제 같은 것들 말이다. 그러므로 과학적으로 깨어 있는 시민들이 이런 과제들을 훌륭하게 수행해낼 영리한 정치인들을 뽑을 것이라 생각할 수 있다. 이런 시민들은 선출된 정치인들에게 배반포blastocyst와 태아fetus와 치열교정 의사의 차이를 알아야 한다고 요구할 것이다(배반포는 생후 5일 된 가운데가 빈 둥근 세포 덩어리로 여기에서 이론적으로 원하는 조직이나 기관을 마음대로 만들어낼 수 있는 줄기세포를 추출하며, 태아는 어머니의 자궁 속에서 무럭무럭 자라나는 생명체이며, 치열 교정 의사는 당신의 보험금으로는 도저히 감당할 수 없는 비용을 청구하는 존재다).

과학을 잘 알고 있으면 미신이나 헛된 희망, 사기 등을 파악할 수 있기 때문에 과학을 배워야 한다는 주장도 있다. 그런 사람들은 점성술의 근거라는 게 얼마나 허무맹랑한 것인지를 알게 되고, 출산을 도와주었던 의사나 산파 또는 택시 운전사가 태어나던 순간의 태양이나 달 혹은 여러 행성들보다 훨씬 큰 중력을 아기에게 발휘했었다는 사실을 깨달을 수 있을 것이다. 중국 음식점에서 나오는 행운의 쿠키에 든 운수가 적힌 종이쪽지는 그저 식당 컴퓨터로 출력했거나 식료품 공장의 신참 일꾼이 적어서 넣은 것임을 받아들이게 될 테고, 복권에 당첨될 확률을 계산해보고 당첨 확률이 터무니없이 낮다는 사실을 알게 되면 복권 구입을 중단할 것이다. 물론 그 때문에 미국 50개 주 가운데 적어도 30여 곳의 교육 예산이 바닥나버리고 말 테지만. 복권에 대한 이야기는, 놀랍겠지만 절대 농담이 아니다. 이성, 사리분별이라는 존재가 전국을 휩쓸어버리면 정치인들은 주에서 발행하거나 관리했던 복권과 슬롯머신 수입을 대체할 무시무시한 방법을 찾지 않으면 안 된다. 물론 세금 인상도 분명 고려사항이다.

칼텍의 지진학자 루시 존스는 사람들이 얼마나 쉽게 이성에 저항할 방법을 찾아내는지, 얼마나 쉽게 허황된 미신과 망상에 빠져드는지 잘 알고 있다. 짧은 복숭앗빛 머리에 북처럼 울리는 억양의 소유자인 친절한 50대 여성인 존스는 미국 지질연구소USGS 서던 캘리포니아의 과학 책임자로 지진의 발생 원인을 알아내기 위해 노력하고 있다. 또한 존스는 지진을 대비해야 하는 이유를 홍보하는 책임을 맡은 서던 캘리포니아의 공식 대변인이기도 하다. 지진학자라면 누구나 그렇듯 그도 지질학적 기술을 더욱 향상시켜 대규모 지진을 미리 예측해, 제시간에 사람들을 대피시키고 사람들과 그들의 주택은 물론이고 소중히 간직하고 있는 유리잔 세트를 지키기 위해 노력하고 있다. 존스는 포세이돈이 삼지창을 흔들기 때문에 지진이 발생한다는 식의 황당한 이야기를 많이 들었다. 중국에 있는 물고기 때문에 지진이 발생한다거나 지진은 이른 아침에만 발생한다는 이야기도 있었다. "사람들이 이른 아침에 발생한 지진을 기억하는 이유는 그 때문에 잠에서 깼고 아주 무서운 공포를 느꼈기 때문이지요"라고 존스는 설명한다. "만약 지진이 가장 많이 발생하는 시각은 오후 6시부터 오전 6시라는 자료를 보여준다고 해보세요. 그래도 여전히 사람들은 엄마가, 할머니가, 밀턴 아저씨가 분명히 사실이라고 했다며 자신들의 이야기에 일말의 진실이 담겨 있다고 주장합니다. 그중에는 이른 아침이 바로 자정부터 정오까지라며 시간의 정의를 다시 세우는 사람도 있습니다. 그리고는 소리치죠. '봐 맞잖아요. 지진이 오전 12시부터 오후 12시 사이에 많이 발생한대요. 밀턴 아저씨 말이 맞다니까요!' 하고 말이죠."

대중들은 또한 지진학자들이 알려진 것보다 훨씬 더 정확하게 지진 발생을 예측할 수 있지만, 혼란을 불러일으키지 않기 위해 그 사실을 숨긴다고 생각한다.

"어떤 여성이 편지를 보내왔어요. 다음 지진이 언제 발생할지 알려줄 수 없다는 건 잘 알지만 언제 우리 아이들을 데리고 먼 곳에 사는 친척집에 방문할 예정인지는 알려줄 수 있지 않느냐고 하더군요. 그러니까 그 여성은 제가 남몰래 내부 정보를 가지고 제 가족들을 위해 조처를 취할 거라고 믿은 거지요. 사람들은 과학의 불확실성은 이해하지 않은 채 과학자들이 자신들에게 거짓말을 한다고 생각해요." 존스는 사람들이 과학에 대해 조금만 알면 '과학'과 '불확실성'이 종이 한 장 차이라는 것을, 자신이 아이들을 친척 집에 보내는 것은 순전히 그곳에서 놀게 하려는 의도임을 알게 될 거라고 했다.

일반인들이 과학을 알아야 하는 이유는 그래야만 과학이 국가 경제에, 문화에, 의학에, 안보에 얼마나 중요한 역할을 하고 있는지 깨달을 수 있기 때문이라고 하는 과학자들도 있다. 그런 과학자들은 우리 세계는 빠른 속도로 기술 경쟁의 정글로 변해가고 있다, 따라서 나라 간 경계가 가차 없이 허물어진 세계화 시대에서 사회적·경제적으로 살아남으려면 무엇보다도 과학과 기술의 원리를 두루 알고 있어야 한다고 주장한다. 루시 존스는 말한다. "산업 혁명 이후 우리가 사는 서구 세계가 요구하는 가장 기본적인 의사소통 수단은 읽기였죠. 읽지 못하는 사람은 자신이 원하는 직장을 구하지 못했고 평범한 사람들 사이의 대화에도 끼지 못했죠."

"그리고 지금 새로운 시기를 맞이하고 있습니다"라고 그녀는 말을 이었다. "추론하는 기술과 과학의 발전을 따라갈 수 있는 능력이 모든 사람들에게 필요해지는 시대를 말이죠."

과학의 발달이 가장 강력한 국력 신장 조건 가운데 하나가 될 것임을 확신하는 사람들은 비단 과학자뿐만이 아니다. 과학과 기술의 발달로 우리는 집적회로, 인터넷, 단백질분해효소 억제제(에이즈 치료제), 콜레스테롤저하제, 로켓에 뿌리는 윤활유(삐걱거리는 경첩에도 효과가 좋다!), 붙였다 뗄 수 있는 접착포, 비아그라, 어둠 속에서 빛나는 접착제, '끊임없는 해리 포터 두통' 외에는 수업에 빠진 특별한 이유를 대지 못하는 게으른 학생들을 치료해줄 백신 시간표, 과일이나 과일의 일부분 명칭을 따서 지은 컴퓨터 장치, 찌르는 절지동물이나 아메리카 원주민 부족의 이름을 딴 최신 무기 등을 갖추게 되었다.

그러나 과학 발전의 미래는 응용과학의 활용이 아닌 기초 과학에 얼마만큼 투자하느냐에 달렸다. 천상의 파이(π)를 연구하는 학문이 눈에 띄는 성과, 유통할 수 있는 상품, 능력 있는 학생을 배출하기까지는 수십 년에 달하는 오랜 시간이 걸린다. 과학자들과 그들의 후원자들은 대중들이 과학에 보다 관심을 갖게 되면 과학을 지원하는 정부의 예산이 증가할 것이라 기대한다. 그렇게 되면 기간에 구애받지 않는 장기간의 연구도 가능해질 것이며 기반시설에 대한 투자도 늘어날 것이며 특히 연구소의 자판기도 좀더 나아질 것이다. 이들은 기초 과학에 대한 오늘의 투자가 생명과 우주의 신비를 밝혀줄 뿐 아니라 내일의 번영을 약속한다는 것도 알고 있으며, 오늘날 국회가 배정하는 과학 예산은 너무 적어서 천재나 우연한 발견에만 전적으로 의존하고 있다고 생각한다.

그러니 현행 과학자들을 보듬어 살피고 미래의 꿈나무들이 자랄 터전을 마련해주자. 과학 친화적인 환경을 조성하고 많은 어린 학생들이 과학 분야에 진출할 수 있도록 격려해주자. 인구가 많은 중국과 인도의 추격을 따돌릴 만반의 준비를 갖추자! 우리에게는 더 많은 과학자들이 필요하다! 우리에게는 더 많은 기술자가 필요하다! 그러나 지난 몇 년 동안 과학을 선택하는 학생들의 수는 점점 더 줄어만갔다. 국립과학위원회

National Science Board 자문 위원들이 2004년 의회에 나가 경고했듯이 과학 훈련을 받아야 하는 직업은 계속해서 늘어나고 있는데도 "과학자나 기술자가 되기 위해 훈련을 받는 사람들의 수는 계속해서 심각한 수준으로 감소하고 있다". 현재 해마다 미국에서 최신 과학 및 공학 분야의 학위를 받는 사람 중 3분의 1 이상이 외국 학생들이며 박사후 연구원 과정을 밟는 사람의 절반 이상이 외국 학생들이다. 과학연구소에 다양한 국적의 사람들이 모여 함께 연구한다는 것은 조금도 잘못된 일이 아니지만 외국 학생들은 학위를 따면 고국으로 돌아가버리는 일이 많다. 국립과학위원회는 그 같은 사태는 "국가 안보와 경제 발전에 크나큰 위협"이라고 했다.

하긴, '하는 일이 비해 턱없이 적은 보수를 받는 과학자는 되기 싫어' 하고 외친다고 해서 비난받을 이유는 없다. 십 년 이상 어려운 과정을 마치고 박사가 된 연구원이 1년 동안 받는 연봉은 미국의 경우 4만 달러 정도이다. 경력이 쌓인 후에도 과학자들의 형편은 그리 나아지지 않는다. 노벨상 수상자이자 칼텍의 전前 학장인 데이비드 볼티모어는 사회 초년생 시절을 대부분 MIT에서 지냈다. 매사추세츠 앤도버에는 볼티모어의 딸도 다닌 상류 사회 자제들이 모여 있는 필립 아카데미 기숙학교가 있다. 필립 아카데미의 과학 수업은 어디에 내놓아도 손색이 없을 정도로 아주 우수하다. "하지만 MIT에 필립 아카데미 학생들이 오는 경우는 없었습니다"라고 볼티모어는 말한다. "우수한 학생들은 모두 증권 브로커가 되지요. 과학은 상류층 학생들이 선택하는 분야가 아니에요."

열악한 연봉 외에도 과학이 멋지고 대단한 것으로 느껴지지 않는다는 문제가 있다. 과학을 옹호하는 사람들은 과학이 지금보다 훨씬 더 매력적이고 재미있고 진취적으로 보인다면 더 많은 학생들이, 더 많은 영리한 젊은이가 두 시간 동안이나 피펫을 잡고 고생해야 하는 과학 연구에 기꺼이 뛰어들 거라고 말한다. 존스 홉킨스 대학의 유전학자 앤디 파인버그는 이렇게 말했다. "제가 자랄 때와는 상황이 많이 바뀌었죠. 그때는 우주를 향한 경쟁이 벌어지던 스푸트니크(소련이 쏘아 올린 세계 최초의 인공위성—옮긴이)의 시대였습니다. 누구나 과학에 흥미를 느꼈죠. 누구나 과학이 아주 중요하며 아주 재미있다고 생각했어요. 멋지다고도 생각했고요. 그런 정신을 어떻게든 되살려야 합니다. 발견의 문화야말로 이 나라를 발전시킬 겁니다. 우리는 이걸 분명히 명심하고 있어야 합니다."

과학을 증진시키기 위해 과학자들이 내놓은 이 제안들은 모두 중요하고 흥미로우며 새겨들을 만하다. 나는 더 많은 미국 젊은이들이 과학자가 되는 모습을 보고 싶다. 특히 내 DNA를 지니고 있으며 내 세금을 공제받게 해주는 여자 아이(바로 내 딸 말이다)가 과학자가 됐으면 한다. 또한 나는 11월에 유권자들이 과거와는 다르게 보다 영리하고 보다 지식에 바탕을 둔 현명한 선택을 한다면 정말 기쁘겠다.

그냥 재밌으니까

그러나 현실은 아직 암울하다. 노벨상 수상자이자 텍사스 대학의 물리학 교수인 스티븐 와인버그가 지적했듯이 사실 과학적인 문제라고 알려져 있는 많은 쟁점들은 과학 그 자체만으로는 해결할 수 없다. 그는 "저는 탄도탄 미사일 요격 시스템 같은 문제를 놓고 논쟁을 벌이는 우리나라 지도자들이 X선 레이저에 대해서 무지한 것보다 역사에 대해 무지한 것 같다는 점이 더욱 걱정스럽습니다"라고 했다. 과학이 인간 배반포에서 줄기세포를 추출해도 된다거나 안 된다고 하는 것 같은 문제들을 정말 결정할 수 있을까? 어떤 분야의 과학이든지 배반포에 대해서 말할 수 있는 건 배반포가 분명 인간이 맞긴 하다는 것이다. 그 속에는 인간의 DNA가 들어 있다. 허나 배반포를 얼마큼 존엄한 존재로 볼 것인지는 과학이 결정할 문제가 아니다. 과학은 언젠가 착상할 자궁이 생길 때까지 동결 상태로 있거나 불임클리닉 화장실의 배수관을 타고 바깥세상을 향해 여행을 떠나든지 하는 운명이 아직 정해지지 않은 배반포가 스스로를 보전할 권리가 더 중요한지, 아니면 다발성 경화증이나 파킨슨씨병을 앓으며 비참한 나날을 보내다가 과학자들이 정부의 자금을 받아 줄기세포를 마음껏 연구할 수 있게 됐다는 소식을 듣고 앞으로 새로운 치료법이 나올지도 모른다고 기대하는 환자들의 권리가 더 중요한지를 둘러싼 논쟁에 마침표를 찍을 해결책을 제시할 수 없다. 그런 논쟁은 양심의 문제, 정치의 문제, 종교적 확신의 문제이자, 이 모든 논쟁들이 파국을 맞았을 경우에는 욕설을 하며 싸우는 문제일지언정, 과학의 문제는 아니다.

과학 지식을 안다고 해서 더 나은 시민이 되거나 더 멋진 직업을 갖게 되거나 잘못 구입한 흰 가죽 바지 때문에 겪는 실망감을 극복하게 될 거라고는 생각하지 않는다. 나는 실용주의자도 아니기 때문에 브로콜리나 치실의 효용성에 대해서는 논할 수 없다. 당신이 과학을 싫어하는 성인이라면 아무리 대단한 중년의 위기가 찾아와도 실용 과학자가 되는 일은 없을 것이다. 그러니 과학자가 아닌 한 굳이 과학을 알아야 할 **필요**는 없는 것이다. 그런데 생각해보자. 굳이 박물관에 가거나 바흐를 듣거나 은근하고 달콤한 셰익스피어의 소네트를 들어야 할 이유도 사실 없지 않나? 사실 살아가는 동안 굳이 외국 여행을 떠나고 사막에 있는 계곡으로 도보 여행을 떠날 필요는 뭐가 있겠나? 구름 한 점 없고 달도 뜨지 않는 밤에 별 구경을 가거나 고급 샴페인을 마셔야 할 필요도 없다. 사실 필요로 따지자면 친구가 많아야 할 필요는 있나?

과학을 알아야 하는 이유가 필요의 문제가 아니라 신경계의 열망의 문제일 수는 없을까? 우리의 신경계가 과학에 꼭 맞는 구조를 하고 있는 만큼, 사람이라면 **마땅히** 과학을 알아야 한다. 과학은 학문의 한 영역, 사고의 한 방식으로 분류될 수 있는, 예를 들자면 오스만투르크 제국의 역사 같은 어느 한 영역에 국한된 단순한 어떤 것이 아니다. 과학은 인류의 경험으로 이루어진 거대하고 광대한 바다이며, 인류가 행성 지구에 살고 있는 생명체 가운데 가장 깊은 뇌의 주름을 가지게 되면서 나타난 결과물이자 그 목적이다. 그 거대한 바다에서 헤엄치는 법을 배우지 못한 사람은 결국 후회하게 될 것이다. 과학이라는 바다는 너무나 커서 외면하고 싶어도 결코 외면할 수 없으니까.

그러니 누구나 과학을 알아야 하는 이유는 우리가 노래를 부르고 놀이를 하자고 하는 이유와 같다. 이런 것들은 재미있다. 재미있는 것은 좋은 것이다.

과학박물관이 재미있는 이유도, 아이들이 과학을 좋아하는 이유도 모두 그 때문이다. 과학은 재미있다. "내가 이 장미를 액화 질소 속에 넣었다가 바닥으로 던져 산산이 부수는 모습을 지켜보세요!"라는 말 속에는 분명 경이로움도 담겨있지만 재미 역시 들어 있다. 사고를 풍부하게 하는 것도, 표면 밑에 숨겨져 있는 것을 보는 것도 모두 과학의 재미이다. 왜 그렇게 되는지를 알아가는 과정은 기분을 좋게 한다. 더 말할 필요가 없을 것 같다. 아무튼 당신은 과학을 알아야 한다.

프린스턴 대학의 유전학자 데이비드 보트슈타인은 대학에 다니는 내내 아버지와 싸웠다고 했다. "아버지는 제가 의사가 됐으면 하셨죠. 하지만 전 과학자가 되고 싶었어요. 아버지께 의대에 가지 않겠다는 뜻을 확실하게 전달했죠. 사실 그때 벌써 DNA에 관한 흥미로운 연구를 진행하는 중이기도 했고요. 하루는 저녁에 외과 의사였던 아버지의 친구 분이 앞으로 무엇을 할 계획인지 꼬치꼬치 캐물으셨습니다. 인간의 생리 작용을 연구하고 부러진 뼈를 맞추는 것보다 즐거운 일이 뭐가 있는가 하는 태도였죠. 일단 아버지 친구 분과 함께 술을 조금 마시면서 DNA의 구조와 기능에 대해서 말씀드렸지요. 1960년쯤이었으니까 분자 생물학이 막 태동하던 시기였죠. 대화가 끝날 무렵 그분은 제게 이렇게 말씀하셨습니다. '네가 세상에서 가장 운이 좋구나. 그렇게 재미있는 걸 하면서 돈까지 받다니' 하고요."

하버드 대학 물리학사 교수인 피터 갤리슨은 사람들이 과학을 재미라곤 전혀 없는 학문이라고 생각한다는 사실에 당혹스러움을 감추지 않는다. "우리는 이런 대단한 성과를 거두기 위해 정말 열심히 노력했어야 했습니다. 저는 과학이 진짜 재미있고 흥미롭다고 생각하지 않는 아이들은 한 명도 보지 못했거든요. 그렇지만 몇 년 동안 끔찍한 그래프가 잔뜩 그려진 지루한 교과서를 쓰고, 과학을 결코 해독할 수 없는 암호로 보여주고, 날마다의 일상생활과는 떨어뜨려놓으니 어떻게 되겠습니까. 모든 게 다 우리 때문이죠. 우리가 사람들이 한때 재미있고, 환상적이고, 세상에서 가장 자연스러운 것이라고 생각해왔던 것을 자신과는 상관없는 외계인의 학문으로 여기게끔 만든 겁니다."

내가 만나본 과학이 너무 재미있다고 말하는 과학자들은 분명히 그래 보이며, 자신들의 분야에서 활발하게 활동하고 있었고 우주가 신비로운 장소라고 생각하는 저마다의 이유를 가지고 있었다. 반면 내가 아는 작가들 중에서는 정말 굉장히 성공했는데도 자신이 세상에서 가장 운이 좋은 사람이라고는 조금도 생각하지 않을 뿐더러, 자신이 굉장히 불행하며, 비참하고, 이 일을 하는 것 말고는 다른 쓸모 있는 재주가 없어서 다른 선택의 여지가 없다고 생각하는 사람도 많다. 소설가이자 수필가인 토마스 만은 "작가는 다른 사람들보다는 자신을 위해 글쓰기가 훨씬 어려운 사람"이라고 말했다. 칼 히아슨은 "아침 내내 글을 쓰고 점심을 먹기 위해 집으로 들어가면 아내는 마치 내가 무덤에서 나오기라도 한 것처럼 바라봤죠"라고 말했다. 히아슨은 코미디를 쓰는 작가였는데도 말이다. 화가인 데이비드 살르는 「뉴요커」의 자네트 말콤에게 그림 그리기의 비참함에 대해 호소했다. "이 일은 정말 끔찍하게 어려워요. 벽돌 벽에 머리를 찧고 있는 느낌이라니까요! 모든 사람들이 손쉽게 행복한 삶을 향해 달려나가는 동안 나는 지긋지긋한 방 구석에 틀어박혀 고통 받고 있다고 느껴요." 반면 자신들의 일을 하는 동안 과학자들은 대부분 아주 밝고 열정적이며, 육식동물처럼 치열하게 경쟁적이다(반바지에 셔츠를 입은 모습에 속지 말라!). 그렇지만 그들은 언제나 자신들이 과학자가 되어 얼마나 운이 좋으며 이 일이 얼마나 즐거운지 신이 나서 떠들어대고, 조금의 이기심도 없이 기꺼이 자신들의 기쁨을 다른 사람과 나눈다.

"맞아요, 우리가 바로 그랬죠. 큰 바위를 언덕 꼭대기로 밀어 올리고, 사람들이 과학을 지루하게 여기게 만든 건 바로 우리들이죠." 갤리슨이 말을 이었다. 그러나 언덕 꼭대기에 있는 바위에 대해서는 할 말이 있다.

꼭대기에 있는 바위는 위치에너지가 크며 아래로 굴러 떨어질 준비가 되어 있다. 열정을 가진 인재들이 알맞은 위치에서 어깨를 맞대고 밀어붙이면, 그 바위는 현재의 부자연스러운 위치에서 벗어나 뉴턴의 법칙이 울리는 굉음과 함께 땅으로 내려올 것이다.

이 책은 그 노력에 약간의 힘을 보태고자 하는, 그 바위를 살짝 밀어 과학의 활동적인 아름다움과 진가를 인정받게 하기 위한 작은 시도이다.

어디서 시작할까

어쩌면 당신은 잠옷도 벗지 않은 채 곤충채집 과제를 들고 허겁지겁 학교로 달려갔지만 결국 물리 시험에 한 시간이나 늦게 도착해서 낙제 점수를 받은 고등학교 때의 진절머리나는 경험 이후로는 과학이라면 눈길도 주지 않은 사람일지도 모른다. 아니면 대학교 교양 과학 시간을 '인터넷 데이트의 진화심리학' 같은 과목으로 채우느라 지금도 양자proton, 광자photon, 정신박약아moron의 차이를 모른다며 아쉬워하는 사람일지도 모른다. 아니면 갈수록 궁금해지기는 하는데 어디서 시작해야 할지 모르는 사람인지도. 당신이 그런 경우라면 아마도 처음부터 알아가는 게 합당하다고 생각할 것이다. 그렇지만 어느 정도나 처음이어야 할까? 아이 수준에서의 시작점은 마땅치 않을 것이다. 창피하거나 부끄럽거나 손가락으로 지적받는 시작이 아니라 어른다운 수준의 시작점이 적합할 것이다. 그 시작점은 당신에게나 과학 모두에게 동등해야 할 것이다. 방어적으로 손을 올려 이건 불공평해, 나와 과학이 경쟁해야 하다니 하고 울상을 짓기 전에 잠깐 내 말을 들어달라. 이건 과학과 당신이 **대립**한다는 뜻이 아니다. 당신과 과학이 **함께** 하자는 것이다. 당신이 깨닫고 있건 그렇지 않건 간에 당신은 과학을 위해 세금을 내는 사람이며, 당신의 생각보다 훨씬 더 많이 과학과 함께 하는 사람이다. 단지 진공청소기를 사용하다 청소기의 과열이나 작동 정지 같은 문제거리를 해결하려 할 때도 당신은 과학을 하고 있는 것이다. 어쨌든 당신이 마지막으로 청소기의 종이봉투를 갈아 끼운 것은 언제인가? 또 충분히 뜨겁지만 끓지는 않을 만큼의 온도로 끊임없이 네덜란드소스(계란노른자, 레몬즙, 버터, 식초 등을 넣어 크림 상태로 만든 소스—옮긴이)를 젓지 않으면 아스파라거스 위에 군데군데 덩어리진 소스를 얹게 되리란 걸 아는 것도 바로 과학이다. 당신은 언제나 과학을 하고 있으며 과학을 후원하고 있다. 단순히 케이크를 굽거나 수저를 핥고 있는 순간에도.

과학자들은 사람들이 찾는 그 시작점을 알고 있으며, 적어도 알아야 한다는 것에 동감하고 있다. 왜냐하면 사무실로 찾아와 의자에 털썩 앉아서 아주 기초적인 질문들을 하는 기자들이 있기 때문이다. 과학자들은 오랫동안 과학 문맹이 퍼지고 비판적 사고방식이 희귀해지는 현상을 푸념해왔고, 시민들이 보다 과학적으로 깨어 있을 필요가 있다고 말해왔다. 좋아, 알겠다. 그렇지만 과연 어떻게 해야 시민들에게서 무지라는 무시무시한 질병을 몰아내고 대신 박학다식의 건강한 활기를 불어넣을 수 있을까? 어떻게 해야 일반인들이 과학에 흥미를 느끼고 과학을 알아야겠다고 생각하게 될까? 만약 당신이 무엇이든 아는 척척 박사라고 하고 당신이 연구하는 분야에서 너무나도 아름다워 언제나 당신의 마음을 사로잡고 있으며 누구나 알고 있었으면 하는 중요하고 도전적이고 권위 있는 개념을 여섯 개만 택해달라고 하면 어떤 것을 택하겠는가? 당신이 '교양'

이라고 알려져 있는 말랑말랑한 표본들을 대학 학부생들에게 가르쳐야 하는 교수라면 과목을 소개하는 시간에 학생들이 반드시 집중해서 들었으면 하는 정보는 무엇이며, 수업이 끝난 후에도 1조분의 1초 이상은 기억하고 있었으면 하는 정보는 무엇인가? 도대체 과학적 사고란 무엇인가? 어떻게 하면 칵테일파티에서 만난 비과학인에게 찬탄과 흥분을 불러일으키면서 당신이 우스꽝스러운 광대가 아니라는 인식을 심어줄 수 있을까?

아주 많은 과학자들이 "사람들이 과학에 대해 알았으면 하는 것은 무엇입니까?"라는 질문을 받으면 왠지 초등학교와 중학교 과학 교육을 개선하기 위한 과제들을 말해야 한다는 강박관념을 느낀다고 했다. 왠지 그래야만 귀중하고 가치 있는 대답을 했다는 느낌이 든다고 말이다. 그러나 유치원부터 중학교 3학년까지의 교육을 반복할 만큼 여유 있는 성인은 거의 없다. 좋은 의도를 지닌 과학교육 개혁론자들에게는 열렬한 지지의사를 보내지만 부디 성인들의 교육에도 관심을 가져주었으면 한다. 정녕 성인들은 교육받을 희망조차 없다는 말인가? 어른들에게 관심을 갖자. 아이가 아닌 성인 비과학자들은 과학의 어떤 것들을 알아야 하며, 어떻게 해야 과학을 알 수 있으며 어떻게 해야 과학이 재미있다고 말하게 될까?

'과학'이라는 용어는 약간 줏대가 없어서, '사회적'이나 '부드러운' 같은 용어를 앞에 붙여서 인류학, 사회학, 심리학, 경제학, 정치학, 지리학, 풍수학 등도 모두 과학에 포함시키기도 하지만, 나는 여기서 일반적으로 '단단한 과학'이라고 일컬어지는 분야에 초점을 맞추기로 했다. 다시 말해 자연 현상과 생명에 관계된 과학을 다룰 것이다. 물리학, 화학, 생물학, 지질학, 천문학 등이 이런 과학의 큰 분야들이다. 이 과학들은 대부분의 사람들이 두려워하고 어렵게 생각하며, 찾아가는 사람이 최악으로 적은 학문이다. 그렇지만 동시에 사실 이 과학들이야말로 그동안 가장 위대한 진보를 이룩한 분야다. 특히 지난 1세기 동안 이룩한 발전은 더 없이 웅장하고 폭발적이었으며 '혁명적'이라는 다소 진부한 수식어가 완벽하게 어울렸다. 과학자들은 작가 제임스 조이스의 언어처럼 복잡한 원자의 침실을 발견했고 사실상 탄생의 순간까지 거슬러 올라가는 우주의 자서전을 읽어냈고, 꼬여 있는 DNA를 풀어냈고, 우리가 우리의 성城, 우리의 고향이라고 부르는 변화무쌍한 천체의 위치도 알아냈다. 이런 발견들은 과학계의 동화이며, 이런 동화는, 어느 과학자의 말처럼, '사실이 되었다'. 이 발견들은 다이아몬드나 루비만큼 단단하다. 이들은 영원히 지속될 것이며 빛 속에서 멋진 모습을 드러낼 것이다.

농담과 과학 사이

이 책을 쓰는 과정에서 직접 이야기를 나누거나 전화나 이메일로 의견을 교환하면서 이 나라 유수의 대학과 연구소에서 근무하는 수백 명이 넘는 과학자들의 이야기를 들었다. 그중에는 노벨상 수상자도 있고 국립과학학회 위원들도, 대학과 연구소를 책임지는 사람들도, 맥아더 재단에서 상을 받은 천재들도 있었다. 대학에서 주는 '올해의 가장 존경하는 교수 상'을 받은 사람이거나 학생들 웹사이트에 명쾌하고 뛰어나고 멋진 강의를 한다고 올라온 선생들, 또는 '무서운' 백전노장 등 아주 뛰어난 선생이라고 알려진 사람들을 만나봤다. 비록 아주 어렵고 종잡을 수 없는 대화를 하는 동안에는 그들이 마취제도 없이 집게만으로 이빨을 뽑아내는 빅토리아 시대의 치과의사처럼 느껴졌지만 그래도 늘 보석 한두 개쯤은 얻을 수 있었다. 과학자들은 찾았으면 하고 바라는 세계가 아니라 찾아낸 세계를 받아들일 필요가 있다고 말했다. 과학자들은 자신이 가장 좋아하는 분자를 설명했다. 과학자들은 농담도 했다. 원자의 핵 주위를 돌고 있는 전자는 그 위치 또는 속도를 알 수 있을 뿐 위치와 속도를 동시에 알 수는 없다는 불확정성의 원리uncertainty principle로 유명한 물리학자 베르너 하이젠베르크에 관한 다음의 농담처럼 말이다. 하이젠베르크는 MIT에서 강의를 해야 했다. 그런데 너무 늦게 출발했기 때문에 빌린 차를 타고 케임브리지 시를 미친 듯이 달려야 했다. 그러니 결국 경찰에게 잡힐 수밖에. 차를 세운 경찰이 하이젠베르크에게 말했다. "지금 시속 몇 킬로미터로 달리신 건지 알고 있습니까?"

그 말에 하이젠베르크가 짧게 대답했다. "아니, 모르오. 하지만 내가 어디 있는지는 알고 있소."

"만약 칵테일파티에 가서 그런 농담을 하면 사람들이 슬금슬금 피해버릴 걸요." MIT의 재료과학자 마이클 루브너의 말이다. "하지만 열여덟 살 먹은 MIT 학생 500명 앞에서 말하면 완전 박장대소합니다."

이제는 과학자들도 과학 지식을 설명할 때 과학 입문서에 나오는 용어 정리를 그대로 베낀 것 같은 지루한 내용을 나열하는 건 그만둘 때가 됐다고 생각한다. 아마도 유치원에서 원자에 대해 가르칠 때 하는 설명들을 들어본 적 있을 것이다. 많은 곳에서 원자는 세 종류의 입자로 이루어져 있으며 그중 양성자와 중성자는 태양처럼 가운데 박혀 있고 그 주위를 전자가 씽씽 돌고 있다고 설명한다. 양성자는 양전하positive charge를 띠고 있고 전자는 음전하negative charge를, 중성자는 전하를 띠고 있지 않다고no charge 하는 말도 들어봤을 것이다. 이 말들은 충분히 경쾌하게 들린다. 더하기 부호, 빼기 부호, 그리고 공짜로 구입하기(charge에는 전하 말고도 구입하다는 뜻이 있다. 그러므로 no charge는 '무료'란 뜻도 된다—옮긴이). 그런데 '전하'라는 건 뭘까? 입자가 전하를 띠고 있다는 것은 어떤 의미이며 우리가 살아가는 실제 세계에서 전기를 충전charge하는 것과 빛의 세계에 존재하는 미립자들의 전하charge는 어떤 관계가 있을까? 예컨대 어딘지 모르는 장소에서 차가 고장 나서 구조를 요청하기 위해 전화를 걸려고 했는데 배터리를 충전하지charge 않았다면 그날은 조금도 멋진 하루가 아닐 것이다.

나는 가능한 한 눈에 보이지 않는 것도 보이게, 말로 설명할 수 없는 것도 쉽게 설명하기 위해 노력했다. 인간의 세포가 탁자 위에서 확인할 수 있을 정도로 커지는 걸 보고 싶은가? 그렇게 커진 세포는 어떤 모습일까? 당신은 아마도 평범한 세포 안은 아주 복잡하고 바쁜 장소라고 생각할 것이다. 그렇다면 얼마나 바쁠까? 맨해튼만큼 바쁠까, 아니면 토론토만큼 바쁠까?

이것은 내가 지적 수준을 낮추고 싶어서가 아니다. 내가 가장 기초의 기초적인 질문을 쏘아붙이고 '모두가 아는 것'이라고 여겨 설명하지 않고 그냥 넘어가는 것들을 두드리는 데는 진실로 가치 있는 몇 가지 목적이 있다. 하나는 나 자신 역시 그 내용들을 누구나 알기 쉬운 설명이라고 본능적으로 느끼는 방식으로 이해하고 싶기 때문이다. 또 하나는 사람들이 과학을 꺼리는 커다란 이유는 밑도 끝도 없이 제시되는 가정과 해석이 안 되는 설명 때문이라고 믿기 때문이다. '바보들을 위한 원자 학습서'까지도 기초적이고 자명하기는 하지만 무슨 의미인지 짐작이 안 가는 닳아 빠진 설명으로 시작한다면 그게 만화로 되어 있대도 열심히 읽으려는 사람이 과연 몇이나 있을까?

나아가 나는 소수의 큰 얘깃거리에 대해 다수의 작은 질문들을 하는 방식을 택했다. 이는 근래에 과학 교육자들 사이에서 인기를 얻고 있는 방법이다. 비과학자들에게 과학을 알려주는 가장 좋은 방법은 많은 지식을 폭넓게 다루는 것이 아니라 몇 가지 주제를 깊게 다루는 것이다.

여러 달 동안 수많은 사람들을 만나고 실험실을 방문하고 나서 나는 근사하고도 끔찍한 느낌이 드는 데자뉴déjà-knew을 받았다. 과학자들은 내가 전에도 들어봤던 것 같은 이야기들을 하고 있었다. 그 느낌이 근사했던 이유는 과학자들의 말을 통해 내가 알고 있던 기본적인 과학 지식들이 나만의 자의적이고 특이한 주장이 아니라는 근거와 자신감을 얻을 수 있었기 때문이다. 끔찍했던 이유는 이제 자료 조사의 시간이 끝나고 직접 글을 써야 하는 고통스러운 시간이 찾아왔음을 알리는 것이기 때문이었다. 그건 신경과학자인 수전 호크필드의 말처럼 3차원적이고 병렬적인 경험을 2차원적이고 단선적인 글로 표현하는 과정이나 다름없다. "그건 네모난 원을 그리는 일보다 더 힘들어요." 그녀는 말했다. "정확히 말하면 네모난 구를 만드는 일이라고 할 수 있죠." 그 말을 들으니 미술 시간에 직선을 긋지 못해 울었던 기억이 났다.

1

과학적으로 생각하기: 유체 이탈 체험

Thinking Scientifically: An Out-of-Body Experience

예일대학의 생화학자인 스코트 스트로벨은 키가 크고 말쑥하며, 소년 같은 옷차림에, 안색은 윤기 나는 사과 같으며, 턱은 툭 튀어나왔고 하사관처럼 짧게 자른 머리 스타일을 하고 있다. 스트로벨은 꼭 운동선수처럼 보였다. 그의 책상에는 밝게 웃고 있는 세 아이의 사진이 있었다. 그가 브리검 영 대학을 최우등으로 졸업했다는 말을 들었을 때는 당연히 그렇겠지 하는 생각이 들었다. 스트로벨은 가족들과의 소풍에도 충분히 어울릴 사람이었지만, 이 밝은 햇살이 비추는 평일 아침에 그는 나와 함께 사무실 탁자에 앉아 자신이 무엇을 건설적인 즐거움이라 생각하는지를 이야기했다. 그는 종양학자라는 자신의 일을 매우 재밌어하는 듯했다.

스트로벨은 내가 전에 한 번도 본 적이 없는, 도무지 어떻게 하는 건지 짐작이 안 가는 마스터마인드 게임을 보여주었다. 그는 종종 자신의 실험실에 있는 박사후 연구원들이나 대학원생들과 이 게임을 한다고 했다. 그들은 마스터마인드 게임을 정말 사랑했다. 나중에 알게 된 바로는 내 남편과 딸도 그랬다. 스트로벨은 내게 마스터마인드 게임을 하는 법을 알려주었다. 게임 방식을 배우는 동안 여러 가지 단어가 내 혀끝에 맴돌았지만 절대로 세 사람이 말한 '사랑'이라는 단어는 아니었다.

스트로벨은 마스터마인드 게임은 구슬 구멍에 자신의 구슬을 나열함으로써 상대편이 감추고 있는 연속된 네 구슬의 색깔과 위치를 알아내는 게임이라고 설명했다. 만약 구슬의 색과 위치를 정확하게 맞췄으면 상대방은 자기 게임 판에 검은색 구슬을, 색은 맞는데 위치가 다르면 흰색 구슬을 그 수만큼 올려놓는다. 색을 맞추지 못했으면 아무런 구슬도 올려놓지 않는다. 게임을 하는 사람의 목표는 가능한 빨리 상대편이 네 개의 검은 구슬을 올려놓도록 만드는 것이다.

"알겠어요?" 스트로벨이 게임 판을 내게 들이밀며 말했다.

"전 정말 게임을 좋아하지 않아요. 그냥 멋진 슬라이드나 보면서 설명해주시면 안 될까요?"

내 말에 스트로벨이 대답했다. "이걸 해야 할 이유가 있어요. 자 시작하죠!"

갑자기 토네이도가 몰아쳐 온다거나 세균성 폐렴에 감염된 것도 아니니 어쩔 수 없이 나는 한숨을 쉬며 파랑, 빨강, 노랑, 초록 순으로 구슬을 늘어놓았다. 그러자 스트로벨은 검은색, 흰색, 검은색 구슬로 화답했다. 내가 빨강 구슬로 공격하자 그는 흰 구슬을 집어넣는 것으로 응수했다.

여기는 초록색이에요? 안 됐지만 아니에요. 나는 정말 최선을 다했지만 게임을 할 때는 뇌가 굳는 건지 계속 틀리기만 할 뿐 발전이 없었다. 나는 눈물이 나올 것 같아 꾹 참았지만 눈물이 땀이 되어 줄줄 흘러내렸다. 나는 스트로벨을 저주했고 과학자들을, 그중에서도 특히 이런 게임을 만든 과학자를 저주했다.

마침내 스트로벨이 나를 가엾게 여겼다. "뭐, 이 정도면 이해했겠죠." 그가 그 못된 구슬들을 모두 상자에 넣자 나는 맥이 풀려 축 늘어졌다.

스트로벨은 마스터마인드 게임이 '과학이 어떤 일을 하는지를 보여주는 소우주'라고 단언한다. 그는 나에게 게임을 시켜 과학에 관한 기본 진리를 알려주려 한 것이다. 스트로벨과 함께한 한 시간 동안의 게임이 즐거웠다고 말은 못 하겠지만 전공 분야에 상관없이 열성적으로 이 게임에 빠져드는 과학자들은 이 말이 진실이라고 모두 동의한다.

과학은 단순히 사실의 집합이 아니다. 과학은 마음의 상태이다. 세상을 바라보는 방법이며 본질을 드러내지 않는 실체를 마주하는 방법이다. 가장 정교한 발톱으로 문제를 공격해 느낄 수 있고 음미할 수 있는 조각으로 갈기갈기 찢는 기술이다.

나는 과학의 즐거움을 증언하는 말보다도 '과학은 사실의 집합이 아니라 생각하는 방식'이라는 말을 더 많이 들었다. 나는 이 말을 너무 많이 들어서 이제는 이 말이 내 몸의 일부가 된 것 같다.

"과학을 깊이 이해하지 못한 선생님들은 과학이 '사실을 다루는 학문'이라고 소개합니다." 칼텍의 행성 과학자 데이비드 스티븐슨은 말했다. "과학이 이성적으로 사고하는 방식, 다시 말해 어떤 생각이 이성적이고 어떤 생각이 그렇지 않은지를 평가하는 것임을 간과하고 있는 거지요."

시카고 대학의 고생물학자 닐 슈빈은 이렇게 말한다. "고등학교 과학 시간엔 과학이란 사실의 모음이며 기억하고 있어야 할 법칙이라고 배웠던 기억이 납니다. 크레브스 회로(세포 내 물질 대사 회로), 린네의 생물 분류법처럼요. 이런 식의 교육은 많은 사람들에게서 과학의 즐거움을 빼앗아갈 뿐 아니라 과학에 대한 엉뚱한 오해만 낳아요. 과학은 경직된 사실의 집합이 아닙니다. 과학은 활동적인 발견의 과정이죠. 과학은 생명체처럼 살아 숨 쉬고 있어요."

캘리포니아 대학의 학장이었던 데이비드 볼티모어는 "사람들이 주기율표를 외우느냐 외우지 못하느냐는 조금도 신경 쓰지 않습니다"라고 말한다. "사람들은 당연히 자기 삶에 의미 있는 문제들을 신경 써야 하죠. 단지 제가 원하는 건 그런 문제들을 좀더 합리적으로 해결했으면 하는 겁니다."

농부들은 타고난 과학자다

과학을 사실들의 집합으로 치부해버리는 순간 과학은 따분한 전문 용어들의 집단으로 전락해버리고 만다. 그렇게 되면 사람들은 교과서나 인터넷 교육 사이트 등을 대충 훑어보면서 굵은 글자로 된 용어만을 쳐다보게 될 것이다. 다른 내용은 모두 잊어버리고 강조되어 있는 부분만 기억하게 된다. 그런 사람들은 이런 용어들만 외우면 화학 시간에 낙제하는 일은 없을 테지, 하고 생각하겠지만 용어만 외우는 이런 식의 공부 방법으로는 학교의 시험 성적뿐 아니라 뇌 속의 시험 성적도 낙제 점수를 받게 될 것이다.

과학이 아는척쟁이들이 퀴즈쇼에서 벨을 울리며 대답하는 틀림없는 사실들이라는 상상은 주로 과학의 반대자들이 한다. 마치 논쟁의 여지가 있는 화석이 나올 때마다 다윈주의자들의 업적을 싸잡아 비난하는 진화 반대론자들이 그러는 것처럼. 닐 슈빈은 말한다. "창조론자들은 일단 과학을 사실과 확실한 것들의 모임이라고 덧칠했죠. 그런 다음에 '확실한 것'들이 정말은 확실하지 않다며 공격한 겁니다. 창조론자들은 이렇게 말했죠. '아하! 너희도 결론을 못 내리잖아. 너희들 말은 신뢰할 수 없어. 왜 우리가 너희 말을 믿어야 하는 거야?' 하지만 과학적 확실성이라는 허울 좋은 개념을 만든 건 바로 이런 창조론자들입니다."

미시건 대학의 이론물리학자 마이클 더프는 "과학은 경직된 교리를 모아놓은 게 아닙니다. 우리가 말하는 과학적 진리란 계속해고 수정되고, 도전받고, 개선될 수 있는 무언가를 뜻합니다"라고 했다. 그는 말을 이었다. "사실은 정반대인데도 사람들이 근본주의자들의 시각을 그대로 받아들여 과학은 딱딱하고 융통성이 없다고 하는 소리를 들으면 정말 짜증이 나죠. 과학자들은 누구나 운이 좋아서 새로운 사실을 발견했다면 그 사실을 발견한 순간부터 처음보다 더 많은 의문이 떠오른다는 사실을 잘 알고 있습니다. 내가 생각하고 있는 것이 과연 옳은 것인지 끊임없이 되풀이해서 물어보며, 내 지식이 얼마나 보잘것없는지를 되새기고 또 되새기죠. 과학은 아주 겸손하고도 겸허한 분야입니다."

이 말을 마친 더프는 재빨리 덧붙였다. "물론 그렇다고 오만한 과학자가 아주 없는 건 아니지만요."

다시 예일 대학으로 돌아가보자. 스트로벨은 마스터마인드 게임에 담긴 의미를 설명해주었다. 과학이 고정된 사실의 집합이 아니라면 과연 무엇일까? 과학적으로 생각한다는 것, 문제를 과학적으로 해결한다는 것은 과연 무슨 뜻일까? 세상은 크다. 세상은 복잡하다. 세상은 어느 십대 청소년의 어지러운 방이라 할 수 있다. 그 안에는 온갖 잡동사니들이 있다. 이제 그것들을 어떻게 부엌 싱크대로 가져가야 할까? 어떻게 하면 한꺼번에 때가 낀 포크와 접시와 구슬 구멍을 모두 옮겨갈 수 있을까?

"분석할 수 있는 자료를 얻기 위한 질문을 만들려면 먼저 결과에 영향을 미치는 변인을 분리해내야 합니다." 스트로벨의 말이다. "과학에서 한 번에 한 가지만을 알아보는 실험을 고안하는 건 정말 힘겨운 일이죠. 한 가지 변인만을 통제하고 나머지는 모두 최대한 변하지 않게 그대로 둔 채, 그 변인만 변했을 때 일어나는 일을 관찰해야 합니다." 마스터마인드 게임에서 구슬을 딱 하나만 바꿨을 때 어떤 변화가 일어나는지 보는 것도 일종의 '실험'이라 할 수 있다. 과학에서도 가령 예를 들어 어떤 화학물질의 반응에 산소가 어떤 영향을 주는지 알고 싶다면 실험을 두 번에 걸쳐서 진행해야 한다. 한 번은 산소가 있을 때, 한 번은 없을 때. 그 외의 모든 조건은 최대한 같게 유지해야 한다. 똑같은 온도, 똑같은 빛, 똑같은 시간, 실험에 사용하는 용기도 똑같이. 그래도 불안하다면 양말과 신발도 똑같이 신고.

과학을 한다고 해서 반드시 실험실 의자에 앉아 있어야 할 필요는 없다. 느끼지는 못할 뿐 사람들은 누구나 매순간 과학을 하면서 살아간다. 캘리포니아 대학교의 발생생물학자 폴 스턴버그는 "DVD 플레이어를 고치는 것도 일종의 실험이며 대조군과 비교해보는 과정"이라고 말한다. "첫 단계는 관찰이죠. 왜 화면이 지뢰지? 무슨 문제가 있나? DVD 플레이어가 문제일까 텔레비전이 문제일까? 이런 생각이 들면 DVD 플레이어의 문제에 대한 여러 가지 가설을 세우고 직접 실험해보게 됩니다. 이웃집에서 DVD 플레이어를 빌려와 설치해보고 텔레비전에 문제가 없다는 걸 확인하면 이번에는 DVD 전원이 제대로 작동하는지, 전선은 제대로 설치됐는지를 점검해볼 겁니다. DVD 플레이어의 작동 원리를 정확하게 알지 못하더라도 결국 무엇이 문제인지 확인할 수 있습니다.

왜 물고기가 저렇게 이상해 보이지? 왜 강아지가 화가 났을까? 햄스터한테 먹이를 조금 더 주어야 할까 덜 주어야 할까? 저 소리를 싫어하니까 스피커가 있는 곳에서 떨어뜨려놔야겠다 등등, 애완동물에 무슨 문제가 있는지 관찰할 때도 마찬가지입니다. 이 직업을 택할까, 저 직업을 택할까? 차가 막힐 시간인데 사무실에서 딸아이 학교까지 차를 타고 가면 얼마나 걸릴까? 이게 이 문제에서 핵심적인 부분일 거야, 이런 것들이 모두 가설을 세우고 실험을 하고 다른 조건들을 통제하는 사례들이죠. 그런 사실을 아주 어렸을 때 깨닫는 사람들도 있지요. 저는 박사학위까지 따고 나서야 알았는데 말이죠."

많은 수의 과학자들이 사람들이 너트와 볼트에 익숙해질 때 과학의 너트와 볼트(기본 요점)에 대해서도 좀더 익숙해지는 것 같다고 말했다. 프리스턴 대학교의 데이비드 보트슈타인은 이렇게 말한다. "학생들이건 일반인들건 간에 차를 고치거나 다양한 기계를 다뤄봤던 사람들에게는 보다 쉽게 과학을 알려줄 수 있었죠. 2차 세계 대전이 끝난 직후에는 누구나 차동 기어의 기본적인 작동 원리를 알고 있었죠. 자신이 직접 다뤄봤던 기계니까요."

농부들 역시 타고난 과학자들이다. 농부들은 계절과 기후, 식물 생장에 나타나는 미묘한 변화를 감지하며 기생충과 숙주가 벌이는 격렬한 한

판 춤의 관계를 정확히 알고 있다. 과학적 호기심으로 충만했던 미국 건국의 아버지들은 모두 농업에 관심이 많았다. 그중에서도 토머스 제퍼슨은 이탈리아에서 온 호박과 브로콜리, 프랑스에서 수입한 무화과, 멕시코에서 들여온 후추, 미국 서부 개척의 선구자인 루이스와 클락이 수집한 콩 등을 실험해보면서, 체계적인 방식으로 세상에서 가장 뛰어난 과일과 야채를 찾아내고 다른 작물들은 퇴출시키려 했다. 조지 워싱턴은 새로운 비료법과 윤작을 고안했으며, 말이 들어가 이제 갓 추수한 밀 위를 빠르게 걸으면서 이삭을 효과적으로 탈곡하는 16면 외양간도 만들었다.

"현대 미국의 평범한 성인들은 아마존에 사는 열 살짜리 아이나 200년 전에 살았던 같은 연령의 미국 성인들보다도 생물학에 대해 아는 것이 없습니다." 하버드 대학교 지구 · 행성과학과의 자연사학 교수인 앤드류 놀의 말이다. "과학이 열매를 맺을수록 사람들은 과학과 자연에 대해 알아야겠다는 필요성을 느끼지 않게 되었습니다. 정말 역설적이게도 우리 과학자들의 노력이 사람들을 과학에서 멀어지게 만든 셈이죠." 그러나 지금도 사람들은 애완동물이나 아이들의 문제를 고민하고, 그리고 무모하게도 컴퓨터를 직접 고치려고 한다. 그런 많은 경우에 사람들은 자연스럽게 과학적인 추론을 사용하는데 이는 단순히 그 방법이 가장 효과적이기 때문이다.

달은 날마다 떠오른다

과학이 성공할 수 있었던 커다란 이유는 과학의 또 다른 기본 성질 덕분이다. 과학자들은 모든 이들이 이해할 수 있는 진실이 있으며, 그 진실을 다른 이들과 공유하고 그들이 납득하는 방식으로 이해할 수 있다고 굳게 믿는다. 원한다면 우리는 이 진실을 주관적 진실이나 의견, 혹은 '계속해서 좋아하는 것이 변하는 변덕스러운 태도'와 반대되는 뜻으로 '객관적' 진실이라고 부를 수 있을 것이다. 그렇지만 이런 식의 대조는 주관과 객관이 공통점이 거의 없는 완전히 분리된 존재들이라고 암시하기 때문에 오해를 줄 수도 있다. 객관적 진실이 외부에 존재하는, 비개인적인 다른 존재, 그리고 '내가 아닌 것'을 뜻한다면 주관적인 진실은 개인적인, 친숙한, 독특한, 그리고 실제로 살아가는 삶을 뜻한다. 객관적 진실은 차갑고 추상적이며 주관적 진실은 따뜻하고 현실적이다. 과학이 효율적인 이유는 이런 이분법을 뛰어넘어 이른바 경험적 보편주의를 추구할 수 있기 때문이다. 이는 우주의 객관적 진실은 우리 모두의 주관적 진실이 모여 이루어져 있다는 이야기로 매우 실용적이다. 우리는 우주에 속해 있으며, 우주를 연구하면 궁극적으로는 우리 자신을 이해하게 된다. 브라이언 그린은 이렇게 말한다. "과학은 저 멀리 있는 우주를 설명하는 분야가 아니며 우리는 따로 떨어진 존재가 아닙니다. 우리는 우주의 일부이며, 우주를 구성하는 물질과 똑같은 물질로 이루어져 있고, 우주 전역에 작용하는 동일한 법칙대로 행동하는 우주의 일원입니다."

예일 대학교 앞에서 방울지는 물 분자는 코호테크 혜성에서 증발되서 우주로 흩어지는 물 분자와 다르지 않을 것이다. 우주의 재는 지구의 재와 같고, 별의 먼지는 지구의 먼지와 같다. 뒤에서 더 자세하게 설명하겠지만, 우리들의 몸을 구성하는 성분들, 지구를 구성하는 성분들, 주말마다 할머니가 두르는 앞치마를 장식한 성분들은 모두 오래전에 죽은 별들의 용광로 속에서 만들어졌다.

객관적인 진실이 존재한다는 것, 그리고 그 진실을 우리가 이해할 수 있다는 사실은 너무도 간명한 과학의 아름다운 진리로, 그 아름다움의 깊이는 거의 헌량할 수가 없다. 우리는 객관적이고 분명한 우주가 있다는 사실, 광년으로 측정하는 바깥의 거대한 우주와 원자 세계의 단위인 옹스트롬으로 측정하는 내부의 소우주가 있다는 사실을 쉽게 잊곤 한다. 우리는 호모 사피엔스의 아주 좁은 한계와 요구를 반영하는 수준으로만 일상의 실체를 구성하는 데 성공했다. 주체였던 우리는 객체가 되었고, 달이 야간 근무를 하러 날마다 하늘 위로 떠오른다는 사실도 잊어버리고 달이 하늘의 어디에 있는지 알려주던 단서도 더 이상 찾을 수 없게 돼버렸다. 우리들은 별의 부스러기로 만들어졌다. 그런데도 어째서 고개 들어 저 하늘에 있는 가족들의 모습을 쳐다볼 시간을 불과 몇 분도 내려 하지 않을까? 칼텍의 행성과학자 마이클 브라운은 말한다. "밖에 나가 하늘에 떠 있는 크고, 아름답고, 환상적인 별들을 한번 봐보세요. 대부분의 경우에 지금 보고 있는 별들의 모습은 앞으로 1년 안에는 다시 같은 모습이 되지 않을 겁니다."

어떤 별은 빛나고, 어떤 별은 환하다. 브라운은 이 밤의 수수께끼를 풀어보라고 권하며 달에 주목해보라고 한다. 달마다 아무 날이나 하루 이틀 저녁에 밖에 나가 달을 바라보라. 달이 언제 뜨는지, 어떤 모습인지, 언제 지는지 관찰하고 그 이유를 생각해보라. "그런 과정을 통해 태양과 달이 모두 하늘에 있으며 태양이 실제로 달 위에서 빛나고 있다는 것을, 달이 지구 주위를 돌고 있다는 것을 알게 됩니다. 그런 현상들이 할리우드의 특수 효과가 아니라는 사실을 알게 되죠." 브라운은 최초로 경험하는 단순한 관찰이 얼마나 강력한 힘을 지니고 있는지 잘 알고 있다.

대학을 졸업한 해 여름에 그는 자전거를 타고서 밤이면 아무데서나 야영을 하며 유럽을 돌아다녔다. 젊고, 자유롭고, 외국에 있다는 상황에 걸맞게 그에게는 손목시계가 없었다. 시간을 알기 위해서는 달을 봐야 했다. "태양이 질 때 보름달이 뜬다는 걸 그때까지 몰랐었죠. 그 모습을 보면서 '야, 이거 왜 저렇게 되는지 알겠는걸' 하고 생각했었죠. 그런 사실도 몰랐다는 걸 부끄러워할 수도 있었겠지만 그런 생각은 전혀 들지 않았어요. 그저 신기하고 놀라웠죠. 모든 물리학의 세계가 그곳에 있었고 실제로 어떤 일들이 일어나고 있었죠. 다른 세상은 완전히 잊어버렸죠."

급속히 커진 종양 때문에 세상을 떠나시기 전 마지막 봄에 내 아버지는 뉴욕 센트럴파크를 걷다가 생애 처음으로 식물들을 자세히 들여다보셨다고 말씀하셨다. 크리스마스로즈의 풍성한 봉오리, 버터를 머금은 것 같은 쭉 뻗은 매그놀리아 꽃, 수선화 잔가지, 시베리아 버그로스, 금낭화 같은 꽃을 활짝 피운 식물들을 자세히 들여다보았다고 했다. 아버지의 말씀은 내 마음 깊이 와 닿았고 나도 새롭게 태어나는 세상에 주의를 기울여야겠다고 다짐했다. 그 후 매년 봄이 되어 내가 보고 있는 것에 대해 특별한 질문을 던질 때마다 아버지를 기억하는 촛불을 밝힌 것 같은 느낌이 들고 내 무지와 자아도취에서 조금쯤은 벗어나는구나 하는 생각이 든다.

과학과 세상의 아름다운 마법들

세상을 보는 시각을 바꾸는 또 다른 좋은 방법은 현미경에 투자하는 것이다. 여기서 현미경이란 크리스마스 아침이나 박싱 데이(크리스마스 선물을 주는 날로 보통 12월 26일이지만 그날이 일요일이면 12월 27일이 박싱데이가 된다—옮긴이)에 주는 어린이 장난감 가게에서 살 수 있는 현미경을 말하는 게 아니다. 또한 표본을 수백 배 정도 확대해서 어떤 것이든 인공위성에서 본 아이오와 주의 옥수수 밭처럼 보이게 하는 그런 현미경을 말하는 것도 아니다. 이런 것보다 해부 현미경, 또는 입체 현미경이라고도 하는 현미경을 사라. 물론 해부 현미경은 꽤 비싸서 구입하려면 2, 3백 달러 정도는 든다. 그렇지만 해부 현미경이 가져다줄 놀라운 계시, 거대한 혁명, 좁은 상자 속에 틀어박힌 우리를 구해낼 것을 생각하면 그만한 가치는 충분하다. 브라운 교수처럼 나도 경험에서 배운 사실이다. 예전에도 나는 자주 실험실에 가서 성능이 좋은 현미경으로 면역 세포나 암세포, 개구리 알, 암컷 쥐의 콩팥 조직 등을 들여다보고는 했다. 그러나 내 딸아이가 선물받은 해부 망원경으로 함께 일상의 표면들을 들여다보기 전까지 해부 현미경이 얼마나 커다란 축복인지 알지 못했다. 큰어치의 깃털, 양치식물의 소엽, 결국 노린재의 알집으로 밝혀진 의자에서 긁어낸 조각 등등. 아무리 힘들고 험해도, 아무리 어두운 가시밭길이라고 해도 해부 현미경 앞에서는 작은 것들이 그 존재를 뽐내며 내 앞에 모습을 드러낸다. 배율이 40배만 되어도 소금 입자가 여기저기 흩어져 있는 유리 기둥처럼 보이고 딱정벌레 유충이 러시아의 유명한 보석인 파베르제 달걀처럼 보인다. 나는 모기를 참 싫어한다. 하지만 그런 모기도 해부 현미경으로 들여다보면 자코메티의 조각 〈바이올린을 켜고 있는 가느다란 남자〉처럼 보인다.

그렇다, 세상은 바로 그곳에 있다. 당신의 머리 위에, 당신의 눈 밑에. 현미경 속의 세계는 진짜이고 알아볼 수도 있다. 어떤 것이 지금과 같은 모습을 갖추게 된 이유를 이해한다고 해서 그 아름다움이나 웅장함이 감소될 리 없고 관찰 대상을 그저 화학물이나 분자, 방정식, 현미경의 표본 덩어리로 전락시키지도 않을 것이다. 과학자들은 지식의 추구가 인생의 신비나 아름다움, 혹은 '신성함'을 해친다는 케케묵은 주장에 성을 낸다. 브라이언 그린이 말하듯, 당신은 아름다운 장미를 보면서 그 사랑스러운 붉은 꽃잎에 숨어 있는 물리학을 이해할 수 있다. 누구나 붉은색이 빛의 특정한 파장이라는 사실을 알고 있다. 빛은 광자라고 하는 작은 입자로 이루어져 있다. 태양이 내보내는 광자에는 우리가 무지개에서 볼 수 있는 온갖 색깔이 다 있지만, 빛이 장미에 닿았을 때 장미꽃 색소들은 붉은색 광자는 튕겨내고 다른 빛깔의 광자는 흡수한다. 튕겨 나온 붉은색 광자는 우리 눈 속으로 들어오고, 그래서 우리는 장미 꽃잎이 붉다고 느끼게 된다.

그린은 이렇게 말한다. "저는 이런 설명을 좋아합니다. 리처드 파인먼이 이야기한 이 특별한 이야기를 참 좋아하지요. 하지만 장미를 보면 누구나 느끼는 그런 감정도 강하게 느낍니다. 감정이 없는 기계처럼 무생물을 다루듯 연구하는 게 아니지요." 사실은 그 반대이다. 장미가 장미로 있을 때는 그저 장미일 뿐이지만 연구의 대상이 된 장미는 시가 된다.

우주의 '마법'을 잃지 않은 채로 우주를 탐험하고 더 많이 이해할 수 있다는 것이, 어쩌면 '마법'이 눈에 보이는 질서 아래 숨어 있는 진실일지도 모르며 언젠가 현실은 마법의 빗자루를 타고 언덕 위에 있는 호그와트로 떠날지도 모른다는 것을 의미하지는 않는다. 물론 우주는 여전히 풀지 못한 신비로움으로 가득 차 있지만, 과학자들은 우주가 이해할 수 있는 공간이라고 확신하며 쌓여가는 지식 속에서 우주에 대한 물음표는 마침표로 바뀌고 있다. 이제 과학자들은 우주가 일정한 법칙이 없는, 과학으로 설명할 수 없는 신비로운 공간이 아니라고 생각한다. "우리는 이 세상이 어떤 곳인지 아주 잘 인식하고 있습니다. 이 세상은 이제까지의 생각처럼 너무나도 신비해서 이해할 수 없는 곳이 아닙니다. 물론 그런 곳이기를 바라는 사람들도 있지만요." 스티븐 와인버그는 말한다. "또 인류의 운명이 행성의 배열에 따라 결정되는 세상도, 수정 구슬로 병을 고치고 누군가의 의지로 숟가락을 구부리는 세상도 아닙니다. 때로 경찰이 사건을 해결하기 위해 심령술사를 부르기도 하고, 텔레비전에서 심령술에 대한 찬반 토론이 진행되기도 합니다만, 그런 문제들은 진짜 미해결 문제라고 부를 만한 것들이 아니지요."

예컨대 천문학에서 풀어야 할 가장 난해한 문제 가운데 하나는 암흑에너지라 불리는 힘의 정체이다. 중력과 반대로 작용하는 이 수수께끼의 힘은 우주의 가속 페달을 밟고 있는 것 같다. 뒤에서 이야기하겠지만, 우주는 137억 년 전 빅뱅으로 탄생한 이후로 계속해서 커지고 있다. 이는 거의 논쟁의 여지가 없을 정도로 분명한 사실이다. 그러나 비교적 최근까지만 해도 과학자들은 우주의 팽창 속도가 느려지고 있을 것이라 생각했다. 왜 그런지는 쉽게 알 수 있다. 젊은 날에는 좌충우돌 혈기 왕성한 사람도 시간이 지나면 힘이 빠져 얌전해지기 마련이듯, 과학자들은 우주도 마찬가지일 거라고 생각했다. 중력이 질량에 작용해 끌어당길 테니 팽창 속도도 당연히 줄어들 것이라고 여겼다. 그런데 관찰 결과는 예상과 정반대였다. 우주의 팽창 속도는 점점 빨라지고 있었다. 은하들 간의 거리는 점점 더 빠른 속도로 멀어지고 있었다. 우리 우주는 어디선가 새로운 활력을 얻고 있었다. 우주를 팽창시키는 어두운 힘, 우주 제일의 선동가, 검은 유리 뒤에 숨어 있는 교활한 폭동가의 정체는 무엇일까? 암흑에너지의 존재는 천체물리학의 전체 체계에 대해 지금까지 인류가 우주에 대해 알아낸 사실들에 의문을 던져야 한다고 말하고 있는 걸까? 코미디계의 유명인 스티브 마틴의 말을 빌려서 말해보자. "그럴 리가!" 과학자들은 암흑에너지에 홀딱 반했다. 암흑에너지의 크기와 힘은 과학자들을 매료시켰다. 과학자들은 암흑에너지에 대해 아주, 아주 많이 알고 싶어 했다. 내가 만나본 과학자 가운데 암흑에너지라는 존재에 위협을 느꼈다는 사람은 하나도 없었다. 모두 암흑에너지가 어떤 것일지 저마다의 생각이 있었지만 자신보다 나은 가설에 대해서는 언제나 개방적이었다. 과학자들은 암흑에너지의 정체를 밝히기 위해 심령술사의 도움을 구하지는 않을 것이다.

어쨌든 역사는 도무지 이해할 수 없는 수수께끼를 결국 이해하게 된 사례들로 가득 차 있다. MIT의 물리학자 로버트 제프는 첨탑과 천벌에 관한 이야기를 들려주었다. 기독교의 크고 작은 교회들은 전통적으로 하늘에 좀더 가까워지고 이웃 마을에 자랑하기 위해 마을에서 가장 높은 곳에 우뚝 솟은 높은 첨탑을 세웠다. 그러나 불행하게도 나무로 만들어 높게 세운 이런 첨탑은 이웃들의 시기심보다는 자연의 사랑을 더 많이 받았다. 번번이 벼락에 맞아 불타는 일이 많았던 것이다. "그런 일이 벌어질 때마다 죄악과 신의 분노 때문이라며 억지 해석을 했고, 교구 주민들이 어떤 죄를 지었기에 신의 분노를 샀는지를 밝히느라 큰 소동이 일어났습니다." 그러나 18세기에 벤저민 프랭클린이 번개가 신비한 종교적인 힘이 아니라 전기 현상임을 밝혀냈다. 프랭클린이 첨탑이나 지붕에 피뢰침을 설치하라고 조언한 이후 번개를 종교적 상징으로 해석하는 전통은 사라졌다. 오늘날 교회에 불이 난다고 해도 그것은 사제가 촛불 끄기를 잊어버렸기 때문이지 신의 분노 때문이라고 생각하는 아무도 사람은 없다.

과학에는 수학이 필요할까

과학자들은 우주의 모든 것이 전부는 아니더라도, 대부분은 이해할 수 있는 것으로 밝혀지리라고 믿는다. 그런데 흥미롭게도 이 이해할 수 있다는 사실이 과학자들에게 끊임없이 놀라움을 가져다준다. 임마누엘 칸트는 '우주에 관한 가장 놀라운 사실은 이해할 수 있다는 점'이라고 말했다. 프린스턴 대학교의 천체물리학자 존 바콜이 세상을 떠나기 직전에 인터뷰에서 말했듯이, 우리는 바다에서 기어 올라왔으며, 태양 주위를 도는 작은 땅덩어리를 벗어나지 못하는 존재이고, 태양 역시 은하의 팔 부분에 위치한 중간 크기에 중간 나이에 중간보다 어두운 희미한 빛을 내는 별에 불과하며, 우주에는 반짝이는 별들로 가득한 수백만 개의 은하가 있다. 그런데도 우리는 작은 소립자에서 거대한 우주의 끝까지, 거대하고 오래된 우주에 대해 알아가고 있다. "이것은 정말 경이롭고도 정말 특별한 일입니다. 그리고 이렇게 될 필연적 이유도 없었습니다"라고 바콜은 말했다.

달리 말하면, 우리는 별들을 셀 수 있는 행운의 별 아래 태어난 것이다. "사람들은 우주가 전체 모습을 볼 수도, 분석해낼 수도 없는 아주 복잡한 곳이라고 생각하고는 하지만, 우리가 살고 있는 우주는 그렇게 복잡한 곳이 아닙니다. 이런 사실이 저로서는 정말 기쁩니다"라고 브라이언 그린은 말한다. 우주는 말도 못하게 복잡하고 혼란스러운 곳처럼 보이지만 사실은 정교하게 질서가 잡힌 곳이다. "과학의 경이로운 점은 간단한 개념 몇 가지가 믿을 수 없을 정도로 많은 현상을 만들어낸다는 것이죠. 칠판에 적힌 몇 개의 기호가 우리가 경험하는 아주 많은 것들을 설명해줍니다." 아, '칠판에 적힌 몇 개의 기호'란 그린과 내가 만나본 모든 물리학자들의 칠판과 화이트보드를 가득 메우고 있던 상형문자들을 말한다. 물리학자들은 그저 만화가들에게 포즈를 취해주느라 방정식을 휘갈겨 쓰는 것이 아니다. 물리학자들은 말로 사실을 표현하듯 분필로 과학적 사실을 보여주며, 그들 역시 우리처럼 추상적 계산이 삶의 풍부함과 얼마나 잘 맞아떨어지는지에 놀랄 때가 많다. 물리학자 유진 위그너는 현재를 묘사하고, 과거를 들추고, 믿을 수 있는 행운의 쿠키를 굽는 '수학의 비이성적인 효과'에 대해 말한다. 과학자들은 수학의 도움을 받아 앞으로 수천 년 후에 있을 일식을 예측할 수 있고, 오늘 쏘아올린 우주선이 언제 해왕성과 만날지 알 수 있으며, 먼 곳에 있는 항성의 수명과 고통스러운 죽음을 예측할 수 있다. 수학이 현실을 파헤칠 수 있는 강력한 수단임이 입증되었으며, 그래서 과학자들은 수학이 현미경이나 컴퓨터 같은 인간이 만든 발명품이 아니라 우주의 구조와 운동 방식에서 살짝 엿볼 수 있는 우주의 본질적인 특성을 반영하고 있는 것이라 생각한다. 이 같은 관점에서 보면, 굳이 페어의 후손인 인간이나 그리스 수학자 유클리드의 영특한 후손이 아니어도, 비유클리드적 형태라고 부르는 독특한 안장 모양의 시공 구조를 이해하는 데 아무런 문제가 없다. 칼텍의 이론물리학자 존 슈워츠는 이렇게 말한다. "누군가가 양자역학이나 상대성 이론 같은 원리를 처음으로 발견했다는 말을 들을 때마다 이런 생각이 듭니다. 그건 오래전에 우리은하나 또는 다른 은하에 속한 수백만 개가 넘는 또 다른 문명에서 이미 발견한 사실일지도 모른다고요."

수학이 본질reality을 이해하는 능력을 가지고 있다고 해서 신성하고 비할 데 없이 고귀한 무엇이라고 생각해서는 안 된다. 어떤 현상을 수학 기호를 사용해 설명한 방식이 수학 기호를 사용하지 않은 설명에 비해 '더' 진실인 것은 아니다. '네 개의 다리 위에 매끄럽고 평평한 것이 올려져 있는 가구'를 '탁자'라고 부르는 것이 메사mesa, 타볼로tavolo, 리에스트lijst라는 낱말(모두 탁자를 가리키는 말—옮긴이)로 부르는 것보다 더 진실인 것은 아니듯 말이다. 수학은 한 언어일 뿐 유일한 언어는 아니며, 수학의 기호가 나타내는 내용은 다른 언어로, 쉽고 간단한 말로도 설명될 수 있다. 수학적 정리와 '현실의 우리들' 사이의 두 점을 잇는 데 관심이 거의 없는, 순수 수학자라고 하는 소규모 집단을 제외한 모든 사람들에게 수학은 하나의 결과를 얻기 위한 수단일 뿐이며, 그 결과는 단순히 원주율 파이를 숭고하게 만드는 것보다 더 많은 일을 해야 한다. 수학은 우리에게 다시 현실성을 돌려줘야 하며, 이번에는 장 제목, 주석과 보충 설명, 신중한 동사들을 적절하게 갖추어 필연적인 결론과 남는 의문점을 설명해야 한다. 나는 대중적인 과학 작가들이 글을 쓸 때 수학을 사용하길 피한다며 불평하는 과학자들이 마음에 들지 않는다. 그들은 수학의 요점은 수학은 수학일 뿐이라는 것인 양, 수학이 아니면 내용 자체가 불완전하고 심지어 빗나가게 된다고 주장한다. "원칙적으로 모든 방정식은 평범한 말로 된 문장으로 표현할 수 있습니다"라고 브라이언 그린은 말한다. 물론 그렇게 바꾸면 보통은 엉망진창인 어색한 문장이 되는 것은 사실이며, 그렇게 해서 책을 내팽개쳐버리고 싶을 정도로 괴상하게 만들고 싶은 사람은 없을 것이다. 그래도 요지는 분명하다. 아무리 숫자만 보면 노이로제에 걸리는 사람도 충분히 우주에 관한 이야기를 이해할 수 있다는 것, 수학에 정통하지 않아도 충분히 복잡한 과학 원리를 이해할 수 있다는 것이다. 애리조나 주립 대학교의 지구 및 우주 탐사학과 학장인 킵 호지스는 이렇게 말한다. “저는 몇몇 과학자들이 믿고 있듯이 과학을 하는 데 수학이 꼭 필요하다는 생각을 해본 적이 한 번도 없습니다. 수학은 자연을 표현하는 방법이기는 하지만 자연을 이해하는 필수조건은 아닙니다.”

물론 우리 아이들은 지금 가르치는 것보다 훨씬 더 깊고 자세한 수학을 배울 필요가 있다. 여기에는 절대적으로 동의한다. 그렇지만 우리는 아이들은 그런 학습이 가능하지만 어른들은 불가능하다는 슬픈 진실을 받아들여야 한다. 뇌의 생물학적 특성상 아이들은 모든 종류의 언어를 능수능란하게 익힐 수 있다. 아이들의 신경세포는 액체와 같아서 크게 노력하지 않아도 새로운 영역을 만들어 새로운 지식을 쏟아 부을 수 있다. 그러나 나이가 들면서 소파와 도자기를 놓을 진열장에 생각을 쏟아 붓는 동안 신경세포는 조금의 예외도 없이 굳어지기 시작한다. 20대 후반에서 30대 초반 정도가 되면 마음은 확고하게 굳는다. 이때는 인생의 기준이 분명해져서 어떤 것들을 어떤 식으로 받아들일지가 이미 결정되어 있다. 물론 어른이 된 후에도 어떻게 죽게 될지를 아는 순간까지 무언가를 배울 수는 있다. 그러나 어른들은 대부분 이미 습득해놓은 기술의 프리즘을 통해서만 배움의 기회를 활용할 수 있다. 그러니 만약 수학이 마치 그리스어 같아서 알아먹을 수가 없다면 다음의 사실들을 위안으로 삼으라. (a) 그게 당연하다. 수학에서 쓰는 많은 기호들은 진짜로 그리스 알파벳이다. (b) 과학자들 중에서도 정말 놀랍도록 많은 사람들이 수학을 이해하지 못한다. 실제로도 생물학자, 화학자, 지질학자, 천문학자 중에는 수학을 잘 모르는 사람이 많다. 세균 생태학 분야의 떠오르는 샛별로 각광받고 있는 프린스턴 대학교의 보니 바슬러는 자신이 수학을 '끔찍하게 못하며' 언제나 그랬다고 고백했다. "계산기가 있으면 가계부를 정리할 수 있고, 분수도 계산할 수 있습니다. 하지만 그게 답니다. 그래도 별 문제가 없었어요. 그래서 수학 공부는 그만두었죠."

심지어 수학이 필수인 물리학자들도 수학의 벽에 부딪히고는 한다. 스티븐 와인버그는 자연계의 네 가지 기본 힘 가운데 두 가지인 전자기력과 약한 핵력을 전자기약력이라는 이론상의 힘—이 힘은 아무리 고등학교 수학책을 뒤져도 나오지 않는다—으로 합치는 수학 공식을 발전시키는 데 공헌하여 노벨상을 받긴 했지만, 최근에 그는 연구 분야를 소립자 물리학에서 우주론으로 바꾸었다고 한다. 소립자 물리학 연구에 필수인 수학이 힘에 부쳤기 때문이다.

그러나 수학을 통달하는 일이 과학의 핵심을 파악하고 심지어 직접 수행하는 데도 꼭 필요한 조건은 아니라 하더라도, 광활한 과학의 장을 누비는 동안 거대한 일가를 이루고 있는 수학 가문의 일원들과 부딪치는 일은 피할 수 없다. 그중에 하나가 다음 장에서 다룰 정량적 사고 quantitative thinking이다(앞으로 나올 내용 중에 정량적 사고라는 용어를 좀 더 쉽게 풀어쓸 수 있는 경우에는 수리 능력이라고 표현하기도 했다—옮긴이). 정량적 사고란 확률과 무작위라는 개념에 익숙해지고, 어려운 문제를 좀더 다루기 쉬운 요소로 분해해서 도지히 일아낼 수 없을 것 같은 양을 작은 메모지에다 힘들게 계산해내는 기술을 배우는 일이다. 예컨대

'우리나라에 있는 모든 통학 버스 수'라든가 '사람들이 손을 잡고 일렬로 늘어선다면 몇 명이 있어야 지구를 한 바퀴 돌 수 있을까', '손을 잡고 지구를 둘러쌀 때 일부는 바다에 잠길 테니 만약을 대비해 일단 치아 기록을 제출하고, 구명조끼를 입고, 상어 퇴치 약을 가져가야 할 사람은 몇 명이나 될까' 같은 문제들 말이다. 물론 인터넷 등에서 쉽게 해답을 찾을 수 있긴 하지만 그저 검색 사이트를 마구 뒤지는 것보다는 직접 머리를 써서 수를 비교해가며 단계적으로 풀어나가는 것이 자신을 발전시키는 데 훨씬 도움이 된다. 과학자들은 과학이 그저 단순한 사실과 법칙의 나열이 아니라 역동적이고 창조적인 작업으로 여겨지기를 바라는 것만큼이나, 사람들이 확률, 평균, 표본 크기, 데이터 세트 같은 통계적 지식을 잘 알아서 숫자를 이용해 사기를 치려는 시도를 정당한 근거로 비웃어주기를 바란다. 정량적 추론을 하게 되면, 일부분의 이야기나 개인적인 경험에 현혹당하는 일을 피할 수 있다. "내가 (혹은 내 친구가, 도어맨이, 카리브에서 만난 바리스타가) 겪은 일인데 말이지……"라며 이어지는 사례는 한낱 샘플에 불과하며, 보편적인 진실이라고 할 수 없다. 수數의 본질을 좀더 잘 이해해야만 무시무시할 정도로 많은 사람들이 모여 살고, 다양한 문화가 뒤섞여 휘몰아치는 복잡한 사회(영화 〈배트맨〉의 고담 시 같은 사회)가 아닌, 사소한 사건과 실수만 일어나는 동질의 작은 부족에 맞춰 진화해온 인류의 뇌가 지닌 경직성을 일시나마 해소할 수 있다. 세상에는 '큰 수의 법칙the law of large numbers'이라는 작은 법칙이 있다. 아주, 아주 큰 집단을 고려하면 거의 모든 것이 가능하다는 것이다. 제한된 규모 안에서는 드물게 벌어지는 일이 큰 집단 내에서는 일반적으로 일어날 뿐 아니라 당연히 일어나야만 한다. 한 사람이 두 번 이상 큰 액수의 복권에 계속 당첨되어 뭇 사람들의 경탄과 시기심을 불러일으키는 기적 같은 경우도 확률로 생각해보면 전혀 이상할 게 없다. 텍사스 대학교 경제학 교수 조너선 퀼러는 "정말로 놀라야 할 때는 두 번 당첨된 사람이 아무도 없을 때이죠"라고 말한다.

과학은 의견이 아니라고요

거대한 세상에서 작게만 생각하면서 우리는 무엇이 의미 있는 것이고 무엇이 우연한 것인지에 대해 왜곡된 사고방식을 갖게 된다. "사람들은 지나칠 정도로 동시성에 감명을 받고 그것에 속기도 합니다." 템플 대학교의 수학자이자 『숫자에 약한 사람들을 위한 우아한 생존 매뉴얼 *Innumeracy*』(동아시아, 2008)을 비롯한 여러 권의 책을 집필한 존 앨런 파울로스의 말이다. 파울로스는 장난삼아 바넘 효과(많은 사람들이 보편적으로 가지고 있는 성격이나 심리적 특징을 자신만의 특성으로 여기는 심리적 경향을 뜻하는 용어. 사람들이 혈액형, 운세, 점괘 등을 그럴 듯하게 여기는 것은 이 때문이다—옮긴이)를 입증하는 동시에 돈도 벌 수 있는 실험을 수행했다. 그는 주식 시장에 대해 각기 다르게 예측한 두 개의 소식지를 만들어 두 집단에게 보냈다. 그 결과 한 집단은 앞으로 3개월 동안 주식이 오를 것이라는 소식을 들었고 다른 한쪽은 정반대 내용을 들었다. 3개월 후, 주식 시장의 상황을 확인한 파울로스는 이번에는 맞아 떨어진 예측 결과를 보낸 집단을 다시 둘로 나누어 새로운 소식지를 보냈다. 이번에도 한쪽은 주식 시장이 강세를 보일 것이라는 소식을 들었고, 다른 쪽은 빨리 주식을 팔아야 한다는 경고를 들었다. 파울로스는 세 번째 소식지를 보낼 때는 많이 줄어들기는 했지만 그래도 상당한 수의 사람들에게 큰소리를 칠 수 있었다. "이봐요, 내가 두 번이나 주식 시장을 정확하게 예측한 거 알고 있죠? 이제부터 내 예언을 들으려면 10달러를 내야 합니다."(템플 대학교에서 수상한 소식지가 날아오면 파울로스의 수작은 아닌지 의심해봐야 한다!)

최상의 과학적인 사고를 결정짓는 정량적 사고의 또 다른 측면은 일정 수준의 양적이고 물질적인 증거가 분명히 있어야 한다는 점이다. 과학은 증거를 요구한다. 당연한 말 아니냐고? 그렇지만 사람들은 좀처럼 이런 가르침을 완전히 소화해서 자기 것으로 만들지 못하기 때문에, 매일같이 가나다와 주기율표를 외우고, 척추에는 엽산이 좋고 지구 중심에는 철이 있다는 것을 기억하려고 노력하듯 거듭 되새겨야 한다. 과학이 증거를 필요로 한다는 사실을 쉽게 잊어버리는 까닭은 우리가 의견을 사랑하기 때문이다. 신문 독자들이 가장 꼼꼼히 읽는 지면은 의견이 담긴 곳들이다. 사설, 칼럼, 논평, 또 매우 분노하고 있는 어딘가에 사는 독자의 호전적인 편지 같은 것들. 의견은 아프건 건강하건, 아침을 먹고 있건 블로그를 하고 있건 간에 언제 어느 때나 사람들의 시선을 끈다. 의견은 만족감을 준다. "당신은 당신 의견을 말할 자격이 있지요. 그렇지만 나는 내 의견을 고수할 겁니다"라고 할 수 있으니까. 하버드 대학교의 앤드류 놀은 그에 대해 이렇게 말했다. "정치에 대해 이야기할 때는 '나는 부시가 좋아'라거나 '나는 부시가 싫어'라고 말할 수 있습니다. 하워드 딘이 싫다거나 존 케리나 미스터 마구가 싫어라고 말할 수도 있고요. 정치적인 의견에서는 논리적인 이유를 댈 필요가 없지요. 정치적 견해를 입증할 수 있는 명백한 증거를 댈 필요도 없고요. 정치적 견해가 근거가 약하다고 해도 다른 설명을 해야 할 필요도 없습니다. 그저 투표함에 가서 난 이 정치인이 좋아라며 자신이 원하는 사람을 찍으면 그만입니다. 좋아하는 요리를 왜 좋아하는지 이유를 댈 필요가 없는 것과 마찬가지죠. 저녁을 먹으러 식당에 갔을 때는 그저 스테이크를 다 익힐 것인지 약간만 익힐 것이지만 알려주면 그만입니다. 왜 그런 스테이크를 먹으려 하는지 명확한 근거를 제시하라고 요구하는 웨이터는 없지요. 팁을 받고 싶지 않다면 몰라도 말이죠.

그런데 안타깝게도 과학도 의견을 받아들일 때와 똑같은 태도로 받아들이는 사람들이 많습니다. 조지 부시가 싫다거나 좋다고 하는 것처럼 진화를 믿는다거나 믿지 않는다고 하는 겁니다. 왜 진화를 믿지 않는지, 진화를 믿지 말아야 할 증거가 있는지 없는지는 조금도 신경 쓰지 않고 그저 믿지 않는다고 하지요." 당신은 진화론자니까 진화를 '믿지'만 나는 창조론자여서 진화를 '믿지' 않는다. 당신에게는 당신 의견이 있고 나에게 내 의견이 있다. 뭐 세상은 다양한 의견이 존재하는 곳 아니겠는가?

상황이 이렇다 보니 대부분의 진화학자들이 매우 인내심을 잃고 있으며 대화 상대자에게 할 말 못 할 말을 막하기도 한다. 과학자들은 서로에 대해서도 꽤나 가혹하다. 그런 과학자들은 다른 사람이 제출한 보고서를 비웃거나 무시하면서 "이 자칭 연구라는 것에 자금을 대준 사람이 불쌍하다"라거나 "내가 발로 써도 이것보다는 잘 쓰겠다"라는 코멘트를 단다. 그렇지만 조잡한 어리석음에 대한 으르렁대는 싸움개 같은 태도는 과학이 가지는 열정적인 힘의 한 측면이다. 과학과 삶의 다른 많은 분야와의 커다란 차이점은 다음과 같은 조지 W. 부시의 발언에 잘 나타나 있다. 그는 독립기념일 행사 때 불만을 표시한 시민에게 이렇게 말했다. "누가 당신의 생각이 어떤지 궁금하다고 했습니까?" 과학에서 당신의 의견은 중요하지 않다. 그런 식의 의견을 갖게 된 당신의 맹목적인 희망과 환상은 중요하지 않다. 중요한 것은 증거의 양과 질이다.

"어떻게 차이가 없기를 바라겠어요?" 칼텍의 생물학자 엘리엇 메이어로위츠는 말한다. "사실 과학에서는 어떤 것이 자신의 생각대로 된다면 실험을 어떤 방식으로 수행했는지 더 철저하게 되짚어서, 자신이 편견에 사로잡혀 있는 것은 아닌지 점검해봐야 합니다." 인류의 모든 구성원이 그렇듯이 과학자들도 편견에, 특히 개인적인 편견에 사로잡혀 있다. 어쨌든 우리는 두개골 안에 붙들려 있는 존재다. 우리는 뇌를 뛰어넘을 수도 마음을 교환할 수도 없다. 우리는 그저 그 안을 들여다볼 수만 있다. 그래서 사람들은 '나는 생각한다, 고로 나는 옳다'라고 생각하곤 한다. 이런 자기기만은 사실 자신의 비범한 가치를 내세워 잠재적인 고용주나 연인을 설득할 때는 아주 유용한 도구로 쓰이지만 MIT의 분자 생물학자 제럴드 핑크의 말처럼 '과학의 적'이라는 것은 분명하다.

"지나치게 철학적이지 않은 우리들은 보기도 어렵고 이해하기도 어렵지만, 우리의 편견에 좌우되지 않는 자연의 진리가 있다고 믿습니다"라고 메이어로위츠는 말한다. "과학자들이 학부 생활, 대학원 생활, 박사후 연구원 생활을 하면서 그 모든 시간 동안 훈련을 계속하는 것은 개인의 편견을 다루는 법을 배우기 위해서이죠." 훌륭한 과학자들은 자신들이 틀렸다고 생각하며 많은 시간을 보낸다. 그들은 무죄추정의 원칙에 반대하는, 무죄가 입증되기 전까지는 유죄인, 속죄를 구하는 참회자들이다. MIT의 화학자 다니엘 노세라는 이렇게 말했다. "연구를 하는 사람이라면 연구에 몰두하는 시간 대부분을 자기 자신의 오류를 입증하며 지내야 합니다." 연구를 하는 동안 자신에게 무슨 이야기를 했는지, 피펫을 사용하거나 해파리에서 추출한 녹색 형광 물질을 쥐의 배아에 이식하기 전에 어떤 가설을 세웠는지는 큰 문제가 되지 않는다. 다만 끝나는 순간까지 순수한 마음을 유지해야 한다. 노세라는 계속해서 이렇게 말했다. "과학 보고서의 결론 부분은 그 사람이 훌륭한 과학자인지 아닌지를 보여줍니다. 이 부분이야말로 그 사람이 제대로 실험을 했고, 자료를 정확하게 수집했고, 그 자료가 옳다는 사실이 나와 있는 곳이죠. 논의 부분에서는 똑똑해 보일 수도 있고, 멍청해 보일 수도 있으며, 흥미로울 수도, 그렇지 않을 수도 있습니다. 그러나 저는 언제나 학생들에게 항상 강조하지요. '과학자들은 똑똑해 보일 때도 있고 멍청해 보일 때도 있는 법이니 그것 때문에 걱정할 필요는 없다. 하지만 언제나 진실해야 한다. 보고서의 결론은 언제나 정당한 것만이 담겨 있어야 한다'고 말입니다." 컬럼비아 대학교의 신경과학자 다시 켈리도 비슷한 충고를 한다. "설령 당신의 이야기는 틀렸다 할지라도 자료는 진실해야 합니다."

개구리 알은 뱀이 다가올 때 부화한다

과학자들은 어떤 방법으로 자신들의 편견과 거짓 자료라는 오물을 씻어낼 수 있을까? 바로 대조 실험이라는 성스러운 세례식에서 빈번히 정화 의식을 치루며 그렇게 한다. 나타난 결과에 나타나지 않은 것들을 대입해 비교해보는 일은 과학 보고서의 순수성을 지키는 데 필수적이다. A라는 변수에다 B라는 작용을 가했더니 Z라는 결과가 나왔다. 그렇지만 작용을 E, I, O, U, 심지어 Y까지 해봐도 A는 변하지 말아야 이 실험 결과가 올바른 것이 된다. 보스턴 대학교의 과학자들은 빨간눈청개구리의 알은 알 가까이에 뱀이 접근하면 잡아먹히는 걸 피하기 위해 예정보다 일찍 부화해서 올챙이가 안전한 물속으로 뛰어든다는 가설을 밝혀내고 싶었다. 그렇지만 미숙란이 예정보다 일찍 깨어난 이유가 알을 먹기 위해 다가오는 뱀 때문임을 입증하기는 쉽지 않았다. 알이 예정보다 일찍 깨어나는 이유가 다른 환경 요인 때문이 아니라 다가오는 뱀 때문이라고 그 누가 장담할 수 있을까? 그래서 과학자들은 정확히 알아내기 위해 뱀의 접근을 비롯해 사람의 발자국이나 빗방울 등 강도가 같은 다양한 진동을 알에다 가해보았다. 개구리 알은 뱀이 다가올 때만 부화했다.

매력적인 대조 실험은 보통 대조군을 숨긴 채로 진행된다. 이런 실험에 참가하는 사람들은 결과가 나올 때까지 어떤 집단이 대조군이고 어떤 집단이 진짜 실험 대상이 된 실험군인지 알지 못해야 하며 결과가 나와야 비로소 비밀이 밝혀진다. 제대로 된 대조군을 계획하는 일이 실험 과정 중 가장 어려운 부분인 경우도 많다. 침술이 당뇨, 우울증, 요통 같은 만성 질환에 효과가 있는지를 알아보려 했을 때 과학자들은 심각한 문제에 부딪쳤다. 실험을 계획한 과학자들은 대체 의료라면 무조건 진저리를 내며 반감을 표시하는 동료들에게 지치고, '엉터리 침술 치료'에 대한 악의적인 학술 자료들에 더욱 의기소침해졌다. 그들은 순도 100퍼센트의 맹검 실험, 다시 말해 한 환자 집단은 침술 요법을 받고 또 다른 환자 집단은 침술 요법을 받지 않지만, 누가 진짜 치료를 받고 누가 가짜 치료를 받는지 모르는 그런 실험을 필요로 했다. 그렇지만 바늘로 찌르는 것 같은 명백한 행위를 가지고 사람들을 한순간이라도 속이는 일이 과연 가능할까? 과학자들은 산뜻하고도 멋진 해결책을 찾아냈다. 환자들 반은 정확한 침 자리에 바늘을 꽂았고 나머지 반은 바늘을 꽂았을 때 아무런 해도 득도 없다고 알려진 자리에 바늘을 꽂았다. 정확한 침 자리에 바늘을 꽂은 요통 환자들은 증상이 완화됐지만 가짜 침 자리에 바늘을 꽂은 환자들은 그렇지 않았다. 마침내 침술에 아주 회의적인 서구 의사들도 5천 년 된 침술 요법이 완전히 쓸모없지는 않다는 사실을 인정해야 했다.

"제가 과학자로 사는 동안 가장 많이 걱정한 일은 '내가 대조군을 제대로 설정했을까'라는 것이었습니다"라고 제럴드 핑커는 말한다. "논문을 게재하러 발송하기 전에 계속 의심해봐야 하죠, 정말 제대로 했나? 정말?"

자료의 안전성을 보장하는 또 다른 방법은…… 또 다른 방법을 이용하는 것이다. 한 가지 문제를 여러 각도에서 살펴보고 언제나 같은 결론에 도달하는지 확인해봐야 한다. 꼼꼼한 실험 설계의 예로 내가 즐겨 드는 것은 일리노이 대학교 어바나 샴페인 캠퍼스의 행동신경생물학자 진 로빈슨의 보고서이다. 행동신경생물학자는 행동과 관련된 신경생물학을 연구하는데 로빈슨의 연구 대상은 꿀벌이다. 그는 뇌의 유전자 활동이 한 개체의 행동에 어떤 식으로 영향을 미치는지 연구하면서, 사회적으로 논란이 되기 쉬운 이 커다란 문제에 접근하는 가장 좋은 방법은 알파벳 b 안에도 넉넉히 들어갈 수 있을 만큼 자그마한 꿀벌bee의 뇌를 연구하는 것이라고 생각했다. 그는 질문했다. 꿀벌은 어떻게 자신이 해야 할 일과 하지 않아도 되는 일을 아는 걸까? 일벌은 어떻게 6주라는 짧은 생애 동안 처음 3주는 알을 돌보고, 벌집을 치우고, 대식가인 여왕을 먹이는 일 같은 집안일을 해야 한다는 것을 자연스럽게 아는 걸까? 또 무엇 때문에 3주가 지나면 보모 일은 싹 잊은 채 벌집을 나가 꽃가루와 꿀을 모으는 채집자가 되어 우연찮게도 꽃의 생식을 돕게 되는 걸까? 꿀벌의 뇌에서 어떤 변화가 일어나기에 이런 전환이 일어날까? 게다가 하루에 30킬로미터씩 돌아다녀도 길을 잃지 않고, 소리도 나지 않는 춤으로 동료들에게 풍요로운 꽃밭의 위치를 알릴 수 있는 능력까지 얻고 말이다.

로빈슨의 연구팀은 한 유전자가 벌의 갑작스러운 작업 전환에 핵심적인 역할을 한다는—왜 안 그렇겠는가—다양한 실험 증거를 찾아냈다. 과학자들은 벌집에서 채집을 맡은 일벌들을 모두 없애면 집안 살림을 맡았던 어린 보모 벌 가운데 일부의 뇌 세포 속에서 채집 유전자가 작동하기 시작해 어른의 역할을 맡게 된다는 사실을 보여주었다. 두 번째로 과학자들은 보모 역할을 맡은 벌들에게 설탕물에 채집 유전자를 인공적으로 활성화시킬 수 있다고 알려진 화학물질을 섞어 먹이면 온순한 재택근무자들이 갑자기 자신들은 장미꽃 봉우리를 모아올 수 있다며 밖으로 나가는 모험을 택한다는 사실을 밝혀냈다. 마지막으로 과학자들은 채집 유전자를 억제하는 화학물질을 보모 꿀벌들에게 먹이자 다시 채집 유전자를 활성화시키는 물질을 먹이지 않는 한 이 꿀벌들은 영원히 보모 꿀벌로 남았다.

과학자들이 제시한 모든 증거와 모든 대조 실험들이 동일한 결과를 내놓았다. 채집 유전자가 켜지지 않는 한 꿀벌들은 변하지 않는다. 평범한 발견일지도 모르겠지만, 최상의 결과를 내기까지 잘 다듬고 광을 낸 멋진 실험이다.

과학자들은 증거를 요구한다. 그리고 그들은 빈약한 자료를 파워포인트에 실어 발표하는 성의 없는 연구자에게는 자비를 보이지 않는다. "정말 공격적이고도 대립이 심한 과정이죠. 서로 충돌하고 싸우는 건 과학자들에게는 일상생활이에요." 루시 존스의 말이다. 과학자들이 농담을 주고받을 때면 사람 좋은 너털웃음을 짓는 걸 많이 봐왔지만 연구를 발표할 때는 하이젠베르크 일화 같은 농담이 통하지 않는다. 논쟁 중에 우는 사람까지는 못 봤지만 백지장처럼 창백해지고 몸을 사시나무 떨듯 떨면서 쓰러지기 일보 직전인 사람들은 많이 보았다. 과학계에서 살인이 벌어지는 경우는 드물지만 불행히도 자살은 그렇지 않다. 과학계의 혹독한 신고식은 안정적인 현 상태를 뒤집을 수 있는 창의적이고 참신한 사람들을 용납하지 않는 독단적인 분위기를 만들어낼 수도 있다. 이것은 친숙한 $E=mc^2$이라는 과학의 영웅 이야기의 토대가 된다. 외로운 천재가 자신을 믿어주는 여자 친구와 단 둘이서 거대한 권력과 맞서는 영화 같은 이야기 말이다. 현재 제약회사에서 신나게 팔고 있던 효자 상품이 판매저조라는 위기에 빠지면, 제약회사에 소속된 과학자들은 수상할 정도로 재빨리 경쟁 회사 제품이 수백만 달러를 벌어들이는 자사 제품보다 싸고 효과도 좋다는 연구 자료를 쓸모없게 만들어버리는 것이 사실이다. 또 큰 이득이라는 유혹이 없더라도, 과학자들은 천문단위는 무조건 파섹을 사용해야 한다는 것 같은 이상한 고집을 부릴 때가 있다. 그 때문에 자료가 그들을 배반해서 결국 잘못된 연구나 견해를 변명해야 하는 순간이 찾아오기도 한다. 데이비드 볼트모어는 몇 년 전에 세상을 떠난 MIT의 과학자에 대해서 이야기했다. 그 사람은 대부분의 천문학자들은 물론 전체 과학계가 받아들인 우주의 기원설에 대해 거부했던 마지막 저항자 가운데 한 사람이었다. "그는 빅뱅을 믿지 않았어요. 그래서 그는 모든 사람과 부딪혔죠."

굳이 자만이나 학문적 우월감이 없다 해도 과학자들은 새로운 결과를 들으면 아주 회의적이 되기 마련인데, 사실 그럴 만한 충분한 이유가 있다. 깜짝 놀랄 만한 새로운 사실은 대부분 아주 형편없고 다음 연구를 위한 밑거름도 되지 못하는 쓰레기인 경우가 많기 때문이다. "아주 놀라울 정도로 직관에 어긋나는 결과가 나왔다는 것은 실험을 망쳤다는 뜻일 경우가 대부분이죠." 콜드 스프링 하버 연구소의 마이클 위글러의 말이다.

사람들은 위대한 과학 혁명이란 기존 지식을 완전히 뒤집어엎는 것이라는 잘못된 생각을 하고 있다. 그러나 실제로 대다수의 위대한 과학 이론은 기존 이론들을 통합하고 완벽히 흡수해 더 큰 진보를 이룩해왔다. 알베르트 아인슈타인이 입증한 것은 아이작 뉴턴이 틀렸다는 사실이 아니다. 그보다 그는 운동과 만유인력에 관한 뉴턴의 이론이 완벽하지는 않으며, 아주 작은 소립자가 빛에 가까운 속도로 움직이는 극단적인 환경에서는 물체의 행동을 설명할 새로운 방정식이 필요하다는 사실을 보여주었다. 아인슈타인은 기존 지식을 좀더 폭넓고 분명하게 만들었으며 공간과 시간에 대한 개념을 보다 더 정교하게 다듬었다. 그렇지만 지구가 태양 주위를 돌 때나 야구공이 방망이를 향해 무시무시한 속도로 날아올 때, 새로 산 값비싼 귀걸이가 배수구로 떨어질 때는 뉴턴의 운동 법칙이 여전히 그대로 적용된다.

"과학의 법칙은 아주 확고합니다." 버클리 대학교 천문학자 알렉스 필립펜코는 말한다. "저는 매일매일 정말 흥미롭기는 하지만 끔찍할 정도로 불완전한 아이디어들을 담은 메시지를 받습니다. 그런 사람들에게는 이렇게 말해주죠. '보세요, 당신의 생각은 좀더 일관성 있게 다듬을 필요가 있습니다. 당신이 이야기하는 새로운 내용을 우리 모두가 알고 있는 기존의 학문과 일관되게 설명할 수 있도록 말입니다' 하고요. 어떠한 종류의 새롭고 혁명적인 생각일지라도 해도 그 생각은 과학자들이 이미 널리 받아들이고 있는 사실, 다시 말해 기존 지식을 설명할 수 있어야 합니다."

아주 드문 경우이기는 하지만 아무리 회의적인 시각이 견고하더라도 설득력 있고 포괄적이며 완전히 무르익은 혁신적인 생각이라면 과학계는 결국 받아들인다. 1953년에 제임스 왓슨과 프랜시스 크릭이 발표한 「네이처」에 실린 짧은 논문이 좋은 예이다. 이 유명한 논문은 DNA, 즉 디옥시리보핵산Deoxyribonucleic acid의 유례없이 정교한 구조를 설명하고 있다. 오랫동안 전 세계 유수의 유전학자들은 세포 속에 들어 있는 유전물질은 핵산이 아니라 단백질이라고 생각했다. 그 이유는 간단했다. 단백질은 복잡하다. 단백질은 세포 속에 존재하는 그 어떤 물질보다도 복잡하다. 유전정보도 마찬가지로 아주 복잡해 보인다. 그러니 복잡한 유전정보는 당연히 복잡한 단백질이 전달하지 않겠는가. 그러나 이중나선 구조의 우아함과 사다리처럼 한 쌍씩 맞물려 있는 네 염기의 영리함, 한 가닥만 있으면 자신과 똑같은 가닥을 만들어 딸세포를 만들어내는 편리함을 목격하게 되면서 유전학자들은 이 과묵한 암호가 어떻게 모든 생명의 이야기를 만들어내는지 깨달을 수 있었다.

1960년대에 개최된 지구과학 회의에서도 전설 같은 일이 일어났다. 그때 과학자들은 울퉁불퉁한 산봉우리와 깊은 계곡들, 격렬한 화산 활동과 발갛게 타오르는 용암 등을 비롯한 다양한 지질 활동이 생기는 이유를 설명하는 판 구조론의 증거들을 목격했다. 그 회의에 참석한 루시 존스의 지도 교수는 존스에게 얼마나 놀라운 발표였는지 말해주었다. "너무나 증거가 설득력 있고 압도적이라 아무도 이의를 제기할 수 없었대요." 더구나 더 놀랍게도, "아무도 그렇게 하고 싶어 하지 않았고요"라고 한다.

새로운 불확실성을 찾아서

그러나 사실 이런 **기적** 같은 승리는 극히 드물다. 대부분은 트집을 잡거나 이의를 제기하고 보다 더 분명한 대조 실험을 요구하거나 반대되는 결과를 들이밀고 그도 아니면 동료의 원고 모퉁이에 악의적인 낙서를 해댄다. 과학의 진보는 대부분 뜨문뜨문 이루어지고 한 개인의 실험 결과는 꿀벌의 뇌만큼이나 보잘것없다. 과학을 비난하려고 이런 말을 하는 게 아니다. 과학의 힘은 바로 커다란 문제를 작은 여러 조각의 문제로 바꾸어 공략하려는 데에, 부당하게 비난받고 있는 환원주의라는 방법을 끌어안으려는 데 있다. 그와 동시에 그렇게 한 조각 한 조각씩 해결해가는 접근법에서는 지루할 정도로 신중하게 여러 가지를 살펴봐야 한다. 연구 결과를 발표하길 원하는 대학 홍보부나 필사적인 언론의 요구가 아무리 거세더라도 자료를 확대 해석하지 않도록 참는 것이 필요하다. 훌륭한 과학자들은 적어도 은퇴해서 명예 교수라는 안락의자에 앉아 편히 쉬며 사변적인 논의를 하는 시기 전까지는, 지나치게 확대 해석을 하거나 화려한 결과를 추구하지 않는다.

현역으로 일하는 과학자들에게 주어지는 의자는 안락의자가 아니라 오늘은 밖에 나왔다가 내일은 옷장에 처박히는 접이식 의자다. 과학자들은 불확실성에 익숙하며 자신들이 아는 것이 거의 없다는 사실을 인정한다. 사실 과학자들은 그저 불확실성에 익숙한 것이 아니다. 그들에게는 불확실성이 삶의 보람이다. 이것은 과학자들이 사람들이 뼛속 깊이 받아들이길 바라는 또 하나의 중요한 사실이다. 과학은 태생적으로 불확실한 과업이다. 그런데 역설적이게도 이 불확실성이야말로 과학의 힘이 나오는 또 하나의 원천이기도 하다. "우리들은 새로운 패턴, 새로운 법칙, 새로운 기본 원리, 새로운 **불확실성**을 찾기 위해 노력합니다"라고 칼텍의 앤디 잉거솔은 말한다. "우리들은 새로운 것을 찾고 발견하기도 하지만 우리가 알고 있는 것에 대해 논쟁을 벌이기도 합니다. 우리는 서로 다른 견해를 표현하고 종종 너무나도 강하게 의견이 부딪히다보니 일반인들은 혼란스러울 수도 있을 겁니다. '이 과학자들이 과연 아는 게 있기는 한 건가' 하고 의문이 들기도 할 거고요. 뭐 결국 우리들은 특정한 문제에 대해서는 합의점을 찾습니다만, 그 시점이 되면 우리는 다음 불확실성으로, 다음 미지의 영역으로 옮겨가지요. 꾸물거릴 여유가 없거든요." 무지는 기쁨이며 언제나 새로운 이유가 된다. "과학자들은 정보의 존재가 아닌 정보의 부재에 더 큰 자극을 받습니다"라고 스코트 스트로벨은 말한다. 때로는 합의가 정말로 합의를 의미하는 경우도 있다. 다윈의 '자연선택에 의한 진화론'처럼 이론이 압도적인 경우나(그리고 이 생물학의 매우 중요한 핵심 이론의 더 많은 부분과 이 이론을 둘러싼 날조된 곤란의 광대짓에 대해서도 합의한다), 지구 온난화에 관한 논쟁처럼 정황이 확실할 때 그렇다. 여러 가지 다양한 의견이 있긴 하지만 "지구의 평균 기온은 올라가고 있으며 모든 책임이 있다고는 할 수 없지만 에어컨 사용량 증가 같은 가연성 물질을 이용하는 등의 인류 활동 일부가 지구의 평균 기온을 높이는 데 일조하고 있다"는 데는 정말 많은 수의 과학자들이 동의한다.

다른 한편, 과학적 합의는 그저 거대한 불가지론에 불과한 경우가 많다. 화학 오염물질이 유방암을 일으키는가 하는 문제를 예로 들어보자. 한쪽에서는 실험실 동물을 예로 들며 산업용 화학물질이 유방 종양의 원인이 된다고 주장한다. 인간의 경우 유전적인 요인만으로 유방암을 설명하는 것은 한계가 있으며, 다양한 국가에서 유방암 비율이 급속도로 증가하는 이유는 분명 환경적인 발암 요소가 작용하기 때문이라고 말한다. 그러나 다른 한쪽에서는 살충제와 발전소 같은 외부 환경이 사람의 암에 미치는 영향력을 연구한 결과 특별한 상관관계가 없었다고 말한다. 환경운동가들에게는 실망스러운 결과이지만 대부분의 과학자들은 화학 오염물질이 자궁암에 영향을 미친다는 사실에 회의적이거나 구체적인 입장을 밝히지 않는다.

칼텍의 천문학자 척 스타이들은 이렇게 말한다. "당신은 사람들이 과학을 대수롭지 않은 것이라고, 그리고 과학자들은 아는 것이 없다고 생각하기를 원치 않으시겠죠. 그러나 합의에 도달하는 과정은 심하게 뒤엉켜 있고, 넘어야 할 장애물이 아주 많다는 것이 사실입니다. 합의된 결과가 일반 대중들에게 공개될 때는 실제 모습보다 훨씬 더 단단한 것처럼 보이죠."

과학은 불확실하다. 왜냐하면 과학자들은 정말로 어떤 것을 완전히 반박할 수 없게, 중성미자만큼의 의심도 남지 않게 증명을 할 수는 없기 때문이다. 또 과학자들은 그런 시도도 하지 않는다. 대신에 과학자들은 틀린 부분이 아주 아주 적은 가장 그럴듯한 설명을 찾을 때까지, 경쟁하는 가설들을 제거해나간다. 되도록이면 틀린 부분이 가장 적은, 가장 좋은 가설을 찾을 때까지. 다시 켈리는 "현직에 종사하는 과학자들은 과학이 진리라고 믿지 않아요"라고 말한다. "단지 과학은 진리에 **접근하는** 방법이라고 생각하죠." 자신들이 다루고 있는 과학의 본질이 잠정적이고 근사적이라는 사실을 아는 과학자들은 자신들의 지식을 업그레이드할 여지를 남겨둔다. 물론 과학자들의 업그레이드 방식은 기존 모델보다 훨씬 뛰어난 성능을 지니며 등장하는 컴퓨터 운영 체계의 업그레이드와는 사뭇 다르지만. 예컨대 과학자들은 유전물질을 운반하는 주요 운반체가 단백질이 아닌 DNA라는 사실을 밝혀낸 후에도 DNA가 유일한 운반체는 아닐 것이며 최초의 운반체도 아닐 것이라고 의심했다. 과학자들은 한때 시키는 대로 일하는 심부름꾼이라고 생각했던 RNA에 주목하기 시작했다. RNA는 DNA와 단백질 사이에서 일하며 제왕인 DNA가 내리는 명령을 받아 쉬지 않고 세포 내 작업을 수행하는 일꾼인 단백질에게 전달한다. 과학자들은 RNA가 많은 능력을 가지고 있다는 사실을 찾아냈으며, RNA가 DNA의 조상일지 모른다고, 생명이 처음 탄생했을 때 연속성 유지와 유전을 담당한 운반체일 가능성이 있다고 생각한다. 이후에 RNA는 더 튼튼한 DNA에게 복제와 생식이라는 역할을 넘겨주었다는 것이다.

얼마 전 과학자들은 광우병 소와 광우병 소를 먹은 불행한 소비자들의 뇌에서 DNA처럼 스스로를 복제하는 프리온prion이라는 단백질을 발견해냈다. 프리온의 존재와 전염성, 정확한 복제 능력 등을 발견한 공로로 스탠리 프루시너는 1997년에 노벨상을 받았다.

새로운 사실이 발견된다고 해서 왓슨과 크릭의 첫 발견에 흠이 생기는 것은 아니다. 데이비드 볼트모이는 말한다. "RNA와 단백질이 유전자를 운반하는 경우는 특수한 경우일 때뿐이죠. 그러니 유전자를 운반하는 핵심 운반체로서의 DNA의 역할이 훼손되지는 않습니다. 그저 우리들의 개념이 분명해지고 정교해질수록 절대적이었던 것이 그 절대성을 조금씩 잃어가는 것뿐입니다." 다시 말해 자신들은 결코 진리를 **알** 수 없으며 그저 진리에 접근하는 것뿐이라는 사실을 받아들임으로써 과학자들은 진리에 좀더 가깝게 다가갈 수 있다. 만성적인 불확실성이 강장제 역할을 해주는 것이다.

그러나 과학계라는 극장 밖에서 구경하는 사람들에게는 시끌벅적한 싸움이, 주저하는 모습이, 수정하고 주석을 다는 모습이 과학이 헐렁해 보인다는 느낌을 준다. 줏대 없이 이리 갔다 저리 갔다 하는 모습처럼 보일 수도 있다. 처음에는 지방을 먹지 말라고 해놓고는 곧바로 곡물을 먹지 말라고 한다. 화상을 입은 자리에는 버터를 바르는 게 가장 좋다고 하다가 곧바로 버터는 화상 부위를 넓힌다는 사실을 알아내고 그러니 얼음을 사용하는 편이 좋다고 말한다. 여성들은 누구나 마흔 정도 되면 호르몬 치료를 받는 게 좋다고 말해놓고 모든 여성들은 즉시 호르몬 치료를 끊고 다시는 쳐다보지도 말라고 말한다. 사실 1960년대 과학자들은 폭발적인 인구 증가로 전 세계 사람들이 모두 굶어죽거나 폭동이 일어날 거라고 예언했었다. 그러나 지금 선진국 인구 통계학자들은 여성들이 미래에 안정된 세금을 거둬들이고 양로원 비용을 대줄 아이들을 빨리 낳지 않는다며 툴툴거린다. 사정이 이런데 대체 무엇 때문에 우리가 과학자들 말을 들어야 하는가? 가령 '지구 기온이 바뀌고 있으며 화석 연료가 사라질 것은 자명한 일이니 에너지 정책을 바꾸어야 한다'는 등의 과학자들의 말에 귀 기울이고 따라야 할 필요가 있을까? 오늘날 과학자들은 그렇게 말하긴 한다. 그러나 내가 디젤 차량을 계속 오래 타다보면 언젠가 그들이 내 차가 뭉게뭉게 내뿜는 배기가스가 사실은 환경에 좋다고 말할지도 모르지 않는가!

믿어야 할 건 아무것도 없어

이것이 과학이 일반인들에게 다가갈 때 마주치는 커다란 문제 중 하나이다. 어떻게 하면 과학에 대한 신뢰를 해치지 않으면서 과학에는 불확실성이 필요하다는 사실을, 그래야 수준을 높이 유지하면서 발전할 수 있다는 사실을 전할 수 있을까? 어떻게 해야 엉뚱한 결론을 피하면서도 독단이나 확언하고 싶은 유혹을 뿌리칠 수 있을까? "사람들은 과학은 역동적이며 과학자들의 생각이 언제라도 바뀔 수 있다는 사실을 이해할 필요가 있습니다. 또 우리 생각이 변해야만 하고요. 그래야 과학이 제 기능을 할 수 있습니다." 데이비드 스티븐슨의 말이다. 그는 계속해서 말했다.

"과학자들은 절대적인 것을 다루는 사람들이 아니라는 사실을 이해하는 것이 비판적 사고방식의 한 부분입니다. 하지만 물론 그렇다 해도 과학자들의 발언은 상당히 영향력 있으며 옳을 확률도 아주 높지요."

비판적 사고를 하는 한 가지 비법은 냉소, 혹은 비꼼과는 확실히 선을 긋는 것이다(나는 비꼬는 태도가 아주 싫지만 어쩌다보니 아주 익숙해졌다!). 냉소적인 사람들은 모든 제안을 무시하고 보이는 것에 눈 감으며 어떤 자료든 쳐다볼 생각도 않는다. 쥐의 유방암을 치료할 수 있는 약이 개발됐다고요? 어서 미니 마우스에게 가서 이야기해주시죠. 새로운 공룡 종의 화석을 발견했다고요? 공룡은 진부해요. 스티븐 제이 굴드가 이런 말을 들으면 저 세상에서 투덜거리지 않을까. 모든 일에 우선 냉소적인 태도를 보이는 이유는 불신 때문일 수도 있고 자기 방어 때문일 수도 있고 비관적인 성격 때문일 수도 있고 그저 게으르기 때문일 수도 있다. 그 이유가 무엇이건 간에 다 무익한 일이다.

UC 버클리University of California, Berkeley의 데보라 놀런은 통계학 개론 수업을 할 때마다 '그럴 리가 없다!'라고 외치는 맹목적인 공격을 받는다. 놀런은 그런 공격에 침착하게 대응하면서 완고한 생각들을 바꾸기 위해 노력한다. 매 학기마다 놀런은 학생들에게 다양한 의학, 과학, 사회 문제를 다룬 뉴스 기사들을 제시한다. 총기 사고를 당한 사람이 구급차 안에서 보조 의료진에게 응급처치를 받아 소생하는 게 나을까 아니면 병원에 갈 때까지 기다리는 게 나을까? 수술실에서 의사가 음악을 들으며 수술하는 게 나을까, 조용한 상태로 수술하는 게 나을까? 마음이 풍요롭고 안정된 엄마가 아이에게 더 좋은 영향을 미칠까 아닐까? 놀런은 이런 기사에 대한 감상을 학생들에게 물어보았다. 학생들의 전공이 무엇이건 간에, 과학이건 문학이건 호텔경영이건 간에 첫 반응은 모두 같았다. 서로 짠 듯한 냉소적인 반응. 학생들은 신문에 나온 내용은 믿을 수가 없다고 주장한다. 놀런은 어째서, 정확히 무엇 때문에 신문 내용을 믿지 못하는지 물어보았다. 학생들은 이번에는 좀더 신중하게 신문을 살펴보고 대답한다. 왜냐고요? 글쎄요……. 왜 내가 이 기사를 **믿어야** 하죠?

그러고 나면 놀런은 신문 기사의 근거가 된 원래의 연구 자료를 학생들에게 보여주고 학생들과 함께 꼼꼼하게 분석해본다. 그 연구를 진행한 사람은 누구이며, 실험은 두 집단 이상으로 나누어 행했는지, 집단을 나눈 기준은 무엇이었는지, 어떤 식으로 두 집단을 비교했는지 등을 살펴보고 연구의 성과와 한계를 검토해서 연구자가 그런 식의 실험 방법을 택한 이유와 자신이 연구자였다면 어떤 식으로 연구를 진행했을지 등을 토론한다. 연구자의 입장을 충분히 이해한 후에 학생들은 다시 한 번 신문 기사를 읽으면서 신문 기사가 연구의 본질을 제대로 전달하고 있는지를 평가한다.

놀랍게도 대부분의 학생들은 이런 과정에 깊은 감명을 받고, 태도를 완전히 바꾸어 기자가 한 일을 제대로 평가할 수 있게 된다고 놀런은 말한다. 나는 그녀가 천천히 분명한 어조로 거듭 말하는 것을 들었다.

더 놀라운 것은 학생들에게 부적절한 예를 제시하면 자신들이 만족하지 못하는 이유를 정확하게 설명한다는 것이다. "학생들은 처음에는 정확한 이유도 없이 모든 것에 엄청나게 회의적인 반응을 보입니다. 그러나 비판적인 사고가가 되면 원래의 실험이 어떤 내용을 담고 있고 어떤 것을 놓쳤는지 정확하게 기술함으로써 자신의 비판과 의혹을 뒷받침할 수 있죠."

나는 또한 냉소적인 비웃음에서 냉철한 분석으로 학생들의 태도를 바꾸는 베스 워드의 방법을 좋아한다. 프린스턴 대학교의 지구과학과 교수인 워드는 매년 학생들에게 걱정거리를, 어떤 것이든 걱정거리를 하나 만들어보자고 말한다. 그녀는 학생들에게 자기의 평상시 관심사에 대한 부정적인 내용을 듣거나 읽은 적이 있는지 하는 곤란한 질문을 던진다. 그게 개인적인 습관이든, 탐닉이든, 좋아하는 음식이든 간에 그런 이야기를 들으면 정말로 걱정이 되는가, 아니면 그냥 무시하게 되는가? 얼마만큼 위기의식이 느껴져야 자신의 생활방식이나 식습관을 바꿀 생각이 드는가? 내가 자발적으로 혹은 필요에 의해 하게 되는 다른 위험한 행동들과 비교해보면 얼마만큼 위험한 것인가? 다른 사람에게 혹시 피해를 줄지 모른다고, 또 환경을 해칠 수 있다는 이유로 내 조그만 사치를 누리는 일에 죄의식을 느껴야 할까?

"학생들에게 커피를 너무 많이 마시는 것, 피임약을 복용하는 것, 참치 샌드위치를 먹는 것, 번지 점프를 하는 것 등등 자신이 하는 행동 중에서 때때로 마음 한 구석에서 죄의식을 불러일으키는 문제를 아무거나 생각해보라고 말합니다. 그러면 학생들은 증거를 살펴보면서 위험도를 평가할 수 있게 되죠."

자신의 기호품이나 습관의 위험도를 알려주는 정보는 인터넷에서 쉽게 찾아볼 수 있다. 예를 들어 환경보호국The Environmental Protection Agency 웹사이트에 가보면 매일같이 접하는 독성 화학물질에 대한 정보, 가령 매일 안심하고 노출되어도 괜찮은 화학물질의 분량 같은 것을 확인해볼 수 있다. 환경보호국 웹사이트에서는 참치 통조림 속에 들어 있는 수은의 양을 참치 1킬로그램당 몇 밀리그램이라는 식으로 표시해놓았으며 자기 몸무게를 고려했을 때 통증이나 잇몸 출혈, 종기, 실명, 혼수상태 등에 빠지지 않고 먹을 수 있는 수은의 양도 밀리그램 단위로 함께 알려준다. 뭐 그 정도 양이면 안심하고 참치를 샐러드에 넣어 먹어도 될 것 같다. 알려주어서 감사.

혹시 당신은 워드의 학생이 그런 것처럼 일주일에 한 번 매니큐어를 바른다는 사실을 걱정하고 있을지도 모르겠다. 손톱 손질을 하러 가면 매니큐어와 매니큐어 용해제에서 나오는 증기를 잔뜩 들이마셔야 한다. 그 냄새는 동물원 코끼리 사육장의 냄새보다 조금만 더 육감적이다. 그런데 코에 안 좋은 것이 꼭 몸에도 안 좋을까? 환경보호국 웹사이트를 보면 손톱 광택제와 광택제 제거제 속에는 톨루엔이 들어 있다고 한다. 톨루엔은 원유에서 추출한 물질로 약간의 독성이 있으며 어느 정도 휘발성이 있다. 즉 쉽게 증발해서 공기와 함께 들이마시게 된다는 것이다. 환경보호국은 손톱 관리실을 비롯한 다양한 장소에서 노출될 수 있는 톨루엔의 양도 알려준다. 인터넷을 검색해보면 어떤 행동을 한 시간 동안 했을 때 흡입할 수 있는 독성물질의 양을 쉽게 알 수 있으며, 그러고 나면 페인트가 마르는 것을 지켜보고 서 있는 일이 얼마나 간 떨리는 행위인지 잘 알게 될 것이다. 워드의 학생이 그랬듯, 당신도 여러 자료들을 조사하고 분석해보면 일주일에 한 번씩 손톱을 손질하러 가는 것은 전혀 해가 되지 않겠지만 하루에 열 시간씩 손톱 관리실에 앉아 있는 것은 위험한 일이라고 깨달을 것이다. 그러니 그곳에서 일하는 사람에게 팁을 넉넉하게 주자!

임페투스 이론

과학적으로 사고하는 것을 막는 또 다른 이유는 자신이 이미 많은 것을 알고 있다는 믿음, 특히 자라오면서 초등학교 때 간단한 내용들은 모두 배웠다는 믿음 때문이다. 어린 시절에 딱히 특별한 과학적 지식을 접하지는 못했어도, 성장하는 동안 실제로 일어나는 물리 현상에 대한 직관이 생겼기에 가령 여름이 더운 이유나 겨울이 추운 이유, 공을 위로 던졌을 때 벌어지는 일들이 왜 생기는지를 그럴듯하게 설명할 수 있게 된다. 때로 이런 직관은 우리 뇌에 너무 편안하게 박혀 있어서 우리는 잘못된 인식을 갖기도 한다.

하버드 대학교의 인지신경과학과의 수전 캐리 교수는 우리가 정성 들여 길러왔고, 또 오류인 경우가 많은 물리 현상에 대한 그런 인식이 어떤 식으로 우리의 배움을 방해하고 그릇된 이해를 하게 만드는지에 대해 연구하고 있다. 캐리 교수는 위로 던져 올린 공이 땅으로 떨어지는 경우를 예로 든다. 그녀는 먼저 공을 하늘로 던졌을 때 공이 하늘로 올라갔다가 중간에서 곡선을 그리며 땅으로 떨어지는 궤도를 그리고 그 궤도상에 공 몇 개를 드문드문 그려 넣게 한다. 그런 다음 공들이 해당 위치에 있을 때 받고 있는 힘의 크기와 방향을 정확하게 화살표로 표시해보라고 요청한다. 그런 요구를 받으면 정말 대다수의 사람들이 올라가고 있는 공에는 무조건 위를 가리키는 큰 화살표를 그려 넣고, 내려오고 있는 공은 무조건 아래를 가리키는 큰 화살표를 그려 넣는다. 공이 운동하는 동안 중력의 영향을 받는다는 사실을 생각해서, 위로 올라가는 공에 위로 향하는 큰 화살표 말고도 그 밑에 아래로 향하는 작은 화살표를 그려 넣는 사람들도 꽤 있다. 이런 사람들은 완전히 꼭대기까지 올라간 공에는 위를 향한 아주 작은 화살표와 아래를 향한 아주 작은 화살표를 그려 두 힘이 상쇄되는 것까지 표시하는 세심함까지 발휘한다.

이 정도면 썩 잘 이해하고 있는 것 아닌가? 공이 위로 올라가고 있는 동안에는 힘이 위를 향해 있고 공이 아래로 내려오는 동안에는 힘이 땅을 향해 있다는 것, 사실 이것이 바로 수백 년 동안 사람들이 믿어왔던 힘과 운동의 형태였다. 물체에 작용하는 힘의 방향은 물체가 운동하는 방향과 일치한다는 이런 생각은 임페투스 이론the impetus theory이라는 이름까지 갖고 있다. 전혀 틀린 것 없는 이성적인 생각처럼 보이는 이런 임페투스 이론은 안타깝게도 잘못된 이론이다. 공을 위로 던지는 바로 그 첫 순간에는 던지는 사람이 가한 힘으로 인해 공에 작용하는 힘이 위로 향하는 것이 맞다. 그러나 공을 일단 던지고 공이 공기를 가르며 나아가는 동안에는 더 이상 공에는 위로 향하는 힘이 작용하지 않는다. 공중에 뜨는 순간 공에 작용하는 힘은 중력뿐이다. 따라서 힘을 나타내는 화살표는 모두 아래를 향해 있어야 한다. 중력이 귀찮게 굴지 않는다면 위로 던진 공은 더 힘을 가하지 않아도 계속해서 위로 솟구쳐 오를 것이다. 이것이 뉴턴이 밝혀낸 여러 뛰어난 법칙 가운데 하나인 관성의 법칙이다. 공원 벤치 위에 누워 있는 사람은 여기는 호텔이 아니라며 경찰관이 막대기로 찌르지 않는 한 계속 벤치 위에 누워 있듯이, 가만히 있는 물체는 힘을 주지 않는 한 계속 가만히 있고 움직이는 물체는 그 물체를 멈출 힘이 작용하지 않는 한 영원히 움직인다. 관성의 법칙에 대해서 들어는 봤고 우주선 밖으로 떨어진 우주인이 끝없이 멀어져가는 모습을 영화에서 보기는 했지만, 그래도 우리는 좀처럼 움직이는 물체에 관성의 법칙을 적용하지 못하며 위로 올라가는 공에는 위를 향한 화살표를 그려 넣는다.

"과학을 배우기 시작할 때 사람들은 이전에 알고 있던 지식에 껴 맞춰서 생각하곤 합니다. 그 결과는 대개 임페투스 이론의 한 변형이죠." 캐리 교수의 말이다. "그래서 뉴턴의 법칙이라거나 힘, 운동량, 관성, 압력 같은 것을 배울 때도 그저 자신이 알고 있는 개념에 동화시켜버립니다." 캐리 교수를 비롯한 여러 과학자들은 대학 물리를 1년 정도 배운 사람도 공의 운동 궤도를 그릴 때 임페투스 이론을 적용하는 사람이 아주 많다고 말한다. "아직 개념이 바뀌지 않았기 때문이죠. 이전에 형성된 직관에 지배받고 있는 겁니다."

때때로 어렸을 때 강한 인상을 준 단편적인 지식이 뿌리박힌 직관이 되어 그 지식을 이용해 다른 부분도 설명하려고 노력하는 경우도 있다. 사람들에게 왜 여름은 따뜻하고 화창하며 겨울은 춥고 음산한지 물어보면 많은 사람들이 지구와 태양의 거리가 달라지기 때문이라고 설명한다. 그들은 자신감 있게 지구의 공전 궤도는 완벽한 원이 아니라 타원이기 때문이라고 초등학교나 고등학교의 어느 땐가 배운 지식을 근거로 든다. 타원형 궤도를 돌기 때문에 지구가 태양에 가까워지면 지구는 여름이 되고 멀어지면 거리에 눈이 쌓이는 시기가 된다고.

MIT의 물리학과 월터 르윈 교수는 하버드 대학교 졸업식 때 졸업생들에게 같은 질문을 하고 그 대답을 녹화한 비디오테이프를 보여주었다. 학사모에 학사복을 입은 젊은이들이 계속해서 태양과 가까워질 때 여름이 되고 태양에서 멀어질 때 겨울이 된다는 대답을 했다. 이 학생들이 모두 역사나 문학을 전공한 사람은 아니었다. 그중에는 물리학이나 공학을 전공한 학생들도 있었다. 르윈 교수에 따르면, "고등학교 때 한 번 잘못 정립된 생각이 평생 동안 따라다니는 것"이다.

르윈 교수는 지구 궤도가 타원인 건 사실이지만 거의 원에 가깝다고 말한다. 그렇지만 학생들은 지구의 공전 궤도가 어떻게 계절 변화를 일으키는지 설명하려고 그림을 그릴 때 하나같이 아주 과장된 찌그러진 타원을 그린다. 그것이 학생들이 생각하는 계절 변화의 원인을 보여주는 그림이다. 여기 멀리 떨어진 쪽이 보이시죠? 그곳이 겨울입니다. 그리고 반대로 이쪽 가까운 지점은 여름이고요. "이런 식으로 설명하는 학생들은 그렇다면 같은 거리에 있는데도 어째서 남반구가 겨울일 때 북반구는 여름이고 반대로 남반구가 여름일 때 북반구는 겨울인가 하고 물으면 대답하지 못합니다. 머릿속 깊이 박혀 있는 타원형 공전 궤도의 이미지를 끝내 떨쳐버리지 못하는 거죠."

사실 7월보다 12월일 때 지구와 태양의 거리가 약간 더 **멀어**지기는 하지만 그것이 큰 문제는 되지 않는다. 지구에 계절 변화가 생기는 까닭은 공전 궤도의 모양 때문이 아니라 지구가 기울어 있기 때문이다. 지구의 자전축은 지구가 태양 주위를 돌면서 만드는 공전 궤도면과 23도 이상 어긋나 있다. 그 때문에 북반구가 오랫동안 태양 쪽을 향하고 있어 상대적으로 강한 빛과 열을 받는 시기가 계속되면 적도 이북에 사는 사람들은 선크림을 듬뿍 바르고, 소매가 긴 옷을 입고, 챙 넓은 펠트 모자를 쓰고, 햇빛 가리개를 치라는 이야기를 듣는다. 그러나 6개월이 지나면 이번에는 지구가 회전판의 끝으로 가면서 북반구가 태양빛을 비스듬히 받게 되고 남반구가 태양의 열기에 서서히 익어간다.

사실 많은 사람들은 지구가 기울어져 있다는 사실을 알고 있다. 다들 어린 시절에 집에 4색 지구본이 하나쯤은 있어서 축이 확연히 기울어져 있는 모습을 보았을 것이다. 어쨌든 우리는 지구가 빙글빙글 돌기 때문에 낮과 밤이 바뀐다는 것은 쉽게 이해하지만 지구가 기울어져 있기 때문에 눈 오는 날과 여름 휴가가 생긴다는 사실을 이해하는 데는 어려움을 겪는다.

유아들이 반짝이는 구슬 같은 것을 삼켜서 숨이 막히게 되는 위험을 겪어선 안 되는 것처럼 어린 시절에 잘못된 정보를 받아들여서 거기에 매달리게 되는 일도 있어서는 안 된다. 어떤 참신한 생각을 접하게 되면 커가면서 새로운 지식을 넓혀감에도, 우리는 그것이 준 매력에 계속 머물러 있게 된다. 전에는 한 번도 들어보지 못한 어떤 것에 대한 설명은 너무나 근사하고 감미롭게 들려서 그냥 지나치지 못할 것이다. 누구나 그렇지 않을까? 미시건 대학교의 심리학 교수 신디 러스틱은 최근에 새로 알게 된 사실을 사람들이 얼마나 쉽게 자신의 고정관념으로 만들어버리는지 보여주는 실험을 진행했다. 표준적인 학교의 실험 대상, 그러니까 대학생들을 48명 모아 '무릎'과 '구부러짐', '커피'와 '머그잔'처럼 관계가 있는 단어를 두 개씩 묶어 알려주었다.

두 번째 실험에서 러스틱 교수는 같은 실험 참가자들에게 '무릎'은 '뼈'와 연결하고 '커피'는 '컵'과 연결시키라고 요구했다. 오케이! 그리고 점심시간을 가졌다. 오후에 러스틱 교수는 실험 참가자를 두 집단으로 나누었다. 절반은 한 단어를 듣고 처음 짝이었던 단어를 맞추어보라고 했다. 참가자들은 문제없이 '무릎'에는 '구부러짐'을 '커피'에는 '머그잔'을 답했다. 나머지 절반에게는 아까 말해준 두 가지 단어 짝 중에 어떤 단어가 떠오르는지 물어봤다. '구부러짐'이라고 대답한 사람이나 '뼈'라고 답한 사람의 수는 비슷했다. '머그잔'과 '컵'도 마찬가지였다. 좋다. 50 대 50이다. 그런데 그 다음날은 어떻게 되었을까? 러스틱 교수는 두 단어 중 떠오르는 단어를 마음대로 말해보라고 했던 사람들을 다시 불러 '무릎'과 '커피'라는 단어를 들으면 어떤 단어가 떠오르는지 말해보라고 했다. 그러자 대부분은 '구부러짐'과 '머그잔'이라고 답했다. 처음에 들었던 단어가 참가자들의 뇌에 각인된 것이다.

과학자들은 새로운 연결을 재빨리 만들고 그 뒤에는 그것을 시멘트처럼 굳혀버리는 사람들의 이런 성향을 잘 알고 있다. 나는 1991년에 〈뉴욕타임스〉 제1면에 실린 내 기사를 기억한다. 인간과 포유류들의 코에서 수천 개가 넘는 냄새를 감지하는 역할을 하는 후각수용체를 만드는 데 관여하는 유전자가 수백 개나 된다는 놀라운 발견에 관한 기사였다. 이

후각 유전자 연구에 참가한 사람들 중에 린다 벅Linda Buck이 있었는데, 그 이름을 듣자마자 나는 이름이 비슷한 린다 헌트Linda Hunt가 생각났다(린다 헌트는 중국계 인도네시아 남자를 연기해 아카데미상을 탄 뉴저지 태생의 여배우이다). 어라, 두 사람 모두 성의 첫 번째 모음이 'U'구나. 또 사슴buck을 사냥hunt하기도 하고. 짜잔! 이렇게 연결이 이루어졌다. 누가 누구였더라? 고약한 전환이 일어난 것이다! 나는 계속 기사를 써나갔다. 몇 시간이 지나갔고 마침내 기사를 모두 다 썼을 때 린다의 성은 평범한 단음절의 단어라는 사실을 떠올리며 결국 기사에 이름을 린다 헌트라고 적고 말았다. 기사가 인쇄소로 가기 직전 마지막 확인을 할 때서야 비로소 잘못을 발견했고 난 숨이 멎는 줄 알았다. 오래도록 비웃음 당할 처지에서 벗어날 수 있어서 얼마나 다행이었는지 모른다. 린다 벅과 동료인 리처드 액설은 그 발견으로 노벨상을 탔지만 아직 오스카상을 받을 일은 없어 보인다(2008년 3월 린다 벅은 자신에게 노벨상을 안겨준 논문에 오류가 있다며 논문을 철회했다—옮긴이).

이름을 혼동하는 것쯤이야 쉽게 발견해 고칠 수 있지만 내 생각이 편견이나 오해임을 깨닫고 어떻게 무슨 이유로 그런 생각을 품게 됐는지를 명확하게 인식하는 일은 훨씬 어렵다. 우리의 생각은 모호한 경우가 많다. 자신의 생각이 어디서 온 건지도 알기 어렵다. 자신이 틀렸다는 사실을 깨닫는 순간 바보가 된 것처럼 느껴져 그 사실을 인정하고 싶지 않을 것이다. 그래서 '대체 그런 걸 왜 알아야 하죠, 저는 그런 건 잘 모르겠습니다, 안녕히 계시죠'라고 말하며 회피하고 싶을지도 모른다. 하지만 제발 그러지 말자. 위로 올라가는 공에 작용하는 힘을 모두 위를 향한 화살표로 그려 넣었다거나, 계절이 왜 변하는지 잘 알지 못하겠다거나, 달의 위상 변화가 달 위로 드리우는 지구의 그림자 때문에 생기는 것이라고 잘못 이해하고 있다 해도(사실은 달의 절반은 언제나 태양빛을 받아 빛나고 나머지 반은 언제나 어둡지만 달이 한 달간 지구를 한 바퀴 돌 때 우리가 밝은 부분과 어두운 부분을 서로 다른 비율로 보게 되기 때문이다), 그것은 자신의 잘못이 아니라 무엇이건 보고 들은 것은 잘못된 정보라도 논리적인 것인 양 차곡차곡 쌓아놓는 탐욕스러운 뇌라는 녀석의 탓이다. 그러니 진리를 향해, 자명한 이치를 향해 가는 중이라면 기꺼이 잘못을 저질러야 한다. 오해의 근원을 세밀하게 조사해가는 과정이 그리 즐겁지는 않겠지만 그렇게 해서 실수는 멍청한 일이 아니라는 사실을 깨달을 수 있다. 오해와 실수에도 분명 어떤 논리적인 이유가, 논리적이지 않다면 적어도 우스꽝스러운 이유가 있다. 더구나 어떤 과정을 거쳐 자신의 생각이 형성되었는지를 알게 되면 필요할 때마다 그 생각을 수정하고 개선하고 재가공할 수 있으며 기존 생각을 과학이 추구하는 진리에 가까운 생각으로 바꿀 수도 있다. 그렇게 되면 당신은 이제 막 찍어낸 동전처럼 반짝반짝 빛이 날 것이다.

2

확률: 누구를 위한 종형 곡선인가?

Probabilities: For Whom the Bell Curves

매년 학기가 새로 시작할 때, 데보라 놀런은 기초 통계학을 배우러 온 학생들에게 기본적이고도 동전의 양면 같은 인생의 진리를 가르쳐준다. 한쪽 면에서 볼 때, 인생은 결코 우연을 가장한 고의처럼은 보이지 않는다. 그렇지만 동전의 반대 면에서는, 인생의 무작위성은 왠지 조작한 것 같다는 의심이 든다. 이 진술을 증명하는 데 동전 던지기보다 더 멋진 방법이 과연 있을까?

놀런은 65명 정도 되는 학생들을 두 집단으로 나누어 그중 한 집단의 학생들에게는 자기 지갑이나 주머니, 혹은 친한 친구에게서 동전을 받아 동전 던지기를 100번 한 다음 그 결과를 모두 종이에 기록하라고 했다. 두 번째 집단의 학생들에게는 **상상으로** 동전 던지기를 100번 해서 그 결과를 모두 종이에 기록하라고 했다. 결과를 다 기록한 학생들은 자신이 낸 보고서라는 것을 알아볼 수 있는 자신만의 표시를 한 뒤 놀런의 책상 위에 뒤집어서 엎어놓았다.

놀런이 강의실을 나간 뒤 학생들은 동전을 던져서 그 결과를 기록하거나 상상으로 동전을 던져보고 결과를 기록했다. 강의실로 돌아온 놀런은 보고서를 한 장씩 보면서 어떤 것이 진짜 동전을 던져 얻은 결과이고 어떤 것이 상상으로 던진 결과인지를 알아맞혔다. 놀런이 거의 정확하게 다 알아맞히자 학생들은 기절할 듯이 놀랐다. 학생들은 교수가 속임수를 쓰고 있다고 생각했다. 강의실을 몰래 엿봤거나 스파이가 있다고. 하지만 놀런에게는 정보를 제공해줄 스파이가 필요 없었다. 사실 어떤 일이 일어날 때, 정말로 우연히 일어난 일에는 독특한 특징이 있지만, 그 패턴을 파악하기 전까지는 실제보다 훨씬 더 어지럽고 규칙성이 없다고 생각하게 된다. 진짜 무작위로 일어난 일이 어떤 패턴을 보이는지 잘 알고 있던 놀런은 무작위로 일어나는 일이 무작위인 것**처럼** 보이지 않을 때 사람들이 얼마나 곤혹스러워하는지를 잘 알고 있다.

진짜로 동전을 던질 때에는 앞면이 계속해서 다섯 번이 나온 뒤에 뒷면이 연속으로 일곱 번이 나오는 것처럼 같은 결과가 반복해서 나오는 경우가 많다. 그렇지만 동전을 충분히 많이 던진다면 그런 연속적인 결과에는 큰 의미가 없으며, 100번이나 200번쯤 동전을 던지는 가운데 우연히 같은 결과가 연속해서 일어난 일에 불과하다는 사실을 깨달을 수 있다. 그러나 다른 사람이 하는 몇 번 안 되는 동전 던지기를 보고 있을 때면—특히 그 동전 던지기로 휴가지가 결정된다거나 현관 밑에서 발견한 쥐의 사체를 치울 사람이 결정된다면—연속으로 같은 결과가 나오는 걸 보는 순간 그 결과에 의심을 갖게 된다. 뒷면만 **여섯** 번? 이 동전 제대로 된 거 맞아? 사기꾼의 동전인가? 이리 줘봐, **내가** 해볼 거야!

상상으로 동전을 던지는 학생들은 같은 결과가 연속해서 나오지 않도록 신중하게 고민한다. 일반적으로 같은 결과를 세 번 이상 기록하면 학생의 머리에서 경고의 종이 울려 퍼지며 다른 결과를 기록하게 된다.

"상상으로 던진 동전의 기록을 보면 같은 결과가 반복되는 횟수가 아주 짧고 전체적으로 봤을 때 앞면과 뒷면이 나오는 패턴이 지그재그 형태를 띠죠."

동전을 던지면 앞면이 나올 확률이 50퍼센트, 뒷면이 나올 확률이 50퍼센트라는 사실을 알고 있는 사람들은 거의 50대 50에 가까운 결과가 나와야 한다고 생각한다. 좋아, 뒷면이 48번, 앞면이 52번 정도 나왔다고 하면 되겠지. 하지만 어떻게 뒷면이 여섯 번 연속 나올 수 있겠어? 놀런은 이어서 말한다. "사람들은 동전을 얼마 던지지 않는 경우에서도 50대 50이라는 확률을 적용하고 싶어 하죠. 확률에 대한 사람들의 생각은 조금 왜곡돼 있어요. 그래서 연속해서 같은 결과가 나타나는 횟수가 실제보다 훨씬 적다고 생각합니다. 사실 동전을 던졌을 때 네 번 연속 앞면이나 뒷면이 나오는 경우는 여덟 번에 한 번으로, 상당히 흔히 일어난 다고 할 수 있죠." 놀런은 동전 던지기에 적용되는 간단한 곱셈 법칙*을 이용해서 이 확률을 계산해냈다. 물론 동전을 던졌을 때 앞면이 나올 가능

* 곱셈 법칙은 동전 던지기처럼 연속적으로 일어나는 사건이 서로에게 영향을 미치지 않는 독립적인 사건들의 확률을 구할 때만 적용된다. 서로 영향을 미치는 사건들의 확률을 구할 때는 적용할 수 없다. 예를 들어 남자에게 턱수염이나 콧수염이 있을 확률을 구할 때 무조건 두 경우의 수를 곱해버리면 안 된다. 에이브러햄 링컨의 경우가 그렇듯이 턱수염을 기르는 남자는 콧수염도 함께 기르는 경우가 많기 때문이다.

성은 뒷면이 나올 가능성과 마찬가지로 50퍼센트이다. 그러니까 0.5의 확률인 셈이다. 동전을 던져 앞면이 두 번 연속으로 나올 확률은 0.5 곱하기 0.5, 즉 0.25이다. 동전을 두 번 던졌을 때 모두 앞면을 볼 가능성이 25퍼센트인 셈이다. 동전 던지기 횟수를 늘렸을 때 확률이 어떻게 변하는지 보려면 그저 계속 곱하기만 하면 된다. 따라서 네 번 연속 앞면이 나올 확률은 0.5를 네 번 곱하면 된다. 결과는 16분의 1이다. 그러나 애초에 우리의 목적은 앞면만 네 번 연속 나올 확률이 아니라 앞면**이나** 뒷면이 네 번 연속 나올 확률을 구하는 것이기 때문에 이 두 확률을 더해야 한다. 따라서 같은 면이 네 번 연속으로 나올 확률은 16분의 1 더하기 16분의 1인 8분의 1이다.* 그렇다 해도 동전 던지는 횟수가 늘어날수록 한쪽 면이 계속해서 나올 확률은 확연히 줄어든다. 앞면이나 뒷면이 여섯 번 연속 나올 확률은 32분의 1, 약 3퍼센트 정도밖에 되지 않는다. 그렇지만 이런 적은 확률은 던진 횟수가 딱 여섯 번일 때만 해당하는 수치이다. 동전을 던지는 횟수가 100번 정도가 되면 같은 면이 여섯 번 연속으로 나올 확률은 증가하기 시작하며 그보다 더 많이 나오는 경우도 늘어난다.

나도 놀런의 동전 던지기 실험을 몇 번 정도 해보았다. 한 번에 100번씩 던지기를 10여 차례 해본 결과 앞면이나 뒷면이 연속으로 여섯 번 내지 일곱 번씩 나오는 경우가 단 한 차례도 없는 경우는 한 번도 없었으며, 때로는 여섯 번 연속으로 나오는 경우가 네 번 내지 다섯 번 연속만

* 이 덧셈 법칙은 두 사건이 상호 배타적으로 작용하는 경우에만 적용할 수 있으며 동전 던지기는 역시 이 조건을 만족한다. 동전 하나만 던질 때는 앞면이 네 번 연속 나오는 일과 뒷면이 네 번 연속 나오는 일이 동시에 일어날 수 없다.

큼이나 많은 경우도 있었다. 최고 기록은 아홉 번 연속 앞면이 나온 것이었다. 같은 결과가 여러 번 반복되는 것이 조금도 이상한 일이 아니라는 사실을 알고 있었는데도 계속해서 같은 결과가 나오면 왠지 결과를 조작하고 있는 것 같아 기분이 찜찜했다.

놀런의 학생들은 확률 이론을 배우며 가능성이라는 개념을 폭넓게 재정립하기 전까지는, 무작위성을 반복적인 틱 장애(신경 질환의 하나로 몸의 일부가 반복적으로 경련하는 증상을 보인다—옮긴이) 같은 것으로 생각한다. 주체할 수 없이 계속 왔다 갔다 하는 현상으로 생각하는 것이다. 이런 끊임없는 반복, 즉 동전 앞면과 뒷면의 연속이 아니라면 사람들은 어떤 것을 보게 될까? 사람들은 패턴을 발견한다. 패턴은 처음에는 방향성이나 조짐을 추측하는 작은 단계로 시작하지만 이내 불쌍한 토끼 몇 마리가 발을 잃게 된다(토끼 발은 행운의 징표이다—옮긴이). "많은 사람들이 그런 일이 벌어질 수 있으리라고 생각하지 못하기 때문에 무작위성에도 의미를 찾고 싶어 합니다. 동전의 앞면이나 뒷면이 계속해서 나오면 왜 그런지 이유를 찾기 시작하죠"라고 놀런이 말했다.

우연을 우연으로 여기지 않는 법

놀런은 여기서 미신이 생기는 이유를 찾을 수 있다고 말한다. 어떤 우연한 사건이 일어났다고 하자. 그 뒤에 숨은 확률을 모르기 때문에 사람들은 놀란다. 정말 이런 일이 일어날 확률이 얼마나 될까? 분명 일어나기엔 너무 작을 것이다!

MIT의 물리학자 앨런 구스는 자신의 가족을 예로 들면서 무작위성이 얼마나 쉽게 흉조로 전환될 수 있는지 설명했다. 혼자 살고 있던 구스의 외삼촌이 집에서 돌아가신 채 발견됐다. 한 경찰관이 그 소식을 구스의 어머니께 전하러 왔다. 경찰관이 집에 있는 동안 사업차 여행 중이던 구스의 여동생이 전화를 걸었다. "어머니와 동생은 경찰관이 외삼촌의 부음을 전하는 순간 동생이 전화를 걸어왔다는 사실에, 그 일이 동시에 일어났다는 것에 깜짝 놀랐답니다. 두 사람은 뭔가 텔레파시 같은 게 통했다고 생각한 거죠." 가족 간에 일어난 이런 '기적적인' 텔레파시 이야기를 어머니에게서 전해들은 구스는 재빨리 몇 가지 계산을 해보지 않을 수 없었다. 구스의 여동생은 보통 일주일에 한 번 정도 어머니에게 전화를 했다. 여동생은 보통 아침에 일어나자마자 전화를 하거나 자신에게 여유가 생기고 아직 어머니가 잠자리에 들지 않은 저녁에 전화를 한다. 경찰관이 어머니 집에 찾아온 것은 저녁 5시였고, 여러 가지 절차상의 일을 해결하느라 한 시간 내지 두 시간 정도 머물렀을 것이다.

구스는 모든 요인을 고려해봤을 때 경찰이 어머니 집에 와 있을 때 여동생이 전화를 걸 확률은 동전의 앞면이나 뒷면이 다섯 번 연속으로 나올 확률과 같다고 결론을 내렸다. "그러니 절대로 불가능한 일이 일어난 것은 아니라고 생각합니다." 사랑하는 사람의 위안이 필요할 때 전화가 걸려왔다는 사실은 정말 행운이지만 굳이 텔레파시까지 거론될 일은 아니다.

확률이 무엇인지 더 많이 알게 될수록 있을 것 같지 않은 우연 때문에 놀라는 일은 줄어든다. 내 어머니는 한 지인과 6개월 이상을 운명적으로 이어져 있다는 느낌을 들게 한 놀라운 이야기를 들려주셨다. 어머니의 지인은 우리의 목적에 딱 들어맞게도 어머니를 가르치신 수학 교수였다. 몇 주 동안 우리 부모님은 오프 브로드웨이 연극이나 무료 피아노 공연, 베르히만의 영화, 모네의 "수련"이 전시된 현대 미술관 같은 맨해튼의 여러 문화 시설에서 그분을 만났다. 처음 몇 번은 어머니나 교수님 모두 두 사람이 비슷한 취향을 가지고 있다는 사실이 마냥 신기해 신이 나서 이야기를 나누었다. 나중에는 서로 살짝 고개 인사를 나누는 것으로도 충분할 만큼 자주 만났다. 결정적인 일은 몇 달 후 7월에 다른 나라에서 일어났다. 그해 7월 처음 파리에 놀러간 우리 부모님은 생미셸 거리를 따라 천천히 걸었다. 그런데 생전 처음 가본 장소에서 만나리라고는 상상도 하지 못했던 그 교수가 카페에 앉아 있는 게 아닌가! 어머니는 왠지 과시하는 듯한 태도로 얼굴 앞에 신문을 든 것으로 보아 그 교수 쪽에서 부모님을 먼저 발견한 게 분명하다고 말했다.

어머니가 미신을 믿는 분이었다면 이 우주가 자신에게 어떤 메시지를 전달하기 위해 자꾸 그 교수를 만나게 한다고 생각했을 것이다. 가령 "그 교수는 너를 미워해!" 같은 메시지를. 그러나 어머니는 내가 아는 그 누구보다도 미신을 믿지 않는 분인 데다 다음과 같은 사실을 알고 있었다. 첫째, 모네를 좋아하는 사람은 프랑스 예술을 좋아한다. 둘째, 파리는 가장 멋진 프랑스 예술 작품들이 가장 많이 모여 있는 장소이다. 셋째, '4월의 파리April in Paris'가 낭만적으로 들리긴 하지만 '파리의 미국인An American in Paris'은 7월에 더 많다. 넷째, 몇 시간씩 차가운 에스프레소를 앞에 놓고 골루아 담배(프랑스의 담배 브랜드로 파블로 피카소, 장 폴 사르트르, 알베르 카뮈, 장 보드리야드 등의 지식인이 애용한 담배로 유명하다—옮긴이)를 재떨이에 털면서 〈헤럴드 트리뷴〉을 읽는 척하기에 노천카페보다 좋은 곳은 없다.

케임브리지 대학교의 저명한 수학자 존 리틀우드는 미신이 일상생활으로 들어오는 명백한 침입 현상을 '리틀우드의 기적에 관한 법칙'이라고 명명한 일종의 자연 법칙으로 정리한다. 리틀우드는 사람들이 생각하는 '기적'을 다음과 같이 정의한다. 기적은 백만 번에 한 번 정도 일어나는 일로, 일어났을 때 정말로 의미 있는 일이라고 우리가 여기는 사건이다. 그런데 리틀우드의 법칙에 따르면 대부분의 사람들이 평균 한 달에 한 번 꼴로 이런 진짜 기적을 경험한다. 리틀우드는 이렇게 설명한다. 사람들은 하루에 8시간 정도를 밖에 나가 다른 사람들과 함께 어울리며 활동한다. 사람들은 대부분 1초당 한 번 정도 무언가를 보거나 듣게 된다. 따라서 사람들이 하루 동안 겪는 사건의 횟수는 3만 건 정도 되며 한 달로 계산하면 백만 번 정도가 된다. 그 사건 중 대부분은 거의 인식하지 못하고 지나치지만 어마어마한 수의 사건들 가운데에는 이따금씩 경이로움을 느끼게 하는 순간도 있다. 카페에 앉아 어떤 음악을 생각하고 있었는데 갑자기 피아노 치는 사람이 그 음악을 연주한다거나 보석가게 앞을 지나다가 자신의 결혼반지와 똑같은 디자인의 반지를 발견한다거나 하는 일 등이 그런 예들이다. 그렇다, 이 세상은 정말로 기적으로 가득 차 있다.

탄생보다 더 기적적인 사건이 있을까? 데보라 놀런은 그래서 새로운 학년이 시작될 때마다 유명한 생일 게임을 해 학생들을 깜짝 놀라게 만든다. 놀런은 학생들에게 이렇게 말한다. "지금 이 강의실엔 분명 생일이 같은 사람이 두 명 이상 있다는 데 내기를 걸죠." 65명의 학생들은 서로를 힐끗힐끗 보면서 1년 중 과연 같은 날에 태어난 사람이 있을지 의심스러워한다. 놀런은 강의실 한쪽 끝에서부터 한 명씩 생일을 물은 뒤 그

날짜를 칠판에 적는다. 그리고 이내 진짜로 생일이 같은 사람들이 나온다. 어떻게 1년 365일의 20퍼센트도 안 되는 65명 중에서 고르는 데 같은 생일이 나올 수 있지(또 윤년이면 366일인데)? 학생들은 어리둥절해한다. 놀런은 우선 학생들이 알아내려고 하는 것이 무엇인지부터 상기시킨다. 구하려고 하는 것은 어떤 특정한 날에 생일이 같을 확률이 아니라 **어떤 날이 됐건** 생일이 같을 확률이다. 그러고 나서 그녀는 문제를 다른 방향으로 생각해보게 한다. 강의실에 있는 사람들 중 생일이 같은 경우가 전혀 없을 확률은 어떻게 될까? 조사가 진행될수록 확률 값은 급속도로 낮아진다. 새로운 날짜가 목록에 추가될 때마다 아직 한 번도 언급되지 않은 날짜는 줄어가는 반면 아직 대답을 하지 않은 학생들이 선택할 수 있는 날은 365일이 그대로 남는다. 한쪽의 숫자는 줄어드는데 다른 쪽은 그대로 남는다. 첫 학생의 생일이 예컨대 1월 1일이라면, 두 번째 학생이 1월 1일이 아닐 확률은 364/365이다. 세 번째 학생이 앞의 두 학생과 생일이 다를 확률은 363/365이고, 네 번째는 362/365이며 뒤로 갈수록 점점 줄어든다. 생일이 전부 다 다를 확률을 구하려면 각각의 확률을 곱해야 하므로 사람이 늘어날수록 확률은 급속도로 줄어들어 65명이 전부 다 생일이 다를 확률은 1퍼센트 미만이 된다. 물론 이런 식의 예측은 확률일 뿐 확정적인 것은 아니다. 그러나 추상적이고 직관에 반하기는 하지만 통계는 놀런의 강의실에서 자신이 솜씨 좋은 예측자임을 몇 번이고 입증해 보이고 있다.

놀런처럼 내기를 걸 만큼 자신 있는 확률은 아니더라도, 적어도 50대 50의 확률은 되려면 참가 인원이 최소한 스물세 명은 있어야 한다. 24명이 모인 칵테일파티라면 생일이 같다는 사실에 탄성을 지르며 운명적 만

남을 느낄 사람이 나올 확률이 약간 더 높다. 만약 이 가상의 칵테일파티 때 생일이 일치한 사람들의 생일이 2월 16일이라면 나는 그들에게 그들과 생일이 같은 여러 사람에 대해 이야기해줄 수 있다. 언제나 골든 래브라도와 함께 다니던 샌프란시스코 사진작가 수전, 잠시 내 아파트를 빌려 살았고 근처에 있는 티키 바에서 허풍을 늘어놓던 애틀랜타의 사업가 프랭크, 내 오빠의 여자친구 미셸, 처음이지만 가장 짧았던 고등학교 시절의 내 남자친구인 귀엽고 영리했지만 공부는 형편없었던 로비도 그날 태어났다. 그 애가 그런 성격이었던 이유는 태어난 날의 별자리 때문일지도 모르지만 어쩌면 그의 어머니가 임신 중에 먹었던 음식 때문일지도 모른다.

생일 일치 게임 같은 활동을 통해 놀런의 학생들은 이 세상이 놀랍도록 예측 가능하면서도 놀라움으로 가득 차 있음을 알아간다. 이 세상에서는 작은 수가 중대한 역할을 할 수 있으며, 보기보다 훨씬 더 큰 의미를 가졌다는 것을 알게 된다. 어떻게 23 같은 하찮은 수가 뒤에서 자극을 주는 우주적 동기 유발자도 없는데 어떻게 365라는 숫자에 영향을 줄 수 있을까?

또한 이 세상은 매우 넓어서 있을 것 같지 않은 일이 일상적으로 일어난다. 수백만 장씩 팔리는 로또에서도 그런 터무니없는 일들이 발생한다. 60세의 한 호주 남성이 휴가를 떠나기 전에 로또 복권을 한 장 샀다. 복권을 잘못 샀을까 하는 걱정에 남자는 시드니로 돌아가는 친구에게 한 장 더 사달라고 부탁했다. 그러나 집에 오는 내내 친구가 자기 부탁을 까먹었으면 어쩌나 불안해하다가 호주로 돌아오자마자 한 장을 또 샀다. 그 결과로 세 장의 당첨 복권을 손에 쥐었다. 위스콘신 주 밀워키의 한 여성은 비싼 모형 항공기를 사고 싶어 하는 남편에게 이렇게 말했다. "그래요, 당신 마음대로 돈을 펑펑 쓰시구려. 다만 10년 전에 로또에 당첨되신 우리 아버지처럼 당신도 로또에 당첨되면 말이죠." 그 말을 진지하게 받아들인 남편은 로또를 사서 2백 5십만 달러를 벌었다. 파워볼 로또의 관계자들은 평소대로 4,5명이 아니라 29개 주에서 110명이 몰려들어 2등 당첨금을 요구했을 때 도저히 믿을 수가 없었다. 그러나 이들 110명은 6개의 당첨 숫자 중 다섯 개를 정확히 맞췄고 처음에 건 판돈에 따라 각각 10만 달러에서 50만 달러에 이르는 당첨금을 받았다. 이 놀라운 행운 뒤에는 행운의 쿠키가 있었다. 2등 당첨자들은 모두 뉴욕 원튼 식료품 공장에서 대량 생산한 중국 행운의 쿠키에 들어 있던 행운의 종이에 적힌 숫자를 로또 번호로 골랐다.

직감이 확률을 조작한다

어떤 현상을 분석할 때 확률적 사고방식으로 접근하는 사람은 많지 않다. 대부분은 자신의 느낌과 확신, 소망, 직관이 한데 섞인 방식으로 사건을 분석한다. 우리의 본능도 사건을 분석하는 주요 수단 가운데 하나이다. 처음 보는 사람을 만나면 사람들은 상대방을 가늠해보고 그 사람이 어떤 사람인지를 본능적으로 느끼면서 이미 알고 있는 사람들과 그 사람을 비교해본다. 그 사람을 철저히 조사하고, 붙들어 묶고, 안착시킨 이후에야 우리는 안심하고 잠을 청한다. 우리의 직감과 본능이 논리나 확률, 증거와 충돌한다면 과연 어떤 어느 것이 이길까?

텍사스 대학교의 조너선 쾰러는 자신이 결혼식장에서 환영받는 손님은 못 된다는 사실을 받아들인다. 결혼식에서 퀼러는 한껏 들뜬 신랑 신부가 뜨거운 사랑과 열정과 존경을 영원토록 간직하겠다고 말하는 서약을 듣는다. 이 결혼의 의심할 바 없는 정당성을 확신하는 축사들과, 신랑과 신부를 알고 있는 사람들이 모두 이 결합이 '인연으로 정해졌으며' '다른 결혼과는 다르다'라는 말을 할 때마다 퀼러는 1년 사이에 참석한 결혼식만 네 번이었다는 생각을 한다. 다음은 누가 될까? 잭과 제니? 샘과 브리애나? 브래드와 브리애나? 아니면 지금 내 앞에서 오랫동안 입을 맞추고 있는 애덤과 헤르미온느? 사랑에 빠져 이제 막 부부가 된 네 쌍 가운데 어떤 두 쌍이 10년 뒤 서로에게 창을 겨누며 이혼 법정에 들어서게 될까? 약간의 변동은 있지만 근 50년 동안 미국인들의 이혼율은 50퍼센트에 달한다.

쾌활하고 수다스러운 퀼러는 가끔 자신의 생각을 결혼식에 온 하객들에게 말한다. 그럴 때면 하객들은 퀼러가 마치 신부의 브래지어 크기나 신랑의 월급 액수에 대해 말했다거나 악담을 한 것처럼 쳐다보았다.

"사람들은 결혼식 때 통계에 대해 말하는 걸 싫어합니다. 그들은 제가 어떻게 그런 말을 할 수 있는지 의아해하죠. 대체 이 신혼부부에 대해 무얼 안다고 그런 말을 하는 거냐는 거죠. 그저 저 사람들이 얼마나 행복해하는지, 두 사람이 얼마나 사랑하고 있는지, 가족들이 얼마나 즐거워하고 있는지만을 보기 바랍니다. 물론 맞는 말이죠. 그렇지만 저는 통계에 나타나는 일반적인 빈도를 알고 있습니다. 커플들이 아무리 입을 맞추고 건배를 하고 한껏 희망에 부풀어 있어도 이 확률은 변하지 않죠. 전형에서 벗어난 무언가, 이혼할 확률에 영향을 미치는 특별한 사항—예를 들면 둘 다 35살이 넘는 부부는 이혼율이 더 낮죠—이 없다면 일반적인 이

혼율을 적용해야겠죠." 가느다란 체격에 마이클 J. 폭스처럼 짙고 산만한 머리칼의 쾰러는 자신이 '냉소적이고 고약한 옹졸한 남자'거나 자기만족에 빠진 독신남이 아니라고 주장한다. 독신남은커녕 그 자신도 최근에 결혼했다. 그는 단지 이 세상을 표본 공간으로 가득 찬 화려한 공연장으로 보는 데 익숙할 뿐이다.

"사람들은 보통 배경 정보에 주목하지 않습니다. 맥락은 생각하지 않고 눈앞에 있는 정보에만 관심을 갖습니다. 그저 액면 그대로 받아들이죠."

무조건적인 믿음은 결혼 생활의 윤활유 역할을 해주지만 때로 확률은 그 뒤에 있는 넓은 하늘을 볼 수 있게 해준다. 쾰러는 확률을 이용해 안절부절 못하는 비행기 옆 좌석 승객을 안심시킨 적이 여러 번 있다. 쾰러는 승객들에게 18,000년 동안 하루도 빼놓지 않고 비행기를 타도 비행기 추락 사고를 당할 확률은 50퍼센트가 넘지 않는다고 말해준다. 18,000년이라면 어느 정도의 세월일까? 18,000년 전은 인류가 농사를 시작할 시기보다 두 배는 더 멀리 거슬러 올라가야 한다.

쾰러는 또 사람들이 투자를 할 때 저지르는 오류에 대해서도 조사했다. 실험을 진행하면서 쾰러와 동료 몰리 머서는 실험 참가자들에게 뮤추얼 펀드 광고 기획안을 보여주었다. 첫 번째 실험 참가자들에게는 경이적인 실적을 보인 작은 회사의 광고를 보여주었다. 이 회사에서 운영하는 펀드는 두 개뿐이었지만 두 펀드 모두 꾸준히 스탠더드 앤 푸어스 같은 기업 신용등급 평가 회사의 주가지수 평가에서 뛰어난 점수를 받았다. 이제 이 회사가 세 번째 펀드 상품을 만들려 한다. 어때, 투자하고 싶은가? 두 번째 실험 참가자들에게는 대형 뮤추얼 펀드 회사의 광고를 보여주었다. 광고는 이 회사가 30개의 펀드를 운용하고 있다는 사실을 언급하면서 그중 주식 시장을 뜨겁게 달군 펀드 두 개를 소개했다. 이 회사도 새로운 펀드를 운용하려 하면서 투자자를 모집했다. 세 번째 실험 참가자들 역시 똑같이 이 큰 회사의 광고를 보았다. 이 광고도 높은 수익을 거둔 두 펀드를 내세워서 투자자들을 유혹했지만, 이번에는 아마도 고객에게는 훨씬 덜 인상적일, 돈을 깎아먹은 다른 많은 펀드들에 대해서는 언급하지 않았다.

작은 회사의 광고를 본 실험 참가자들은 대부분 깊은 인상을 받고 기꺼이 새로 시작하는 펀드에 투자하려고 했다. 그러나 서른 개의 펀드를 운영하는 큰 회사에 대해서는 모두 그다지 관심을 보이지 않았다. "사람들은 서른 개 중에서 가장 실적이 좋은 두 개만 보여준 것이라 생각하고 '됐어요, 관심 없습니다'라고 대답합니다." 쾰러는 이렇게 설명한다. 그러나 사람들은 성공적인 두 펀드만 자랑하고 나머지는 언급하지 않은 세 번째 광고를 보고서는 눈앞에 펼쳐진 눈부신 이득에 사로잡힌다. 이들은 작은 회사의 경우처럼 기꺼이 투자하겠다고 대답한다.

쾰러는 말한다. "수학적으로 보면, 펀드가 두 개 중에서 두 개가 성공한 투자 회사가 총 몇 개인지 모르지만 두 개가 성공한 회사보다 훨씬 더 투자 위험이 낮고 좋은 실적을 낼 확률이 높지요. 그렇지만 사람들은 '그럼 펀드가 전부 몇 개일까?' 라고 묻는 것을 너무도 쉽게 잊어버립니다. 전체 표본에 대해서는 생각하지 않는 거지요."

월급을 투자할 장소를 찾고 있는 우리 불쌍한 개미들에게는 안된 일이지만, 뮤추얼 펀드 회사가 광고에 손해를 본 펀드에 대해 밝혀야 할 법적인 의무는 없기 때문에 그런 사실을 기재하는 경우는 거의 없다. 심지어는 '전문가'의 조언도 우리의 투자 전망을 밝게 해주지 않는다. "우리가 보여준 광고에 사람들은 모두 같은 반응을 보였습니다. 대학생에게 물어보건 투자 전문가들에게 물어보건 마찬가지였죠."

쾰러는 바로 앞에 놓인 사실 이면의 정황과 표본 공간을 생각하는 것은 쉽지 않은 일이라는 점을 수긍한다. "우리 뇌는 확률적으로 생각하도록 되어 있지 않습니다. 우리에게는 주관적이고 감상적인 방식이 완전히 머릿속에 박혀 있죠. 이런 사고방식이 굉장한 추진력을 주는 경우도 있지만 판단력을 흐려 완전히 그릇된 판단을 하게 만들기도 합니다." 확률적 사고방식에 익숙해지기 위한 좋은 방법 중 하나는 주관이 대단한 위세를 떨치고 있는 영역에 확률적 사고를 적용해보는 것이다. 쾰러는 유명한 '린다 문제'를 자주 이용한다. 그는 학생들에게 '린다'라는 이름의 가상의 인물에 대해 들려준다. 린다는 대학 철학과를 아주 좋은 성적으로 졸업한 서른 살 미국 여성으로 핵무기 동결 운동과 인종차별 반대 운동에 참여하고 있다.

쾰러는 린다에 대해 설명을 들은 학생들에게 '린다는 은행출납원이다', '린다는 여성주의자이다', '린다는 결혼했고 아이가 둘이다', '린다는 대학가에 산다', '린다는 여성주의자이며 은행출납원이다' 등 같은 문장 여덟 개를 보여주며 그 문장들을 린다에 대한 서술일 가능성이 가장 높은 순서대로 나열해보라고 말한다.

학생들은 어김없이 자신들이 린다를 잘 안다고 생각한다. 학생들은 린다가 여성주의자라고 생각한다. 또 대학가에 살 확률이 높을 것이다. 결혼해서 아이가 있을까? 학생들은 그 문장은 중간쯤에 놓는다. 하지만 은행출납원이라고? 그런 직업은 린다에게 어울리지 않는 것 같다. 따라서

'린다는 은행출납원이다'라는 문장은 가장 낮은 곳에 위치한다. 그렇지만 린다가 은행출납원이면서 여성주의자일 수 있지는 않을까? '린다는 여성주의자이며 은행출납원이다'라는 문장은 '린다는 은행출납원이다'라는 문장보다 높은 순위에 놓는다. "거의 90퍼센트에 달하는 학생들이 그렇게 합니다"라고 퀼러는 말한다. "학생들은 린다가 절대로 은행출납원은 아니지만 은행출납원이면서 여성주의자일 수는 있다고 주장하죠. 최소한 그 문장은 어느 정도 린다의 특징을 담고 생각하는 겁니다. 사람들이 확률을 생각하는 방식이 대개 이렇습니다."

당연히 린다가 은행출납원일 확률은 은행출납원이면서 여성주의자일 확률보다 훨씬 높다. 은행출납원이면서 여성주의자라면 린다는 반드시 은행출납원이어야 한다. 한 가지 사건이 일어날 무조건적 확률—여기서는 은행출납원일 확률—은 다른 사건과 그 사건이 함께 일어날 조건부 확률—여기서는 린다가 은행출납원이면서 여성주의자일 확률—보다 언제나 훨씬 크다.

린다가 여성주의자이자 은행출납원일 가능성이 상당히 높은데도 사람들은 린다의 정체성을 단지 은행출납원으로 한정하는 데 자못 불편함을 느낀다. 달랑 직업만 기술하는 것은 린다의 본래 모습을 부정하거나 잘못 전달하는 일이라고, 또는 그녀를 부당하게 다루는 것이라고 느끼는 사람도 있다. 아마 내가 아버지 직업을 말할 때면 부연 설명을 하고 싶은 것과 비슷한 감정일 것 같다. 우리 아버지는 오티스 엘리베이터 회사의 기사이다. 그러나 나는 아버지가 펜과 잉크로 멋지게 그림을 그리시는 예술가라는 사실을, 그저 완고하고 보수적인 기술자가 아님을 애써 강조한다. 마찬가지로 사람들은 무의식적으로 '린다는 은행출납원이다'라는 문구에 '하지만 그녀는 여성주의자가 아니다'라는 내용을 추가해서 '린다는 여성주의자이면서 은행출납원'이라는 문구의 직접적인 반대로 놓는 것이다.

그렇지만 린다 문제에서 조건부 확률을 무조건적 확률보다 높다고 착각하는 실수를 저지르는 것은 이해할 만한 일이며, 쾰러의 학생들은 자신들이 틀렸다는 것을 깨달으면 처음에는 자신들이 바보였다고 생각하지만 곧 자신이 당했던 대로 가족들과 친구들을 상대로 똑같이 해보려고 신을 내고, 결국 골탕을 먹이는 데 성공한다. 또 어디에서 이들은 자신들이 새로 배운 지혜, 즉 배경을 고려하는 일이 정말 중요하다는 깨달음을 적용해볼 수 있을까?

오차범위를 찾아라

표본 공간을 찾아내는 일이 중요한 경우로는 무엇보다 의료검사 결과를 해석할 때를 들 수 있다. 수많은 연구 결과가 보여주듯이, 의사들이라고 해서 항상 확률을 잘 다루고 적절한 맥락에 따라 검사 결과를 설명하는 것이 아니기 때문에, 환자들은 근거도 없이 큰 불안에 휩싸이게 되며 자신의 인생을 되돌아보거나 혹은 때 아닌 장례식을 고민하기도 한다.

그러면 설명을 위하여 순전히 가상인 상황을 한번 생각해보자. 정기검진을 받으러 병원에 간 당신은 이달의 특별 진료를 소개하는 광고지를 발견했다. '정확도가 95퍼센트'인 에이즈 검사를 특별한 가격에 해준다는 광고였다. 특별히 에이즈에 걸릴 만한 행동을 한 적이 없긴 했지만—비록 대학교 때는 사면발니(이의 한 종류로, 인간의 음모에 알을 낳으며 가려운 증을 일으킨다. 주로 성행위로 인해 옮는다—옮긴이)로 고생한 적이 있긴 하지만—의식 있는 시민의 한 사람으로서, 또 나름 건강을 걱정하고 있었기에 기꺼이 소매를 걷어 올리고 검사를 받기로 했다.

그런데 일주일 후, 병원에서 끔찍한 소식을 전해왔다. 검사 결과 양성 반응이 나왔다는 것이다! 그 소리를 듣는 순간 당신의 머리는 멍해지고 속이 울렁거릴 것이다. 당신은 아무 말도 못한다. 전화를 걸어온 접수원은 웅얼거리는 목소리로 정말 안됐다고 말하면서 자신이 영화 〈필라델피아〉에서 에이즈에 걸린 변호사 역할을 한 톰 행크스를 얼마나 사랑했는지 이야기한다. 대체 당신이 톰 행크스를 싫어하는 사람이면 어쩌려고 그런 말을 하는 걸까? 검사의 정확도는 95퍼센트라고 했다. 당신은 양성 반응이 나왔다. 검사실에서 당신의 피가 든 시험관이나 검사표가 바뀌지 않은 것이 확실하다면 당신이 에이즈 바이러스에 감염되었을 확률은 95퍼센트이다. 그렇지 않은가?

너무 걱정하지 마시라. 정말로 당신의 체액 검사 결과가 양성 반응이 나왔다 해도 당신이 실제로 HIV 바이러스에 감염됐을 확률은 95퍼센트보다 훨씬, 정말로 훨씬 낮다. 검사를 고안한 의료 회사의 필요와 요구에 따라 검사의 정확성이 자유자재로 바뀌는 경우가 아니라면, 일반적으로 정확도 95퍼센트라는 말은 이런 의미를 포함하고 있다. 첫 번째 의미는 인간면역결핍 바이러스를 가지고 있는 사람들 가운데 95퍼센트에 해당하는 사람들을 정확히 찾아낼 수 있지만 5퍼센트 정도는 감지하지 못할 가능성이 있다는 것. 두 번째 의미는 면역결핍 바이러스를 가지고 있지 않은 사람들 중 95퍼센트는 정확하게 없다는 사실을 밝혀낼 수 있지만 5퍼센트 정도는 없는데도 있다고 잘못 판단할 수도 있다는 것. 그렇기 때문에 당신은 안심해도 괜찮다. 잘못 진단할 확률이 고작 5퍼센트밖에 안 되는데 우리가 안심해도 되는 이유가 뭘까? 왜냐하면 잠재적인 실험 집단, 즉 표본 공간의 규모가 어마어마하게 크기 때문이다. 미국의 경우 HIV 감염자는 비교적 적어서 350명당 1명 정도이다. 이는 인구 10만 명을 무작위로 선택하면 HIV 보균자는 285명 정도이고 비非보균자는 99,715명 정도 된다는 뜻이다. 이 10만 명을 대상으로 에이즈 감염 검사를 실시하면 어떤 결과가 나올까? 감염자의 경우는 실제 감염자 285명 가운데 271명을 정확하게 알아맞히겠지만 감염자가 아닌 경우에는 4,986명의 비보균자를 감염자라고 잘못 예측해 쓸데없는 걱정을 불러일으킬 것이다. 따라서 검사 결과 양성 반응이 나왔을 때 실제로 HIV 바이러스에 감염되어 있을 확률을 구하려면 실제로 보균자인 사람 수(271)를 양성 반응이 나온 전체 수, 다시 말해 보균자가 아닌데도 양성 반응이 나온 사람 수(4,986)와 실제 보균자이면서 양성 반응이 나온 사람 수(271)를 합한 수로 나누어야 한다. 그렇게 해서 271 나누기 5,257을 하면 5퍼센트의 확률이 나온다. 따라서 접수원이 알려준 끔찍한 소식은 이런 식으로 뒤집어 생각해볼 수 있다. 바이러스에 감염되지 **않았을** 가능성이 95퍼센트라고.*

그렇다고 해서 현실 세계에서 벌어지는 일의 확률을 평가하는 것이 아주 쉽다거나 의학 검사를 받으면 언제나 의사의 말과는 다른 방식으로

* 분명히 강조하고 싶은 점은 이 가상의 이야기 속에서는 에이즈 검사의 정확도가 95퍼센트라고 했는데, 실제로 현재 에이즈 검사의 정확도는 그보다 훨씬 높아서 99.9퍼센트가 넘는다는 사실이다. 그러나 의료 검사와 진단 검사를 받는 사람이 급속도로 늘어나면서 실제로도 아주 많은 사람들이 거짓 양성 반응 때문에 괴로워하고 있다. 환자들에게 이 점을 분명히 고지해야 한다.

생각해봐야 한다고 주장하는 것은 아니다. 하지만 '이 병에 걸릴, 혹은 이런 상태에 처하는 경우가 전체 인구 중에 얼마나 될까?' 하고 질문해보는 것은 전혀 해롭지 않은 일이다. 다른 말로 하자면, '내가 맞닥뜨리고 있는 표본 공간의 크기는 얼마나 될까?'라고 물어보자는 것이다. 이런 의문은 특히 '위험 인자'나 다른 사람과 비교했을 때 '상대적인 위험'이 어느 정도나 되는가를 합리적으로 생각하는 데 도움이 된다. 예를 들어 15살 전에 햇빛 때문에 화상을 입는 횟수가 다섯 번이 넘으면 악성 흑색종에 걸릴 확률이 두 배나 높아진다고 한다. 얼마나 끔찍한 이야기인가! 햇빛이 화창한 날에 보트를 타고 노를 젓고 밧줄 매는 법을 배우면서 캠프에서 시끌벅적한 며칠을 지낸다고 끔찍한 피부암에 걸릴 가능성이 ***100퍼센트***나 증가한다고? 그렇긴 하지만 일단 악성 흑색종은 아주 희귀한 질병으로 미국 전체 인구의 1.5퍼센트만이 이 병으로 고생한다. 게다가 어린 시절 햇볕에 발갛게 익은 적이 있다고 해도 가족 중에 누군가가 악성 흑색종으로 사망했다던가 하는 다른 병력이 없다면 악성 흑색종에 걸릴 확률은 여전히 4퍼센트 미만이다. 피부에 검은 점이 생기지는 않는지, 혹시 건포도처럼 생긴 반점이 생기지는 않는지 면밀히 살피고 차양을 걷어 올리기 전에 사랑하는 사람에게 선크림을 잔뜩 발라주는 것이야 당연한 일이겠지만 전화기 단축 번호에 피부과 의사의 무선 호출기 번호를 입력해두는 건 너무 지나치다.

아마도 당신은 당신 의사에게 당신이 받은 검사가 양성인데 음성이라는 결과가 나오거나 그 반대의 경우가 나올 가능성이 정확히 얼마나 있는지, 통계의 정확성을 측정하는 방법은 얼마나 정확한지 등을 물어보고 싶을 것이다. 건강관리 전문가들은 그 이름과 달리 건강한 사람들이 틀린 검사 결과를 통고받는 일을 줄이는 것보다는 병을 진단하고 치료하는 데 훨씬 관심이 많다. 건강관리 전문가들은 진짜 질병인 경우를 놓치는 것보다는, 처음에는 문제가 있다고 생각했지만 나중에 알고 보니 괜찮더라고 생각하는 것이 훨씬 낫다고 생각한다. 그러나 의료 소비자들인 우리들은 아무리 잘못 나온 결과가 오래 가지 않는다 해도 그 사이에 크게 충격 받고 정말 아픈 것처럼 느끼기 때문에 에이즈 검사 같은 진단 검사 때 틀린 결과가 나올 가능성 따위는 어떤 방법을 쓰건 간에 없애기를 바란다.

확률을 좀더 편안하게 접할 수 있는 방법 중에는 집에서 시도해볼 수 있는 것들도 있다. 나는 위대한 이탈리아 물리학자 엔리코 페르미의 이름을 본 따 이름붙인 페르미의 오차범위 구하기Fermi flex라는 재미있는 놀이를 활용한다. 페르미는 20세기의 위대한 과학자 가운데 한 명일 뿐 아니라 2차 세계 대전 당시 여러 가지로 스트레스가 심했을 맨해튼 프로젝트를 이끈 책임자였다. 페르미는 함께 폭탄을 개발하던 동료들의 사기를 북돋우고 긴장을 풀어주기 위해 기발하고 재미있는 여러 질문들을 던졌다. 시카고에는 피아노 조율사가 모두 몇 명이 있을까? 사람이 보통 1년 동안 먹는 음식은 모두 몇 킬로그램일까? 등등. 페르미가 간주한 것처럼, 훌륭한 물리학자 내지 훌륭한 이론가라면 어떤 문제든 해결 방법을 궁리해낼 수 있어야 하며, 그렇게 해서 나온 답은 '같은 단위 수의 규칙'을 만족해야 한다. 한마디로 적어도 숫자 단위를 벗어날 만큼 오차가 나서는 안 된다는 뜻이다. 진짜 해답이 5,400이라면 오차 범위는 1,000부터 9,999까지가 되어야 하며 해답이 33,000이라면 페르미가 허용한 오차 범위는 10,000에서 99,999까지이다.

대략적인 추측이라 하더라도, 잘 알지 못하는 도시에서 피아노 조율이라는 눈에 띄지 않는 일을 하고 있는 사람들의 수를 어떻게 짐작할 수 있을까? 먼저 어떤 식으로 접근해야 할까? 그의 감탄할 만한 책 『물리학의 두려움*Fear of Physics*』에서 두려움을 모르는 물리학자 로렌스 크라우스는 그 방법을 보여준다. 시카고는 미국에서 가장 큰 도시 가운데 하나다. 이는 시카고에 살고 있는 사람이 몇백만 명에 이른다는 뜻이긴 하지만 분명 8백만 명이 사는 미국의 헤비급 도시인 뉴욕보다는 인구가 적을 것이다. 그러니 한 4백만 명 정도라고 하자. 그러면 가구 수는 몇일까? 4인이 한 가족을 이룬다고 생각해보면 약 1백만 가구 정도가 있을 것이다. 자, 이제 당신이 아는 사람들 중에 피아노를 가지고 있는 사람이 얼마나 되는지 생각해보자. 한 10퍼센트 정도일까? 그렇다면 시카고에는 때때로 피아노를 조율해야 하는 가정이 10만 가구 정도 있는 셈이다. '때때로'는 얼마만큼일까? 피아노를 조율하는 비용이 한 번에 75달러에서 100달러 정도 든다는 것을 생각해보면 1년에 한 번 정도 피아노를 조율한다고 보는 편이 타당할 것 같다. 그렇다면 직업 피아노 조율사가 생계를 유지하려면 몇 개의 피아노를 조율해야 할까? 아마도 하루에 2개, 일주일에 10개, 1년에 400개 내지 500개 정도를 해야 하지 않을까? 그렇다면 10만을 400 내지 500으로 나누면 되겠다. 따라서 우리는 마천루와 근사한 양복을 맞춰 입은 갱스터와 1970년대 활동했던 온화한 록 밴드 '시카고'의 이름으로 유명한 도시에 피아노 조율사가 200명 내지 250명 정도 있다고 추정할 수 있다. 크라우스는 "이 어림짐작은 재빨리 할 수 있으며, 조율사가 만약 100명보다 적거나 1,000명보다 많다면 우리는 매우 놀랄 것이다"고 말했다. 충격 요법은 필요 없다. 정답은 150명 정도이다.

이제 내 차례다. 나는 내 고향 메릴랜드 주 몽고메리—워싱턴 D.C.의 남쪽 끝에서 볼티모어 주 북쪽 근처까지 뻗어 있다—의 통학 버스 수를 알아맞혀보기로 했다. 내가 특히 알아내고 싶은 것은 이 지역에서 빈번히 있는 눈 오는 날마다 게으름을 피우고 멈춰서 있는 버스의 수이다. 제설기 반대주의를 채택하고 있는 이 정신 나간 주 정부는 실제로 하얗고 보슬보슬한 눈이 쌓이지 않아도 눈이 올 것 같은 조짐만 있으면 버스 운행을 중단해버린다.

아무튼 몽고메리 카운티에는 발랄한 노란색 아동용 버스가 몇 대나 필요할까? 11월 선거 때마다 결과가 나올 때까지 집요하게 집착하는 성격 덕분에 나는 몽고메리 카운티에서 투표에 참여한 사람이 50만 명임을 알고 있다. 몽고메리 카운티는 수도인 워싱턴 D.C.와 가까워 주민들이 정치에 관심이 많고 투표율이 높아 선거권을 가진 사람 중 70퍼센트가 투표를 한다. 따라서 몽고메리 카운티에 살고 있는 성인의 수는 65만 명 정도라고 추정해볼 수 있다. 그렇다면 부부는 30만 쌍 정도 있을 것이다. 그렇다면 취학 아동이 있을 수 있는 25살부터 55살까지의 부부는 몇 쌍이나 될까? 15만 쌍이라고 해보자. 그중에 절반이 자녀를 낳았다고 치고, 보통 두 아이를 낳는 경우가 가장 많으니 가구당 1.5명 정도의 취학 아동이 있을 것이다. 따라서 몽고메리 카운티에서 학교에 다니는 아이들은 11만 명이다. 그중에는 사립학교에 다니는 아이도 있고 학교와 가까워 걸어 다니는 아이도 있고 코를 훌쩍이며 너무나 서럽게 울어대는 통에 통학 버스에 태우지 못하는 아이도 있을 것이다. 그러니 통학 버스에 타는 아이들의 수는 전체 취학 아동의 절반인 5만 5천명으로 잡사. 통학 버스 한 대에 아이들이 몇 명 탈 수 있을까? 50명 정도 아닐까? 그렇다면 통학 버스는 1,100대 가량이 있어야 한다. 그런데 결론을 내리기 전에 한 대의 통학 버스가 매일 아침 같은 코스를 여러 번 돈다는 사실을 염두에 두어야 한다. 옆집에 사는 불쌍한 십대들이 허겁지겁 7시 15분까지 타는 버스를, 초등학교에 다니는 우리 딸아이는 70분 후에 타듯이. 하루에 두 번 운행한다고 가정하면, 몽고메리 카운티의 공립학교가 운행하는 통학 버스는 550대 정도 있다고 보는 것이 맞을 것이다. 아무튼 100대는 넘을 테고 1,000대는 넘지 않을 게 분명하다.

몽고메리 카운티 교육부 홈페이지를 보니 모두 250대의 버스를 운행한다고 나와 있다. 내 예상보다 절반 정도 적은 숫자지만 어쨌든 내 예상 결과는 '오차범위'를 벗어나지는 않았다. 물론 처음부터 교육부 홈페이지를 찾아봤으면 훨씬 쉽게 문제를 해결할 수 있는 것이 사실이다. 그러나 나는 이런 문제들을 푸는 덕분에 내 주위에 생식 능력이 있는 성인들이 얼마나 있는지, 그들이 아이를 낳을 가능성이 어느 정도나 되는지, 내 딸과 같이 학교를 다니는 아이들이 얼마나 많은지 같은 다양한 사실을 알아낼 수 있었다. 정기적으로 페르미의 오차범위 구하기를 하다보면 세상을 더 잘 바라볼 수 있고, 세상의 단편적인 조각들을 어떻게 더 잘 맞출지 알 수 있다. 자신이 모르는 것이 있다는 사실을 인정할 줄 아는 것도 물론 충분히 나름의 가치가 있는 일이지만, 차례차례 단계를 밟아가며 자신의 무지를 없애는 일이 더욱 가치 있는 일이다. 지구 둘레와 맞먹는 거리를 걷는 것이 목표라는 동료의 말을 듣고서, 지구 둘레가 몇 킬로미터인지 모르고 있다는 사실이 부끄럽다 해도 동료가 젠체하며 의기양양하게 답을 말하는 건 듣고 싶지 않을 것이다. 대체 지구 둘레는 얼마나 될까? 아주 빠르게 추정해볼 수 있는 방법이 있다. 먼저 자신이 알고 있는 지구에 관한 정보, 예를 들면 비행기를 타고 오랫동안 어딘가에 가본 경험을 생각해보자. 우리 남편은 최근 뉴욕에서 싱가포르 항공 직항 비행기를 18시간 동안 타고 싱가포르에 갔다. 아마 뉴욕에서 싱가포르까지의 거리는 지구 둘레의 반 정도에 해당할 것이다. 여객기는 1시간에 800킬로미터 내지 960킬로미터 정도 간다. 그렇다면 뉴욕에서 싱가포르까지의 거리는 14,400킬로미터에서 17,700킬로미터 사이이고, 지구의 둘레는 그 두 배인 28,800킬로미터에서 35,400킬로미터 사이의 어디쯤일 것이다. 실제 지구의 둘레는 적도의 경우 40,075킬로미터이다. 우리가 비행기 이동 속도와 거리로 추정한 지구 둘레는 페르미의 오차범위를 벗어나지 않는다. 물론 제트 여객기를 타고 이동하는 것과 진짜로 지구를 걸어서 한 바퀴 도는 건 전혀 다른 일이다. 운동선수의 몸과는 전혀 어울리지 않는 직장 동료의 뱃살을 보고서 관대하게 미소 지으며 기꺼이 행운Godspeed을 빌어주자.

통계가 거짓말을 한다고

정량적 사고와 확률적 분석이 갖는 힘에 대해서는 마크 트웨인이 다음과 같은 말로 정확히 짚었다. "제기랄, 통계가 거짓말을 할 수 있다니!" 가장 재미있고 탁월한 대중 과학서 중 하나인 『새빨간 거짓말, 통계*How to Lie with Statistics*』(더불어책, 2004)에서 저자 더렐 허프는 통계학자들이 매일같이 어떤 식으로 우리들을 속이는지 말해준다. '통계학적으로 의미가 있는'이라는 막강한 힘을 가진 어구에 대해 한번 생각해보자. 어떤 결과를 놓고 '통계학적으로 의미가 있다'고 하면 왠지 논쟁의 여지가 없다는 말처럼 들린다. 예일 대학교 의과대학의 내과 및 전염병학과 교수 앨번 파인스타인은 "심지어는 과학자들과 의사들 중에서도 이 기적 같은 문구가 모든 문제의 해답인 것처럼 생각하는 사람들도 있다"고 말했다. '통계학적으로 의미가 있는'이라는 문구는 도대체 어떤 의미가 있을까? 어떤 사람이 말하느냐에 따라 다르겠지만 이 무미건조한 문구가 일반적으로 의미하는 것은 특정 유전자 변이와 특정 질병 사이의 관계처럼 한 과학자가 알아낸 어떤 두 요소의 상관관계가 5퍼센트의 유의확률 또는 p값을 가진다는 뜻으로, 유의확률이 5퍼센트라는 것은 예상과 틀린 결과가 나올 확률이 5퍼센트라는 의미이다. 앞서 본 정확도 95퍼센트의 에이즈 검사처럼 말이다. 달리 말하면 특허를 받을 수 있는 확률이 고작 5퍼센트이며, 다른 일을 알아봐야 할 가능성이 95퍼센트에 달한다는 뜻이다. 'p=0.05'라는 것은 과학계가 '통계학적으로 의미가 있는'이라는 구절을 사용해도 되는 최소 합격점이자 알아낸 결과를 적어도 2만 개는 되는 전 세계의 학술지에 게재할 수 있는 최소한의 자격 요건이다. 그러나 이 의미 있는 정도라는 것은 정말 손쉽게 쓸모없는 지방 덩어리로 변해버릴 수도 있다. 에이즈 검사를 떠올려보라. 에이즈 검사의 유의확률은 0.05, 즉 정확도 95퍼센트였다. 그러나 실제 결과는 어땠나? 95퍼센트라는 정확도가 무색하게도 양성이 아닌데도 양성 반응이 나온 경우가 너무나도 많았다. 그렇기 때문에 많은 과학자들이 이런 모호한 확신 기준에 만족하지 않고 유의확률이 적어도 소수점 뒤에 0이 두 개 이상은 될 때까지, 그저 우연에 불과한 결과에서 노벨상을 받아도 될 만큼 확실한 결과가 될 때까지 발표를 미룬다.

실체가 모호한 또 다른 통계학 용어로는 일반인들도 잘 쓰고 정치가들이 남용하는 '평균'이라는 말이 있다. "대통령의 감세 정책으로 환급될 세금은 평균 1,500달러가 될 것이다"라는 표현에 쓰인 '평균'을 살펴보자. 1,500달러라면 상당한 혜택을 주는 것처럼 들린다. '평균'의 의미에 주목하기 전까지는. 평균은 일반적으로 환급받는 금액을 뜻하는 것이 아니며, 일반 가정에서 기대하는 수준의 세금을 환급받을 거라는 뜻도 아니다. 통계에서 말하는 평균이란 전체 양을 전체 수로 나눈 값이며, 이 경우에 평균 환급액은 환급해줄 전체 세금을 환급받을 전체 사람의 수로 나눈 것이다. 이런 식의 계산법의 문제는 소수가 받는 막대한 세금환급액 때문에 실상이 왜곡될 수 있다는 것이다. 예를 들어 서민들이 살고 있는 지역에서는 스무 가구가 한 가구당 100달러에서 300달러씩 세금을 환급받았지만 한 층이 전부가 한 집인 초호화 아파트에 사는 한 가구가 국세청의 사랑을 듬뿍 받아 70,000달러에 달하는 세금을 환급받았다면 스물한 가구의 '평균' 환급금은 3,500달러 정도가 된다. 그 같은 사실을 알면 서민 지역 주민들은 이렇게 말할 것이다. "와, 고맙기도 하네요. 기분은 벌써 부자가 된 것 같네요. 박수를 쳐드릴까요?"

평균보다 좀더 분명하게 세금 환급 상황을 보여주는 수치로 '중앙값'이 있다. 중앙값은 말 그대로 작은 값부터 큰 값의 순서로 환급받은 세금을 늘어놓았을 때 정확히 중앙에 위치한 값을 뜻한다. 앞에서 언급한 스물한 가구의 중앙값은 11번째로 세금을 적게 환급받은 가구의 세금 환급금이 된다. 이 액수는 200달러 정도 될 테니, 실제 환급액과는 턱없이 차이가 났던 평균보다는 훨씬 현실적이다. 빈부의 격차가 극심하게 커져가는 오늘날, 경제 지표를 이야기할 때는 평균보다 중앙값을 이야기하는 것이 더 합리적일 때가 많다. '평균 수입'을 계산할 때 빌 게이츠나 워렌 버핏 같은 몇 안 되는 부호들을 살짝 끼어 넣으면, 현실은 대다수의 국민들이 평균을 훨씬 밑도는 수입을 벌고 있으며 한 달 카드값도 제대로 갚지 못하는 상황임에도, 국민들 모두가 잘사는 것처럼 보이게 된다.

그렇다고 해서 평균값과 중앙값이 언제나 크게 차이가 나는 것은 아니다. 두 값은 종형 곡선(정규분포 곡선)이라 불리는 유명한 종 모양 곡선 아래에서 가까이 모일 때가 많다. 이 기본적인 과학 원리는 불행하게도 1990년대 중반에 찰스 머레이와 리처드 헌스타인이 쓴 인종과 지능 사이의 관계를 분석한 책의 제목이 되면서 신보수주의의 상징이 되었다(이 책『종형 곡선』에서 두 저자들은 흑인들의 지능이 백인보다 유전적으로 떨어진다는 주장을 펴서 학문적 사회적으로 큰 논란을 야기했다—옮긴이). 그러나 종형 곡선의 개념은 종형 곡선 자체가 차지하는 넓이보다 더 깊고 넓으며 눈부시다. 밖으로 나가 세상의 여러 가지를 측정해보면 정말 놀라울 정도로 많은 것들이 종형 곡선에 딱 들어맞는다. 당신이 데이지 꽃밭에 가서 꽃들의 키를 측정한다고 해보자. 데이지 300그루의 키 분포 상태를 그래프로 그려보면 그래프의 왼쪽에 표시하는 키가 아주 작은 데이지의 수도 많지 않고, 그래프 오른쪽에 표시하는 키가 아주 큰 데이지의 수도 몇 그루 되지 않지만, 그래프 중앙에 표시하는 중간 크기의 데이지는 아주 많다는 것을 확인할 수 있다. 데이지의 이런 분포 상태를 선으로 연결하면, 딩동! 종 모양 그래프가 나타난다. 데이지의 잎을 가지고 그래프를 그려봐도, 중앙에 있는 노란 부분의 지름을 가지고 그래프를 그려봐도, 모두 비슷한 형태가 나온다. 정말 짜리몽땅한 잎사귀가 있을 수도 있고 초코파이만 한 꽃이 있을 수도 있지만 대부분은 중간 부분에 몰려 있다. 우리는 그 부분을 중앙값으로 볼 수 있으며, 이 매혹적인 꽃 나라

사절의 평균이라 보기에도 지장이 없다.

데보라 놀런은 수업에서 학생들이 종형 곡선에 쉽게 익숙해지도록 재단사 놀이를 한다. "학생들에게 키, 어깨 넓이, 어깨에서 팔꿈치까지의 길이, 팔꿈치에서 손가락 끝까지의 길이, 새끼손가락과 엄지손가락 사이의 길이 등을 측정해보게 합니다." 놀런은 50에서 60명 정도 되는 학생들이 불러주는 수치를 칠판에 표시해나가면서 자연이 얼마나 위로 돌출된 곡선을 좋아하는지 보여준다.

동전 던지기 결과도 종형 곡선으로 표시된다. 동전 100번 던지기를 1,000차례해보면 앞면이 71개 뒷면이 29개 나온다거나 뒷면이 80개 이상, 앞면이 10개 남짓 나오는 특이한 경우도 있지만 대부분은 거의 50대 50에 가까운 결과가 나온다.

과학에서 주어진 문제의 정규 분포곡선을 그리는 일은 아주 중요하다. 평균값은 무엇이며 평균값을 구할 수 있는 경우는 어떻게 알 수 있을까? 예를 들어 대학생들의 평균 주류 소비량을 구한다고 생각해보자. 얼마나 많은 사람들을 조사해야 충분히 믿을 만한 평균을 구할 수 있을까? 주정뱅이나 금욕적인 종교인들만 조사하게 되면 그 평균은 믿을 수가 없을 것이다. 얼마나 많은 표본을 수집해야 종형 곡선의 중간 지점이 의미를 갖게 되고 알아내고자 하는 진실의 단편을 찾아낼 수 있을까? 누구도 오리 사냥에 나선 세 명의 통계학자 이야기 같은 결론은 바라지 않을 것이다. 첫 번째 통계학자가 쏜 총알은 오리 15센티미터 위로 지나갔다. 두 번째 통계학자가 쏜 총알은 오리 15센티미터 아래로 지나갔다. 그러자 세 번째 통계학자가 총을 쏘기도 전에 이렇게 외쳤다고 한다. "좋아, 이제 잡았어!" 충분히 신뢰할 수 있는 표본의 규모를 결정하는 기준은 무척 복잡하며 각 문제의 특성에 따라 달라지겠지만 일반적으로 적용되는 원칙이 몇 가지 있다. 첫째로 경제적으로, 현실적으로 가능한 수준까지 표본 집단의 크기가 커야 한다. 그리고 일단 표본 집단의 크기가 정해지면 할 수 있는 데까지 촘촘하게 고르고 또 골라야 한다. 표본이 되길 원하는 사람을 표본으로 고르는 것만큼 표본의 신뢰도를 망치는 것은 없다. 남성용 잡지 「맥심*Maxim*」의 성생활에 관한 독자 설문 조사가 그 잡지에 실린 여성들이 드러내는 속살보다 훨씬 더 드러내주는 것이 없는 이유가 바로 그 때문이다. 훌륭한 여론 조사원이라면 적어도 협력할 의사가 가장 적은 적임자를 쥐 잡듯 찾아내야 한다.

인간의 새끼손가락 길이에서부터 주사위 굴리기에 이르기까지 인생의 많은 부분이 종형 곡선 형태의 그래프를 그린다는 사실은 인생에 대해서 어떤 근본적인(비록 우리를 낙담시키기도 하지만) 사실을 말해준다. 우리는 평범하기는 아주 쉽고 뛰어나기는 아주 어렵다. 다시 말해 측정하고자 하는 특성이 무엇이건 간에 대부분은 정규 분포 범위에 속하는 어딘가에 위치해 있으며, 그 범위를 벗어나는 것(다시 말해 아주 특이하게 되는 것)은 아주 드물다. 부모들은 자신의 자녀들이 역사에 길이 남을 무언가를 할 사람이 되길 바란다. TV의 교육 방송 역시 '미래의 토머스 에디슨', '세계적으로 유명한 요리사', '화성에 최초로 발을 딛는 우주인'과 같은 말로 아이들에게 위대한 성공을 꿈꾸게 한다. 그러나 분포 이론은 값들이 대부분 중간에 몰려 있으며, 우리 평범한 사람들은 곁에 있는 동료들을 사랑해야 한다고 알려준다. 따라서 자신의 자녀를 비범한 사람이나 천재로, 적어도 재능을 가진 영재로 키워내고 싶은 부모들 대부분이 꿈을 이루기 위해 택할 수 있는 방법은 용어를 다시 정의하거나("너는 정말 특별하단다. 너랑 똑같은 DNA를 가진 사람은 지구상에 단 한 사람도 없었거든.") 뛰어남의 기준을 엄청나게 낮추거나, 이도 저도 아니면 아이들의 등급 매기기를 그만두는 것뿐이다.

종형 곡선의 모양은 고정불변이 아니기 때문에 조금씩 바뀌는 게 일반적이지만 때로는 극적인 정도로 중심점의 위치가 크게 바뀌기도 한다. 창문으로 오물을 던져버리는 대신 하수구로 흘러가게 하고, 의사들이 한 환자를 진찰한 뒤 다른 환자를 진찰하기 전에 손을 씻도록 규칙을 정한 것 같은 간단한 몇 가지 변화만으로도 19세기 초부터 20세기 중반까지 미국인의 평균 수명은 두 배로 늘어났다. 20세기에 이룩한 또 다른 위대한 도약으로는 미국에서 나서 자란 이민 2세들의 키가 부모의 키를 훌쩍 넘은 사실을 들 수 있다. 이민자들의 키 분포도를 나타내는 종형 곡선의 크기가 여성, 남성 모두 몇 센티미터 정도 높아졌다. 정확한 원인은 밝혀지지 않았지만 지난 50년 동안 평균 IQ도 높아졌다.

평균으로의 회귀

종형 곡선이 어떻게 출렁거리든 간에 크고 볼록한 중심은 언제나 존재하게 마련이어서 욕심스럽게 표본의 대다수를 끌어들인다. 종형 곡선 중심점의 끌어당기는 힘은 너무도 무지막지해서, 따로 '평균으로의 회귀'라는 용어까지 가지고 있을 정도이다. 그 때문에 시간이 지날수록 특이한 것들은 설 자리를 잃어간다. 평균보다 키가 훨씬 큰 두 사람이 만나서 결혼을 했다고 하자. 이 부부가 낳은 아이는 평균 키보다 클 가능성이 많지만 딸은 어머니보다, 아들은 아버지보다 조금 작을 확률이 높다. 아이가 부모보다 키가 작다는 것은 그 아이의 키가 평균 쪽으로 회귀했다는 뜻이다. 왜 이런 일이 벌어질까? 그 까닭은 아이 부모의 키가 다른 사람에 비해 월등하게 큰 이유에는 유전적인 요인뿐 아니라 하늘을 향해 좀더 높게 치솟을 수 있도록 성장할 때 작용한 외부 요인들이 있기 때문이다. 이 부부는 아이에게 키가 크는 유전자는 물려주었겠지만 자신들의 키를 한층 크게 만든 환경 요소는 물려주지 못했다. 이 부부의 아이가 부모와 똑같은 환경 요소의 영향을 받을 가능성은 거의 없다. 물론 아예 불가능한 일은 아니지만, 어머니가 동전 한 개를 다섯 번 던져 모두 앞면이 나왔다고 해서 그 동전을 받은 딸이 동전을 다섯 번 던졌을 때 모두 앞면이 나올 확률은 많지 않은 것처럼 아이가 부모처럼 평균을 훌쩍 넘어 클 확률은 그리 크지 않다. 시간이 지날수록 인류의 평균 키와 평균 지능은 점점 더 커지고 높아져 가겠지만, '평균으로의 회귀' 현상은 그런 추세가 안정적으로 이루어지도록 평형 추 역할을 해줄 것이다.

존 앨런 파울로스는 이 '평균으로의 회귀' 현상으로 전설적인 「스포츠 일러스트레이티드*Sports Illustrated*」 징크스를 설명할 수 있다고 말한다. 수년간 「스포츠 일러스트레이티드」의 표지에 실린 운동선수들을 관찰한 결과 많은 선수들이 잡지 표지 모델이 된 다음에 공을 놓치거나 서브 미스를 범하는 등 성적이 하락하는 일이 많아졌음을 발견했다. 흔히들 그 이유를 명성에 대한 부담감이나 이 잡지의 표지 모델이 되면 성적이 떨어진다는 미신이 자기실현적 예언이 된 것이라고 설명하기도 하지만 파울로스의 생각은 다르다. "언제 「스포츠 일러스트레이티드」의 표지 모델이 될까요? 분명히 한동안 엄청나게 뛰어난 기량을 발휘해 자신의 분야에서 최고가 되었을 때일 겁니다. 그러나 아주 오랫동안 평균을 훌쩍 벗어난 상태를 지속시킬 수는 없습니다." 정점에 도달하면 다소 얼마간이라도 평균을 향해, 평균이 있는 쪽을 향해 퇴행하기 시작한다.

대체의학의 연대기를 수놓는 많은 기적 같은 치료들도 '평균으로의 회귀' 현상으로 설명할 수 있을 것이다. 오랫동안 병을 앓아왔지만 주류 의학에서 별다른 효과를 보지 못한 사람들은 대체의학에 의지한다. 막막한 환자들은 필사적으로 고통에서 벗어날 길을 찾는다. 그런 사람들에게 누군가는 벌이 모은 꽃가루를, 누군가는 상어 연골을, 누군가는 곰의 부스럼 가루를 먹어보라고 권하고 환자들은 그 충고를 따른다. 그러고 나서 병세가 크게 호전되면 환자들은 대체의학의 열성적인 추종자가 된다. 어째서 의사들은 애초에 곰의 부스럼 가루를 먹어보라고 권하지 않은 걸까? 곰 부스럼으로는 제약회사가 특허권을 따지 못하거나 별다른 이득이 없기 때문에 그러는 것은 아닐까? 그래서 자료나 무료 샘플을 나누어주지 않는 것 아닐까? 의사들 속이 너무 좁고 꽉 막혀 있어서 대체의학에서 제시하는 치료법은 아예 검토도 해보지 않기 때문일까? 음, 그럴지도 모른다. 하지만 어쩌면 환자의 병이 호전된 이유는 환자가 먹은 혁신적인 치료약 때문이 아니라 평균으로의 회귀 현상의 또 다른 예일지도 모른다. 몇 주 동안 극심하게 아프고 나면, 언제나 우리를 생리적인 정상 상태로 만들려고 하는 면역계의 노력 덕분에, 면역계의 활동이 둔화될 때까지 한동안은 조금 편안한 상태로 지내게 된다.

사람들은 신체의 자연적인 치유를 과감한 시도나 어떤 작용 덕분이라고, 또 인간의 의지가 자신의 운명을 좌우할 수 있다는 사실을 보여주는 증거라고 쉽게 생각해버린다. 그러나 어떤 사건에는 분명히 인인이 존재한다는 사고방식은 우리가 통계에 속는 또 하나의 빌미를 제공할 수 있다. 두 특성 또는 사건이 함께 묶여 있다고 해서 반드시 한 가지가 다른 하나의 원인이라고 볼 수는 없다. 연결되어 있는 항목들이 각각 독립적으로 일어났음을 쉽게 알 수 있는 경우는 많다. 스웨덴에 가면 금발 머리와 푸른 눈을 한 사람이 아주 많다. 그러나 차가운 바이킹의 눈빛이 머리의 색깔을 탈색시킨 것도 아니고 그 반대도 아니다. 어떤 특징이 다른 특징의 원인일 거라고 생각하는 경우가 많지만 그런 결론을 내리기 전에 신중하게 살펴보아야 한다. 예를 들어 고등학교 중퇴자 중에는 담배를 피우는 사람이 많다. 담배를 피우는 미국 성인 가운데 고등학교를 졸업하지 않은 사람은 35퍼센트를 차지했고 학사 학위를 받은 사람은 14퍼센트를 차지했다. 그렇지만 한 가지 특성이 다른 특성을 이끌어낸 원인이라면 둘 중 어떤 것이 원인이고 어떤 것이 결과일까? 담배를 피우는 사람 가운데 고등학교를 졸업하지 않은 사람의 수가 대학을 졸업한 사람에 비해 2.5배나 많다는 사실은 흡연이 얼마나 나쁜 습관인지 배우지 못하고 학교를 그만두었기 때문일까? 아니면 고등학교를 졸업하지 않은 사람들이 가지는 직업이 낙담과 좌절을 불러오는 장래성 없는 직업이라 스트레스를 풀기 위해 해로운 줄 알면서도 어쩔 수 없이 피우는 걸까? 혹은 담배 중독이 원인이고 비싼 담뱃값을 벌기 위해서나 선생님들의 잔소리가 싫어서 학교를 그만둔 것이 결과는 아닐까? 고등학교를 졸업하지 않은 것과 담배를 피우는 것 모두가 반사회적인 성향을 나타내는 표지일 수도 있지 않을까? 아니면 학교를 떠나고 담배를 피우는 것이 일종의 복종의 표지, 즉 갱단에 충성한다는 것을 나타내는 신호인 걸까?

사실 한 가지 행동이나 결과를 다른 행동이나 결과의 원인으로 단정짓는 것은 위험할 때가 많은데도 사람들은 원인과 결과 찾기를 쉽게 포기하지 않는다. 『새빨간 거짓말, 통계』에서 더렐 허프는 한 신문의 주말 특별 코너에 실린 내용을 예로 들었다. 어느 독자가 대학 진학이 결혼하지 않고 독신으로 남을 가능성에 미치는 영향을 알려달라고 신문사로 질문을 보내왔다. 그러자 신문사 편집자는 이렇게 대답했다. "당신이 여성이라면 노처녀로 남을 확률이 치솟을 겁니다. 하지만 남성이라면 반대입니다. 대학에 진학한 남성은 독신으로 남을 확률이 엄청나게 줄어듭니다." 이 편집자는 1,500명의 전형적인 중년의 대학 졸업자를 대상으로 진행한 코넬 대학교의 연구 자료를 인용하면서 전체 국민의 83퍼센트가 기혼자인데, 대학을 졸업한 남성은 93퍼센트가 기혼이고 대학을 졸업한 여성은 65퍼센트만 기혼이라고 대답했다. 이 편집자는 "전체 여성의 미혼 비율보다 대학을 나온 여성이 미혼일 확률이 세 배가량 높습니다"라는 불길한 결론을 내렸다. 조사가 실시된 당시 1950년대 소녀들에게 이런 사실이 의미하는 바는 분명했다. 대학에 진학하게 되면 뚱뚱해지거나 가벼운 소아마비에 걸리기라도 한 것처럼 사랑을 하게 될 기회가 터무니없이 낮아질 것이다. 남성들은 똑똑한 척하는 여학생과는 결혼하지 않으려 하니까.

"그런 악의적인 심술은 부리지 말아야 합니다!" 진보적 성향의 더렐은 그 같은 주장에 벌컥 화를 냈다. 대학 입학과 결혼 여부를 원인과 결과가 분명한 상관관계로 결론짓기 전에 코넬 대학교에서 '노처녀'라고 규정한 여성들이 결혼을 최우선 과제로 삼는지부터 살펴봐야 한다. 이런 여성들은 결혼하지 않고 경제적으로 독립해서 살고 싶어서 대학에 진학했을 수도 있다. 대학에 진학한 여성들이 처음부터 다른 여성들에 비해 혼자 살겠다는 마음이 강한 것이라면, 대학에서의 경험이 그들에게 영향을 준 것이라고 누가 확신할 수 있을까. 만약 코넬 대학교 학생들이 대학에 가지 않았다면 오히려 더 결혼을 하지 않았을 수도 있다. 허프는 이 주장들의 타당성이 모두 똑같다고 말한다. "모두 그냥 추측인 거죠."

쌍둥이자리에게는 아스피린이 쓸모가 없다

통계에 능숙한 사람은 마음만 먹으면 일련의 숫자 조합을 쥐어짜서 원하는 결과를 만들어낼 수 있다. 옥스퍼드 대학교의 전염병학자 리처드 페토 경은 「란셋*Lancet*」의 편집자들이 자신과 자신의 동료들에게 이 영국의 의학 저널에 기고한 획기적인 논문에 대한 추가 통계 분석 자료를 요구했을 때 어처구니없고도 기발한 방법으로 이 점을 확실히 보여주었다. 리처드 경과 동료들은 심장마비가 왔을 때 한두 시간 안에 아스피린을 먹으면 생존할 확률이 상대적으로 높아진다는 실험 결과를 발표했다. 그러자 「란셋」 편집자들은 연령이나 기존의 건강 상태 같은 다양한 특성을 기준으로 환자들을 여러 소집단으로 세분화시켜 아스피린 복용이 해가 되는 경우와 득이 되는 경우를 알아보고자 했다. 리처드 경은 주저했다. 그는 숫자를 충분히 만지고 주무르면 온갖 종류의 그럴듯한 관계가 나타날 가능성이 있음을 알고 있었다. 하지만 편집자들은 주장을 굽히지 않았다. 마침내 페토는 고집을 꺾고 편집자들이 원하는 보충 자료를 넘겨주었다. 단 그는 세분화한 자료들은 적절한 회의감을 품고 검토해야 한다는 경각심을 심어주기 위해 자신이 발견한 통계적 '연관'을 논문에 실어야 한다는 단서를 달았다. 그는 점성술의 세계를 과학 논문에 등장시켰다. 페토가 발견한 내용에 따르면 아스피린은 12개 별자리 중 열 개의 별자리 아래에서 태어난 사람에게는 생명의 구원자 역할을 하지만 천칭자리나 쌍둥이자리에게는 그다지 쓸모가 없다(천칭자리나 쌍둥이자리들은 현재 심장에 문제가 있거나 심장병이 의심된다면 의사나 점성술사, 그도 아니면 차라리 지역의 케이블 회사 등에 연락해 아스피린이 효과가 있을지 물어보자. 무슨 일이 있어도 황소자리인 페토 박사한테는 연락하면 안 된다).

서먼 실버의 사례 또한 엉터리 상관관계의 위험성을 잘 보여준다. 세인트루이스의 산과의사인 서먼 실버와 두 명의 동료는 스물여덟 명의 불임 환자의 자료를 가지고 의도적으로 엉뚱한 결과를 만들어 발표했다. 세 사람은 컴퓨터 프로그램을 이용해서 임신에 성공한 여성과 관계가 있다고 여겨지는 특성이라면 어느 것이라도 수집했다. 그러자 성姓의 마지막 철자가 G, Y, N으로 끝나는 여성은 그렇지 않은 여성보다 임신할 확률이 월등히 높다는 터무니없는 결과가 나왔다. 실버 박사는 이런 우연의 일치에 자기만족적인 측면이 많다고 인정하면서 과학과 의학에서 주장하는 수많은 '통계학적으로 의미 있는' 상관관계라는 것이 그저 자신의 GYN 게임과 다를 바 없는 경우가 많다고 경고했다. 그러나 불행하게도 명확하게 터무니없는 경우는 거의 없어서 '통계학적으로 의미 있는'이라는 말이 갖는 권위를 박탈하기란 쉽지 않다.

보통의 의사나 과학자가 퍼브메드PubMed(의학 분야의 데이터 베이스)에 뜨는 가짜 상관관계를 모두 밝히는 일은 쉽지 않으며 누구도 때때로 눈이 머는 일을 피할 수 없을 것이다. 그렇지만 MIT의 통계학자 프레더릭 모스텔러는 그럼에도 통계를 무두 한데 뭉뚱그려 비난하는 일은 없어야 한다며 "통계를 가지고 거짓말 하기는 쉽다. 그러나 통계 없이 거짓말 하기는 훨씬 쉽다"라고 충고한다. 또한 '통계에 말을 걸 수 있는' 몇 가지 방법이 있다. 많은 과학자들은 통계를 향해 간단한 질문을 던져보라고 제안한다. 통계가 제시하는 수치, 조사 결과, 상관관계가 말이 되는지, 다시 말해서 객관적인 진실과 일치하는지 질문해보는 것이다. 국립 아동보건 및 인간발달 연구소 소아과 전염병부 부장 제임스 L. 밀스는 이렇게 말한다. "우리는 생물학적 타당성을 살펴볼 필요가 있어요. 시간의 시험을 견뎌내지 못하는 발견들 중에는 처음부터 이치에 맞지 않는 것들이 많지요."

언젠가 나는 영장류 동물학 세계에서 날아온 놀라운 발견에 대해 기사를 쓴 적이 있다. 전형적인 침팬지 사회는 여러 마리의 수컷과 여러 마리의 암컷으로 구성되어 있으며, 마치 부부교환을 즐기는 사람들이 그러는 것처럼, 암컷과 수컷이 서로 여러 파트너와 열광적으로 교미한다. 그런데 진화론적으로 말하자면 수컷들은 종종 완전한 헛수고를 하는 것처럼 보인다. 수컷들은 집단 내의 암컷들과 열심히 계속해서 관계를 갖지만, DNA 분석 결과는 수컷들의 노력이 무상하게도 태어난 새끼의 절반은 집단 내 수컷이 아니라 외부 수컷의 자식이라는 사실을 말해준다. 어떻게 그런 일이 가능할까? 이 같은 사실은 친밀한 유대감을 자랑하지만 경쟁도 무척 심한 침팬지 연구자 사회를 혼란에 빠뜨렸다. 제인 구달을 시작으로 유인원 연구가들이 수십 년 동안 야외 연구를 진행해왔지만 집단 내 암컷들이 외부 집단의 수컷들과 접촉해 불륜을 저지른다는 증거는 찾아낸 적이 없었다.

'어떻게 그런 일이 가능할까?'에 대한 짧은 대답은 '이런!'이었다. DNA 분석 결과가 과학자들을 경악에 빠뜨리고 1년이 지나서 또 다른 연구진이 '생물학적 타당성'을 전혀 문제 삼지 않았던 연구 결과에 오류가 있었다고 단언했다. 암컷들이 불륜을 저지른 것이 아니라 DNA 분석에 사용된 침팬지들의 DNA가 최상의 상태가 아니었던 것이다. DNA 지문을 다시 분석한 영장류 학자들은 분자 증거를 현장 연구 증거들과 비교해봄으로써 집단의 수컷들이 수컷들에게 까불면서 장난을 치는 새끼들의 진짜 아비임을 밝혀냈다.

자신도 전혀 예상 못한 놀라운 결과가 나오면, 오랜 경쟁자조차도 결국 인정하는 것 외에는 다른 도리가 없을 만큼 분명한 증거가 나올 때까지는 의심의 창고에 가두어놓아야 한다는 과학계의 오랜 지혜가 다시 한번 진가를 발휘한 경우다.

통계를 향해 던져야 하는 질문들로는 또 어떤 것들이 있을까? "발견한 사람은 누구인가?" "경제, 감정, 정치적 이해관계들이 반영된 결과일 가능성은 없는가?" 등이 그런 질문들일 것이다. 제약회사들은 그저 여성들을 허약하게 만들 뿐인 호르몬 대체 요법을 받으라며 수많은 돈을 광고에 쏟아 부었다. 그 때문에 1990년대 몇 년간 엄청난 수의 여성들이 프레마린Premarin 같은 여성 호르몬제를 먹으면 유방암에 걸릴 확률이 조금 높아지기는 하지만 그런 위험을 무시해도 좋을 정도로 심장이 튼튼해지고 등이 꼿꼿하게 펴지며 탄력 있는 콜라겐을 갖게 된다고 굳게 믿었다. 그러나 이성적이고 합리적인 판관인 여성건강기초연구소Women' Health Initiative에서 전 국민적으로 호르몬 요법을 받는 현상에 이의를 제기하고 나왔을 때 호르몬 대체 요법은 이득보다 위험이 훨씬 크다는 사실을, 실제로 호르몬 요법의 이득은 거의 무시해도 될 정도라는 사실을 알게 됐다. 불행하게도 대부분의 약이 연방정부의 재정적 지원을 받아

연방정부 차원에서 관리되는 대상이 아니다. 개발된 약의 안전 및 효력을 검사하는 비용을 대는 주체는 그 약을 개발한 제약회사이다. 그러니 제약회사의 속임수와 태만이 수년 동안 부작용을 은폐해온 예가 수도 없이 많은 것도 당연하다. 진통제 바이옥스Vioxx의 위험성에 대한 경고나 청소년의 자살률을 높일 수 있는 항우울제에 대한 증거가 무시되던 것이 그런 예이다. 그러니 통계 자료가 나오면 그 통계 자료를 발표한 곳이 어디인지, 믿을 만한 출처인지를 분명하게 살펴봐야 한다.

앞에서 말했듯이 통계 자료가 있으면 어떤 맥락의 자료인지 파악하고 배경 정보를 앞으로 가져와 살펴볼 수 있어야 한다. 작년부터 올해까지 아이들의 암 발병률이 50퍼센트 증가했다는 말을 들으면 지난 5년 동안 아이들의 암 발병률이 어떻게 변했는지 살펴봐야 한다. 소아암은 아주 무서운 병이지만 다행히 백혈병이나 신경아세포종 같은 악성 소아암의 발병률은 그다지 높지 않다. 소아암 발생률이 크게 증가한 이유는 희귀한 질환 가운데 몇 가지 발병률이 크게 증가했기 때문일 수 있다. 따라서 지난 몇 년간 희귀 암의 발병률이 어떻게 변했는지를 살펴보아야 한다. 지난 몇 년간 희귀 암 발병률이 느린 속도로 꾸준히 증가해왔다면 갑자기 50퍼센트나 증가했다는 경고에 주목할 필요가 있다. 그러나 몇 년 동안 갑자기 증가했다가 갑자기 감소하는 일이 반복됐다면 이번 해는 소아암 발생률이 증가하는 때라고 생각하면 그만이다.

무엇보다도 명심하고 있어야 하는 것은 숫자는 신비한 것도 아니고, 전혀 틀리지 않는 것도 아니며, 또 언제나 순수한 마음을 가지고 있는 것도 아니라는 사실이다. 많은 사람들이 '그저 또 하나의 통계'로 취급받는 것이 싫다고 말한다. 사실 통계는 '그저 통계일 뿐'일 수 없다. 통계는 인간의 사고력, 인간의 주관적인 판단력, 인간의 상상력, 인간의 편견, 인간의 약함이 어우러져 만들어낸 인간의 산물이다. 숫자로 생각하는 법을 배우면 숫자를 비판 없이 무조건적으로 받아들이는 경향을 극복할 수 있게 된다. 최근 조카애가 대학진학 적성시험SAT을 봤다. 그 아이의 점수는 1,600점 만점에 1,300점이었다. 오랫동안 그 아이를 알아왔지만 이제야 비로소 그 아이를 양적으로 평가할 수 있는 근거가 마련된 셈이었다. 시험 결과로 봤을 때, 아이는 꽤 똑똑하기는 했지만 놀라울 정도로 똑똑한 것은 아니었다. 그런데 몇 달 후 이 아이가 가정교사나 학원의 도움도 없이 대학진학 적성시험을 다시 치러 1,410점을 받았다. 와! 그냥 똑똑한 게 아니라 정말, 정말 똑똑하다!

대학진학 적성시험은 수많은 청소년들을 상대로 한 어른들의 자그마한 음모이자 전적으로 인류의 발명품일 뿐인데도 사람들은 이 시험을 절대적인 진리처럼 생각한다. 이 절대 진리가 두 가지 결과로 나왔을 때 우리 가족은 가족을 사랑하는 많은 사람들과 같은 반응을 보였다. 첫 번째 결과가 거짓이었다고!

3

척도: 크기와 놀다

Calibration: Playing with Scales

7대 죄악 중에 가장 다양한 해독제를 주입해야 하는 죄악은 '오만'의 죄일 것이다. '오만'이라는 죄에는 '겸손'이 즉효약이다. 산의 높은 곳으로 올라가 멀리 보이는 지평선을 바라보자. 끊임없이 솟아오르고 가라앉으며 수없이 많은 주름을 만들고 있는 대지의 풍경에 자신이 하찮게 느껴지거나 압도당하지 않을 수 있겠는가? 또 사막 한가운데 서서 밤하늘에 빛나는 별들을 쳐다보자. 그리고 당신 눈으로 쏟아지는 놀라운 별들은 은하수를 이루는 3천억 개의 별 가운데 2,500개밖에 안 된다는 사실을 생각해보자. 맨눈으로는 보이지 않지만 우리은하 같은 은하가 천억 개 정도 있다는 사실도 함께 생각해보자. 수만 개의 무덤이 수 킬로미터씩 늘어서 있는 공동묘지도 우리에게 겸허한 감정을 품게 한다.

내가 기꺼이 혹은 우연히 접하는 겸손의 약 가운데, 가장 효과가 좋았던 것은 가장 겸손한 약이었다. 얼마 전에 나는 어린 시절을 지냈던 예전 브롱크스 지역을 찾아가보았다. 그곳에서 나는 정말로 절절한 탄식을 내뱉었다. 어릴 적 내가 살았던 장소가 끔찍할 정도로 변했기 때문이 아니었다. 물론 우리가 살았던 아파트는 완전히 사라져 주차장으로 바뀌어 있었지만, 주변 건물들은 대부분 여전히 건재하게 서 있었다. 정말로 나를 슬프게 한 것은 모든 것이 내가 기억하고 있는 것보다 작고 아담해졌다는 것, 그 옛날 내가 기억하고 있는 것보다 훨씬 더 짧아졌다는 사실이었다. 어릴 적 내 기억 속 세상은 모든 골목이 거대한 대륙이었고 일상의 모든 것이 나만의 모험이었다. 매주 할라 빵이나 호밀 빵 한 덩어리를 사러, 그리고 행운의 여신이 어머니에게 말을 걸어온 날이면 검고 하얀 쿠키를 사러 빵집으로 순례를 떠나곤 했다. 그때 나는 1킬로미터는 족히 되는 곳을 어머니와 이야기하면서 걸었다고 생각했다. 아니었다. 그 빵집은 이미 사라지고 없었지만 우리 집과 빵집의 실제 거리는 두 블록밖에 되지 않았다. 매일같이 지그재그로 난 길들을 따라 험한 언덕들을 넘어 위험한 교차로를 지나 새로 산 내 지갑을 탐내는 여자 깡패들과 용감히 맞서며 가야 했던 내 초등학교까지의 여정은 또 어떻고? 그 거리는 고작 네 블록 반에 지나지 않았다.

크기에 대한 내 감각은 세상을 보는 뉴욕인들의 시각을 자주 묘사했던 솔 스타인버그(루마니아 출신의 미국 화가이자 만화가—옮긴이)의 어린이판 그림처럼 실제 세상과는 전혀 일치하지 않았다. 어린 시절에는 내가 살고 있는 작은 세계의 모든 것이 나를 압도했고, 압도된 마음은 내 주위의 모든 것을 실제 크기보다 훨씬 크게 부풀렸다. 그리고 이제 나는 잘 닦인 가차 없는 어른의 렌즈로 내가 살던 장소를 평가할 수 있게 됐다. 나는 내가 얼마나 잘못 생각하고 있었는지, 두 지점 사이의 거리를 얼마나 잘못 판단하고 있었는지 잘 알고 있다. 그렇지만 그것은 내 잘못이 아니다. 그때 나는 어렸었고, 어린아이들은 본디 자신들이 살고 있는 장소가 아주 독특하다는 이상한 믿음을 갖고 있는 법이다. 그러나 어린아이가 아니더라도 우리 인간이 실제 규모를 잘못 파악하는 일이 아주 많다는 사실을 입증하는 예는 얼마든지 있다. 역사적으로 사람들이 거리나 크기 등을 잘못 파악하고 잘못 비교한 일은 비일비재하다. 아메리카 대륙의 원주민들이 아닌 사람들이 신세계에 정착해 살고 있는 이유는 '인도로의 항해'라는 기치 아래 배를 타고 극동지방에 가겠다던 콜럼버스의 터무니없는 항로 이탈 때문이 아니던가! 전통적으로 지도의 중심은 대부분 지도 제작자가 가장 사랑하는 땅이 차지한다. 중세인들에게는 예루살렘이, 지금은 지도 제작자가 태어난 나라나 지도 제작을 의뢰한 고용주의 나라가 지도의 중심에 위치한다. 겉만 봤을 때, 우리 인간은 시간이나 날짜, 계절, 연도라는 독특한 시간 단위와 우리가 직접 보고, 만지고, 측정할 수 있는 도구와 관련해서 삶을 바라보게끔 진화한 것 같다. 왜냐하면 우리는 언제나 그것들을 가지고 일해야 하고, 그것들은 우리의 삶을 만들어가는 데 없어서는 안 될 도구이기 때문이다.

손가락이 열 개가 아니라면

그렇지만 일상생활을 하는 데 반드시 필요한 시간의 척도와 비율은 전적으로 우연이 결정한다. 가장 확실한 숫자 세기 수단인 손가락을 한번 생각해보자. 우리 인류는 앞에 놓인 물체들을 재빨리 다섯 개씩 묶어 세는 셈법을 써서 직접 하나하나 세지 않아도 전체 수를 파악할 수 있다. 이런 능력은 잘 익은 블루베리 같은 보물을 움켜쥐는 손가락의 수가 다섯 개이기 때문에 얻은 능력일 것이며 우리는 그 덕분에 뜯어낸 양이 얼마큼 되는지 짐작할 수 있다. 물론 우리 손가락은 모두 합해 열 개이다. 그러나 우리는 한쪽으로 아주 편향된 생물 종이라서(전체 인류의 90퍼센트가 오른손잡이이다), 물건을 움켜쥘 때는 두 손 가운데 자신이 선호하는 어느 한 손을 사용한다. 묶음 단위가 다섯 개가 넘는 경우, 즉 일곱 개나 여덟 개로 묶어놓은 사물의 수는 직접 세어보지 않고 파악하기가 정말 놀라울 정도로 어렵다. 시간에 대한 감각도 일상의 경험을 반영한다. 일반적으로 시간의 기본 단위라고 할 수 있는 초는 생명체의 가장 기본적인 생체 주기인 허파가 숨을 들이마시는 데 걸리는 시간과 건강한 심장이 한 번 뛰는 데 걸리는 시간과 관계가 있다.

태양계는 거대한 가스, 먼지, 바위 덩어리가 스스로 붕괴하면서 형성되었기 때문에(이 주제에 대해서는 후에 좀더 자세히 이야기할 것이다), 그리고 중력 응축gravitational condensation 현상이 모든 물체를 현기증이 날 정도로 제자리에서 빙글빙글 도는 피겨 스케이트 선수처럼 돌게 만들기 때문에, 모든 행성은 자전축을 중심으로 저마다의 속도로 빙글빙글 돌고 있다. 지구가 자전축을 중심으로 한 바퀴 완전히 도는 데 걸리는 시간은 24시간 정도이다(정확하게 말하면 23.934시간이다). 애니 딜라드의 말처럼 '우리가 우리의 날들을 어떻게 보내느냐는 당연히 우리가 우리의 인생을 어떻게 보내느냐 하는 문제'이다. 날들의 길이는 순전히 우연으로 결정되며, 문자 그대로 중력의 부산물spin-off이다. 사실, 지구가 정신없

추고 있는 데르비시(이슬람의 수행 탁발승으로 제자리에서 빙글빙글 도는 춤을 추며 수행을 한다—옮긴이) 춤은 점점 느려지고 있는데, 우리 지구를 졸졸 따라다니며 질질 끌어당기고 있는 달의 인력이 큰 원인 가운데 하나이다. 생성 초기의 지구는 열 시간 정도 만에 한 바퀴를 돌았으며 불과 6억 2천만 년 전만 해도 지구의 하루는 21.9시간이었다. 하루가 21.9시간이라니, 지금도 마감일과 부족한 잠 때문에 우는 소리를 하고 있는 사람들에게는 악몽 같은 일일 것이다.

태양계가 탄생한 뒤 우리에게 1년이라는 시간을 정해준 것은 지구의 위치였다. 지구는 시속 10만 7천 킬로미터 정도의 속도로 8억 킬로미터가 넘는 궤도를 항해하며 태양을 한 바퀴 도는데, 행성의 공전 속도와 거리는 막강한 중력의 지배자인 태양과의 거리에 따라 결정된다. 금성은 우리보다 410만 킬로미터 정도 태양과 가까운 곳에 있다. 따라서 (1) 금성의 공전 궤도 길이는 지구보다 짧고 (2) 태양이 끌어당기는 힘이 더욱 크기 때문에 금성은 더 빨리 달리게 되며(약 시속 12만 6천 킬로미터) (3) 그러므로 1년이 지구 날짜로 226일밖에 되지 않는다. 정해진 날짜까지 책을 완성해야 하는 작가로서는 그다지 좋은 환경은 아니다. 뭐 태양의 최측근 행성인 수성mercury에 살지 않는 것만 해도 다행이긴 하다. 깃털 달린 신발을 신고 날아다니는 로마 신화의 신 이름을 딴 그 행성의 1년은 지구의 날들을 기준으로 세 달이 채 안 된다.

우리가 역사에 대해 품고 있는 보잘것없는 본능적 인식은 70년 정도밖에 안 되는 인류의 평균 수명이 기준이 되는 경우가 많다. 과거이건 미래이건 한 세기가 넘어가는 일들은 역사를 인식하는 마음속 달력에서 명확한 모습을 띠지 않고 희미하게 인식될 뿐이다. 미국 독립 전쟁 당시 앤지어 가문의 조상인 실라스 앤지어가 참전했다는 이야기는 어렸을 때부터 들어왔지만 최근까지만 해도 그분과 나 사이에 몇 세대나 있는지 알지 못했다. 내 성을 들으면 내게 프랑스 사람이냐고 묻는 사람들이 있다. 그럴 때면 나는 앤지어 가문이 17세기에 영국에서 미국으로 건너왔다고 말해주며, 이 나라의 독립을 도운 조상에 대한 이야기를 덧붙인다. "그러니까 제 할아버지의 아버지의 아버지의 아버지의 아버지의" —이쯤에서 시공을 거슬러 올라가려는 것처럼 허공을 가르며 손을 흔들어대며— "아버지의 아버지쯤 되시는 실라스 앤지어가 독립 전쟁에 참전하셨죠." 그 말을 들은 사람들은 "와 대단한데요, 그런데 손에 무슨 문제 있어요?" 하고 말한다.

그런데 실러스 할아버지를 비롯한 여러 앤지어들이 묻혀 있는 뉴 햄프셔 피츠윌리엄 마을에 대한 글을 쓰던 중 당시 기록물을 발견했을 때 시간에 대한 내 감각이 무척이나 얼토당토않다는 사실을 깨닫고 깜짝 놀랐다. 마을 기록을 들여다보는 동안 실러스 할아버지와 나 사이에 그렇게 많은 수의 '아버지'를 붙이지 않아도 된다는 사실을 알았다. 한손으로만 세어도 손가락이 하나 남았다. 토마스 제퍼슨보다 6년 먼저 태어난, 손에는 머스킷 총을 들고 반바지 차림에 배처럼 생긴 삼각 모자를 쓴 실러스 할아버지는 내 할아버지의 아버지의 아버지의 아버지의 아버지였다. 신화 속 이야기와는 달리 죽은 사람의 시간이라고 해서 터무니없이 빨리 가는 건 아니다.

왕이나 높은 지위를 누렸던 사람들 중에는 자신이 특별히 은총을 받은 신체 비율을 타고났기 때문에 자신의 신체 길이를 길이의 표준 단위로 삼아야 한다고 생각한 사람들이 있었다. 9세기경 샤를마뉴 대제는 **자**

신의 발foot 길이를 피트feet의 표준 단위로 결정했다. 그 덕분에 좋은 체격이기는 했지만 그렇다고 아주 큰 키는 아니었던 샤를마뉴 대제가 7피트(210센티미터)나 되는 키를 자랑할 수 있었다. 그로부터 3세기 후, 영국의 헨리 1세는 팔을 쭉 뻗은 상태에서 자신의 코부터 가운데 손가락까지의 길이를 야드의 척도로 삼는다는 칙령을 발표했다. 언제나 방랑하던 로마 사람들은 남성이 활기찬 발걸음으로 성큼성큼 1,000걸음을 걷는 거리를 1마일로 정했다. 마일은 라틴어로 천 걸음이라는 뜻의 밀리아 파수움*milia passuum*에서 왔다.

이런 단위들은 르네상스 때부터 서서히 통일되기 시작해 20세기까지 왔다. 나로 말하면 모든 과학자들이 채택하고 있고 미국을 제외한 거의 모든 나라에서 채택하고 있는 미터법의 열렬한 신봉자지만 미터법 단위들 대부분이 특별한 근원이 없다는 점은 인정한다. 미터법 단위들은 원자나 빛, 중력 같은 물질의 성질을 기반으로 하지 않는다(한 가지 특별한 예외는 섭씨 단위이다. 미터법의 온도 단위인 섭씨는 인류의 생존에 절대적으로 필요한 물질인 물의 상태 변화를 기준으로 정했다. 섭씨온도로 0도는 물이 얼기 시작하는 온도이며 섭씨온도로 100도는 물이 끓기 시작하는 온도이다). 무엇을 기준으로 만들었건 간에 미터법 단위들은 모두 매력적인 십진법을 기반으로 하고 있기 때문에 건반 위를 스쳐 지나가는 화음처럼 쉽게 비교해볼 수 있다. 1센티미터는 몇 밀리미터인가? 1미터는 몇 센티미터인가? 1킬로미터는 몇 미터인가? 각각 10밀리미터, 100센티미터, 1,000미터가 답이다. 그렇다면 1피트는 몇 인치이고 1야드는 몇 인치인가? 1마일은 몇 야드인가? 답은 12인치, 36인치, 1,760야드이다. 아이고! 왜 이렇게 어려운 단위를 우리 아이들에게 가르치고 있는 걸까? 대체 내 딸이 두 단위법을 모두 배워야 하는 이유가 무엇일까? 인치니 마일이니 하는 단위는 모두 가져다가 낡은 화씨온도 화덕에 집어던져버리면 안 될까? 물론 근거는 없지만 나는 남몰래 미국이 미터법을 쓰는 걸 막고 있는 실체는 신성한 10야드 선이 그려져 있는 미식축구 경기장이 아닐까 생각하고 있다.*

10으로 이루어진 세상

미터법을 채택하든 다른 단위법을 사용하든 간에 크기에 대한 인간 중심의 사고방식은 우주에 대한 이해를, 아니 크기에 관한 우리들의 왜곡된 감각의 심리학을 제외한 모든 과학의 이해를 방해할 수 있다. 내가 만나본 과학자들은 이구동성으로 눈에 보이는 우주의 크기와 나이, 지구 생명체들의 연대표, 눈에 보이지 않는 원자까지도 간직하고 있는 장엄한 광대함 같은 자연의 정확한 규모를 파악하는 일이 인류에게 큰 이익이 된다는 확신을 표출했다. 과학자들은 세포의 크기와 단백질, 호르몬, 핵에 둘러싸여 은둔한 채 살아가는 돌돌 말린 유전자 같은 세포 세계의 시민들과 세포에 침입하는 해적들에 대해서 이야기한다. 페스트균의 크기는 뒤에서 세균을 해치우려는 백혈구와 비교했을 때 어느 정도나 될까? 바이러스는 어떻고? 에볼라 바이러스의 무게를 재려면 어떻게 해야 할까? 에볼라 바이러스를 핀 머리 위에서 춤추게 한다면 몇 개나 핀 위로 올라갈 수 있을까?(중세 철학자들은 천사들이 핀 머리 위에서 몇 명이나 춤

* 미국 교육 정책에 맞춰 나도 이 책에 나오는 단위는 미터법과 야드법을 섞어서 사용할 생각이다(번역본에서는 필요하지 않은 경우 모두 미터법으로 환산했다—옮긴이).

출 수 있을지를 놓고 논쟁을 벌이곤 했다-옮긴이).

솔직히 나는 크기에 대해 이야기하는 것보다 더 행복한 숙제는 상상할 수 없다. 특히 그중에 어떤 것도 깎아내리지 않아도 되며, 바닥에 늘어놓고서 비교할 필요도 없다는 점이 좋다. 때로는 그저 눈으로는 볼 수 없는 것을, 알아볼 수 있는 것과 비교하는 법만 알고 있어도 이해에 큰 도움이 된다. 더 나아가 인간의 기준을 넘어서는 단위를 다루는 일은 무엇이 평범한 것이고 무엇이 이상한 것인지 질문을 던지게 하는 유익한 효과를 낳는다. MIT의 로버트 제프는 말한다. "제 연구 분야인 입자 물리학에서 시간이라는 개념은 없어서는 안 될 가장 기본적인 요소이죠. 그런데 우리가 생각하는 시간은 일반 사람들이 생각하는 시간의 개념과는 아주 다릅니다. 우리가 다루는 시간은 빛이 양자 한 개를 가로지를 때 걸리는 시간, 그러니까 10의 마이너스 24승(10^{-24}) 초 같은 시간입니다." 다른 말로 하면 1조 곱하기 1조분의 1초 정도의 시간이다. "사람들은 그게 말이 되냐고, 어떻게 그렇게 짧은 순간을 다룰 수 있냐고 말하지요. 사람들이 의아해하고 익숙지 않아 하는 이유는 실제로는 정말로 괴상한 인간 중심적인 시간 개념 때문입니다. 사실 인간이 지각하는 시간 단위가 아주 특별한 것이며, 그런 개념의 시간은 물리학의 다른 영역에서는 좀처럼 찾아볼 수가 없습니다. 소립자 영역에서 적용되는 아주 짧은 시간의 단위는 물리학에서 쉽게 접할 수 있고, 우주나 아주 안정적인 입자에 적용되는 매우 긴 시간의 단위도 마찬가지지만 인간에게 익숙한 시, 날, 해 같은 시간 규모는 다른 곳에서는 찾기 힘들죠. 우리 인간의 괴상한 시간 개념은 태양계의 천체 움직임에 기반을 두고 있으며, 우리는 거대한 중력의 세계와 극히 작은 원자의 세계 사이에 위치해 있습니다."

우리들 보행자의 시각을 뛰어넘어 크기를 파악하려면, 다시 말해 천상의 하모니나 양자역학의 세계를 들여다보려면 '10의 거듭제곱Powers of Ten'이라고도 불리는 과학 기수법의 도움을 받아야 한다. '10의 거듭제곱'이라는 용어가 그래도 적지 않은 대중의 관심을 얻게 된 데는 필립 모리슨과 필리스 모리슨의 베스트셀러 『10의 힘*The Powers of Ten*』의 힘이 크다. 하지만 그 정도로는 불충분하다. 이 아름답고도 유용한 과학 기수법은 좀더 위대한 명성을 얻을 자격이 있다. 이 기수법을 '10의 거듭제곱'이라고 부르는 까닭은 모든 숫자를 10을 몇 번이나 곱했는가로 표시하기 때문이다. 100은 10 곱하기 10, 즉 10^2이며 1,000은 10 곱하기 10 곱하기 10, 즉 10^3이다. 10,000은 10을 네 번 곱한 10^4이다. 과학 기수법을 사용하면 어마어마하게 큰 수도 간단하게 표기할 수 있고 전자레인지를 다루듯 쉽게 다룰 수 있다. 2006년 말 미국의 국가 부채는 8조 5천억 달러였다. 이렇게 큰 액수를 직접 숫자로 적으면 8,500,000,000,000이다. 혈관에서 붉은 잉크(red ink는 적자라는 뜻이다—옮긴이)가 솟구쳐 나오는 기분이 들지 않는가? 그러나 10의 거듭제곱을 활용하면 이 긴 숫자들을 직접 기입하는 대신 가장 왼쪽에 있는 숫자 바로 뒤에 소수점을 찍고 소수점 뒤에 나온 숫자의 수를 세어 10의 거듭제곱—다른 말로 하면 지수—을 적어 넣으면 된다. 즉 8.5×10^{12}이라고 표기하면 된다. 10의 거듭제곱을 이용하면 커다란 숫자에 압도당할 필요도 없고 냉정하고 이성적으로 생각해보고서 언제 관리예산처Office Of Management And Budget(미국 대통령 직속의 중앙예산기관—옮긴이)의 행동이 필요한지 결정할 수 있다.

10의 거듭제곱을 이용한 과학 기수법을 알고 있으면 어마어마하게 큰 수도 쉽게 기억할 수 있다. 천은 0이 세 개이니 10^3, 10만은 10^5, 100만은

10^6, 10억은 10^9, 1조는 10^{12}, 검색 엔진 구글과 19세기 러시아 소설가 고골리와 이름이 비슷한 구골은 10^{100}이다. 이제 '지수 증가'가 얼마나 부풀리기를 잘하는지 알 것이다. 백만과 십억의 지수 차이는 3밖에 나지 않지만 실제로 이 조그만 숫자인 3이 무려 천 배나 숫자를 키워준다.

이제부터는 10의 힘이 아니라 10분의 1의 힘(거듭제곱)에 대해서 이야기해보자. 10의 거듭제곱을 이용한 과학 기수법은 종잡을 수 없이 큰 것만큼이나 알아볼 수 없이 작은 것을 표현하는 데도 효과적이다. 10분의 1의 10분의 1은 100분의 1이며 기수법으로는 10^{-2}라고 적는다. 100분의 1의 10분의 1은 1,000분의 1로 10^{-3}이다. 계속해서 『이상한 나라의 앨리스』에 나오는 버섯의 오른쪽을 먹어보자(『이상한 나라의 앨리스』에는 왼쪽을 먹으면 커지고 오른쪽을 먹으면 작아지는 버섯이 나온다—옮긴이). 계속 작아지다보면 이탈리아에서 온 듯한 친구들이 나온다. 밀리milli(1,000분의 1, 10^{-3}), 마이크로micro(백만분의 1, 10^{-6}), 나노nano(10억분의 1, 10^{-9}), 피코pico(1조분의 1, 10^{-12}), 그리고 펨토femto(천조분의 1, 10^{-15}).

이제 우리는 이제 일상적으로 접할 수 있는 숫자의 영역을 넘어갈 수 있게 됐다. 초심자들에게 1초를 조각낸 시간을 어떤 식으로 설명해주면 좋을까? 어떤 일이 순식간에 벌어졌음을 뜻하는 '눈 깜빡할 사이'라는 익숙한 표현은 10분의 1초 정도를 가리킨다. 벌새가 한 번 날개짓하는 데 걸리는 시간은 100분의 1초 정도이다. 그렇게 빨리 날개짓하기 때문에 헬리콥터처럼 공중에 정지한 채 저녁 식사를 할 수 있는 것이다.

10^{-3}초인 밀리초는 일반적인 카메라 플래시가 번쩍하는 시간이다. 5천분의 1초는 잎사귀를 닮은, 세상에서 가장 빠른 혀 놀림을 자랑하는 동물 가운데 하나인 멕시코 도롱뇽 볼리토글로사 루페스켄스*Bolitoglossa* *rufescens*가 엷은 자줏빛 혀로 먹이를 낚아채는 데 걸리는 시간이다.

마이크로초, 즉 10^{-6}초는 신경이 목의 통증을 뇌까지 전달하는 데 걸리는 시간이다. 또 10^{-6}초로 우리는 빛의 속도와 소리의 속도 사이의 엄청난 차이를 설명할 수 있다. 10^{-6}초 동안 광선은 미터법을 거부하는 우리들의 미식축구 경기장을 세 개 연결한 거리만큼 갈 수 있지만 소리는 고작 머리카락 한 가닥 지름을 건넜을 뿐이다.

시간은 정말 쏜살같이 지나가버린다. 그러니 1초를 아끼는 것은 물론이고 10억분의 1초, 즉 10^{-9}초, 또는 나노초도 아껴서 소중히 사용하자. 지금 당신이 쓰고 있는 평범한 컴퓨터가 바로 그렇게 한다. 눈을 한 번 깜빡이는 데 걸리는 시간의 10억분의 1에 해당하는 시간 동안 평범한 마이크로프로세서도 간단한 연산 작업을 처리할 수 있다. 그 짧은 시간 동안 마이크로프로세서는 두 숫자를 더해 납세용 소득신고서에 기입된 미심쩍은 액수에 대해 경고해준다.

처리 속도가 아주 빠른 컴퓨터는 피코초, 즉 1조분의 1초인 10^{-12}초 만에 작업을 마친다. 미지근한 물통 속에 들어 있는 물 분자의 운동을 관찰할 수 있다면, 3피코초마다 가까이 있는 물 분자들 사이에 약한 화학결합이 형성됐다가 풀어지는 모습을 볼 수 있을 것이다. 아주 정교하게 만든 상품 속에서도 자연의 어렴풋한 반짝임을 볼 수 있는 것이다.

그러나 짧다는 것은 상대적인 개념이다. 물리학자들은 거대한 입자 가속기를 이용해 1피코초만 지나면 작별을 고하고 사라지는 소립자인 쿼크를 만들어낼 수 있다. 물론 1조분의 1초라는 시간이 므두셀라(노아의 홍수 전시대에 969세까지 살았다는 유대의 족장—옮긴이)나 스트롬 시민드(100살의 나이로 별세한 미국 정치인—옮긴이)를 곧바로 연상시키는 긴 시간은 아니겠지만, 제프 박사는 쿼크가 물리학자들이 말하는 '안정된 입자', 오랫동안 존속하는 입자의 범위에 들어갈 자격이 충분하다는 사실을 알아냈다. 피코초 동안 쿼크는 극미한 궤도를 1조 회, 즉 10^{12}번이나 완주했다. 제프 박사가 말하길, 그에 반해 겉으로 보기에는 정말 튼튼해 보이는 우리 지구가 지난 50억 년 동안 태양 주위를 돈 횟수는 5×10^9회이며 우리 태양계가 산산이 부서지며 사라질 때까지 모두 합해 10×10^9회 정도를 더 돌 것이라고 한다. "15 곱하기 10^9회는 10^{12}회에 비하면 상당히 적은 수이지요. 그러니 냉정하게 판단하면 우리 태양계가 쿼크 같은 소립자보다 훨씬 불안정한 구조라고 할 수 있습니다. 우리의 개인적이고 인간 중심적인 시간 개념에 사로잡혀 있으면 이런 소립자들이 얼마나 안정된 상태인지를 이해할 수 없습니다."

순간이라 할 수도 없을 만큼 짧은 순간으로 가다보면 십억분의 1의 십억분의 1초인 아토초, 10^{-18}초를 만난다. 아토초는 과학자들이 계산하지 않고 직접 잴 수 있는 가장 짧은 시간 단위이다. 수소의 전자가 수소 원자핵을 한 번 도는 데 걸리는 시간은 24아토초이다. 수소 전자는 1초 동안 핵 주위를 4경 번 정도 도는 셈이다. 1분을 아토초로 표시한 수가 우리 우주가 태어난 후부터 지금까지의 시간을 분으로 표시한 수보다 훨씬 크다.

그러나 물리학자들이 시간을 쪼개는 일은 아토초에서 끝나지 않았다. 1990년대 물리학자들은 그저 이름만 알 가치가 있는 새로운 시간 단위를 두 개 만들어 시간의 용어 속에 편입시켰다. 10^{-21}초를 나타내는 젭토초zeptosecond와 10^{-24}초를 나타내는 욕토초yoctosecond가 그 주인공들이다. 현재 알려져 있는 시간 단위 중에서 가장 순간적인 것은 5×10^{-44}초 정도 지속되는 플랑크 시간Planck time, 또는 크로논Chronon이다. 플랑크 시간은 우주에서 가장 작은 공간 단위인 플랑크 길이를 빛이 여행하는 데 걸리는 시간이다. 몇몇 물리학자들은 어떤 가상의 '끈'이 우주에 있는 물질과 힘의 기본 단위라고 생각하는데, 그 끈 가운데 하나의 길이를 플랑크 길이라고 한다. 크로논이나 끈은 실제 실험에 근거를 둔 개념이라기보다는 수학과 이론의 영역에 속하는 개념이지만 짧은 시간을 측정해내는 우리의 기술이 발전한다면 그 존재를 입증할 수 있을지도 모를 일이다.

이브와 아담을 지나 흘러온 강물

그런데 우주가 짧게 끊는 것만을 좋아하는 건 아니다. 우주는 기나긴 서사시, 제임스 조이스의 『피네간의 경야*Finnegans Wake*』 같은 거의 측정할 수조차 없이 길고 복잡한 이야기도 좋아한다.

지구의 시간이 정말로 제임스 조이스의 표현처럼 '이브와 아담을 지나 흘러온 강물' 같은지 한 번 생각해보자. 이제껏 흘러간 시간을 모두 가늠해보면 전부 얼마나 될까? 창조론자들은 창세기나 갈라디아서를 비롯한 성서를 꼼꼼히 조사해, '누가 누구를 낳고' 하는 식의 계보를 모두 찾아 거슬러 올라갔더니 이 세상은 6천 년 전(!)에 탄생했다는 결론이 나왔다고 주장한다. 그러나 창조론자들의 시간 개념은 솔직히 미친 소리이다(단위가 여섯 자리나 벗어나는 데 달리 어떻게 말할까). 생산적인 지질학자 중에도 성서의 창조설을 굳게 믿어서 지구는 사실은 아주 어리지만 하나님께서 아주 오래된 것처럼 보이게 해 우리를 시험에 들게 하고 있다고 주장하는 사람들이 한두 명 정도는 있다. 하지만 미국만 해도 10만 명이 넘는 지질학자들 중의 한두 명일 뿐이다. 우리들의 세상은 그보다는 훨씬 오래됐다. 지구의 시간은 새로 태어난 태양 주위를 돌던 암석과 먼지로 된 평평한 원반이 압축되면서 지구를 비롯한 태양계의 행성들이 탄생하던 45억 년 전부터 시작됐다. 곰곰이 생각해보면 45억 년이라는 시간은 엄청나다거나, 너무 오래됐다거나, 장엄하다고까지 느껴지지는 않는 숫자이다. 어쨌건 현재 살아 있는 모든 사람들의 평균 나이를 26세라고 하고 그 수에 전체 인구수를 곱한 햇수만 해도 1천7백억 년 가까이 되니 말이다.

그러나 시작부터 지금까지 45억 년이라는 시간은 지구에게 엄청난 유동성을 선사했으며 지구는 거의 모든 것이 가능한 장소가 되었다. 45억 년 동안 바다와 사바나는 끊임없이 위치를 맞교환해왔고 지구의 자극은 뒤집히기를 반복해왔다. 빙하가 거의 모든 지구를 뒤덮은 적도 있고 남극과 호주 대륙에서부터 유럽과 아메리카대륙에 이르기까지 나무만 한 석송과 거대한 은행나무, 사람만큼 큰 노래기, 매의 날개처럼 커다란 날개를 가진 잠자리 등이 활개를 치던 웅장한 열대우림이 번성하던 시기도 있었다. 사실 지질학자들조차도 지질학에서 다루는 시간이 얼마나 큰지는 제대로 인식하지 못한다.

지질학자 킵 호지스는 말한다. "스무 살 때 생각하던 시간과 쉰여섯 살이 된 지금 생각하는 시간은 사뭇 느낌이 다릅니다. 일흔 다섯이 되어 생각하는 시간은 지금과도 또 다르겠죠. 그러나 그 어떤 것도 45억 년은 고사하고 5억 년이나 6억 5천 년 같은 시간 단위를 명료히 이해할 수 있게 해주지 않습니다."

정기적으로 일반인들과 교류하는 지질학자들은 지구의 시간이라는 거대한 시간 단위를 설명하기 위해 다양한 은유와 여러 매듭이 있는 실타래라든가 돌돌 말린 화장지 같은 형형색색의 시각 자료들을 생각해냈다. 과학 작가 니겔 칼더는 10억 년이라는 시간의 길이를 맨해튼 섬을 천천히 걷는 것에 비교했다. 조지 워싱턴 다리가 보일 때는 단세포 생물이 처음으로 그 모습을 드러내는 시점이다. 센트럴 파크를 지나 타임 스퀘어 광장, 엠파이어스테이트 빌딩을 지나 걸어가면 더 많은 단세포 생물들이 나타난다. 또한 연대기 기록자 중에는 지구의 역사를 1년에 비유하는 사람도 있고 하루에 비유하는 사람도 있다.

그러나 나는 지구의 시간을 75세라는 수명을 지닌 인간에 비유한 킵 호지스의 방식이 제일 마음에 든다. 그는 "이 방식은 행성 지구의 발전 속도와 진화의 속도를 인간적인 관점에서 바라볼 수 있도록 해주어 우리의 시야를 넓혀줍니다"라고 말한다. 지구의 역사를 인류의 수명에 견주어 생각해보면 첫 6천만 년은 생후 20개월로, 아기 지구가 포동포동 살쪄가는 단계라고 할 수 있다. 첫돌을 맞은 지구는 태양 주위를 도는 원시행성체 원반에서 지구로의 응축이 거의 마무리된 뒤 주위에 있는 암석과 금속들을 마구 빨아들이며 현재의 크기로 커진다. 그로부터 한두 달 정도 지나면 부글부글 끓어오르는 우리의 커다란 불덩어리는 내부에서 이산화탄소, 수증기, 질소, 황, 메탄을 포함한 여러 종류의 기체를 뿜어내 두꺼운 대기층을 만든다. 이 대기는 우리들의 폐가 받아들이기에는 너무 유독했지만 고맙게도 지구 표면의 웅덩이에 고인 물이 부글부글 끓어 지구 바깥으로 나가버리는 일을 막아주었다. 청소년기에 접어든 지구는 우리 십대들은 하면 안 되는 일을 해버린다. 어딘가에서, 어떤 방법을 써서 아직 열이 남아 있고 축축한 지구는 초기 형태의 생명을 낳았다. 출산 후 8주에서 10주 정도가 흐르면 청록색 박테리아들이 대기 속으로 산소를 뿜어낸다. 생명체들의 삶을 완전히 바꿔줄 생화학 혁명이 일어나는 순간이다. 그러나 다세포 생물의 출현을 보려면 지구 나이가 예순세 살이 될 때까지, 대략 7억 년 전이 될 때까지 느긋하게 기다려야 한다. 대지의 어머니 가이아의 인생을 인간 중심적인 시각으로 편리하게 단축해서 생각해보면 어머니 지구는 공룡을 출산하기 위해서 72년이라는 시간을 보내야 했고, 첫 영장류가 출현한 것은 지구의 마지막 해인 72세의 5월이나 6월 정도가 될 것이다. 우리 호모 사피엔스가 태어난 것은 12월 31일을 알리는 종이 울렸을 때이며 농사를 지으며 가축을 키우기 시작한 것은 12월 31일 저녁 10시, 처음으로 문자가 기록되고 바퀴가 돌기 시작한 것은 저녁 11시, 미국 독립 전쟁이 시작된 것은 저녁 11시 58분이다. 닐 암스트롱이 달에 첫 발을 내디딘 후 사전에 자신의 이름을 남긴 것은 자정이 되기 20초 전이다.

이런 식으로 생각해보면 로마만 하루아침에 이루어진 것이 아니며, 인류의 역사 전부가 그렇다.

지구의 역사가 오래된 만큼 당연히 우주의 역사는 더 오래됐다. 하지만 놀라울 정도로 더 오래된 것은 아니다. 그 차이는 숫자 단위를 벗어나지 않는다. 실제로 우주의 역사는 지구의 역사보다 세 배 정도 오래됐다. 빅뱅 이후 지금까지 137억 년 정도가 흘렀다고 한다. 사실 나는 우주의 나이에 한 번도 놀라본 적이 없다. 오히려 나는 우주가 이렇게 젊다는 사실이 마치 내가 타고 있는 비행기를 운전하는 비행사가 대여섯 살밖에 안 되는 꼬마인 것처럼 불안하다. 이 모든 시간이, 이 모든 법칙이, 이 모든 사건들이 시작된 지 고작 137억 년밖에 안 됐다고? 그러나 내가 우주가 우주답기에는 너무 나이가 적은 게 아니냐고 물으면, 천문학자들은 무슨 뚱딴지같은 질문을 하냐는 듯이 바라보거나 대답하기 전에 장황한 형이상학적인 이야기들부터 늘어놓고서, 자신에게는 별로 어려 보이지 않다고 대답한다. 천문학자들이 우주가 1.37×10^{10}살이라는 것이 완벽히 합리적이라고 생각하는 이유는 우주론에서는 우주가 시간, 공간, 그 공간 속에 들어 있는 모든 물질들을 만들기 위해 필요한 시간으로 140억 년에 가까운 시간이면 충분히 넘치고도 남는다고 생각하기 때문이다.

세상의 끝은 가깝다

천문학자들에게도 우주의 거리를 측정하는 일은 정말 어려운 일이다. 모든 천체가 사람들이 상상도 못할 정도로 멀리 떨어져 있다. 천체들이 서로 상상도 못할 정도로 멀리 떨어져 있는 이 우주에서 우리에게 단 하나의 예외적인 존재는 달이다. 달은 불과 385,250킬로미터 정도밖에 떨어져 있지 않다. 이는 지구 둘레의 10배 정도 되는 거리다. 일반 제트 여객기를 타고 여행한다면 20일 정도 걸릴 것이다. 그래도 그 정도면 달나라 여행은 이색적인 신혼여행으로 그만일 것 같다. 제트 여객기를 타고 태양까지 가려면 21년이 걸린다. 태양으로 가는 여행자들은 머리 위 짐칸 속에 들어 있는 내용물에 대한 안내 방송을 반드시 숙지해야 할 것이다. 뭐, 짐칸 자체가 녹아버릴지도 모를 일이지만.

우주의 크기를 좀더 정확하게 알기 위해 "한 알의 모래알 속에서 온 세상을 보라"고 했던 윌리엄 블레이크의 시 구절처럼 지구를 아주 작은 모래 알갱이에 비유해보자. 태양은 모래 알갱이만 한 지구에서 6미터 정도 떨어진 곳에 있는 오렌지만 한 물체이다. 태양계에서 가장 큰 행성인 목성은 태양이 있는 쪽과는 반대 방향으로 약 26미터 정도, 거의 농구 코트 정도 되는 거리만큼 떨어진 곳에 있다. 태양계 가장 바깥쪽에 있는 해왕성과 명왕성은 각각 조금 큰 모래 알갱이와 아주 작은 모래 알갱이 크기로 작은 모래 알갱이인 지구에서 2와 4분의 1블록 정도 떨어진 곳에서 찾을 수 있다. 해왕성과 명왕성을 넘어가면 멋진 경치들 사이에 아무것도 없는 기이한 공백이, 절대안정을 요하는 환자나 정적을 바라는 수행자에게나 어울리는 풍경이 펼쳐진다. 우리의 작은 태양계가 미국 동부에 위치한 뉴저지 주의 한 마을에 있다면 그곳을 벗어나 가장 가까운 곳에 있는 항성인 알파센타우리의 세 별과 만나기 위해서는 미국 중서부의 로키 산맥이 나올 때까지 가야 한다. 천체들 사이에는 굉장히 넓고도 넓은 공간이, 단조롭고 음침한 새까만 공간이 펼쳐져 있으며, 아무것도 없는 공허만이 가득 차 있다. 아주 작은 세계인 원자의 내부도 대부분이 텅 비어 있는 것처럼 거대한 천체 왕국도 거의 대부분이 텅 비어 있다. 아무래도 자연은 진공을 좋아하는 것처럼 보인다.

"우주는 정말 대부분이 텅 빈 공간이지만, 대부분의 사람들이 이를 잘 이해하지 못합니다." 칼텍의 마이클 브라운의 말이다. "〈스타워즈〉에서 주인공들이 소행성대를 통과해 날아갈 때, 수많은 소행성을 피하기 위해 한시도 쉬지 않고 우주선을 뒤집고 방향을 꺾는 것을 보셨을 겁니다." 그러나 그는 현실은 이와 완전히 다르다고 말한다. 1990년대 초 우주선 갈릴레오 호가 소행성대를 통과할 때 NASA는 수백만 달러를 써서 근처에 있는 암석 소행성 하나에 접근해 사진을 찍고 가능하면 먼지 표본을 채

취하는 어려운 작업을 시도했다. "정말로 운이 좋았는지 갈릴레오 호는 두 소행성 사이를 통과할 수 있었죠. 정말로 놀라운 일이었습니다. 갈릴레오가 항해하는 대부분 그런 일은 없었거든요. 보이는 것도 없었고 당연히 사진을 남길 만한 것도 없었죠. 우주에서는 비교적 아주 높은 밀도를 자랑한다고 할 수 있는 태양계에서도 그 정도입니다."

중앙에 빛나는 볼록한 배를 자랑하며 빙글빙글 돌고 있는 멋진 나선은하 사진에도 속지 말자. 나선은하도 대부분은 유령처럼 텅 비어 있다. 별들 간의 평균 거리는 지구와 태양 사이의 거리보다 10만 배는 멀다. 우리은하를 이루는 별의 개수는 3천억 개나 되지만 이 별들은 빛이 10만 년이나 가야 하는 광대한 공간에 산발적으로 흩어져 있다. 빛은 1년에 9조 킬로미터 정도 간다. 그러니 우리은하의 전체 길이는 9조 킬로미터 곱하기 10만, 즉 9×10^{17}킬로미터 정도 된다. 태양이 오렌지 크기이고 지구는 그 6미터 옆에 있는 작은 모래알인 줄어든 축적에서도 우리은하의 전체 길이는 약 3천9백만 킬로미터나 되는 셈이다.

흥미롭게도 은하들 사이의 거리는 은하 안에 있는 별들 사이의 거리에 비하면 상대적으로 가까운 편이다. 가장 가까운 은하들 사이의 거리는 은하의 길이보다 몇십 배 정도 클 뿐인데 가장 가까운 별들 사이의 거리는 별의 지름보다 몇십만, 혹은 몇백만 배 정도 크다. "별이 다른 별을 향해 달려드는 법은 없지만 은하는 다른 은하를 향해 달려드는 이유가 여기에 있습니다"라고 위스콘신 대학교의 천문학과 교수 로버트 마티유Robert Mathieu는 말한다. 우리은하도 언젠가는 가장 가까운 곳에 있는 이웃 은하인 M31—흔히 안드로메다은하라고 부른다—과 충돌할 것이다. 물론 아주, 아주 먼 훗날의 일이다. 두 은하가 충돌하려면 40억 년쯤 흘러야 할 것이다. 게다가 은하를 구성하는 별들이 그토록 멀리 떨어져 있음을 생각해보면 은하가 충돌한다고 해도 그다지 큰 충격은 없을 것 같다.

대부분 우주의 구성원들은 비극적일 만큼 멀리 떨어져 있어서 서로 만나는 것이 거의 불가능할 정도다. 우주에는 대략 천억 개 정도 되는 은하가 있으며 각 은하마다 천억 개 정도에서 2천억 개 정도의 별이 있으니 우주 전역에는 우리 태양 같은 별이 대략 10^{22}개가 흩어져 있는 셈이다. 아주 많은 별들이 간절히 서로에게 가고자 하며 아주 많은 수의 별들이 어둠 속에서 길을 잃고 있다. 별과 별 사이는 엄청난 거리로 가로막혀 있기 때문에 아무리 우주에 지적 생명체가 넘쳐난다 해도 외계인의 소식을 듣기란 대학 기숙사로 떠난 자녀들의 소식을 듣는 것보다 힘들어 보인다. 그러나 우울과 고독에 빠지기 전에 천체물리학의 대가인 마르텐 슈미트의 견해를 살펴볼 필요가 있다. 슈미트는 우주는 아득할 정도로 넓은 광대한 황무지가 아니라 예상 밖으로 조밀하고 조화로운 공간이라고 말한다. 백발에 옅은 푸른색 눈을 가진 우아한 70대 네덜란드인인 슈미트는 긴 다리를 꼬고 긴 팔로 팔짱을 낀 채 의자에 앉아 차분하고 생기 가득한 목소리로 이야기를 했다. "밤이 되면 밖에 나가 보십시오. 하늘이 맑고 도시에서 벗어난 곳이라면 언젠가는 우리은하와 부딪힐 우리의 이웃인 안드로메다은하가 보일 겁니다." 슈미트는 계속해서 말했다.

"관찰할 수 있는 우주의 끝은 안드로메다가 있는 곳에서부터 3천 배 정도 더 멀리 있습니다. 현재까지 알려져 있는 우주의 끝, 그러니까 빛이 지구에 도달할 수 있는 가장 먼 거리가 지구와 안드로메다은하 사이의 거리보다 불과 3천 배 정도밖에 안 먼 겁니다.

"우리 집에서 가장 가까운 곳에 있는 집이 100미터 정도 떨어져 있다고 생각해보세요. 그 거리보다 3천 배 정도 멀리 여행한다 해도 30만 미터, 즉 겨우 300킬로미터를 여행하는 겁니다. 우리 집을 중심으로 전체 공동체를, 그러니까 우리가 속해 있는 세상 전체를 둘러싼 원을 그린다면 그 원의 지름은 300킬로미터일 겁니다. 이렇게 보면 이 세상은 정말 관리하기 쉬운, 균형 잡힌 곳이라는 생각이 들지 않은가요? 세상의 끝이 그렇게나 가까이 있다는 사실이 놀랍지 않습니까? 내가 우리 우주가, 그러니까 적어도 눈에 보이는 우주가 작은 곳이라고 하는 이유는 바로 이 때문입니다.

"물론 제 이런 생각이 완전히 헛점투성이라는 사실은 잘 알고 있습니다." 그 말을 마친 슈미트는 자신을 방어하려는 듯이 우아한 미소를 살짝 지어보였다.

핀 머리 위에서 춤추다

우주를 울타리를 친 마을과 비교한 슈미트의 비유는 무척 매력적이다. 이 비유를 작은 세계에 적용하면 어떨까? 이 마을에서는 분자와 소립자가 주인공이 된다. 우리들은 슈퍼마켓으로 달려가 땅콩, 감자, 돼지고기 등을 사는 자신들이 정상적이고 생명체다운 크기의 생물이라고 생각한다. 그러나 사실 '생명의 크기'는 우리들이나 쇼핑 카트에 담긴 물건, 또는 샤를마뉴 대제의 발 길이와는 아무런 상관이 없다. 진짜 생명의 책임자들, 생명체를 살아 있게 하고 크기를 제한하는 주체들은 모두 눈에 보이지 않는다. 이 존재들은 너무나도 작아서 육안으로는 절대 볼 수 없기 때문에 현미경으로 들여다봐야 한다. 불행하게도 사람들은 보이지 않는 것을 중요하지 않은 것이라고 해석할 때가 많고, '흥, 그까짓 것' 하고 무시하곤 한다. 그래서 우리는 실제로 우리를 구성하고 있는 눈에 보이지 않는 구성성분들에 대해 제대로 이해하지 못하고 있다. 세포는 얼마만 하고, 세포막의 지질 속에 박혀 있는 단백질이나 세포 중앙에 있는 DNA 분자의 크기는 얼마인가? 손가락 끝을 이루고 있는 세포는 몇 개나 되고, 세균의 크기는 얼마지? 거친 피부 세포보다 클까 작을까? 물 분자는 아주 빠른 속도로 결합했다가 떨어지기를 반복한다고 했다. 이 눈에 보이지도 않는 만남과 이별은 어디서 일어나는 것일까?

이제 우리의 관심을 작은 것들의 세상으로 돌려, 천사와 바이러스가 춤을 추는 유서 깊은 무도장인 핀의 머리를 탐구해보자. 핀 머리의 지름은 2밀리미터, 혹은 1,000분의 2미터이다. 그에 비해 사람의 머리카락 단면의 지름은 평균 100미크론micron이다('micro'가 백만분의 1이라고 했듯 미크론은 백만분의 1미터이다). 따라서 빈틈없이 빽빽하게 세우면 핀 머리 위에 스무 개의 머리카락을 장식할 수 있다. 머리카락 지름의 절반인 50미크론은 가장 시력이 좋은 사람이 볼 수 있는 가장 작은 크기라고 알려져 있다. 맨눈으로는 보기 힘든 너무 작은 것들을 '머리카락보다 가늘다'라고 표현하는 데는 이런 이유가 있다. 따라서 지름이 20미크론인 돼지풀 꽃가루는 아무리 눈이 좋아도 돋보기 같은 기구가 없다면 볼 수 없다. 뭐, 굳이 돼지풀 꽃가루를 보고 알레르기에 걸릴 필요는 없겠지만(돼지풀 꽃가루는 알레르기를 일으킨다—옮긴이). 이 꽃가루를 핀 머리 위에 놓는다면 만 개 정도가 올라갈 것이다. 충분히 재채기를 유발할 수 있는 양이다.

사람의 백혈구 세포의 지름은 12미크론이다. 핀 머리를 백혈구로 바르면 2만 8천 개 정도를 올릴 수 있다. 비엔나소시지처럼 생긴 대장균은 길이는 2미크론, 너비는 0.5미크론 정도 된다. 따라서 바느질 도구 위에는 대장균을 3백만 개체 정도는 이주시킬 수 있다. 대장균의 번식력을 생각해보면 분명 그렇게 될 것 같다. 일반적으로 '병균'이라고 말하는 바이러스에 비하면 세균(박테리아)은 아주 커다란 생명체다. 단세포 생물인 세균과 달리 바이러스는 세포가 아니다. 바이러스는 독자적으로 번식하는데 필요한 세포의 구성 성분이 대부분 없기 때문에 다른 유기체의 세포 속으로 무단 침입하여 다른 세포의 생식기계를 탈취해 마음대로 자신들의 번성을 위해 사용한다. 이리저리 옮겨 다니려면 몸이 가벼워야 한다. 에볼라 바이러스처럼 큰 바이러스도 대장균의 10분의 1밖에 안 된다. 다른 사람에게 전염되는 감기 바이러스인 라이너 바이러스의 크기는 100분의 3미크론, 즉 30나노미터밖에 되지 않는다. 코끝이 빨개진 동료가 한 번 기침할 때 공기 속으로 퍼지는 콧물 한 방울 속에는 수천만 개가 넘는 바이러스가 들어 있다.

사람의 세포를 들여다보면 생명을 유지할 수 있도록 열심히 일하는 영웅적인 생체 분자를, 생명의 진정한 일꾼들을 볼 수 있다. 폐에서 산소 분자를 붙잡아 몸 구석구석 전달해주는 적혈구 속 헤모글로빈은 지름이 5나노미터이다. 감기 바이러스의 6분의 1인 셈이다. 피부가(그리고 젤리도) 탄력 있는 것은 결합조직단백질인 콜라겐 덕분인데, 콜라겐은 치실처럼 생겼으며 지름은 몇 나노미터에 불과하지만 길이는 수백 나노미터에 달한다.

모든 세포의 깊숙한 곳에는 생물학 세계의 유명 인사인 DNA가 자리

잡고 있다. 우리들의 모든 유전자가 나사 모양으로 말려 있는 이 이중나선 구조의 분자는 세포가 하는 역할에 따라서 지름이 100나노미터에서 1,000나노미터에 이르는 울퉁불퉁한 꾸러미 속에 구겨 넣어져 있다. 이 DNA 꾸러미가 큰 경우로만 쳐도, 핀의 머리 위에는 5백만 개의 인간 게놈—5백만 개의 생물학의 성배, 5백만 개의 생명의 책, 5백만 개의 한 아이를 만들어내는 청사진—이 그 위에 올라간다.

단백질이나 DNA는 세포 내 다른 분자들에 비하면 고래처럼 비대한 축에 속한다. 활발하게 활동하고 있는 세포 속에서 항상 볼 수 있는 화학연료인 포도당 분자는 헤모글로빈의 6분의 1밖에 안 되며 헤모글로빈이 운반하는 산소 분자는 포도당 분자의 3분의 1밖에 안 된다.

산소 분자는 생명과 가장 확실하고 가장 분명하게 연결되어 있다. 어떤 곳이 됐건 산소를 빼앗긴 조직은 몇 분 안에 질식 상태로 죽어간다. 산소 원자 한 쌍이 우아하게 합쳐진 산소 분자 O_2는 우리를 생명에 연결시키며, 아래로는 우리를 원자와 연결시킨다. 신사 숙녀 여러분, 우리는 모두 원자로 되어 있답니다. 원자는 정말 작아요. 하지만 내가 약에 들어가는 사용안내서를 쓰고 있는 것도 아닌데 너무 작아서 대부분이 읽기조차 어려운 작은 글자로 쓰는 것은 좀 바보 같다. 게다가 원자는 저 활자보다 훨씬 작다. 원자의 종류는 백여 가지가 넘어 수소나 헬륨처럼 아주 가벼운 것도 있고, 주석이나 요오드처럼 중량급 원자도 있고, 그보다 훨씬 무거운 원자들도 있지만, 원자 세계의 모든 구성원들은 우리들의 관점에서 보면 거의 없는 것과 같은 크기이다. 1나노미터 속에는 원자가 세 개 이상 들어간다. 따라서 우리의 핀 머리 위에는 원자를 10조 개 정도 세울 수 있을 것이다. 그런데 재밌는 사실은 원자가 사실 훨씬 작아도 된다는 것이다. 원자 속 빈 공간을 모두 없애면 원자의 크기는 나노미터로는 도저히 표현할 수 없을 만큼 작아질 것이다. 원자 질량의 대부분을 차지하고 있는 것은 원자 중심에 있는 핵이다. 핵은 원자 전체 질량의 99.9퍼센트 이상을 차지하고 있다. 체중계에 올라갔을 때 표시되는 눈금은 거의 모두 원자핵의 무게이다. 우리 몸을 구성하고 있는 원자들의 핵을 모두 제거하는 '핵 제거 다이어트'를 시도한다면 우리 몸무게는 동전 네 개 정도의 무게인 20그램 정도로 줄어들 것이다.

원자의 핵이 빠져나가고 남은 20그램의 무게는 원자핵 주위를 돌고 있는 전자의 무게다. 전자 하나의 질량은 가장 간단한 형태의 원자핵 무게의 $^{1}/_{1,800}$도 되지 않는다. 그러나 원자의 크기는 원자핵 주위를 우아하게 빙글빙글 돌고 있는 한 개 이상의 전자구름이 원자의 경계를 만들어 원자의 크기를 결정한다. 땅딸막한 핵과 그 주위를 돌고 있는 전자구름 사이에는 정말로 광활한 심연이 펼쳐져 있다. 원자핵의 지름은 전자가 돌면서 만들고 있는 원자 전체 지름의 $^{1}/_{100,000}$에 불과하다. 체중계에 올라갔을 때 불평을 늘어놓게 되는 몸무게는 대부분 원자핵 때문에 생기는 것인데도 원자핵의 부피는 원자 부피의 1조분의 1밖에 되지 않는다.

여기서 마지막으로 비유를 해본다. 원자의 핵이 지구 중심에 놓여 있는 농구공이라면 전자는 지구 대기의 가장 바깥쪽을 도는 버찌 씨라고 할 수 있다. 그러나 이 농구공과 버찌 씨 사이에는 지구의 경우와는 달리 철이나 니켈, 마그마, 토양, 바다, 하늘처럼 실제 지구를 이루는 물질들이 전혀 없다. 농구공과 버찌 씨 사이는 그저 텅 빈 공간일 뿐이다. 내부의 소우주도, 바깥의 대우주도, 거대한 은하 사이도, 극미한 원자 사이도, 모두 텅 비어 있다. 우리는 대부분이 텅 빈 공간인 우주에서 살고 있다. 그러나 은하수는 여전히 빛나고 있으며, 우리의 헤모글로빈은 여전히 활발하게 흘러 다니고, 우리가 친구들과 포옹을 나눌 때 우리의 손가락은 원자의 대부분을 차지하고 있는 진공 속으로 빠지지 않는다. 친구들의 피부를 만지는 순간 우리는 텅 빈 공간을 만지는 것인데도 어째서 꽉 차 있다는 느낌이 드는 걸까?

4

물리: 그리고 내게는 공허가 가득 차 있네

Physics: And Nothing's Plenty for Me

소행성이 내일 지구와 충돌해 대부분의 인류 문명과 수십억의 인류를 절멸시키려 한다고 생각해보자. 인류의 문화유산 가운데 반드시 보존해야 할 가치를 지닌 것은 무엇일까? 살아남은 소수의 인류가 호모 사피엔스의 희망과 업적을 다시 재건할 수 있도록 우주의 본성을 알려줄 궁극의 지혜는 무엇일까? 예술을 사랑하는 사람들이라면 셰익스피어의 작품이나 요한 세바스찬 바흐의 작품을 보존해야 한다고 말할 것이다. 의학 전문가들이라면 항생제나 마취제에 표를 던질 것이다. 위대한 물리학자이자 천재이자 입담꾼으로 유명한 리처드 파인먼은 이런 커다란 재앙 후에 따르는 재건 문제에 대해 진지하게 고민해본 적이 있다. "모든 과학 지식이 파괴되는 재앙이 발생해 다음 세대에 전할 수 있는 지식을 오직 한 문장으로 요약해야 하는 일이 벌어진다면 그 짧은 문장 안에 담아야 할 가장 가치 있는 지식은 무엇일까?" 파인먼은 자신의 유명한 강의 중에 이런 수사적인 질문을 했다. "나는 그 지식이 원자에 대한 가설, 혹은 원자에 대한 사실, 또는 어떤 이름으로 부르건 간에 모든 것은 원자로 이루어져 있다는 내용이어야 한다고 믿는다. 약간 떨어진 거리에 있을 때면 서로 끌어당기고 아주 가까이 다가가면 서로를 밀어내며 영원히 움직이는 작은 입자들." 그는 이 짧은 문장을 '단지 조금만 상상해보고 생각해보면' 『물리학의 역사』가 화려하게 부활할 것이라고 말했다.

콜로라도 대학교의 물리학 교수 스티븐 폴록Steven Pollock이 쓴 유명한 교재에는 물리학은 가장 겸손한 학문 가운데 하나로 그저 '세상이 무엇으로 만들어졌고, 어떤 식으로 작용하고 있으며, 세상에 있는 존재들이 그렇게 행동하는 이유에 대해서 연구하는 학문'일 뿐이라고 나와 있다. 또한 물리학에서는 짧게 말할수록 좋다. 물리학은 환원주의에 푹 빠져 있다. 많은 사람들이 환원주의를 '단순화'라고 생각하지만 사실 환원주의의 진정한 뜻은 '복잡한 무언가를 구성 성분의 관점에서 이해하는 것'이다. 이 같은 접근법은 과학자라면 누구나 하는 방법이지만 물리학자들은 한 발 더 나아가 각 구성 성분들이 쿼크로 쪼개질 때까지 잘게 부순다. 물리는 기본적인 물질과 힘을 연구하는 가장 기초적인 과학이기에 수많은 기본적인 질문에 매달린다. 하늘은 왜 파랄까? 카펫 위를 터덜터덜 걷다가 금속으로 된 문손잡이를 잡으면 갑자기 찌릿한 감각을 느끼는 이유는 뭘까? 검은색 셔츠가 더 얇은데도 햇볕에 나가 있으면 흰 셔츠가 더 시원한 까닭은 무엇일까?

물리학은 기본적인 물질과 힘을 탐구하는 과학이기에 과학 공부를 시작하는 첫 번째 과목이 될 자격이 충분하다. 그러나 미국의 교육 방침은 이와는 정반대이다. 대부분의 고등학교에서 학생들은 1학년 때 생물을 시작으로 과학을 배우게 된다. 생물을 배우면 그 다음은 화학을 배우며 물리를 접하는 것은 졸업할 무렵이 되어서다. 어린 학생들에게는 쉬운 것부터 어려운 것 순으로 가르쳐야 한다는 보수적인 생각 때문이다. 그러나 최근 과학자들 중에서는 물리를 먼저 가르치고 생명과학은 나중에 가르쳐야 한다고 주장하는 사람들이 많다. 그 주장의 선봉에 나이 많은 물리학의 거장들이 으레 그렇듯, 선명한 흰 머리를 아무렇게나 기른 일리노이 대학교의 명예 교수이자 노벨 물리학상 수상자인 레온 레더만이 있다.

레더만을 비롯한 여러 과학자들은 물리학은 생물학과 화학을 위한 기초 학문인데, 콘크리트로 기초를 세우기도 전에 벽을 쌓아 올리고 지붕을 얹는 일은 말이 되지 않는다고 주장한다. 그들은 또한 제대로 가르치기만 하면 물리학이 분명히 배울 가치가 있는 다른 과목들에 비해 특별히 어렵지도 않다고 말한다. 이들의 주장을 받아들여 물리를 먼저 가르치는 학교도 있고 다른 학교들도 그 충고를 받아들여야 한다고 생각한다. 나는 기초부터 세워야 한다는 레더만의 주장에 찬성할 뿐 아니라 대중을 생각하는 그의 마음을 믿어 의심치 않는다. 그는 실험 과학자들을 소재로 한 텔레비전 시리즈를 만들어 일반인들의 과학에 대한 이해를 개선하기 위한 시도를 오랫동안 해왔다. 소재가 물리학자이건 생화학자이건, 프로그램이 드라마건 시트콤이건 상관하지 않았다. 중요한 것은 등장인물들이 감정적인 싸움, 미숙한 대인관계, 강박적인 회의적인 태도,

촌스러운 외모와 옷차림 같은 대중의 고정관념에 박힌 과학자의 모습을 타파하는가였다.

물리학은 까다롭긴 하지만 중심 탑과 같은 과학으로, 다른 학문들은 물리학을 토대로 쌓여 올라간다. 리처드 파인먼이 문명 재건 계획 때 밝힌 것처럼 이처럼 가장 기본적인 학문인 물리학의 영역 중에서도 가장 기본이 되는 것이 바로 원자이다.

원자를 볼 수 있다면

모든 것, 아무리 간단하더라도 우리가 물질이라 이름 붙이는 모든 것들은 모두 원자로 되어 있다. 물질이라는 이름을 붙이기에는 어딘가 부족해 보이는 것이라 해도 계속 쪼개다보면 결국 마지막은 원자로 발가벗겨진다. 예를 들면 '생각'도 그렇다. 당신의 뇌에서 나와서 사라지는 생각은 정말로 덧없고 물질과는 전혀 상관이 없을 것만 같다. 그러나 그 생각을 불러일으키는 뇌 세포는 원자로 이루어져 있다. 또한 하나의 생각이 또 다른 생각을 불러일으키려면 뇌에서 화학물질이 흘러가야 가는데, 이 화학물질 역시 원자로 되어 있다. 내 생각을 컴퓨터에 입력하는 동안 부지런히 스크린을 수놓는 형광 물질들도 원자로 이루어져 있다.

조립식 장난감 같은 원자 세트가 우리를 구성하는 기본 단위이기 때문에 생명체라는 거대한 시스템이 제대로 돌아갈 수 있다.

"어떤 것을 복제하고 싶다고 생각해봅시다. 분명히 분리되는 작은 단위로 만들어져 있는 편이 분리되지 않는 거대한 하나로 되어 있는 것보다 실수를 적게 할 겁니다." 프린스턴 대학교의 물리학 교수 라마무르티

샤카르의 말이다. "비유를 들자면, 색깔을 그대로 재현해내는 것보다는 그 색깔의 이름을 말해주는 것이 더 쉽지 않겠어요?" 게다가 다행스럽게도 "고려해야 할 이름의 종류, 그러니까 원자의 종류는 백여 개밖에 되지 않습니다"라고 덧붙였다.

모든 물질은 원자로 되어 있다는 사실은 알베르트 아인슈타인이나 닐스 보어 같은 과학자들이 원자가 존재한다는 실험적 증거를 제시한 20세기 이전에도 실체의 본성을 알려주는 심원한 통찰 가운데 하나로, 지난 2천여 년 동안 미숙하고 거의 가상적인 개념으로 존재해왔다. 기원전 400년쯤 그리스의 철학자 데모크리토스는 모든 물질은 보이지도 나누어지지도 않는, 크기와 모양 및 상태가 다양한 입자로 되어 있으며, 이 입자들이 다양한 방식으로 결합해 모든 물질을 만들어낸다고 생각했다. 데모크리토스는 이 입자들에 '부서지지 않는' 혹은 '깨지지 않는'이라는 의미의 '아토모스*atomos*'라는 이름을 붙였다. 데모크리토스가 제시한 이른 시기의 원자설의 가장 강력한 반대자는 그토록 영리했음에도 정말로 멋진 생각들을 간단히 폐기처분해버리는 버릇이 있던 아리스토텔레스였다. 아리스토텔레스는 이 세상은 분해되는 입자가 아니라 흙, 불, 공기, 물이라는 네 가지 기본 원소 혹은 속성으로 이루어져 있다고 주장했다. 명백히 그릇된 주장이었지만 아리스토텔레스의 주장은 당시 사람들의 상상력과 잘 어울렸기 때문에 수백 년 동안 진리라고 인정받았으며, 지금도 점성술을 추종하는 적지 않은 사람들이 그의 말을 믿고 있다.

초기 원자 모형은 우리의 태양계처럼 핵이 태양처럼 가운데 있고 그 주위를 전자가 마치 행성처럼 돌고 있는 모습이었다. '원자력으로 빛을 밝힌 세계 최초의 도시'라는 사실을 자랑스럽게 생각하는 아이다호 주

아르코Arco 시의 공식 문양과 비슷하게 생긴, 가운데 있는 원반 주위를 세 개 내지 네 개의 타원 궤도가 감싸는 원자 모형도 있었다. 그러나 사실 원자는 태양계와도, 유치한 모양의 도시 상징과도 비슷하지 않다. 원자는 일반적인 공간 시각적 이미지로는 도저히 그 모양을 묘사할 방법이 없다. 그저 단순히 육안으로는 보이지 않는 물질이기 때문이 아니다. 보이지 않는 것으로 치자면 세포나 세균도 육안으로 볼 수 없기는 마찬가지만 세균이나 세포는 괜찮은 현미경만 있으면 생긴 모습을 정확하게 확인할 수 있다. 그러나 브라이언 그린이 쉽게 설명해주었듯이, 원자는 너무나 작아서 베르너 하이젠베르크의 불확정성의 원리가 지배하는 위태로운 영역에 속해 있다. 당신이 원자를 보는 즉시 원자의 모양은 왜곡된다.

"원자를 이 커피 테이블 위에 있는 컵만큼 크게 만들면 무엇이 보일까요?" 나는 그린 박사에게 물어보았다.

"보인다고요?" 그린 박사는 그 말을 아주 천천히 되풀이했다. "흠, 그건 본다는 것의 정의를 어떻게 내리느냐에 따라 달라지겠죠. 일상생활 속에서 무언가를 본다고 말할 때는 빛에 대해서 이야기하고 있는 겁니다. 우리 눈에 부딪쳐 우리가 볼 수 있게 해주는 빛의 입자, 즉 광자에 대해 이야기하는 거지요. 그러나 원자 규모에서는 광자가 우리가 보는 물질의 성질을 바꿀 수 있습니다." 원자 주위를 돌고 있는 전자는 광자를 흡수하거나 방출할 수 있는데, 전자가 광자를 흡수하거나 방출할 때면 전자의 위치가 바뀌면서 원자 구조에 변화가 생긴다. "우리들은 일상에서 보는 것처럼 작디작은 원자를 보고 싶어 하지만 그러려면 원자 자체를 바꾸어야 합니다. 우리는 사실상 저 아래쪽을 보지 못하죠."

좋다, 그런 소망은 잊어버리자. 그렇다면 실제로 볼 수 없는 원자를 어떤 식으로 표현할 수 있을까? 내가 물었다.

"구름이죠. 전자들이 구름처럼 뒤덮인 모습이 가장 그럴듯한 형태일 겁니다." 구름? 공중에 떠다니는 먼지 구름처럼 생겼을까? 아니면 텔레비전 뉴스에서 인터뷰하는 사람의 신원을 보호하기 위해 얼굴을 가리는 뿌연 구름처럼 생겼나? 내 질문에 그린은 어느 정도는 그렇다고 대답했다. 그러나 이 구름은 곤충 떼 같은 그런 것은 아니다. 구분되는 수많은 물체들이 모여 있는 것이 아니라는 말이다. 그가 설명하길, 전자구름이라는 개념은 사실 전자가 있을 수 있는 위치를 알려주는 확률 분포를 묘사하기 위한 방식으로, 전자의 잠재적인 위치가 어떻게 분포되어 있는지를 짐작할 수 있게 해준다.

핵 속의 양성자 수와 핵 주위를 도는 전자의 수가 각각 한 개밖에 없는 가장 간단한 원자인 수소 원자만 해도 전자가 있을 수 있는 위치는 아주 많기 때문에 전자가 있을 가능성이 있는 곳을 모두 표시하면 수소 원자를 완전히 둘러싼 구름의 형태를 띠게 되는 것이다.

그러나 전자 분포라는 근사한 이미지를 머릿속에 담아두기 전에, 아리스토텔레스가 저지른 실수를 기억할 필요가 있다. 물질은 여러 가지 특성들이 균일하게 섞여 있는 상태가 아니다. 원자들은 자주 서로가 서로를 끌어당기곤 한다. 원자는 가장 바깥쪽 궤도를 도는 전자들을 서로 공유함으로써 서로 결합하는 경우가 많다. 수소 원자 두 개와 산소 원자 한 개는 가장 변경에 있는 전자 하나를 교묘하게 공유함으로써 물이라는 분자로 결합할 수 있다. 분자를 이룬다고 해서 한 원자가 다른 원자의 광활한 진공 속으로 파고드는 일은 없다. 원자들은 여전히 핵 속에는 양성자와 중성자가 들어 있고 핵 바깥쪽으로 거대한 텅 빈 공간이 있으며 핵과 아주 멀리 떨어진 곳에서 전자가 돌고 있는 분리된 개체로 존재한다. 텅 빈 공간 대부분은 아주 신성한 공간이다. 그곳으로는 전자구름도 원자핵 속에 들어 있는 소립자도 들어갈 수 없어서 한 원자가 다른 원자의 텅 빈 공간을 뚫고 핵 가까이 다가가서 인사를 하고 다시 나오는 일은 결코 일어나지 않는다. 별의 내부와 같은 고온고압의 특별한 환경에서나 두 원자가 짜부라지고 두 원자핵이 하나로 합쳐져서 좀더 무거운 새로운 원자가 되는 일이 일어난다. 이에 대해서는 뒤에서 다시 살펴볼 것이다.

대부분의 경우 원자들은 다른 원자와 결합해 안정된 분자를 만든 뒤에도 자신만의 정체성과 독립성을 유지한다. 바다를 가득 채우고 있는 수소 원자와 산소 원자가 에너지를 받아 물 분자를 비롯한 여러 가지 화합물로 합쳐질 수는 있지만 합쳐진 다음에도 자신만의 수소 원자핵과 산소 원자핵을 그대로 간직하기 때문에 언제라도 자유롭게 원자 상태로 돌아갈 수 있다. 우리 인생의 모든 앞면과 뒷면이, 우리가 들이마시는 상쾌한 공기부터 우리가 마시는 시원한 물까지, 세상의 모든 것이 내부가 텅텅 비어 있는 입자들로 이루어져 있다니 정말로 놀라운 이야기가 아닌가! 이 세상을 구성하는 1조에 1조를 곱하고 거기에 백만을 더 곱한 만큼의 원자들은 서로 아주 가까이 붙어 있지만, 너무 가까이 가지는 않는다. 파인먼이 말했던 것처럼 약간 떨어져 있는 원자들은 서로를 끌어당기지만 조금이라도 가까이 밀어붙이는 순간 반발하며 서로를 밀어낸다.

텅 빈 공간을 채우다

그렇다면 무엇이 원자를 그렇게도 철저하게 독립적으로 만들어 완고하게 자신의 공간을 지키게 만드는 걸까? 그리고 물질의 대부분이 텅 빈 공간으로 이루어져 있다면 어째서 우리는 마호가니 의자에 앉을 때 텅 비어 있는 원자로 구성된 의자와 바닥과 지표면을 통과해 벨벳처럼 검고 고요한 우주로 죽음의 표류를 하지 않고 안락함을 느끼는 걸까?

그 이유는 원자를 구성하고 있는 조각들인 소립자들의 특성과 그들이 끊임없이 펼치는 흥정과 대립, 그리고 타협에서 찾을 수 있다. 원자핵은 전체 원자 부피의 1조분의 1밖에 되지 않지만 그 속에는 원자 질량의 99.9퍼센트를 차지하는 무거운 소립자들인 양성자와 중성자가 들어 있다. 물론 모든 원자들은 저마다 서로 다르다. 세상은 우리가 원소라고 부르는 금, 은, 비스무트, 백금, 납, 나트륨, 수은, 인듐, 이리듐, 크세논, 탄소, 규소를 비롯한 100여 가지 기본 물질들이 빛을 내고 진동하며 만들어낸다. 원소는 화학적인 방법으로나 물리적인 방법으로 분해하려 해도 더 이상 분해되지 않는 물질이다. 순수한 납을 쪼개거나 불에 녹이면 더 작은 납덩어리로 나누어지지만 납덩어리를 구성하고 있는 물질은 모두 납 원자이지, 누구나 원하는 금이거나 화려한 불꽃색 때문에 불꽃놀이 제작자가 좋아하는 스트론튬일 수는 없다. 원자들은 모두 100억분의 1미터 정도로 종류에 상관없이 크기가 비슷하지만 원자핵 속에 갇혀 있는 양성자와 중성자의 수가 달라 질량이 달라진다. 가장 가벼운 원자이자 우주에서 가장 흔한 원자인 수소 원자는 이 우주에서 가장 적은 양성자를 핵 속에 품고 있다. 수소 원자핵 속에는 양성자가 한 개 들어 있다. 그러나 수소 원자 중에는 양성자에 더해 중성자가 한 개나 두 개 정도 더 있어서, 있는 그대로 '무거운 수소(중수소)'라고 부르는 변이형도 존재한다. 우리에게 친숙한 원소들은 대부분 핵 속에 들어 있는 양성자와 중성자의 수가 같다. 탄소는 한 다스 크기로 양성자가 6개, 중성자가 6개 들어 있으며 질소는 양성자 7개, 중성자 7개가 들어 있다. 산소는 양성자 8개, 중성자 8개이다.

그러나 이 원소들에는 중성자가 추가로 뭉텅이로 더 붙은 뚱뚱한 상태, 즉 동위원소라 부르는 변이형이 있는 경우가 있다. 탄소만 해도 중성자가 8개인 불안정한 동위원소가 있다. 그렇기 때문에 탄소는 8개인 중성자 가운데 일부를 버려서 안정되려는 성질이 있다. 고고학자나 고생물학자들은 중성자를 버리는—방사성 물질 붕괴라고 부르는—탄소의 성질을 이용해 묻혀 있던 고대 보물이나 단것을 먹었음이 분명한 선사 시대 부족장의 부식된 치아, 최초의 치과 도구로 사용된 동물의 뼈, 불에 탄 인류 최초의 치과의사 사체 등의 연도를 측정한다.

무거운 원소 중에는 중성자의 수가 양성자의 수보다 더 많은, 그것도 상당히 더 많은 경우가 많다. 가령 수은은 양성자가 80개인데 반해 불안정한 중성자가 120개나 되어 양성자와 중성자의 비율이 1대 1.5나 된다. 수적으로 적은 양성자가 꿋꿋하게 버틸 수 있는 이유는 자신의 가치에 대한 굳건한 확신이 있기 때문이다. 원자가 중성자를 몇 개 얻거나 잃는다고 해서 원자의 성질이 바뀌지는 않는다. 그러나 양성자는 그렇지 않다. 양성자의 숫자는 절대적이다. 결국 양성자의 수가 원소를 가장 원소답게 만드는 가장 기본적인 요소인 셈이다. 양성자의 수는 그 숫자만으로도 다른 원소와 구별될 수 있는 특징이기 때문에 원소의 번호는 공식적으로 이 양성자의 수로 표시한다. 원소 번호가 79인 금의 양성자 수는

79개이며 금만큼이나 가치 있는 백금의 원자 번호가 78인 이유는 양성자의 수가 금보다 한 개 부족하기 때문이다.

그렇다면 양성자에게 그런 특권을 준 것은 무엇일까? 양성자와 중성자의 비율이 비슷하고 우리의 몸무게를 결정하는 데 비슷한 역할을 한다면 어째서 양성자만 원소 번호를 정하는 데 들어갈까?

양성자가 원소 번호를 결정하는 특권을 갖게 된 이유는 전하 때문이다. 양성자는 전하를 띠지만 중성자는 전하를 띠지 않는다. 중성자는 문자 그대로 전기적으로 중성 상태이다. 그에 대해 MIT 공대생들은 이런 농담을 한다. 중성자가 술집에 가서 술을 한 잔 시키고 얼마인지 물었다. 그러자 바텐더가 이렇게 대답했다. "자넨 무료네For you, no charge." (전하를 뜻하는 'charge'가 '지불하다'를 뜻하기도 하는 것을 이용한 말장난—옮긴이). 양성자는 양의 전하를 띤 소립자이며 또 다른 원자 구성 성분인 전자는 음의 전하를 띠고 있다. 양성자가 양의 전하를 띠고, 전자가 음의 전하를 띤다는 것은 사실 벤저민 프랭클린이 연을 날리던 시절에 즉흥적으로 결정된 합의 사항이다. 사실 두 입자의 전하를 표현하는 법을 바꾸어 양성자는 음의 전하를 띠고 있고 전자는 양의 전하를 띠고 있다고 해도 아무 문제가 되지 않는다. 단지 그렇게는 말해오지 않았기 때문에 그저 사용하던 대로 할 뿐이다. 중요한 것은 오직 한쪽의 전하가 다른 쪽의 전하를 상쇄시키는 역할을 한다는 것이다. 전자는 양성자에 비해 천 배는 더 가볍지만 전자의 전하는 거대한 양성자의 전하에 조금도 밀리지 않고 대등하게 맞설 수 있다. 두 입자의 전하량이 완벽하게 일치하기 때문에 양성자와 전자는 거시적인 세상에서 다른 성을 가진 개체들이 결합하는 것처럼 서로 멋지게 결합할 수 있다. 물론 거시 세계의 결합은 이혼으로 깨지고 마는 경우가 아주 많긴 하지만.

그렇다면 각각 양의 전하와 음의 전하를 가지고 있다는 양성자와 전자의 전하는 정확히 어떤 의미를 갖고 있는 걸까? 우리가 완전히 충전된charged 건전지라고 말할 때는 건전지에 에너지가 가득 차 있어, 디지털 카메라에 넣어 멋진 사진을 수백 장 찍을 수 있다는 의미로 받아들일 것이다. 그러나 양성자와 전자가 전하를 띠었다고 말할 때는 중성자에는 없는 에너지가 가득 차 있다는 뜻이 아니다. 입자의 전하량은 입자가 보유한 에너지량을 나타내는 것이 아니다. 전하의 정의는 거의 순환적인데, 한 입자에 전하를 띤 다른 입자를 밀어내거나 끌어당길 능력이 있을 때 전하를 띠었다고 간주된다. 라마무르티 샹카르는 이렇게 말한다. "전하라는 것은 일종의 태도와 같습니다. 그 자체로는 아무것도 아니지요. 그러니까 '누구는 카리스마가 있어' 하고 말하는 것과 같은 겁니다."

카리스마가 '인간성의 힘force of personality' 때문에 사람을 끌어들인다고 하듯이, 전하가 서로에게 반응하는 이유는 자연의 네 가지 기본 힘 가운데 하나인 전자기력electromagnetic force 때문이다. 아마도 우주에는 각각 전자기력, 중력gravity, 강한 핵력strong force, 약한 핵력weak force이라고 부르는 네 가지 기본 힘이 있다는 이야기를 들어본 적이 있을 것이다. 그러나 힘Force이라는 단어는 일상생활에서 너무나도 많이 쓰이는 단어이기 때문에 특별히 정의를 설명할 필요가 없는 자명한 뜻이라고 생각하는 경향이 있는 것 같다. 도대체 자연의 기본 힘은 태풍이나 지진 같은 익숙하고도 무시무시한 자연의 힘과는 어떻게 다를까?

세상에는 네 가지 힘이 있다네

자연의 기본 힘은 두 물질이 맺는 기본적인 상호작용으로 생각하는 것이 가장 좋다. 하나의 물질이 다른 물질과 연락하는 방법은 단 네 가지밖에 없다는 것, 하나의 물질이 자기 이외에 다른 물질이 존재한다는 것을 아는 방법은 네 가지밖에 없다는 것이 밝혀졌다. 이 네 가지 상호작용은 강도와 작용 범위가 모두 다르고 저마다 따르고 있는 법칙도 다르기 때문에 서로 다른 결과를 내놓는다. 그러나 기본 힘들이 전적으로 상호 배타적인 것은 아니다. 예를 들어 모든 물체는 아무리 크기가 작은 물체라 해도 중력이라는 힘으로 서로를 끌어당긴다. 전하를 띠고 있건 그렇지 않건 간에, 회전하고 있건 그렇지 않건 간에 물체의 질량은 세상의 모든 곳에서 중력이라는 특별한 존재를 만들어낸다. 그러나 날개도 없이 추락하는 순간에는 절대로 믿겨지지 않겠지만, 중력은 네 가지 기본 힘 가운데 가장 약한 힘이다. 중력은 별이나 행성처럼 아주 커다란 물체와 관련해서나 혹은 지붕에서 뛰어내리는 멍청이나 느낄 수 있는 힘이다.

이제 전하를 띤 소립자를 두 개 가지고 있다고 생각해보자. 소립자들도 분명 중력에 의해 서로를 잡아당기고 있을 것이다. 그러나 전하를 띤 순간 소립자들은 중력보다 1조에 1조를 곱하고 또 1조를 곱한 것보다도 큰 10^{40}배의 힘을 가진 전자기력의 지배를 받게 된다. 소립자들이 띠고 있는 전하의 종류에 따라 전자기력은 소립자들을 서로 밀어내게도 혹은 서로 끌어당기게도 만들 것이다. 이 경우 중력이 작용할 여지는 눈곱만큼도 되지 않는다.

어떤 '포스'가 당신과 함께 할 것인지는 규모와 상황이 결정한다. 어느 정도까지는 강한 핵력이 영광의 주인공 자리를 차지할 수도 있을 것이다. 왜냐하면 전자기력보다 100배 이상 강한 강한 핵력은 우주의 네 가지 기본 힘 가운데 가장 강력한 힘을 자랑하기 때문이다. 강한 핵력은 양의 전하를 띠고 있는 양성자들끼리 서로를 밀어내는 전자기력을 누르고 양성자들이 중성자와 함께 원자핵 안에 머물게 한다. 그러나 강한 핵력은 원자핵 속에 들어 있는 소립자들의 내부와 그 사이라는 극도로 짧은 거리에서만 위력을 발휘하는 힘이다. 원자핵이 자연 붕괴하게 하는 힘, 자연의 기본 힘 4중창단 가운데 가장 신경질적인 은둔자인 약한 핵력도 원자핵 안에서만 작용하는 힘이다.

물리학자들은 자연의 네 가지 기본 힘이 사실은 강력한 단 하나의 힘의 네 화신이며, 우리 우주가 뜨겁고, 꽉 차 있던 탄생 초기에는 네 힘이 한 몸으로서 행동했을 것이라는 의견을 내놓았다. 처음에는 하나였던 힘이 우주가 나이 들어 차갑게 식어가면서 퍼져나가는 동안 네 가지 성질로 나누어지게 됐다는 것이다. 과학자들은 지금은 여러 개로 갈라진 힘들에 숨어 있는 공통성을 찾아내 네 가지 힘을 하나의 방정식으로 묶고자 노력을 기울이고 있다. 이들의 이런 소망은 대통일장이론이라는 이름으로 알려져 있지만, 지금은 몸에 맞지 않는 옷처럼 네 힘들을 깔끔하게 담아내지 못하고 있다.

위대한 업적을 남기고 싶다는 과학자들의 바람이 실현되든 그렇지 않든 간에 우리가 네 가지 기본 힘이 지배하는 세계에 살고 있다는 사실은 변함없으며 물질들이 서로 대화를 나누는 방법이 네 가지라는 사실도 변함이 없다. 소립자들 사이에 어떤 협약이 맺어지건 간에 소립자들이 유기적 조직체를 구성할 때면 네 가지 힘 가운데 하나 이상의 힘이 작용한다. 공을 위로 던져보자. 공이 위로 올라가고 내려오게 만드는 힘은 중력이다. 그러나 처음에 공을 날아오르게 만든 힘은 무엇일까? 공을 던지는 투수인 당신은, 뉴턴 물리학의 언어로 표현해서, 수축된 근육의 힘을 정지되어 있는 물체에 작용해서 움직이게 한 것이다. 그렇다면 당신 손을 구성하는 소립자들의 의도를 공을 구성하는 소립자들에게 전달한 것은 네 가지 기본 힘 가운데 어떤 힘일까? 이 글을 읽는 당신이 아무리 힘이 강한 사람이라 할지라도 안됐지만 강한 핵력strong force은 아니다.

멋지게 하늘로 공을 날려 보내고, 승리를 움켜쥐는 힘의 근원을 찾으려면 원자의 구조와 영원히 지속되는 원자들의 사랑과 냉담, 한계 등을 다시 한 번 살펴봐야 한다.

이마에 음(−)의 기호를 새긴 전자는 양(+)의 기호를 새긴 양성자에게 홀딱 반해 그 근처에 머물고 싶어 한다. 그러나 전자는 또한 끊임없이 회전 운동을 하는 존재이다. 우리가 감사해야 할 것이 바로 전자의 이 왕성한 활동력이다. 반대 전하를 띤 입자들이 서로를 끌어당긴다는 것을 생각한다면, 전자와 양성자는 서로의 팔에 착 안겨야 할 것 같고, 핵 속에서 빛을 발하고 있는 아름다운 양성자에 매혹된 전자는 양성자가 있는 곳으로 갈 때까지 계속해서 멈추지 않고 양성자를 향해 나아갈 것 같다. 그래서 결국 원자는 전자와 양성자의 뜨거운 포옹으로 터져버려야 할 것만 같다. 그러나 그런 일은 벌어지지 않는다. 태양이 강한 중력으로 끌어당기고 있어도 화로 속으로 끌려가 녹아내리지 않고 언제나 자신의 궤도를 돌고 있는 행성들처럼, 커다란 양의 운동량 덕분에 전자는 원자핵과 일정한 거리를 유지하면서 끊임없이 그 둘레를 돌 수 있다. 전자들은 결코 숨을 고르기 위해 쉬는 법이 없다. 전자가 조금이라도 멈출 때가 있다면 전자가 지금 어디에 있는지, 얼마나 빠르게 움직이고 있는지, 혹은 멈추어 있는지 등을 알아낼 수 있을 테지만, 그렇지 않기 때문에 하이젠베르크가 전자의 위치와 속도를 동시에 알아낼 수는 없다는 불확정성의 원리를 이야기한 것이다. 전자의 속도는 전자가 얼마나 활성화되어 있느냐에, 다시 말해 얼마나 흥분해 있느냐에 따라 달라진다. 실험실에서라면 전자의 속도를 빛의 속도 가까이 빠르게 할 수 있지만 굳이 그렇게까지 하지 않아도 전자의 속도는 충분히 빠르다. 보통 전자는 약 초속 2,220킬로미터로 움직인다. 18초 만에 지구를 한 바퀴 돌 수 있는 속도다.

그러나 전자의 속도가 원자의 모습을 결정하는 유일한 요소는 아니다. 양성자와 전자가 빙글빙글 돌며 벌이는 연애는 전통적인 구혼 의식처럼 철저하게 의례적이고, 엄격한 감독 아래 이루어진다. 전자들에게는 자신들이 좋아하는 장소로 훨훨 날아갈 수 있는 자유가 없다. 그저 특정한 구역, 혹은 특정한 전자껍질 안에 머무른 채 자신들을 유혹하는 양성자 주위를 날아다녀야 한다. 상자 속에 또 다른 상자가 있듯이, 전자껍질 속에는 또 다른 전자껍질이 있으며 각 전자껍질마다 들어갈 수 있는 전자의 양은 결정되어 있다. 원자핵과 가장 가까이 있는 전자껍질은 단 두 개의 전자만이 들어갈 수 있으며 그 다음다음 전자껍질에는 전자가 8개까지 들어갈 수 있다. 이런 식으로 전자껍질이 늘어나면 전자의 개수가 18개가 넘기도 한다. 일단 전자껍질에 정원이 차면 대통령은 물론 대통령 할아버지가 와도 비집고 들어갈 틈이 없다. 동시에 두 계단 위에 있을 수 없는 것처럼 보통의 경우라면 전자도 자신이 속한 전자껍질을 벗어나 다른 전자껍질로 이동할 수 없다. 그런데 전자가 자신의 껍질을 벗어나 빈자리가 있는 전자껍질로 이동할 때가 있다. 원자가 빛을 받게 되면 내부에서 전자 몇 개가 활성화되는데, 이때 원자핵과 멀리 떨어져 있는 전자껍질에 빈 자리가 있으면 활성화된 전자가 그쪽으로 뛰어오를 수 있다. 그러나 모든 존재의 근간이 되는 기괴한 원자 내부 세계에서 '뛰어오른다'라는 말은 일상생활에서 쓰는 대로 눈으로 볼 수 있는 연속적인 동작을 의미하지 않는다. 전자가 뛰어오른다는 것은 '내 앞에서 갑자기 사라진 뒤 내 위에 있는 전자껍질에서 나타난다'라는 의미이다. 전자는 마치 마술사처럼 자신이 있던 전자껍질, 혹은 에너지 수준에서 다른 전자껍질로 뛰어오르는 '양자 도약quantum leap'을 한다. 전자는 두 선을 가르고 있는 장벽을 뚫고 가는 것이 아니라 그냥 사라졌다가 다시 나타난다. '양자 도약'이라는 용어는 이미 오래전에 대중적인 용어가 되었는데 보통은 '정말 큰 변화', '아주 거대한 도약'이라는 의미로 쓰인다. 그 때문에 어떤 사람들은 전자껍질 사이처럼 작은 영역에 쓸 단어가 아니라며 불평하지만 그것은 잘못된 생각이다. 거리를 떠나서 '양자 도약'은 마법처럼 일어나는 정말 극적이고도 경이로운 현상이다.

원자에 필요한 전자의 개수, 그에 따른 전자껍질의 개수는 양성자가 정한다. 공교롭게도 원자는 스위스처럼 되도록이면 중립을 지키려고 한다. 그 때문에 거대하고 거만한 양성자들이 전자와 균형을 이루려고 한다. 양성자가 79개인 금 원자는 자신이 좋아하는 중립을 유지하기 위해 79개의 전자를 필요로 한다. 그 결과 1센티미터의 1억분의 1밖에 안 되는 금 원자는 79개의 양성자와 118개의 중성자뿐 아니라 원자핵에서 아주 아주 먼 곳에 놀라운 여섯 개의 구름 껍질을, 79개나 되는 전자가 회전하고 있는 여섯 개의 확률 궤도를 가지고 있다.

그러나 원자 내부에서 여러 가지 입자들이 혼잡한 시장에서처럼 바쁘게 활동하고 있다고 해도 금 원자의 내부는 다른 모든 원자와 마찬가지로 텅 비어 있어 거의 아무것도 없다고 할 수 있다. 그렇다면 내 손가락에 있는 금반지 두 개—하나는 결혼반지이고 다른 하나는 딸을 낳았을 때 남편이 축하 선물로 사준 것이다—가 영원히 지속될 것 같은 안정감을 주는 이유는 무얼까? 반지를 구성하는 원자나 내 손가락을 구성하는 원자가 대부분 텅 빈 공간으로 되어 있다지만 반지가 손가락 사이를 스르르 빠져나가는 일은 없다. 어째서일까?

이번에도 답은 전하에, 이번에는 전자의 전하에 있다. 원자핵은 모두 음의 전하를 띤 전자구름에 둘러싸여 있기 때문에 원자들끼리는 반발력을 띠게 된다. 전자기력은 강한 핵력 다음으로 센 힘이기 때문에 전자의 반발력은 결코 무시할 수 없다. "전자 때문에 원자들은 모두 일정한 거리를 유지하게 됩니다." 샤카르의 말이다. "전자기력이 우리가 바닥을 통과해 우주로 떨어지지 않게 막아주는 힘이지요."

다음 장에서 살펴보겠지만 손가락이나 나무 조각을 구성하는 원자들이 단단하게 결합한 채 정해진 모양을 유지하고 있는 이유는 화학으로 설명할 수 있다. 아무튼 브라이언 그린은 이렇게 말했다. "당신의 손가락에 있는 원자들이 이 탁자나 의자와 어떤 식으로 반응하고 있는지 크게 확대해서 본다고 생각해보세요." 그 말을 하면서 그린은 탁자와 의자를 만지작거렸다. "가장 바깥쪽에 있는 전자들이 서로를 밀어내는 전자기력이 생길 겁니다. 무언가를 만지거나 부딪칠 때면 언제나 전자기력이 발생하죠."

브라이언 그린은 "우리의 감각을 지배하는 힘은 전자기력입니다"라고 말한다. 먼저 시각. 우리가 광파라고 부르는 전자기파의 한 종류는 우리 망막에 있는 원자들과 접촉함으로써 자신들의 정보를 전달한다. 그리고 청각. 공기를 이루는 원자들이 우리 귀의 이도耳道를 이루는 원자들을 누를 때 우리의 뇌는 끊임없이 흔들리며 서로 간섭하고 있는 전자를 해독해 지금 바흐의 소나타가 연주되고 있음을 알게 된다. 미각과 후각은 어떨까? 음식을 이루는 원자들이 우리 혀의 미뢰와 코의 후각 수용체에 있는 원자에 전자를 밀어 넣어야만 우리 뇌가 지금 훈제 치킨을 먹고 있구나 하는 사실을 파악할 수 있다.

우리의 몸, 발밑에 있는 마룻바닥, 얼룩이 묻은 의자, 이제 막 먹고 남은 음식들 같은 물질들의 압도적인 대부분을 이루고 있는 것은 양성자와 중성자이지만, 우리가 이 세상을 느끼고 받아들일 수 있게 해주는 것은 전체 원자 무게의 0.1퍼센트도 차지하지 않는, 안절부절 못하며 끊임없이 움직이는 전자이다. 달리 말하면 전자가 전자를 밀어내는 반발력이야말로 우리가 텅 빈 공간 속으로 빠지지 않게 해주는 주역이며, 양성자와 중성자가 아주 중요한 역할을 맡은 것처럼 한껏 으스대며 호강을 누릴 수 있게 해주는 주인공이다. 그러나 탁자 같은 사물을 볼 때 실제로 우리가 보고 있는 것은 원자핵에 들어 있는 제왕 입자들이 아니라 원자를 장식하고 있는 전자들이 가볍게 반동하고 있는 것임을 제왕 입자들은 과연 알고 있을까?

비록 중력이 우리를 땅에 붙어 있게 하고 지구가 태양을 돌면서 미끄러지게 해주지만, 반발하는 전자가 그 여행을 할 만한 것으로 만들어준다는 사실을 기억하자.

전기란 도대체 뭐야

앞 단락에서 전자의 반발력에 대한 찬사로 끝을 맺었으니 이번에는 전자의 이동성에 대한 불만으로 시작해보자. 조금 모순적이고 어딘지 잘못된 것 같지만, 전자의 이동성은 '정전기static electricity'의 원인이다. 물론 오래 지속될 불만은 아니다. 머리카락을 곤두서게 하거나 치마가 스타킹에 달라붙게 하는 경우가 아니라면, 나는 유용한 전기를 선사해주고 뇌세포와 근육에 활력을 주는 전자를 사랑하니까. 전자electron라는 단어는 나무 수액이 굳어서 생긴 보석인 '호박'을 의미하는 그리스어에서 왔으며, 이는 호박을 천으로 문지르면 전하를 띠게 된다는 사실을 그들이 알고 있었기 때문이다.

전자는 아주 작다. 전자도 질량이 있지만 그 양이 너무나 작기 때문에 질량이 없는 광자처럼 행동할 때도 있다. 더구나 우리가 알고 있는 바에 의하면 전자는 기본 입자이다. 더 이상 그보다 작은 입자로는 분해되지 않는다는 뜻이다. 과학자들은 원자핵에 충격을 가해 양성자와 중성자로 분리할 수 있으며 심지어는 그보다 더 작은 소립자인 쿼크로까지 분해할 수 있다. 그러나 전자는 고에너지 입자 가속기 안에 넣고 아무리 두드리고 내리치고 주문을 외워보아도 더 작은 입자로 나눌 수 없었다.

전자 내부의 순수성은 의심의 여지가 없지만 원자에 대한 충성도는 얘기가 다르다. 전자는 무엇보다도 양성자를 좋아하고 양의 전하를 띤 입자와 음의 전하를 띤 입자의 결속력은 무척이나 단단하지만 놀랍게도 전자가 아주 쉽게 원자를 벗어날 때가 있다. 바싹 마른 머리카락을 빗는 순간 머리카락을 이루는 원자들의 가장 바깥쪽 전자껍질에서 수백만 개가 넘는 전자들이 빗으로 이동한다. 외부에서 전자를 받은 빗은 (–) 전기를 띠게 된다. 이 빗을 종잇조각에 가까이 가져가면 종잇조각들은 잠깐 주저하다가 이내 공중으로 뛰어올라 빗에 달라붙을 것이다. 종잇조각의 공중 부양은 전자의 여행이 일으키는 현상 가운데 하나이다. 잠깐 주저하는 사이에 (–) 전기를 띤 빗은 종잇조각 표면에 있던 전자들 가운데 많은 수를 제자리에서 밀어내 그 종이의 반대쪽이나 종이 뭉치 끝으로 몰아낸다. 그 때문에 종이 표면에 있는 원자들은 갑자기 전자가 부족해진 상황에 처한다. 사라진 전자를 어떻게 보충할 것인가? 바로 위에 있는 전자로 넘쳐나는 빗의 전자를 받는 것보다 더 좋은 해결 방법이 있을까? 그렇다. 종이를 곤경에 빠트린 털 빗는 도구가 바로 그 해결책인 것이다. 이것은 혁신적인 기업가들의 생각과 닮았다. 기존 고객에 매달리기보다, 밖으로 나가 새로운 고객(전자)을 낚아채오는 것이다!

모자를 벗었을 때 머리카락에 일어나는 일은 빗과 종이 사이에 일어나는 작용과 반작용의 조금 다른 예이다. 모직물로 만든 모자를 벗을 때 어째서 머리카락 몇 가닥이 피부에 달라붙는 것일까? 모자를 벗을 때는 모자가 머리카락 바깥층에 있는 원자의 전자를 가져가버리기 때문에 머리카락은 전자가 모자란 (+) 전기를 띠게 된다. (–) 전기가 (–) 전기를 밀어내듯이 (+) 전기도 (+) 전기를 밀어내기 때문에 머리카락들은 가능한 서로를 먼 곳으로 밀어내려 한다. 그와 동시에 두피나 얼굴 가까이 있던 (+) 전기를 띠게 된 머리카락들은 피부에 있는 전자들에게 비정상적으로 이끌리기 때문에 전자가 피부에서 머리카락으로 이동할 수 있게 될 만큼 가까이 다가가게 된다.

전하를 띠게 된 원자들은 비어버린 전자를 다시 채우거나 과도하게 남아도는 전자를 버림으로써 중립국 스위스처럼 평온한 상태로 돌아가고 싫어 한다. 그러니 당연히 자기 상태에 불만을 품고 있는 입자를 만나면 재빨리 전자를 건네받거나 건네준다. 어떤 물질들은 가장 작은 운반자인 전자를 수용하는 능력이 월등하게 뛰어나 전자의 균형이 깨진 다른 물질의 상태를 빠르게 회복시켜준다. 문 손잡이의 금속은 전자들이 모여드는 집합지라고 할 수 있다. 금속 원자는 자기들끼리 모여 분자를 이룰 때 가장 바깥쪽 껍질에 있는 전자들의 결합 상태가 느슨해져 마음대로 원자들 사이를 이동할 수 있다. 이웃 원자들끼리 전자를 공유하면 원자들 간의 결합이 단단해지며, 때문에 역사적으로 중요한 도구나 전쟁 무기를 만드는 데 금속을 이용해왔다. 금속 원자의 전자들이 끊임없이 움직인다는 것은 (+) 전기를 찾아다니는 전자들이 쏟아져 들어갈 구멍이 언제나 있다는 뜻이다. 다시 말해서 금속은 전자가 그 안에서 활발하게 돌아다닐 수 있는 뛰어난 전도체이다.

반면 건조한 공기는 전자의 이동을 지독하게 막는다. 겨울철에 옷이 달라붙거나 악수를 할 때 정전기가 발생하는 이유는 가열된 방 안이 아주 건조해졌기 때문이다. 그래서 카펫 위를 걷거나 외투를 벗을 때 몸속에 축적된 전하를 띤 입자들은 다른 곳으로 이동하지 못하고 계속해서 몸속에 머물게 된다. 몸속에 쌓인 이 입자들은 입고 있는 옷들을 몸 가까이 끌어당기거나 자신에게 손을 내밀어준 사람에게 옮겨가버린다. 금속 반지를 낀 손이라면 더욱더 맹렬하게 옮겨간다. 상대방이 깜짝 놀라는 순간 1조 개가 넘는 전자가 새로운 안식처를 찾아 떠남으로써 전자 기증자는 대부분의 사람들이 그렇듯이 중성에 가까운 상태로 되돌아간다.

무더운 여름철에 정전기가 잘 발생하지 않는 이유는 한쪽 끝에 약한 (+) 전하를 띠고 있는 수증기 분자가 발이나 카펫에 쌓인 과도한 전자를 가져가버리기 때문이다. 덕분에 금속 손잡이가 달린 문에 다가가기 전에 우리 몸은 중성에 가까운 상태로 돌아간다.

그러나 바깥세상의 사정은 또 다르다. 무시무시한 여름철 폭풍우가 몰아닥칠 때 내리치는 갈지자 번개는 자연이 서로 떨어져 있는 거대한 공기 덩어리들 사이와 거친 대기와 둔감한 대지 사이에 존재하는 막대한 전하의 불균형을 단숨에 해소하는 현상이다. 전하의 불균형은 하늘에 퍼져 있는 수십억 개의 물방울들이 서로 만나고 부딪혀 전하를 띠게 되면서 발생하며, 대기와 대지는 서로 전하를 교환하게 된다. 간단히 말하면, 번개는 금속 손잡이를 잡을 때 발생하는 방전 현상이 하늘에서 대규모로 발생하는 것이다. 원한다면 '거대한 정전기'라고 불러도 된다.

그러나 함부로 '전기electricity'라는 말을 사용하는 것은 위험할 수 있다. '힘force'이나 '전하charge'라는 말처럼, 전기 역시 사람들마다 다른 뜻으로 쓰며, 한 사람이 쓸 때도 다른 느낌 다른 의미를 지닐 때가 많다. 과학자나 기술자들 중에는 '전기'라는 용어가 계속해서 부주의하게 사용되는 것을 보면 **퓨즈가 끊어져버릴 정도로** 화가 난다는 사람도 있으니까 조심해서 사용하자. 전자기학과 전자기학에 관한 수많은 미신과 오해를 명확하게 설명해주는 인기 웹사이트를 운영하고 있는 전기 공학자 윌리엄 J. 비티는 전기라는 말은 전기에너지, 전류, 전하, 전기요금 고지서 같은 전혀 다른 것들을 하나로 뭉뚱그려 사용하는 잡동사니 같은 말이라고 불만을 터트린다. 비티는 전기의 의미를 좀더 명확하게 하기 위해서는 우리 모두가 '**사실 전기는 존재하지 않아요!**'라고 외치는 편이 좋을 수도 있다고 주장한다.

비티의 주장은 두 가지 면에서 설득력을 지닌다. 첫째는 전기는 여러 가지 의미를 지니고 있는 말 중에서도 상당히 애매모호한 축에 속한다는 것이다. '힘force'이나 '전하charge'라는 용어는 일상적인 의미 외에도 분명한 과학적인 의미를 담고 있지만 전기electricity는 그렇지 않다. 파충류학자들이 자신들의 사전에서는 낡고 부정확한 용어라며 벌써 몇 년 전에 삭제한 파충류reptile(오늘날 정확한 학술용어로는 파충강Sauropsida으로 분류한다—옮긴이)라는 단어를 일반 대중들에게는 설명할 때는 그대로 사용하고 있는 것처럼, 과학자들 사이에서 전기라는 용어는 그저 쉽게 설명하는 말로 남아 있을 뿐이다.

두 번째 이유는 대부분의 사람들에게 전기라고 부르는 것은 사실 **존재하지 않아야**만 그 존재 여부를 깨달을 수 있기 때문이다. 사람들이 책상에 앉아 컴퓨터로 미친 듯이, 그러니까 작업을 저장할 만한 여유도 없이 미친 듯이 일하고 있다가 갑자기 정전이 일어났을 때라야 "이런 전기가 대체 어떻게 된 거야?!" 하고 그 존재를 느낀다. 대부분의 사람들에게 전기란 벽에 설치한 콘센트나 알카라인 건전지에서 끊임없이 나와 불을 밝히고, 방을 따뜻하게 하고, 음식물을 차갑게 유지하고, 옷을 빨고, 작은 전자시계를 가게 하는 등 적어도 74가지가 넘는 가전용품을 움직이게 하는 보이지 않는 힘이다. 또 전기는 아장아장 걷는 아기가 젓가락을 콘센트에 꽂지 못하게 해야 하는 이유이기도 하다. 과학자들의 말처럼 '전기'라는 용어가 옳지 않다면 도대체 어떤 용어를 써야 하는 걸까? 오랫동안 잘못 불러온 이것을 어떻게 부르면 더 타당할까?

그러나 전기라는 용어를 퇴치해야 한다는 비티의 주장에 의문을 제기하는 과학자들도 많다. 그런 과학자들이 주장하듯이 전기의 특성과 전기의 기능을 살펴보는 일은 동시에 여러 가지 물리학의 기본 원리를 살펴볼 수 있는 멋진 기회의 장이 될 것이다. 분명히 '전기'라는 용어는 별난 구석이 있으며, 잡다한 물리적인 현상에 사용되다보니 종종 말하는 사람조차도 혼동해서 쓰는 경우가 있지만, 현상들을 하나하나 택해 찬찬히 숙고한다면 전기가 일으키는 현상으로 가득 찬 이 세상을 좀더 잘 이해할 수 있을 것이다.

쉼 없이 움직이는 전자

그렇지만 다양한 분야에 종사하고 있는 전기 전문가들은 오랫동안 자신들이 어찌해볼 도리가 없는 갑작스러운 스파크나 벼락을 자신들이 통제할 수 있다고 믿는 전류와 구별해왔다. 전류는 정전기와 마찬가지로 전하를 띤 입자의 여행 때문에 생기지만, 입자의 흐름인 전류는 어떤 목표를 향해 쉬지 않고 흐르며 우리가 돈을 내고 사용해야 한다. 반면 정전기는 일시적이고 조작할 수 없으며, 공짜이긴 하지만 탐탁지 않으며 거절조차 할 수 없다.

수세기 동안 수많은 과학자들이 인간의 삶을 보다 나은 방향으로 개선하기 위해 전기를 이해하고 길들이려는 노력을 해왔다. 오늘날 이들의 이름은 물리학을 공부하는 학생들이 시험 전날 머리에 쥐가 나도록 외워야 하는 국제 표준 기호의 명칭이 되어 불후의 명성을 남기고 있다. 화학전지를 만든 이탈리아의 물리학자 알레산드로 볼타Alessandro Volta 백작(전압의 단위인 볼트V), 열이 에너지의 한 형태라는 사실을 알려준 영국의 물리학자 제임스 프레스코트 줄James Prescott Joule(에너지의 단위인 줄J), 자석과 전기의 척력 연구의 선구자인 프랑스 물리학자 샤를 오귀스탱 드

쿨롱Charles Augustin de Coulomb(전하량의 단위인 쿨롱C), 아주 좋은 증기기관을 고안하고 특허를 획득한 영국의 공학자이자 발명가인 제임스 와트James Watt(전력의 단위인 와트W), 자기력과 전류의 관계를 밝힌 프랑스의 수학자이자 물리학자인 앙드레 마리 앙페르Andre Marie Ampere(전류의 단위인 암페어A), 신경과 근육을 수축시키는 힘이 전류라는 사실을 알아냈으며 'galvanize'(근육을 전기로 자극하다, 활기를 띠게 하다 등의 의미)라는 동사의 어원이 된 루이지 갈바니Luigi Galvani, 전류가 흐를 때 생기는 전류와 전압과 저항의 관계를 밝힌 독일 물리학자 게오르크 지몬 옴Georg Simon Ohm(전기 저항의 단위인 옴Ω) 등이 바로 그런 사람들이다.

단위의 뜻이나 이름의 기원을 정확하게 기억하고 있을 필요는 없지만, 아무튼 우리가 전기제품을 놓고 몇 와트니 몇 볼트니 이야기하는 단위들은 이 과학자들의 이름에서 유래했다. 그중 독일인 옴의 이름에서 유래한 전기 저항 옴에서부터 전기 코드를 따라 흘러가는, 그리고 우리들 몸에서도 흐른다고 하는 전기에 대해 이야기해보자.

저항은 물리학의 관점에서 폭넓게 보면, 마찰력처럼 물체가 움직이려는 방향과 반대 방향으로 작용해 물체의 속도를 늦추는 일종의 힘이라고 할 수 있다. 전류의 관점에서 본 저항은 가전제품으로 유입된 전자의 흐름을 방해하는 물질의 양이 얼마나 있는가를 나타내는 척도이다. 저항이 크면 옴의 수치는 높아지고 전자의 흐름은 느려진다. 앞에서 언급했던 건조한 공기는 전자의 흐름을 방해하는 저항이 아주 높다. 반대로 금속은 전기 저항이 작아 전자가 쉽게 이동할 수 있다. 금속 중에는 전자껍질 사이의 간격이 아주 넓어 다른 금속보다 훨씬 자유롭게 전자가 이동할 수 있는 것들도 있다. 예를 들어 구리나 텅스텐 같은 금속은 가장 바깥쪽에 있는 전자껍질만큼이나 다른 껍질들도 텅 빈 넓은 공간을 가지고 있기 때문에 다른 금속들보다 전자의 흐름이 자유롭다. 그래서 구리는 전선의 주재료로 쓰이고 구리보다 구하기 힘든 텅스텐은 전구에 들어가는 가느다란 필라멘트의 재료로 쓰인다.

누구나 통제되지 않은 전자가 자기 집을 휘젓고 다니는 걸 원치 않을 것이다. 피복이 벗겨진 전선을 잘못 만지기라도 하면 전선을 타고 움직이던 전자들이 방향을 바꿔 전기 고문을 해주겠다며 덤벼들 것이다. 그래서 금속으로 만든 전선은 보통 고무나 플라스틱처럼 원자들이 여행을 떠나고 싶어 하는 전자들을 아무리 애를 써도 소원을 이룰 수 없도록 단단히 붙잡고 있는, 전기 저항이 큰 절연체로 싸여 있다. 전선 주위를 감싸고 있는 고무 같은 절연체가 그런 역할을 하듯이, 하늘을 나는 기구 표면에도 전자들이 쉽게 모여들지만 고무가 전자가 표면을 뚫고 확산되지 못하도록 막아준다.

그런데 과연 전자의 흐름 혹은 전류라고 하는 것은 정확히 무엇을 의미하는 걸까? 전류란 전하를 띤 입자가 전선 같은 일정한 통로를 따라 예정되어 있는 목표 지점으로 곧바로 이동하는 것을 말한다. 그러나 처음 출발한 전자들이 모두 목표지점까지 도달하는 것은 아니다. 아니 정확히 말하면 여행을 시작한 전자들 대부분이 목표 지점에 도달하지 못한다. 목적지에 도달하는 전자도 있긴 하지만 대부분은 가는 동안 원자와 부딪혀 원자핵 주위를 돌고 있는 전자를 밖으로 밀어내 앞으로 가게 만들고, 자신이 대신 빈 자리를 차지한다. 여기서 중요한 것은 밀치고 들어가건 밀려나건 수조 개에 달하는 전자들이 자극을 받은 흥분 상태로 어딘가를 향해 달려간다는 사실이다.

어떤 형태이건 전자는 끊임없이 움직인다. 원자핵 주위를 둘러싼 전자구름 속에서도 전자는 결코 멈추지 않는다. 사용되지 않는 구리선 조각 속 전자들도 끊임없이 흔들리고 있으며, 한 원자에서 다른 금속 원자로 넘어가고, 다른 전자를 감지하면 뒤로 물러난다. 그러나 이런 식의 평범한 움직임은 원자의 지령을 완수하기에는 부족함이 없지만 그보다 더 한 일들, 그러니까 전원을 켜거나 톱니바퀴를 돌리는 일을 하기에는 많이 부족하다. 전자들이 본업 이외의 일을 하려면 큰 자극을 받아야 한다. 무언가가 전자를 생기 있게 만들어야 한다. 그러려면 반드시 뭔가를 먹어야 한다.

세상을 움직이는 에너지

전자에는 질량이 있다. 너무나도 미미하긴 하지만 분명히 질량이 있다. 그러므로 전자도 물질의 한 형태이다. 전자는 이 우주를 구성하고 바삐 일하는 작은 파편들이다. 그러나 전자는 자발적으로 일하지 않는다. 왜냐하면 전자는 에너지가 아니기 때문에, 적어도 사용 가능한 에너지가 아니기 때문이다.

우리가 알고 있는 바로는 우리 우주는 물질과 에너지라는 두 가지 기본 요소로 되어 있다. 오직 이 두 가지만이 우주라는 절대 무의 세계를 어지럽히고 있다. 여기 저기 많은 공간이 텅 비어 있지만 우리는 물질과 에너지로 이루어져 있다. 물질과 에너지는 같은 행운을 주는 말발굽의 양끝이라는 아인슈타인의 말은 잘 알려졌으며, 물질은 과학 작가 티모시 페리스의 표현처럼 '얼어 있는 에너지'이다. 우리는 극소량의 물질에서 어마어마한 양의 에너지를 뽑아낼 수 있다. 히로시마와 나가사키를 완전히 초토화시킨 핵폭탄은 이를 참혹하게 입증해주었다. 우리의 태양이 빛나는 이유도 자신의 몸을 빛과 열이라는 순수한 에너지로 바꾸기 때문이다. 태양은 소량의 물질을 가지고도 엄청난 양의 방사선을 분출해낼 수 있기 때문에 50억 년 동안 밝게 빛날 수 있었고 앞으로도 50억 년 정도는 거뜬히 빛을 낼 수 있다.

그러나 우리들의 평범한 세상에서는 물질과 에너지도 자연의 네 가지 기본 힘처럼 정해진 운영 지침대로 행동하며 자신들의 특별한 재능을 자랑스러워한다. 물질은 이 세상을 이루고 있는 모든 것들을 책임진다. 지구도, 태양도, 당신도, 당신의 연인도 물질이 없으면 존재할 수 없다. 그러나 물질은 에너지가 없으면 아무것도 할 수 없다. 에너지는 공식적으로 '일을 할 수 있는 능력'이라고 정의한다. 에너지가 일을 하게 만든다고 해서 에너지를 이래라 저래라 간섭하는 부모나 교사처럼 여기기보다, 좀 더 낭만적으로 생각해보자. 에너지는 물질이 물질답게 행동할 수 있도록 자극을 주는 연인, 혹은 연인에 대한 생각이라고 말이다. 당신은 불을 켜고 싶다. 당신은 전자가 전기 회로를 따라 돌기를 바란다. 전자가 스스로 움직이는 경우는 없다. 전자에게는 반드시 자극이 필요하다. 그러기 위해서는 전기 회로 속에 들어 있는 전자를 자극해 당신의 명령을 완수할 수 있도록 맹렬하게 움직이게 해줄 에너지가 필요하다.

거대한 굴착기로 야생을 파괴하면서 채취하고, 기후변화를 일으켜 생태계를 어지럽히는 데다, 얼마 안 가서 고갈된다고 하는 화석에너지를 생각하면 머리가 지끈거리지만 여기서는 일단 그런 생각은 접어두자. 좀 더 긍정적인 방식의 에너지를 생각해보자. 체리를 한 그릇 가득 먹는다고 해보자. 체리는 복합 탄수화물체로서, 체리가 잘게 부서지면서 탄수화물 사슬이 풀리면 그 안에 있던 화학에너지가 나와 우리가 이용할 수 있게 된다. 우리들은 풍차를 만들어 공기의 움직임을 이용해 풍차의 날개를 돌려 전류의 흐름을 만들어낼 수도 있다. 요트를 타고 돛을 펼쳐서 바람의 힘을 이용해 우리들의 여가를 즐길 수도 있다. 그뿐인가! 사랑하는 사람과 함께 모닥불 앞에서 서로의 몸을 바싹 붙이고 있거나 차가운 몸을 녹일 때는 산에서 구해온 단단한 나무 도막이나 구겨 넣은 신문 뭉치 혹은 자신을 배신하고 떠나버린 옛 애인의 편지 등이 열에너지를 제공해준다. 아주 커다란 바퀴벌레를 발견했는데 신발로 내리치기에는 껄끄럽다면 바닥에 있는 벽돌을 들어 올려 '중력에너지'를 이용해 제거할 수도 있다.

지금까지 이야기한 모든 에너지, 그러니까 화학에너지, 물리에너지, 열에너지, 중력에너지들은 사실 크게 흔히 '위치(잠재)에너지potential energy'라고 불리는 저장된 에너지와 '운동에너지'라는 두 가지 범주로 나눌 수 있다. 체리의 위치에너지는 탄수화물을 만드는 화학결합 속에 들어 있다. 세포 속에 있는 신진대사 효소가 탄수화물의 화학결합을 끊어냄으로써 밖으로 튀어나온 위치에너지 중 일부는 운동에너지로 전환되어 시장에서 체리를 사는 당신에게 힘을 실어준다. 산꼭대기에 얼어 있는 호수는 위치에너지의 보고이다. 봄이 되어 호수의 물이 녹아 아래로 흘러내리기 시작하는 순간 위치에너지는 눈에 보이는 운동에너지로 전환된다. 난로에 불을 지필 때도 장작의 위치에너지가 넘실거리는 불꽃의 운동에너지로 전환된다. 당신이 벽돌을 들어 올리는 순간 벽돌은 위치에너지를 갖게 된다. 벽돌을 떨어뜨리면 벽돌의 위치에너지는 불행한 바퀴벌레의 반질반질한 적갈색 껍질을 내리치는 강력한 운동에너지로 전환된다.

우리가 전기에너지라고 부르는 에너지도 사실은 위치에너지와 운동에너지가 변장하고 있는 것이다. 우리의 원자 세계를 구성하고 있는 기본물질인 전자와 양성자는 언제나 서로에게 끌린다. 이 둘을 억지로 갈라놓으면 전자기력은 이 불균형을 바로잡기 위해 두 입자를 닦달하기 시작한다. 양성자 쪽으로 움직여! 이 구멍을 채워! 이봐 중성자, 넌 대체 뭐하는 놈이야! 전자기력은 또한 같은 종류의 전하를 띤 입자들은 일정한 거리를 두게 만든다. 전하의 종류가 같은 입자를 비정상적으로 가까이 붙여놓으면 두 입자는 왠지 구속받고 있다는 갑갑함을 느끼며 서로에게서 멀어지려고 애쓴다. 현대인들이 의지하고 있는 전기력은 수많은 소립자들의 충동 때문에 생겨난다. 건전지의 한쪽 끝에서는 전자가 과도하게 생기는 화학 반응이 일어나고 다른 쪽 끝에서는 양의 전하를 띤 원자, 즉 이온이 과도하게 만들어지는 화학 반응이 일어난다. 그렇게 만들어진 반대 전하들이 한데 섞이도록 기회를 줌으로써 어둠을 밝히는 막대한 양의 에너지를 생산해낼 수 있다.

그러나 카펫에서 몸속으로 과도하게 흘러들어온 전자가 양의 전하가 있는 문손잡이로 가기 위해서는 손가락이라는 다리가 필요하듯이, 전류가 흐르려면 전자가 갈 수 있는 통로, 즉 회로나 전도체가 필요하다. 건전지의 경우는 건전지의 양극을 연결하는 금속선이 다리 역할을 해준다. 한쪽 끝에 과도하게 생긴 전자는 저 건너편에서 양의 전하인 이온이 자신들을 끌어당기고 있음을 느끼며 또한 같은 전하를 가진 전자들은 서로를 경멸하며 밀어내기 시작한다. 전자들은 원자에 부딪치기도 하고 가장 바깥쪽에 있는 전자들을 밀어내기도 하면서 마치 도미노 조각들이 줄줄이 쓰러지듯이 원자들을 밀치고 미친 듯이 앞으로 나가기 시작한다. 건전지 속의 화학물질이 지니고 있는 위치에너지는 이온이나 전자의 운동에너지로 바뀌어 모터를 돌리거나 백열전구의 필라멘트를 가열해 빛을 발하게 할 수 있다.

벽에 걸린 콘센트에서 흘러나오는 전류도 발전소에서 떠난 전하를 띤 입자들이 잘 닦인 통로를 따라 서로 밀고 밀치며 이동하기 때문에 발생하는 현상이다. 전류를 만들기 위한 첫 단계로 일단 양의 전하와 음의 전하를 분리하는 작업은 쉽지 않다. 전자를 양성자와 떼어 놓으려면 일을 해야 하고 일을 하기 위해서는 에너지가 필요하다. 과일 나무가 꽃을 피우기 위해서는 많은 양의 태양복사에너지가 필요한 것처럼 발전소에서 유용한 전기를 만들어내려면 에너지원이 필요하다. 미국 발전소는 대부분 석탄을 태워서, 화석이 된 고대의 숲에 저장된 막대한 양의 위치에너지를 임무를 달성하기 위해 맹렬하게 달려가는 전하를 띤 입자들의 운동에너지로 바꾼다. 석탄을 전기에너지로 전환시킬 수 있는 방법 하나는 전하를 띤 또 하나의 힘인 자기력을 이용하는 것이다.

1세기도 전에 마이클 패러데이와 제임스 클러크 맥스웰이 지적한 것처럼 전기력과 자기력은 서로 친밀하며 수학적으로 깊은 관계를 맺고 있다. 패러데이와 맥스웰은 자연의 기본 힘들을 하나로 묶으려는 시도를 제일 먼저 시작한 뛰어난 선구자들이었으며, 이들이 시작한 이 사업에는 현재 수천 명이 넘는 이론물리학자들이 뛰어들고 있다. 패러데이는 그 업적을 인정받아 한 가지도 아닌 두 가지 표준 측정 단위에 이름을 남겼다. 정전용량의 단위인 패럿과 전기 분해에 쓰이는 전기량의 단위인 패러데이가 그것이다. 맥스웰로 말하자면, 우리가 사용하는 전자기(학)라는 단어 자체가 그가 만들어낸 용어이다. 우리는 이 단어를 사용할 때마다 그에게 경의를 표하게 된다.

그렇다면 자석은 도대체 무엇이며, 냉장고 문에 덕지덕지 붙게 되는 이유가 무엇일까? 전기력과 자기력은 어떤 관계가 있는 것일까? 두 힘 모두 영역을 만드는 데 일가견이 있다. 두 힘 모두 자신만의 영토를 만든다. 자기력은 자기장을, 전기력은 전기장을 만든다. 전기장은 자기력의 행동에, 자기장은 전기력의 행동에 영향을 미친다. '장場, field'이라는 것은 달리 말하면, 멀리까지 힘을 미칠 수 있는 범위를 의미한다. 지구에는 중력장이 있다. 다른 물체를 자신에게 끌어당기는 힘이 미치는 영역인 중력장은 땅을 박차고 날아올라갈수록 약해진다. 마찬가지로 전하를 띤 전자나 양성자의 주위에는 전기장이 둘러싸여 있어서, 그 안에 있는 전하를 띤 입자를 끌어당기거나 밀어낸다. 중력장과 마찬가지로 전하를 띤 입자가 만드는 전기장은 그 입자에서 멀어질수록 약해진다. 또한 막대자석을 한두 번쯤 가지고 놀아본 적이 있는 사람이라면 자석을 둘러싼 채 다른 자석을 밀어내거나 달라붙게 하는 눈에 보이지 않는 힘이 존재한다는 사실을 알 것이다. 도대체 이 힘은 왜 생기는 걸까?

자석의 신비한 힘은 자석을 이루는 원자의 전자들이 같은 방향으로 회전을 하고 있기 때문에 생긴다. 모든 전자는 원자 주위를 도는 동시에 축을 중심으로 회전을 한다. 물론 양자적 단위의 회전은 디스코 볼이나 행성이 회전하는 것과는 사뭇 다르다. 무엇보다도 다른 점은 회전을 시작한 전자가 처음 상태로 되돌아오려면 두 번에 걸친 완벽한 회전을 해야 한다는 것이다. 어쨌든 원자핵을 둘러싸고 있는 전자들은 저마다 활발하게 회전하고 있으며 전자의 회전 때문에 그 주위에는 작은 자기장이 생긴다. 그러나 원자 내부에서 회전하고 있는 전자의 회전 방향이 모두 제각각이기 때문에 원자 전체로 보면 전자가 서로가 서로의 자기장을 상쇄시켜 밖에서 감지할 만한 자기장은 생기지 않는다. 그러나 철이나 코발트, 니켈 같은 일부 금속 원자는 원자를 구성하는 전자들의 회전 방향이 일시적으로 같아지거나 언제나 같은 경우가 있어 각각의 자기장들이 모두 합쳐져 밖에서 감지할 수 있는 커다란 자기장을 형성하기도 한다. 그렇게 되면 바로 그것이 자기장을 만들고, 금속을 끌어당기며, 전기에 민감하게 반응하는 자석이 된다.

전선에 전류를 흐르게 할 때 전자가 어느 방향으로 이동하느냐에 따라 전류는 자석의 자기력을 없앨 수도 있고, 자성이 사라진 자석의 자기력을 되살릴 수도 있고 자성이 없는 금속이 일시적으로 자성을 띠게 할 수도 있다. 전류를 따라 흐르는 전자는 자석이나 자성을 띤 물체의 원자 배열 상태에 영향을 미친다. 어떤 경우에는 전자들이 모두 비슷한 방향으로 회전하게 만들어 자성을 띠게 만들기도 하고 어떨 때는 같은 방향으로 회전하던 전자의 회전 방향을 마구잡이로 뒤섞어놓아 자성을 잃게 만들기도 한다.

역으로 자석의 회전은 전류가 전선을 따라 세차게 흐르도록 만들 수 있다. 구리선 주위에 자석을 두르고 구리선을 빠르게 회전시키면 자석의 자기장이 구리선의 전자에 영향을 미쳐 구리선의 전자가 껍질에서 껍질로, 원자에서 원자로 이동해간다. 이때 구리선의 한쪽 끝에 양의 전하를 띤 물체를 가져다놓으면 구리선의 전자들은 그쪽을 향해 미친 듯이 달려간다. 이런 성질을 이용해 발전소에서는 보통 거대한 자석 속에 거대한 구리 코일을 넣고 석탄 연료로 움직이는 터빈 엔진을 엄청난 속도로 돌려 전류를 생산한다. 구리 코일 안에서 엄청난 에너지를 얻게 된 전자들은 도미노 물결을 타듯이 고압 송전선망을 타고 흘러나와 일부는 땅속으로 들어가고 나머지는 고속도로 위에 허수아비처럼 늘어서 있는 고압 전신주 속으로 들어간다.

집에 있는 컴퓨터의 전원을 누르는 순간 집 바깥쪽에 있는 전선을 타고 행복하게 제 갈 길을 가고 있던 전자들이 갑자기 집으로 통하는 전선을 향해 일렬로 들어오면서 컴퓨터 전선의 전자들을 깨운다. 컴퓨터 전선 안으로 들어간 운동에너지는 컴퓨터 하드드라이브의 작은 모터를 돌리는 등의 임무를 맡게 된다. 또한 컴퓨터 안으로 들어간 운동에너지는 컴퓨터 배터리의 물질들을 양의 전하와 음의 전하를 띤 물질들로 다시 분리해낼 수도 있다. 이 작업을 우리는 배터리를 충전한다고 표현한다. 운동에너지는 서로 꽉 껴안고 있는 양전하와 음전하를 갈라놓아서 다시 결합하고자 하는 강한 열망을 불러일으킨다. 배터리 속에 충분한 양의 위치에너지를 마음대로 저장해놓으면 하늘에서 거대한 정전기가 전신주를 강타한다고 해도 좌절하지 않아도 된다. 전등불은 잠깐 나갈지 모르지만 배터리를 연결해놓은 컴퓨터는 계속 빛나며, 덕분에 우리는 어둠 속에서도 작업을 계속할 수 있다.

천의 얼굴을 한 빛

전류가 흐르려면 입자들을 교환할 통로, 전하의 흐름을 더욱 가속시켜줄 길, 운동에너지의 물결을 앞으로 나아가게 할 매개체인 전기 회로가 필요하다. 그러나 전자기에너지 즉, 전자기 방사선은 한 곳에서 다른 곳으로 이어줄 매개체가 필요 없다. 전자기에너지의 물결은 진공 속에서도 잘 다닌다. 우리 인류에게 이 같은 사실은 정말 행운이다. 그렇지 않았다면 추위와 배고픔 속에서 결코 오지 않을 햇빛을 기다리다가 죽고 말았을 테니까. '전자기'라는 용어는 전자제품이나 자석, 전등 같은 아주 다양한 개념들을 내포하고 있기 때문에 비할 데 없이 밝은 빛이 전자기 방사선의 아름다운 한 모습이라는 사실은 간과되기 쉽다.

우리 인류가 의존하는 에너지는 거의 대부분 어마어마한 양의 강렬한 전자기파를 분출하는 태양으로부터 온다. 우리는 석탄을 태워서 겨울밤 우리 집 불을 밝히고 히터를 켜줄 전기를 만들고, 사우디아라비아 사막 밑에 있는 두툼한 지각에서 기름을 뽑아 올려 우리의 자동차를 달리게 한다. 이런 '화석 연료'들은 태양빛을 가득 머금고 있던 고대 식물들이 3억 년이라는 긴 세월 동안 깊은 땅속에 묻혀 농축돼온 고밀도의 에너지 캔디라고 할 수 있다. 식물은 태양복사에너지를 사용할 수 있는 형태로 바꾸는 분자 도구를 갖추고 있다. 식물은 다른 생명체들의 양식이 되어준다. 오늘날 체리를 먹는 생명체들에게는 패스트푸드가, 미래에 화석 연료를 사용할 생명체들에게는 슬로푸드가 되어준다. 어찌되었건 간에 이 시대의 진정한 영웅, 모든 이야기의 작가, 자연의 주방장은 바로 태양이다. MIT의 다니엘 노세라는 "신선한 녹색 채소를 먹을 때마다 태양에너지의 광자를 먹는 것"이라고 말했다. "그러니까, 태양빛을 베어 먹는 거지요."

사람들은 태양빛이라면 우리를 보게 해주는 빛, 우리의 망막에 비치는 그런 빛으로만 생각한다. 다시 말해서 사람들이 생각하는 태양빛은 전자기파 스펙트럼의 극히 일부분인 가시광선에 국한되어 있다. 그러나 사실 우리가 인지할 수 있는 가시광선은 태양이 내뿜는 전체 전자기파 중에서 극히 일부에 불과하며 대부분의 전자기파는 우리가 볼 수 없는 아주 '어두운' 광선이다. 태양이 발산하는 복사에너지를 천억 가지 아이스크림을 맛볼 수 있는 베스킨 라빈스 천억 아이스크림 가게로 비유해보자면 인류는 그중에서 겨우 다섯 개만 맛보고 있는 셈이다. 물론 보이지 않는 복사에너지 중에서도 인류가 느낄 수 있는 영역은 또 있다. 피부를 따뜻하게 만드는 적외선, 피부에 주름을 만드는 자외선 등은 보이지 않아도 느낄 수 있다. 그러나 우리들 곁에서 노니고 있는 전자기파는 그 외에도 훨씬 종류가 많다. 위스콘신 대학교의 로버트 마티유는 모든 사람들이 다음과 같은 수수께끼에 답할 수 있기를 바란다. "전파(라디오파), 마이크로파, 적외선, 가시광선, 자외선, X선, 감마선의 공통점은 무엇일까요?" 그는 짐짓 과장된 말투로 물어본다. "정답은 모두 빛이라는 겁니다."

그렇다. 모두 빛이다. 그것들은 모두 전자기파이다. 정말로? 사실 전자기파는 전기장과 자기장이 직각으로 교차하면서 함께 이동하고 있는 한 쌍의 커다란 장이다. 상상하기 힘들겠지만 이렇게 한번 생각해보자. 전자는 전하를 띤 다른 입자들에 영향을 미치는 전기장에 싸여 있다. 금속 전도체를 따라 전자들을 빠르게 흐르게 하면, 급하게 움직이는 전기장 때문에 자전거 핸들을 잡은 손가락 방향으로, 전도체를 감싸는 자기장이 형성된다. 이렇게 만들어진 자기장은 또 다른 전기장을 만들고 이 전기장은 또 다른 자기장을 만든다. 끊임없이 이어지는 반복, 재반복을 통해 전기장과 자기장은 계속해서 실타래를 풀어가듯 새로운 전기장 혹은 자기장을 만들어나간다. 새로 만들어진 전기장이나 자기장이 기존에 있던 전기장이나 자기장과 만나면 파고와 파골의 크기와 형태에 따라 한데 합쳐져서 증폭되기도 하고 감소되기도 하고 상쇄되기도 한다. 새롭게 만들어지는 전기장과 자기장의 수가 아주, 아주 많아지면 마침내 이 파동들은 한데 모여 전자기 방사선이, 즉 빛이 되는 것이다. 전자는 정해진 노선을 벗어나지 못하지만 전자기장은 답답한 찻길을 마음껏 벗어나 공중으로 날아올라(사실 공기도 필요 없다) 빛의 전매특허인 우주 최고 속도 초속 30만 킬로미터로 움직일 수 있다.

전자기파는 어떤 것이든 빛의 속도로 움직일 수 있지만 저마다 독특한 특성이 있다. 다른 전자기장들과 어떤 식으로 반응하고 어떤 식으로 퍼져나가느냐에 따라 빛의 파동은 길고 부드러운 곡선을 그리며 나아가거나 짧고 날카로운 핀처럼 뾰족하게 나아갈 수도 있고 그 중간 정도의 형태를 취할 수도 있다. 내 마음에 딱 맞는 파동이 올 수도 있고 아주 짧은 것, 중간 것, 아주 큰 것이 올 수도 있다. 욕조에 들어 있는 물속에 손을 넣고 이리저리 흔들 때 나타나는 물결도 이와 같다. 급하게 아무렇게나 물을 마구 휘저으면 다양한 크기의 물결과 거품이 퍼져나간다. 그러나 사근사근히 박자에 맞추어 부드럽게 물을 움직이면 부드럽고 완만한 물결이 생긴다. 욕조를 막고 있는 벽만 아니라면 물 위에 떠 있는 고무 오리는 이 물결을 타고 시간과 공간 너머로 멀리 멀리 퍼져나갈 수 있을 것이다.

우리의 다재다능한 태양은 다양한 전자기장과 방사선 스펙트럼을 만든다. 그러나 항성계 전체로 봤을 때 태양은 중간 크기에 중간 나이의 별이고 전자기장을 만드는 재료인 중심핵의 압력도 당연히 중간 정도라서 태양빛이 내는 에너지도 중간 정도의 우아하고 아담한 파동의 형태로 우주를 헤쳐 나간다. 이런 파장들 중 우연히 전자기 스펙트럼의 가시광선 영역 안이나 그 근처에 놓이게 되는 것을 우리 인간들이 감지해내는 것이다. 물론 당연히 '우연'이 아니다. 우리의 눈은 주변의 빛에 가장 적합하도록 진화해왔으며, 태양은 우리 인간이 뻔뻔스럽게도 '가시광선'이라고 부르는 빛에 해당하는 파장을 아주 잘 방출하니까. 우리 인간은 이 전체 태양빛의 극히 좁은 영역에 불과한 가시광선만을 볼 수 있도록 진화해왔지만, 이 '볼 수 있는 광선'이라는 뜻의 용어는 심각하게 시야가 좁다. 동물들 중에는 우리가 볼 수 없는 영역이라고 생각하는 자외선이나 적외선, 혹은 전파를 볼 수 있는 동물들이 있다. 꿀벌은 자외선 영역을 볼 수 있다. 그렇기 때문에 수많은 꽃들이 자외선 띠를 이용해 꽃가루를 옮겨줄 꿀벌을 유혹한다. 독사는 적외선 영역을 볼 수 있어서, 먹잇감과 위협자로부터 오는 열선을 감지해낸다.

각기 다른 파장의 빛은 각기 다른 일을 한다. 아주 긴 라디오파(전파)는 공기 분자에 흡수되거나 공기 분자 때문에 산란되는 일 없이 이동할 수 있으며 가장 긴 것은 둥그런 지구를 쉽게 굽어져서 돌 수도 있다. 그렇기 때문에 전파는 멀리 떨어져 있는 라디오 방송국이나 텔레비전 방송국에서 우리 집이나 자동차에 있는 수신기로 혹은 몇몇 사람들이 틀림없다고 맹세하듯이 치아 속의 충전물을 향해 날아갈 수 있는 것이다.

전자기 스펙트럼에서 이름을 잘못 지은 것으로 둘째가라면 서러울 존재는 마이크로파이다. 마이크로파는 전혀 마이크로스럽지 않다. 마이크로파는 극초단파라는 자신의 이름과는 전혀 어울리지 않는다. 사실 마이크로파는 아주 길어서 파장의 길이가 1센티미터에서 길게는 1미터에 이른다. 마이크로파도 전파처럼 공기의 방해를 받지 않고 아주 먼 거리를 이동할 수 있다. 전파와 다른 점이라면 일정한 방향을 향해 곧바로 쏘아 올릴 수 있다는 것이다. 나팔형 안테나에서 다른 안테나로 곧바로 파장을 보낼 수 있기 때문에 상대적으로 보안성이 높고 비밀을 보장해준다. 레이더는 일정한 방향으로 쏘아 보낸 마이크로파가 단단한 물체에 부딪쳐 되돌아오는 성질을 이용해 아주 정확하게 물체의 위치를 알아내는 장치이다. 최고 성능을 자랑하는 레이더는 2킬로미터 밖에 있는 집파리를 정확하게 조준해서 쏠 수 있다. 물론 레이더가 쏜 마이크로파가 닿을 때까지 파리가 기다려줄 것인가가 문제이지만.

스펙트럼에서 이렇게 파장이 긴 파동과는 정반대되는 곳에 있는 단파 중에는 원자의 지름과 거의 비슷한 천만분의 1밀리미터 길이의 파장을 가진 X선이 있다. 매우 활동적인 X선은 우리 몸의 대부분을 그대로 통과하지만 뼈처럼 밀도가 높은 조직을 만나면 흡수되고 만다. 꽤 오래전부터 인류는 의학, 치의학, 생물학, 천문학에서 X선을 활용해오고 있으면서도 지금도 여전히 1892년에 X선을 발견한 빌헬름 뢴트겐Wilhelm Roentgen이 붙인 '미지의 광선'이라는 뜻의 X선이라는 명칭을 사용하고 있다. 그는 발견은 했지만 도무지 정체를 알 수 없어서 그렇게 불렀을 뿐이지만, X선이 전자기파라는 사실이 완전히 밝혀진 지금도 그렇게 부르고 있다.

X선을 지나쳐 가면 우리가 측정할 수 있는 가장 짧은 파장인 감마선의 영역에 도달한다. 감마선은 원자가 매는 나비넥타이보다도 짧지만 막대한 양의 에너지가 담긴 배낭을 메고 있다. 태양이 지구로 보내는 감마선의 에너지는 두툼한 지구 대기를 통과하는 동안 거의 다 흡수되고 마는데도 지표면에 도달한 약간의 감마선도 인류의 건강과 제반 시설에 큰

해를 미칠 수 있다. 지표면에서 10킬로미터 내지 12킬로미터 상공을 나는 대륙 간 장기 여객선을 자주 이용하는 사람은 많은 양의 감마선이 몸속에 쌓일 수도 있다. 또한 지구에서 2만 5천 광년 정도 떨어진 곳에 있는 별이 폭발해 초신성이 되면 막대한 양의 감마선이 지구로 불어와 지구 전체의 통신망을 교란시킬 수 있다. 휴대폰, 블로그, 이메일, 인터넷 게시판에 게재한 글 같은 모든 생활의 흔적들이 한 방에 날아가버리는 것이다.

내가 죽으면 내 원자들은 어디로 갈까

자연은 지독한 재활용가로 무엇 하나 그냥 버리는 법이 없다. 태양 아래 새것은 하나도 없다는 마음가짐으로 똥덩어리 하나, 쓰러진 나무 하나 그대로 내버려두지 않는다. 우주에서부터 소립자의 세계에 이르기까지 물리학의 모든 세계에서도, 이런 원칙은 반복해 울려 퍼진다. 보존하라. 이것은 그저 단순히 좋은 생각이 아니라 절대적인 법칙이다. 아이작 뉴턴은 몇 가지 보존 법칙을 발견했다. 무게가 2,200킬로그램인 4륜구동 SUV가 시속 50킬로미터의 속도로 화가 잔뜩 난 채 시속 40킬로미터로 뛰고 있는 5,400킬로그램짜리 코끼리를 들이받는다고 생각해보자. 운동량 보존의 법칙에 따르면, 코끼리의 이동 속도에 코끼리의 무게를 곱한 운동량은 SUV와 부딪치는 순간 어느 정도 상쇄되겠지만, SUV의 운동량은 코끼리의 운동량에 비해 무척 작기 때문에 운동량이 많이 남을 것이며, 결국 코끼리와 부딪치는 순간 SUV는 뒤쪽으로 날아가 가까이 있는 바오바브나무에 대롱대롱 매달리고 말 것이다.

전하도 보존 법칙을 따른다. 어디선가 양의 전하를 띤 입자가 생기면 어딘가에서는 반드시 음의 전하를 띤 입자가 생긴다. 빗으로 머리를 빗을 때도 마찬가지다. 머리카락 몇 가닥이 (+) 전기를 띠면서 서로를 밀어낼 때 빗은 많아진 전자 때문에 (−) 전기를 띠게 된다. 한 입자의 고유한 전하를 없애거나 중화시킬 수는 없다. 그렇기 때문에 과학자들은 우주가 전기적으로 균형을 유지하고 있다고 말한다. 다시 말해 전자는 모두 양성자 짝을 가지고 있다는 뜻이다(모든 양성자도 물론 전자 짝을 가지고 있다). 아무리 애를 써도 양이온을 만들지 않고서는 음이온을 만들어낼 수 없다.

물리학의 세계에서 가장 중요한 보존 법칙은—이 법칙은 과학자들이 끊임없이 일반인들이 알았으면 한다고 이야기하는 두 가지 보존 법칙 가운데 하나다—'열역학 제1법칙'이라고 알려져 있는 '에너지 보존 법칙'이다. 나는 열역학thermodynamics이라는 말을 사랑한다. 열도 운동의 하나임을 알려주는 그 어감과 그 의미가 내가 이 용어를 사랑하는 이유다. 열역학은 운동에너지와 위치에너지 그리고 열의 관계를 연구하는 학문이다. 에너지 보존 법칙의 가장 중요한 전제 조건은 닫힌(물질)계 속에서는 열을 비롯한 모든 에너지의 총량이 항상 보존된다는 것이다. 닫힌계에서는 에너지가 결코 새로 만들어지거나 복제되거나 다른 차원에서 유입되지 않는다. 에너지는 파괴되지도 수정되지도 조기 퇴직을 강요당하지도 않는다. 에너지는 오직 소유주가 바뀌거나 다른 형태로 변신할 뿐이다. 여기서 자세히 살펴봐야 할 것은 '닫힌계'라는 용어다. 일상생활을 하면서 경험하는 물질계는 대부분 열린계이다. 예를 들어 버너 위에 냄비를 올려놓고 물을 끓인다고 생각해보자. 우리들은 언제라도 물이 끓고 있는 물질계 속에 더 많은 에너지를 공급할 수 있다. 냄비를 계속 버너 위에 올려두고 끓이면 된다. 도시가스를 연소시킬 때 나오는 운동에너지는 꾸준히 물 분자로 전달되어 수증기로 변할 때까지 냄비에 담긴 물 분자의 움직임을 점점 빠르게 만들 것이다. 물 분자가 모조리 수증기로 변해 사라진 후에도 도시가스를 태워 얻은 에너지가 계속해서 냄비계에 전달되면 냄비를 구성하는 금속들이 산소와 결합해 금속을 이어주던 결합이 깨져버릴 테고 단단한 합성수지로 만든 손잡이는 녹아내릴 것이다. 끝까지 요리에 신경 쓰지 않는다면 우리는 다른 닫힌계를 열어야 할 것이다. 집 안의 모든 문을 열어서 냄비가 타면서 남겨놓은 악취를 내보내야 한다.

그런데 우리가 아무 의식 없이 접하는 물질계 중에는 닫힌계에 속한 경우가 꽤 있다. 예를 들어 놀이터의 미끄럼틀에서 놀고 있는 아이를 생각해보자. 아이가 미끄럼틀을 잡고 올라가는 동안 아이의 몸속에는 위치에너지가 쌓인다. 미끄럼틀 위로 완전히 올라간 아이가 내려올 준비를 하고 심호흡을 들이마신 다음 힘껏 밑으로 내려오는 순간 아이의 몸속에 저장되어 있던 위치에너지는 아이가 내려오는 미끄럼틀을 조금쯤 따뜻하게 달구는 열에너지와 함께 신나는 운동에너지로 전환된다. 운동에너지와 열에너지를 합친 전체 에너지의 양은 처음 미끄럼틀에 올라가 있을 때 가지고 있던 중력에너지와 같다.

태양과 지구는 고립된 에너지계의 가장 좋은 사례이다. 〈스타트랙〉에 나오는 것처럼 공간 이동이 가능해져 새로운 생명과 새로운 사우디아라비아를 찾아낸다면 상황은 달라지겠지만 당분간은 태양복사에너지와 태양의 화학적, 혼합적, 기후학적 자손인 석탄, 나무, 풍력 같은 에너지나 인류가 만들어낸 핵발전소, 아직은 공상 속 이야기일 뿐인 핵융합 등에서 만든 에너지로 만족해야 한다.

그런데 문제는 이 모든 물질계를 포함하고 있는 우주가 닫힌계라는 사실이다. 열역학 제1법칙은 우주 전역에 적용되는 법칙이다. 지금 우리 우주가 갖고 있는 것들이 앞으로도 변함없이 우리 우주가 갖고 있게 될 것들이다. 우리 우주의 에너지는 137억 년 전 빅뱅과 함께 생겨난 것으로, 최초의 에너지이자 최후의 에너지이며, 이 에너지가 우리의 유일한 희망이자 재산인 것이다. 예금도 환불도, 자연 발생도 안 된다. 오직 정해진 에너지를 계속해서 돌리고 돌리는 방법밖에 없다. 이것이 꼭 나쁜 규칙만은 아니며, 어떤 면에서는 영혼에 위안이 될 수도 있다. 어쨌든 우리 우주에는 천억 개의 은하에서 100억의 1조 개나 되는 별들을 빛나게 할 만큼 많은 에너지가 있으며, 보이지는 않지만 분명히 존재하는 암흑물질과 암흑에너지도 엄청난 양이 있으니까.

에너지 보존 법칙은 종교적이지 않은 사람들에게도 자신의 내세에 대해서 숭고한 위안을 안겨준다. 어둡고 외로운 밤에 자신의 죽음과 소멸에 생각이 미쳐 문득 두려움이 밀려온다면 에너지 보존 법칙을 떠올려보라. 에너지 보존 법칙은 사실상 영원에 대한 약속이다. 우주는 닫힌계이기 때문에 우주에 있는 전체 에너지는 보존된다. 더 만들어지지도 않지만, 사라지지도 않는다. 원자 속에 들어 있는 에너지, 원자들을 결합시키는 에너지는 없어지지도 사라지지도 소멸되지도 않는다. 우리를 구성하는 질량과 에너지는 다른 형태로 바뀔 수는 있지만 언제나 이 우주에 남아 빅뱅 이후 시작된 생명과 빛의 고리를 이어나갈 것이다. 영국의 물리학자 줄이 열역학 제1법칙에 대해 말한 것이 생각난다. "파괴되는 것도 없고 영원히 사라지는 것도 없이 많은 것들이 복잡하게 얽혀 있는 이 우주는 원활하고 조화롭게…… 가장 완벽한 균형을 유지한 채 움직이고 있다." 나는 딸이 어둠이 무섭다고 할 때마다 이 이야기를 해준다. 딸아이는 영원이라는 것을 소박하게 생각하는 모양이지만 아무튼 열역학의 기본 진리를 들을 때마다 약간의 위안을 느끼는 것 같다. 한 번은 딸아이가 어느 추운 날 아침에 학교에 가려다 말고 소파의 팔걸이에 걸터앉아 한가로이 털을 고르고 있는 고양이 매니를 부러운 눈길로 바라보며 말했다. "내가 죽으면 내 원자들이 고양이가 되면 좋겠어요."

쏟은 물은 다시 담을 수 없다

1차 세계대전The Wolrd war I이 그렇고 엘리자베스 1세Queen Elizabeth I나 펠리페 1세Felipe I가 그렇듯이 어떤 명칭의 뒤에 붙은 로마 숫자 I는 그 사람이나 사건 뒤로 같은 이름을 가진 동일한 직책의 인물이나 사건이 여럿 있겠구나 하는 사실을 알게 해준다. 물리학 법칙도 마찬가지다. 열역학 제1법칙이라는 이름은 열역학에 관한 법칙이 한 개가 아니구나 하는 사실을 알려준다. 사실 열역학 법칙은 모두 네 개이다. 그중 한 법칙은 제1법칙보다 나중에 나왔음에도 '열역학 제0법칙'이라는 재미있는 이름으로 불리고 있지만 열역학 법칙 중 가장 중요한 것은 확실히 제1법칙과 제2법칙이다. 이는 미국 수정헌법과 같다. 미국 수정헌법 제1조는 언론, 집회, 종교의 자유를 보장한다는 것이며 제2조는 개인이 총기를 소유할 권리를 보호한다는 것이다. 이 두 가지 말고 또 뭐가 필요한가?

공교롭게도 과학자들은 열역학 제2법칙을 집 벽을 뚫고 들어가 벽에 걸린 액자를 박살내고 평면 텔레비전을 폭파시키고 가구를 벌집으로 만드는 산탄총 같은 무기처럼 생각한다. 로버트 하젠과 제임스 트레필이 쓴 것처럼 열역학 제1법칙이 '영혼의 불멸성을 나타내는 자연의 법칙'이라 할 수 있는 '좋은 소식'이라면 열역학 제2법칙은 어째서 몸이 늙어갈 수밖에 없는지를 알려주는 '나쁜 소식'이라 하겠다. 열역학 제2법칙은 '험프티 덤프티 규칙'이라고 해야 할지도 모르겠다(험프티 덤프티는 서양 동요에 나오는 커다란 달걀 모양의 인물이다. "험프티 덤프티. 담 위에 앉아 있었네/험프티 덤프티 떨어져 와장창 부숴졌네/왕의 말들을 전부 모은대도,/왕의 신하들을 전부 모은대도,/깨진 험프티 덤프티 다시 돌려놓지는 못한다네"—옮긴이). 한때는 뽐내기 좋아하는 넥타이를 두른 커다란 알이었지만 한 번 떨어져 와장창 부서진 후에는 어떠한 왕의 신하가 찾아와도, 제 아무리 유능한 수술의가 노력해도, 아무리 뛰어난 접착제를 가져와도, 국립 안전수송협회 회원들이 죄다 몰려와도 험프티 덤프티를 다시 하나로 붙이는 일은 불가능하다. 열역학 제2법칙은 아무리 기를 쓰고 자신이 직접 치우거나 전문 청소업체를 불러와 집을 치워도 휴가철에 두 주일만 집을 비우면 먼지들이 집안 곳곳을 점령하는 이유를 설명해준다. 차가운 음료수도, 뜨거운 음료수도 어느 정도 시간이 흐르면 미적지근한 음료수가 되는 이유도 열역학 제2법칙으로 설명할 수 있다. 열역학 제2법칙은 아무리 철저하게 일정을 짜두고 보고서를 세 번 이상 검토해도 우리들의 생활은 어느 정도 혼란스럽고 꼬이게 마련이라는 사실을 말해주는 법칙이다. 이런 실수를 저지르는 것은 단지 인간의 잘못 때문이 아니다. 이는 신성한 법칙이다.

열역학 제2법칙 속에는 철학적 함축이 담겨 있으며, 눈치 채지 못하게 작은 글씨로 적혀 있는 조항이 있다. 열역학 제2법칙 속에는 어떤 물리

원리가 숨어 있을까? 열역학 제2법칙의 가장 기본적인 전제는 열은 자발적으로 온도가 낮은 곳에서 높은 곳으로 이동하는 법이 없다는 것이다. 아주 더운 날 아이스크림을 들고 있다고 생각해보자. 뜨거운 열을 못 견디고 아이스크림은 녹아내리기 시작할 것이다. 계속해서 그 아이스크림을 들고 있으면 점점 더 많이 녹아 밑으로 흘러내리면서 손을 타고 바닥으로 뚝뚝 떨어져 내릴 것이다. 이 아이스크림이 갑자기 마음을 바꾸어 다시 얼어버리는 일은 일어나지 않는다. 반대로 추운 겨울 날 밖에서 커피를 마신다고 생각해보자. 아주 좋은 보온병이 없다면 커피는 금세 차갑게 식어버릴 것이다. 차갑게 식어가는 커피는 주변에 있는 공기로부터 약간의 열이라도 빌려오거나 빼앗아올 생각을 하지 않는다. 우리 우주에서는 언제나 열이 뜨거운 곳에서 차가운 곳으로 흐른다. 어느 때라도 변함없이 뜨거운 여름날이면 아이스크림이 녹아내릴 테고 차가운 겨울철이면 뜨거운 커피는 차갑게 식어갈 것이다. 만약 반대 현상이 일어나는 광경을 본다면 정신과 상담을 받을 필요가 있다.

열의 이동을 분자 수준에서 생각해보면 그 이유를 알 수 있다. 온도가 높은 분자는 온도가 낮은 분자보다 더 빠르게 움직인다. 활발하게 움직이는 입자가 자신보다 큰 분자와 부딪치면 자신이 가지고 있던 에너지를 조금 넘겨주고 좀더 얌전한 입자로 바뀐다. 분자 운동이 활발한 여름철 공기 입자가 아이스크림 결정이라는 단단한 물질에 부딪치면 분자의 열을 받은 아이스크림 결정은 마구 흔들리면서 부서지기 시작한다. 반대로 아이스크림을 바로 옆에서 둘러싸고 있는 공기 입자들은 자신들의 열을 아이스크림에게 나누어주었기에 더 이상 아주 뜨거운 공기라고 하기 힘들어진다. 겨울철에 마시는 뜨거운 커피 속에서 빠른 속도로 움직이는 분자들은 자신들 위에 있는 차가운 공기 분자들에게 가지고 있던 열을 나누어준다. 커피의 열을 받은 공기 분자들은 활발하게 움직이며 위를 향해 올라가고 열을 건네준 표면의 커피 분자의 움직임은 느려진다. 어떠한 경우든 에너지가 뜨거운 곳에서 차가운 곳으로 흐르지 않으려면, 느려 터진 차가운 분자들이 빠르고 뜨거운 분자들의 강력한 공격을 꿈짝 않고 그대로 버티고 서야 한다.

뜨거운 곳에서 차가운 곳으로 열을 옮기는 자연의 취향은 점진적인 평준화와 균일화를 택하기 때문에 분산되는 에너지는 원래보다 더 흐트러져 있으며 덜 조직적이다. 레모네이드 위에 떠 있는 육면체 얼음이 녹을 때 육면체라는 원래의 모양을 유지하지 않는 것도 그런 예이다. 커피의 뜨거운 열이 주변 공기로 이동하는 동안 커피의 풍부하고 깊은 향을 책임지던 분자 반응도 느슨해져서 시간이 갈수록 커피는 향이 밋밋해진다. 열이 차가운 곳으로 흘러가려는 본성을 막고 일정한 구조와 온도 기울기 temperature gradient를 유지하기 위해서는 별도의 노력이 필요하다. 얼음을 냉동실에 넣으면 육면체 모양을 유지할 수 있다. 그렇지만 냉장고나 냉동실의 냉각 장치는 전기로 작동한다. 겨울철에도 차가운 바깥 공기가 열을 빼어가는 것을 이겨내고 집 안을 따뜻하게 유지할 수 있지만, 그렇게 하기 위해서는 역시 장작으로 때는 난로나 석유난로, 혹은 도시가스 같은 에너지가 필요하다. 아무리 완벽하게 단열 장치를 했다 해도 집 안의 열은 다소 얼마간이라도 바깥으로 빠져나가기 마련이라 계속해서 새로운 에너지를 공급해주어야 한다.

이런 사실은 열역학 제2법칙의 두 번째 전제로 우리를 이끈다. 그것은 다음과 같이 간단하게 요약할 수 있다. '완벽한 것은 아무것도 없다.' 좀

더 전문적으로 말해보자면, 아무리 노력한다 해도 1그램의 손실도 없이 공급한 연료가 완전히 에너지로 바뀌는 열효율 100퍼센트인 열기관은 만들 수 없다는 것이다. 레오나르도 다 빈치 이후 수천 명에 달하는 사람들이 노력했지만 아무리 애를 써도 외부에서 주기적으로 에너지를 공급해주지 않아도 영원토록 제 할 일을 하는 영구기관은 만들 수 없었다. 아무리 열역학 제2법칙을 이겨보려고 노력해도 승자는 언제나 열역학 제2법칙이다. 아무리 윤활유를 아낌없이 바르고, 아무리 정교하게 엔진을 만들어도 에너지 중 일부는 자신이 해야 할 일을 하지 못하고 열로 변해 공기 중으로 사라진다. 아무리 노력해도 운동에너지의 일부는 엔진 주변의 공기 분자나 움직이고 있는 기계 접합부의 원자 혹은 접합부를 이어주는 볼트 원자의 움직임을 활발하게 만드는 일에 사용된다. 누가 어디에서 가져갈지는 몰라도 반드시 열을 가져가 탕진해버리는 존재가 있기 마련이다. 우리 몸을 이루는 세포소기관처럼 아주 작은 열기관도 열효율 100퍼센트는커녕 50퍼센트에도 미치지 못한다. 식물들도 대부분 자신들이 받은 태양에너지의 5퍼센트 정도만을 화학에너지로 바꿀 수 있을 뿐이다. 이 세상에 완벽한 것은 없다. 그 누구도 완벽하지 않다. 그래서 현명한 사람은 완벽을 추구한다며 시간을 낭비하지 않는다.

열역학 제2법칙의 세 번째 핵심 내용이자 가장 우울한 내용이 될 지도 모를 소식은 '모든 닫힌계는 시간이 지날수록 무질서도가 증가한다'라는 것이다. 내 편집자의 문 앞에 붙어 있는 글귀대로라면 '결국에는 엔트로피가 당신을 지배할 것이다'.

어지럽히기는 쉽고 정돈하기는 어렵다

'엔트로피'는 널리 알려진 용어로 카오스라는 말과 거의 비슷하게 취급받고 있지만 사실 엔트로피와 카오스는 각기 다른 현상을 나타내는 용어들이다. 물리학과 수학에서 말하는 카오스는 기후나 한 국가의 경제처럼 얼핏 보기에는 무작위적이고 예측 불가능하지만 그 안에 규칙적으로 반복되는 패턴이 있는 경우에 적용되는 용어이고 그에 반해 엔트로피는 하나의 물질계 속에서 얼마나 많은 양의 에너지가 '일을 하는 데 쓰이지 못했는지'를 나타내는 물리량이다. '빈 차'라고 불이 켜져 있지만 빗속에 서 있는 나를 그냥 지나쳐버리는 택시처럼, 있긴 하지만 사실 없는 것과 다름없는 쓸모없는 에너지가 있다. 이 에너지에게 되도록이면 에너지라는 말과 비슷한 용어를 붙여주고 싶었던 독일의 물리학자이자 열역학의 선구자 루돌프 클라우지우스는 그리스어로 '변형'이라는 뜻을 가진 '엔트로피entropy'라는 용어를 택했다. 클라우지우스는 에너지가 있으면 반드시 엔트로피가 쇠지레를 들고 따라오게 되어 있다고 말했다.

열역학 제1법칙은 에너지는 새로 만들어지지도 없어지지도 않는다고 주장한다. 그 말에 열역학 제2법칙은 '그래, 좋아, 하지만 내가 한 방 먹여주지'라고 대답한다.

닫힌계에서는 엔트로피가 서서히 증가하기 때문에 질서도 서서히 붕괴된다. 이것은 냉정하고 가혹하지만, 미적지근하고 느슨하기도 한 확률적인 진리이다. 냄비에 물을 넣고 한참 보글보글 끓을 때 계란을 한 개 넣고 조그만 틈도 없이 딱 맞는 뚜껑을 덮은 다음 불을 끄면 고립된 닫힌계가 생긴다. 냄비 속의 물은 계란을 반숙 혹은 반숙에 가까울 정도로 삶을 만큼 뜨겁지만 아이들이 좋아하는 완숙이 되기 전에 조리 기능을 잃고 만다. 물이 끓을 때 물 분자들이 얻은 운동에너지는 닫힌 뚜껑 밑에서 대부분 공기 분자로 옮겨간다. 충분한 양의 에너지가 없기 때문에 계란 껍질과 맞닿아 있는 물 분자는 그 속에 있는 계란의 단백질과 콜레스테롤 사슬을 변형시키고, 새로 잇고 교차해서 잇는 일을 계속하지 못한다. 냄비의 닫힌계 내부에 있는 전체 에너지는 뚜껑이 닫히기 전과 동일하지만 그 에너지는 계속해서 분산되고 또 분산되기 때문에 더 이상 계란을 삶을 수 없게 된다.

슬프게도 열역학 제2법칙은 압도적인 확률로 이루어진다. 물리학에서 말하는 질서 정연한 물리계란, 소금 결정 속에 들어 있는 염소와 나트륨 배열처럼 혹은 주제별로 글자별로 순서 정연하게 책들이 꽂혀 있는 서재처럼 예측 가능한 규칙이 적용되는 세계다. 그렇지만 서재만 해도 어지럽히는 일이 얼마나 쉬운가 생각해보라. 서재를 어지럽히기 위해 책장에 꽂혀 있는 책을 모두 꺼낼 필요도 없다. 그저 슬쩍 한 권을 엉뚱한 곳에 끼어 넣는 것만으로도 서재 주인의 아침은 엉망이 될 것이다. 서재의 책들을 흠잡을 데 없는 듀이식 10진 분류법으로 꽂아놓는 방법은 단 한 가지밖에 없지만 그 순서를 흐트러뜨리는 방법은 수천 가지가 넘는다. 이것이 바로 엔트로피가 발생할 수밖에 없는 원인이다. 질서에는 제한과 규칙이 있지만 무질서에는 어떠한 제한도 규칙도 없다. 끓고 있는 물의 표면 분자가 가지고 있는 열이 아래쪽 물 분자나 옆에 있는 물 분자에게 전달될 확률은 공기 분자에게 전달될 확률보다 턱없이 낮다. 물론 이론적으로는 눈을 감고 한쪽 벽을 향해 벽돌 200개를 던진 다음 눈을 떠보니 꿈에 그리던 벽난로가 완성되어 있는 일이 얼마든지 가능할 수도 있다. 그러나 현실에서 그런 일은 일어날 턱이 없다. 눈을 감고 모퉁이를 향해 벽돌을 던진 후 보게 되는 장면은 아무렇게나 쌓여 있는 부서진 벽돌과 집을 가득 메우고 있는 자욱한 벽돌 가루뿐일 테고 그와 함께 사건이 터진 줄 알고서 문을 부수고 들어오는 경찰들의 소리를 듣게 될 뿐이다.

벽돌로 멋진 벽난로를 만들고 싶다면 모종삽과 양동이, 회반죽을 가지고 우리 몸속에 저장되어 있는 화학에너지를 이용해 벽돌을 쌓고 바르는 작업을 거쳐야 한다. 아름다운 벽난로를 유지하려면 더 많이 노력해야 한다. 열이나 중력, 습기, 냉기, 기름때, 그을음, 타르, 곰팡이, 지나가는 쓰레기차의 소음 등으로 난로가 갈라지고 무너질 때마다 수리를 해주고 벌어진 틈을 메워주어야 하며 굴뚝이라고 부르는 연통을 열어놓아야 한다는 사실을 잊어버리면 굴뚝 청소부를 불러야 한다. 이 모든 일들이 난로를 이루는 벽돌과 시멘트 분자들을 닳아빠지게 만든다. 결국에는 당신이나 당신 후손 하나가 여기 저기 부서지고 내려앉은 벽난로를 큰 망치로 산산조각을 낸 뒤 새로운 난로를 만드는 작업을 처음부터 시작하게 될 것이다.

열역학 제2법칙의 핵심은 하나의 물질계 속에 들어 있는 에너지의 양은 변하지 않더라도 에너지의 질은 계속해서 떨어진다는 것이다. 휘발유 속에 들어 있는 에너지는 유용하지만, 자동차 배기관에서 뿜어져 나와 사방으로 흩어지는 배기가스에 들어 있는 에너지는 그렇지 않다. 열역학 제2법칙을 아주 암울하게 해석하면 우주도 차츰 모든 반짝임과 나선과 가능성을 잃어간다는 음울한 전망을 할 수 있다. 이런 종말론적 주장에 따르면 우주의 엔트로피는 점차 증가하고 생산적인 에너지는 점점 사라지고 우주의 모든 물질들은 차갑게 식어간다. 현재는 한 별이 폭발하면 주변에서 많은 에너지를 지니고 있는 구름과 물질을 끌어들이고, 이 물질들이 새로운 아기별이 되어 다시 별의 일생이 시작된다고 알려져 있다. 그러나 지금보다 우주가 더욱 팽창해서, 물질들 사이의 거리가 훨씬 멀어진 미래의 우주에서는 폭발할 만한 에너지를 지닌 별도 사라지고, 다음 세대의 별들에게 빛을 물려줄 씨앗마저 사라질지도 모를 일이다.

이런 우울한 전망에 절망하지 말고 다음과 같은 사실을 기억하자. 우주의 운명이 결국 어떻게 끝나든지 간에 아직 우주에서 즐겁게 놀 수 있는 날이 질릴 정도로 많이 남아 있을 뿐 아니라, 아름다움을 사랑하는 천재적인 이 우주는 천성적인 게으름(증가하는 엔트로피)을 이겨내고 아름다운 조화를 만들어내기도 한다. 일정하게 반복되는 패턴을 사랑하는 우주가 새로운 형태의 빛과 물질 만들기를 그만둘 것이라고는 보이지 않는다. 형태도 없는 것에서 우리가 원자라고 부르는 영광의 구름이 생겨났으며 먼지와 재로부터 우리가 알고 있는 과정을 거쳐 별이 태어났다. 원자들은 자신들의 영역에만 머물 생각이, 외로운 원소로 남을 생각이 전혀 없다. 원자들은 활발하게 다른 원자들과 손을 맞잡아 이 세상이 분자들로 넘쳐나게 만들며, 화학은 당당하게 열역학 법칙을 면전에서 비웃으며 선언한다. 우리는 생명을 만들어낼 줄 안다고! 이제 화학의 세계로 넘어가보자.

5

화학: 불, 얼음, 스파이 그리고 생명

Chemistry: Fire, Ice, Spies, and Life

많은 화학자들은 때때로 자신들이 피해망상에 빠지곤 한다는 사실을 인정한다. 화학자들은 대중들이 자신들을 악마처럼 생각하고 다른 과학자들이 자신들을 마치 시대에 뒤쳐진 사람으로 여긴다고 느낀다. 화학은 미국인 6.0226명 중 6명이 '고등학교 때 낙제한 과목'으로 꼽는 과목이다. 할리우드 영화에는 흰색 가운을 입고 부글부글 끓는 비커와 실험 도구들을 들고 낄낄거리는 화학자들이 악마 같은 과학자의 전형으로 자주 등장한다. 사람들은 환경에서 '화학물질'이 검출되었다는 소리를 들으면, 마치 '독성물질'이 나왔다는 소리를 들은 것처럼 야단법석을 떤다. 그러나 우리가 주변에서 만나는 것 중에 화학물질이 **아닌** 것은 아무것도 없으며 사실 우리 자신도 화학물질 덩어리라고 할 수 있다. MIT의 재료공학과 교수인 도널드 사도웨이는 이렇게 말한다. "우리들은 그저 스스로 복제할 수 있는 탄소 화합물일 뿐입니다. 그게 바로 우리죠. 우리들은 강철을 두른 레이디얼 타이어의 탄소 섬유와 크게 다르지 않습니다. 그러니 우리를 너무 대단하게 생각할 필요는 없지요."

특별한 이슈가 없을 때면 화학은 이도 저도 아닌 제도상의 학문으로 경시된다. 코넬 대학교의 화학자이자 시인이며 희곡작가인 로얼드 호프만은 화학은 "물리학과 생물학의 중간에 위치해 있기" 때문에 "아주 작게도 아주 크게도 취급되지 않는다"고 하면서 "중간에 위치한 것들이 흔히 그렇듯이" 중요하지 않은 문제를 너무나 세세하게 다룬다거나 지루하다는 평가를 받는다고 말했다. 화학의 영역을 가장 성급하게 결론짓는 사람들은 이렇게 양쪽 끝에 앉아 있는 사람들인 경우가 많다. MIT 화학과 교수 릭 댄하이저는 말한다. "화학은 핵심 학문이자 중심 과학입니다. 그러나 화학의 공로는 그 사실을 좀더 분명히 알 필요가 있는 생물학자들, 물리학자들, 의학 연구자들을 포함한 여러 분야의 사람들에게조차도 제대로 평가받지 못하고 있습니다." 심지어는 과학의 주요 학문들이 설명의 한계에 부딪쳐 결국 시대에 뒤쳐진 낡은 이론이 될 것이라고 주장해 커다란 논쟁을 불러일으킨 『과학의 종말*The End of Science*』(까치, 1997)에서도 화학은 언급조차 하지 않고 있다. 댄하이저는 연극배우 같은 과장된 몸짓으로 크게 한숨을 쉬었다. "아무래도 우리에게서는 신문 부고란에 실릴 만큼의 매력도 없나 봅니다."

크지도 작지도 않다고 말할 수 있는 체격에 소년 같은 외모를 간직하고 있는 댄하이저는 의자를 밀치고 일어나더니 책상 서랍을 뒤지기 시작했다. 그러나 찾는 게 없었는지 책장으로 걸어간 그는 책장을 뒤지고 자신의 키보다 높은 곳까지 손을 올려 샅샅이 쓸었다. 그러나 원하는 것은 나오지 않았다. 마침내 댄하이저는 내게 성냥이 있는지 물어보았다. 나는 담배를 피우지 않는다고 대답했다. 그 말에 댄하이저는 "뭐, 좋은 일이죠. 건강을 생각하면요. 하지만 뭔가 보여드리려고 하는 이 시점에선 좋지 않은 일이군요"라고 대답했다. 예의 그 거창한 몸짓을 섞어가면서.

댄하이저는 할 수 없이 화학자들이 분자 모형을 만들 때 쓰는 막대기를 가져왔다. "이걸 성냥이라고 생각해보세요." 그의 말에 나는 고개를 끄덕여 보였다. "이것이……" 그는 막대기를 들어 책상 위로 올렸다. "물리학입니다." 그러더니 막대기를 책상 위에 툭 떨어뜨렸다. 막대기는 작은 소리를 내며 책상 위로 떨어졌다. "그리고 이것이……" 그는 막대기 하나를 들어서 성냥을 켜는 것처럼 빠르게 손에다 그으며 말했다. "화학입니다."

그는 내가 그 가상의 성냥불을 볼 수 있도록 막대기를 힘껏 들어올렸다. 내가 댄하이저의 행동이 어떤 의미인지를 정확하게 알고 웃으며 고개를 끄덕일 수 있었던 이유는 그 말고도 또 다른 화학자 두 명이 화학의 본질을 설명하기 위해 비슷한 행동을 했기 때문이다. 화학자들은 자신들이 제대로 인정받지 못한다고 느끼는 것 같았다. 고등학교 교육을 무사히 통과하고 어른이 된 사람들에게 화학자들은 매력이 없는 존재들일지 모른다. 그러나 화학자들은 자신들이 불을 전해준 프로메테우스의 후손임을, 주머니 속에서 성냥을 찾지 못해도 내부에는 언제나 뜨거운 불을 간직하고 있음을 알고 있다.

적당해야 합니다

신화와 판타지에 나오는 몇몇 인물 중에는 화학의 특별한 비법을 상징적으로 보여주는 인물들이 있다. 골디락스도 그중 한 명으로, 화학을 중간에 선 회색분자라기보다는 아름다운 황금빛 머리칼을 한 골디락스로 생각해보면 어떨까?(골디락스는 영국의 전래동화인 "골디락스와 세 마리 곰"에 나오는 금발의 어린 소녀로, 곰 가족이 스프를 식히러 나간 사이에 곰의 집으로 들어와 뜨거운 스프와 미지근한 스프, 차가운 스프 가운데 미지근한 스프를 먹었다. 적당한 상태를 상징하는 의미로 쓰인다—옮긴이). 골디락스는 극단적인 것은 싫어한다. 너무 뜨거우면 혓바닥을 데어버리고 너무 차가우면 아무 맛도 느끼지 못한다. 골디락스가 좋아하는 것은 '딱 알맞은' 상태, 조화를 이루는 타협과 절충이다. 마찬가지로 화학이 다루는 세계도 너무 크지도 작지도 않은, 너무 뜨겁지도 차갑지도 않은 분자의 세계이다. 그곳은 아이들을 위한 장소, 인간과 곰에게 똑같이 적당한 장소이며 성장에 적합한 장소로, 원자가 합쳐져 분자로 되고 분자가 화합물로, 화합물이 사슬로, 사슬이 섬유로, 섬유가 주름으로, 조직으로, 기관으로, 눈으로, 코로, 큰 소리를 낼 입으로 자라나는 곳이다. 아이들이 안전하게 지낼 수 있는 세상은 무수히 많은 종류의 분자가 있고 수백만 개가 넘는 화합물이 꽃피며, 어떠한 분자도 오랫동안 쓰여지지 않은 채 버려지지 않는 곳이다. 화학자들의 세계는 비교적 온화한 온도와 감당할 만한 기압, 분자들을 한데 모으는 액체 상태의 물이 가득한 세계이다. 다시 말해 우리 주위를 둘러싸고 있는 세계이다.

로얼드 호프만은 말한다. "화학은 태양 표면에 대해서 말할 수 있는 게 아무것도 없지요. 태양 표면은 원자와 원자가 충격을 받아 나누어지면서 만들어진 이온으로 되어 있으니까요."

우리가 사는 지구에는 화학이 가득하다. 물질은 온도에 따라 고체, 액체, 기체라는 세 가지 상태로 존재하고 태양이나 불을 땔 때 나오는 에너지로 한 분자의 원자 배열을 바꾸어 다른 분자로 만들 수 있다. "이 세상에 115명밖에 없다면 얼마나 지루하겠습니까. 마찬가지로 이 세상에 115개의 원소만 있다면, 115개의 원자가 이 세상에 있는 물질의 전부라면 얼마나 재미없겠습니까. 이야기할 것이 아무것도 없겠죠." 호프만의 말이다. "하지만 우리 세상은 그렇게 지루한 세상이 아닙니다. 115가지 원소로 거의 무한에 가까울 정도로 다양한 분자를 만들어낼 수 있습니다. 필요에 따라 다양한 구조와 기능을 가진 분자를 만들어낼 수 있는 겁니다. 인간의 몸을 구성하는 분자의 종류는 적어도 10만 개 정도 됩니다. 포도주의 향기를 결정하는 휘발성 분자는 900가지 정도라고 알려져 있습니다. 화학은 분자에 관한 학문입니다. 우리도 분자이지요. 화학은 정말로 인간적인 학문입니다."

섭씨 5,500도 정도 되는 태양 표면에서는 원자가 충격을 받은 이온 상태로 존재하지만 그렇다고 해서 외롭게 홀로 있는 것은 아니다. 태양도 다양한 원자가 존재하는 공간으로, 대부분은 수소 원자이지만 헬륨 원자도 있고, 탄소 원자, 질소 원자, 산소 원자, 네온 원자들도 있다. 그렇다면 태양 표면에 모여 있는 원자들과 우리 딸의 얼굴을 구성하는 원자들은 어떤 차이가 있을까? 원자가 모여 분자가 되려 할 때 반드시 거쳐야 하는 통과의례는 어떤 것일까?

"'본드, 제임스 본드'라고 할 때의 그 본드(결합)이지요"라고 도널드 사도웨이가 말한다. "화학은 결합을 깨거나 결합을 만드는 과정입니다."

사도웨이의 말쑥한 옷차림은 영국 스파이 제임스 본드를 연상시켰다. 그는 분자나 화합물과 혼합물들은 원자들이 그저 기차를 탄 승객들이나 상자에 든 구슬처럼 일정하게 뭉쳐 있는 것이 아니라고 말했다. 분자나 화합물을 만들려면 구성 원자들을 일종의 전자기 풀로 단단하게 연결해야 한다. 분자를 이루는 원자는 최외각 전자를 서로 공유하거나 끊임없이 옆에서 자신을 잡아당기고 있는 반대 전하의 힘을 느껴야 한다. 화학은 분자에 대한 학문이며, 결합의 형성과 해체에 관한 학문이다. 화학결합을 만들어내는 것은 전자기력이다. 내부에서 서로를 끌어당기고 있는 양성자와 전자의 선천적인 인력과 어느 때에는 이쪽 양성자를 향해 있다가도 이내 다른 양성자 쪽으로 돌아설 수 있는 음의 전하를 띤 전자의 변덕 덕분이다. 화학은 전자의 이 같은 변덕을 이용해 원소 주기율표에 나열된 100여 가지의 원소들을 수십만 가지 방법으로 재배열하고 결합을 끊었다 다시 이으면서 점차 더 많은 분자들을 만들어나간다. 더 밝은 흰색, 더 어두운 검은색, 더 달콤한 향기, 더 단단한 라미네이트, 더 긴 폴리머, 등등. 어떤 화학물질이 필요하건, 어떤 크기, 어떤 모양, 어떤 특성을 지닌 분자가 필요하건 우리의 다채로운 골디락스 세상에서 그 분자를 찾아낼 수 있다. 자연 속에 존재하지 않는 분자라면 실험실에서 만들어내면 된다. 로얼드 호프만은 화학을 '상상의 과학the imagined science'이라고 말했고 위대한 19세기 프랑스 화학자 클로드 베르톨레는 '화학은 예술'이라고 찬탄했다. MIT 화학과 교수 스티븐 립파드는 "새로운 물질을 만들어낼 수 있는 능력을 가진 과학은 아마도 화학이 유일할 것입니다"라고 말한다. "그저 이 세상에 존재하는 것들을 연구하는 단계를 뛰어넘어 우리들은 이전에는 꿈조차 꾸지 못했던 새로운 분자를 만들어냅니다." 신문처럼 접어서 주머니에 넣고 다닐 수 있는 컴퓨터 스크린, 저절로 깨끗해지는 자동차 앞 유리, 막힐 염려가 없는 인공 동맥, 뚱뚱해지고 불감증에 걸리는 부작용을 제거한 항우울제, 이 모든 것은 화학자들의 꿈이 만들어낸 결과물이다.

시행착오가 새로운 물질을 만든다

화학자들은 지금은 어떤 꿈을 꾸고 있을까? "제 분야는 재료 화학입니다. 아마 어린 학생들은 수긍하지 않겠지만 우리에게는 거의 단서가 없습니다." 코넬 대학교 화학 교수 프랭크 디살보의 말이다. "우리가 발견한 것은 대부분 시행착오의 결과물이며 앞으로 어떤 것을 얻게 될지는 아무도 모릅니다. 우리는 지금 다루고 있는 한 줌의 원소들의 존재만 알 뿐 그 밖에 게임의 법칙에 대해서는 아는 것이 없습니다." 그는 이론적으로는 상상할 수 있는 모든 기구를 만드는 데 필요한 재료들은 모두 이미 원소 주기율표 어딘가에 있다고 말한다. 그 재료가 어디에 있는지, 어떤 원소와 짝지어주어야 하는지, 어떤 환경을 만들어주어야 하는지를 알아내기 위해서는 늦은 밤 분젠 버너를 태워가며 씨름해야 한다. "지구에 있는 모든 사람들이 재료 화학자라 해도 우리가 원하는 것을 모두 만들 수 있게 될 만큼 주기율표를 충분히 이해하려면 앞으로도 천 년이 넘는 세월이 필요할 겁니다."

화학의 기본 주제는 분자와 분자를 한데 묶고 결합시켜 그 분자만의 특성을 만드는 화학결합이다. 사랑스러운 영국인 스파이 제임스 본드가 20여 편이 넘는 영화를 만들어냈듯이 분자를 이루는 결합도 한 가지 방식만이 아니다. 원자들은 우아하고 유연하게 결합할 수도 있고 굳어버린 뼈처럼 강직하게 결합할 수도 있고 서약에 얽매이지 않는 자유로운 관계처럼 거의 결합하지 않는 경우도 있다. 분자를 구성하는 원자들의 결합, 혹은 분자와 다른 분자를 연결하는 결합의 형태가 다양하기 때문에 같은 탄소 원자의 결합이라도 다이아몬드는 여성들의 영원한 최고의 친구가 되고 음식을 구성하는 탄수화물 사슬은 간단한 신진대사 작용에도 산산이 부서져버리는 것이고 연필 끝의 흑연은 가볍게 종이 위를 스치는 것만으로도 그 흔적을 남기는 것이다. 분자를 이루는 결합은 쉽게 흔들리고 뒤섞인다. 결합은 규칙이 그렇듯이 깨지기 위해 만들어지는 것이다.

자연이 만들어낸 화학결합 가운데 가장 강력하고 간단하지만 결코 가장 단순하지는 않은 결합이 바로 공유결합이다. 공유결합은 두 원자가 한 이불을 함께 덮듯이 한 쌍 이상의 전자를 공유하는 결합 방법이다. 공유결합은 자신들의 요구를 비슷하게 조절할 수 있는 두 원자, 다시 말해서 최외각 전자에 더 많은 전자가 있을 필요는 없지만 여분의 전자가 들어올 여유 공간은 있는 전자들끼리 맺는 계약이다. 두 원자 모두 원자핵 주위를 돌고 있는 전자의 수와 핵 속에 들어 있는 양성자의 숫자가 같기 때문에 이론적으로 두 원자는 각각 자립해서 살아갈 수 있다. 그러나 전자가 돌고 있는 궤도, 다시 말해 전자껍질은 양성자의 수와 상관없이 특정한 수의 전자가 들어갈 수 있도록 설계되어 있다. 전자껍질은 수납장과 같아서 꽉 채워져 있을 때 가장 행복해한다.

최외각 전자 껍질에 여유 공간이 남아 있는 원자는 비슷한 처지에 있는 상대를 만나면 비어 있는 수납장을 채우기 위해 서로의 전자를 주거니 받거니 하면서 지내는 경우가 많다. 이런 방법을 이용하면 한쪽은 전자가 넘쳐나고 한쪽은 전자가 부족해 전하가 바뀐다거나 전기적인 성질이 변하는 일 없이 충분히 여유 전자를 만끽할 수 있다. 이런 방식으로 공유하고 있는 전자를 한쪽 원자의 바깥쪽 전자껍질에서 발견하게 될 때도 있고 다른 쪽 전자의 바깥쪽 전자껍질에서 발견하게 되는 경우도 있겠지만 대부분은 두 원자의 중간쯤에서 발견하게 될 것이다.

"두 원자가 함께 있을 수 있는 이유는 첫째로 공유 전자가 양의 전하를 띠고 있는 양쪽 원자핵을 모두 느끼고 싶어 하기 때문이며 둘째는 핵들이 지나칠 정도로 서로 너무 가까이 있는 건 싫어하기 때문입니다. 그래서 두 원자가 타협을 본 거리가 화학결합의 범위가 되며, 두 원자를 잇는 스프링처럼 작용합니다." 그러니까 공유결합으로 묶인 원자들은 스프링처럼 통통 튀면서 가까이 다가갔다가 멀어지기를 반복하고 있는 셈이다.

공유결합을 하는 원자들은 보통 같은 원소인 경우가 많다. 예를 들어 수소 원자는 최외각 껍질에 두 개의 전자가 들어갈 수 있는데 전자 한 개밖에 들어 있지 않으므로, 두 수소 원자가 전자를 서로 공유함으로써 H_2라는 수소 분자가 될 수 있고 산소 원자는 배우자끼리 두 쌍의 전자를 공유함으로써 우리가 숨을 쉴 수 있게 해주는 산소 분자인 O_2를 만든다.

그러나 완전히 다른 원소들이 서로 결합해 화합물이라고 하는 분자를 만드는 경우도 있다. 전자가 한 개뿐인 수소는 최대 여덟 개가 들어갈 수 있는 최외각 껍질에 전자가 일곱 개만 들어 있는 염소와 결합할 수 있다. 수소와 염소는 한 쌍의 전자를 공유함으로써 무색의 유독성 기체이자 플라스틱과 여러 산업용 원료로 쓰이는 염화수소HCl를 만들어낸다. 질소의 최외각 전자 껍질에 들어 있는 전자는 다섯 개이고 산소의 최외각 전자 껍질에 들어 있는 전자는 여섯 개이다. 질소와 산소 모두 최외각 전자 껍질이 수용할 수 있는 전자의 수는 여덟 개이다. 질소와 산소는 다양한 방법으로 전자를 공유함으로써 여러 가지 화합물을 만들어낸다. 질소 원자 한 개가 산소 원자 한 개와 결합하면 일산화질소NO가 만들어진다. 일산화질소는 많이 있으면 위험한 독성물질이 되지만, 우리 몸은 이를 적절하게 이용해 근육을 이완시키고, 세균을 퇴치하고, 뇌에서 신호를 전달하고, 성적 자극을 받을 때 생식기를 부풀리는 등의 일에 사용한다. 질소와 산소가 부리는 마술은 여기서 끝이 아니다. 질소 원자 두 개가 산소 원자 한 개를 만나 친밀해지면 달콤한 냄새가 나는 정신 활성 가스인 아산화질소N_2O가 생긴다. 이 기체를 들이 마시면 치과치료조차도 기분 좋게 느껴지며, 웃지 않으려야 웃지 않을 수가 없다. 우리가 먹는 탄수화물은 탄소, 수소, 산소 원자가 공유결합하고 있는데, 각 원자가 어떤 비율로 어떻게 결합해 있는가에 따라 복잡하고 영양분이 풍부한 녹말이 될지, 달콤한 당분이 될지가 결정된다.

흔히들 결혼을 해야 안정된다고 하고 그 후에야 다 큰 어른으로 인정받는 것과 같은 이유로 원소들도 보통 혼자 있을 때보다는 다른 물질과 결합해 있을 때, 보다 안정되어 화학 반응을 일으킬 가능성이 낮아진다. 결혼을 하는 순간, 배우자와 결합하는 능력이 뛰어나건 부족하건 간에 남들 눈에는 '이제는 임자가 있는 몸'이라고 비춰진다. 결혼의 상징물인 결혼반지는 누군가에게 매여 있다는 것을 나타낸다. 화학결합을 하는 원소들도 마찬가지다. 이미 다른 원소와 결합할 수 있는 부분에 누군가가 들어가 있기에 다른 원소와 결합할 수 있는 가능성은 사라진다.

물론 분자의 결혼에는 일부일처제가 엄격하게 적용되지는 않는다. 많은 원소가 둘 이상의 반응 방식을 가지고 있고, 비어 있는 궤도에 들어갈 수 있는 두 개 이상의 전자가 있으므로, 또 다른 원자와도 얼마든지 결합할 수 있다. 원소 중에는 선천적으로 다부다처제를 선호하는 것들이 많지만 사랑을 나눌 수 있는 능력은 원소마다 제한이 있기 때문에 동시에 맞이할 수 있는 배우자 수는 정해져 있다. 원자가 한꺼번에 결혼할 수 있는 배우자의 수를 원자가valence라고 한다. 이 원자가라는 말은 라틴어로 '능력' 혹은 '힘'을 뜻하는 발렌티아valentia에서 왔다. 원자가 필요한 배우자를 구해 빈자리를 채워갈수록 원자는 안정된 상태가 되고, 안정한 상태가 되면 더 이상 다른 물질과 반응하지 않게 된다. 일산화질소가 아주 다루기 힘든 화학물질로 취급받는 이유는 질소와 산소가 공유결합을 하고 있기는 하지만 두 원자 모두 아직 배우자를 맞을 수 있는 전자들이 남아 있어 다른 관계를 맺거나 노골적으로 절도 행각을 벌이기 때문이다. 일산화질소는 특히 헤모글로빈 분자 가운데 박혀 있는 철 원자의 전자를 뺏는 데 능숙하다고 알려져 있다. 일산화질소에게 전자를 빼앗긴 헤모글로빈은 몸속에 산소를 운반하는 능력을 잃어버리기 때문에, 너무 많은 일산화질소를 들이마시게 되면 산소 결핍으로 죽을 수 있다.

그와 달리 아산화질소는 최외각 껍질을 도는 결혼할 수 있는 전자가 모두 공유결합에 사용됐기 때문에 다른 원자와는 노닥거릴 수 없다. 그렇기 때문에 적당량을 들이마셔 웃음을 유발하는 기체로 사용해도 될 만큼 온순해지는 것이다. 그러나 아산화질소 역시 여전히 헤모글로빈의 능력을 마비시킬 힘을 가지고 있기 때문에 너무 많이 들이마시다보면 서서히 산소가 고갈되어 마지막 웃음을 웃게 될지도 모른다.

질소는 질소 원자끼리 결합했을 때 아주 강력한 안정감을 갖는다. 전자를 공유할 산소나 수소 같은 원자가 없을 때면 질소 원자들은 각각 세 개의 원자를 내어놓아 두 질소 원자의 최외각 전자껍질을 세 쌍의 전자가 공유하게 함으로써 막강한 결속력을 다진다. 두 개의 질소 원자가 만들어낸 삼중 공유결합은 아무리 오랜 세월이 흘러도 깨지지 않는 최강의 안정 물질로, 다른 물질과는 전혀 반응하지 않기 때문에 액화 질소는 혈액이나 정자, 수정된 배아, 범죄 현장에서 발견한 생체 증거물 같은 생체 물질을 장기간 저장할 매질로 사용된다. 지구 대기의 78퍼센트는 이렇게 삼중 공유결합을 하고 있는 질소가 차지하고 있으며 21퍼센트는 산소 분자가 차지하고 있다. 우리들의 폐는 대기 속에 들어 있는 산소를 추출해 세포가 활용하도록 진화해왔기 때문에 산소의 공급이 몇 분 이상 끊어지면 질식해 죽게 된다. 그러나 산소와 함께 들어온 기체 질소는 우리에게 아무 소용도 없기 때문에 들이마시는 즉시 다시 내뱉거나 훗날 노폐물의 형태로 밖으로 밀어낸다. 우리는 세포나 DNA가 필요로 하는 질소를 토양 속에 사는 고분고분한 미생물이 우리가 이용할 수 있도록 산소와 수소를 이용해 고정시킨 질소 화합물의 형태로 얻는다. 토양 속에 사는 미생물이 공기 속에 있는 질소를 고정시켜 식물에게 공급하면 우리를 비롯한 동물들이 그 식물을 먹어 질소를 얻는다. 우리가 먹이 사슬에서 차지하는 위치가 어디이든지 질소를 고정시킨 질소 화합물은 우리의 생존에 없어서는 안 될 필수 조건이다. 생명체라면 어떠한 형태가 됐건 질소 고정이 필요하다.

그러나 생명체를 살찌우는 존재는 생명을 끊는 원인이 되기도 한다. 질소의 삼중 공유결합은 아주 강해 쉽게 끊어지지 않기 때문에 일반적으로 질소는 다른 물질과 반응하지 않는다. 그러나 알맞은 화학적 공작을 감행하면 질소의 삼중 공유결합도 끊을 수 있다. 질소의 3중 공유결합이 끊어지는 순간 질소는 엄청난 양의 에너지를 주변으로 뿜어낸다. 간단히 말해 폭발하는 것이다. 다이너마이트나 화약 같은 폭발성 물질에는 어김없이 삼중 공유결합을 하고 있는 질소가 들어가 있다.

분자의 접착제

화학은 분자에 관한 학문이다. 대부분의 과학 용어가 그렇듯이 분자 molecule라는 단어도 명확하고 분명하게 정의된다. 분자의 정확한 의미는 '전자를 함께 나누는 공유결합으로 묶인 원자의 집단'이다. 그러나 화학자들도 이런 공식적인 정의는 옆으로 치워놓고 어떠한 형태건 간에 화학결합을 하고 있는 물질을 분자라고 부르는 경우가 많다. 예를 들어 화학자들은 그냥 내키는 대로 소금 분자라든지 마그네슘 우유에 들어 있는 브롬화 마그네슘 분자라고 말하는데, 사실 엄밀히 말해 염화나트륨, 브롬화 마그네슘, 염화칼슘 등은 분자가 아니라 이온화합물이다. 이들은 이온결합의 산물로, 우리에게 조미료, 수정 렌즈, 달걀 껍데기, 소화제 알카셀처, 여러 가지 가정용 세제, 놀라운 정신과 치료제 등을 선사해준 것은 이온결합이다. 이온결합ionic bond은 똑같은 결합bond이라도 공유결합 covalent bond과는 다르다. 말하자면 공유결합은 숀 코넬리 주연의 제임스 본드이고 이온결합은 로저 무어의 제임스 본드인 것이다.

결합하는 물질이 같은 원소이건 다른 원소이건 상관이 없는 공유결합과 달리 이온결합은 반드시 다른 원소와 결합해야 한다. 그 이유는 이온결합이라는 용어에 잘 나타나 있다. 이온결합은 이온 사이의 결합, 다시 말해 전하를 띤 원자들 간의 결합이다. 이온결합은 양성자보다 전자가 한두 개 정도 더 많아서 음의 전하를 띠게 된 원자와, 양성자보다 전자가 한두 개 정도 적은 양의 전하를 띤 원자가 서로를 끌어당기기 때문에 이루어지는 결합이다. 어떤 원소들은 전자를 곧잘 얻어 (−) 이온이 되는 경향이 크고, 또 다른 어떤 원자는 전자를 잘 버려 (+) 이온이 되곤 하지만, (−)가 됐다가 (+)가 되기도 하는 박쥐 같은 원자는 없다. 따라서 (−) 이온이 (+) 이온과 결합할 때 근친상간은 일어나지 않는다.

전자를 잃어버리는 쪽은 여러 개의 전자가 들어갈 수 있는 최외각 전자껍질에 전자가 한 개 내지 두 개밖에 들어 있지 않다. 게다가 이 최외각 전자껍질과 양의 전하를 띤 원자핵 사이에는 몇 겹의 전자껍질 층이 놓여 있는 경우가 많다. 그 때문에 멀리 떨어져 있는 최외각 전자껍질의 쓸쓸한 전자들은 슬쩍 빗나간 주먹만 맞아도, 강한 바람만 한 번 불어도 아차 하는 사이에 안녕 하고 홀연히 원자를 떠나간다.

반대로 전자를 얻어 (−) 이온이 되는 원자는 최외각 전자껍질이 거의 다 찼는데 전자 한두 개 정도 들어올 공간이 비어 있는 경우다. 비어 있는 공간은 공유결합으로 채울 수 있고 실제로 그렇게 하는 경우도 많다. 하지만 원자는 전자를 어디서 한둘만 더 구해 홀로 완전무결한 원자가 되려는 더 큰 욕망을 품고 있다.

멋지게 대칭을 이루고 있는 소금 입자를 생각해보자. 소금 입자의 한쪽 끝에는 물고기 비늘처럼 은빛으로 반짝이는 말랑말랑한 금속 원자인 나트륨이 있다. 나트륨의 전자는 모두 11개로 가장 안쪽에 있는 전자껍질에 두 개, 두 번째 전자껍질에 8개, 가장 바깥쪽 전자껍질에 언제든 원자를 갈아탈 준비가 되어 있는 고독한 전자 한 개가 있다. 소금의 다른 쪽 끝에는 유독한 황록색 기체인 염소가 있다. 앞에서도 이야기했듯이 염소의 최외각 전자껍질에 있는 전자 자리는 딱 한 자리만 공석으로 남아 있고 나머지는 다 차 있다. 그 때문에 염소는 기회만 된다면 언제라도 기꺼이 전자를 훔쳐올 준비가 되어 있다. 순수한 나트륨이나 순수한 염소 모두 독성물질이기 때문에 그대로는 먹을 수 없다. 그러나 두 원소가 결합하면 이야기가 달라진다. 두 물질이 섞이면 격렬하게 반응하면서 나트륨이 가지고 있는 최외각 전자 한 개가 비어 있는 염소의 최외각 전자의 자리로 이동한다. 전자를 잃어버린 나트륨은 양의 전하를 띤 (+) 이온이 되고 전자를 얻은 염소는 음의 전하를 띤 (−) 이온이 된다(음의 전하가 된 염소를 '염화물' 이라고 부른다). 두 입자가 완벽하게 서로를 원하는 상태가 된 것이다. 이제 나트륨 이온과 염화 이온은 단순히 최외각 전자껍질을 완성하려는 평범한 수준의 욕망을 넘어서 전자기력이라는 강력한 힘으로 서로에게 끌리는 매혹적인 상대가 된 것이다.

두 이온이 결합할 때 서로에게 작용하는 힘은 두 가지이다. 이온들이 결합할 때는 다른 전하를 띤 입자들은 서로를 끌어당기고 같은 전하를 띤 입자들은 서로를 밀어낸다. 그 때문에 이온결합을 하는 나트륨 이온과 염화 이온은 규칙적이고도 일정한 배열을 갖게 된다. 나트륨 이온과 염화 이온은 오렌지나 포도알을 규칙적으로 배열해놓은 것처럼 질서 정연한 3차원 구조를 만든다. 이런 반복적이고 질서정연한 3차원 구조를 우리는 '결정crystal'이라고 부른다. 즉 소금 결정이다. 현미경으로 소금을 들여다보면 유리알처럼 영롱하게 반짝이고 있는 결정이 보인다. 그런 결정들 하나하나에 모두 나트륨 이온과 염화 이온이 우리은하에 있는 별들의 수보다도 훨씬 많은 수십억에 수십억을 곱한 만큼 모여 있다.

원자들은 또한 금속결합이라는 형태로도 결합한다. 금속결합은 수많은 원자들이 가장 사회주의적으로 전자를 공유하는 형태로 구리선, 결혼반지를 만든 금, 염소와 결합하기 전인 말랑말랑한 나트륨 같은 금속에서 볼 수 있다. 금속결합으로 짝을 이루고 있는 원자들의 최외각 전자는 '전자 바다electron sea'라고 하는 곳을 마음대로 떠돌아다닌다. 이 원자에서 저 원자로 마음대로 움직이는 전자의 유동성이 금속을 전류가 흐를 수 있는 전도체로 만드는 것이다.

원자나 이온을 한데 묶는 결합은 아주 단단한 접착제와 같아서 일반적인 상태라면 로얼드 호프만의 말처럼 "원자들은 서로 뭉쳐서 집단으로 이동한다". 원자들은 공유결합을 통해 분자로, 혹은 이온결합을 통해 결정으로, 혹은 전자를 공동으로 나누어 가진 금속의 형태로 함께 움직인다. 이렇게 같이 뭉쳐 다니는 친구들 말고도, 이들이 또 결합한 분자화합물이나 이온화합물이라는 더 큰 집단이 존재한다. 이 두 큰 집단은 원자가 분자로 되는 결합보다는 약하지만 이 세상의 다양한 사물을 만드는 데 필수적인 존재들이다.

반드시 짚고 넘어가야 할 또 다른 결합으로는 수소결합이 있다. 수소결합hydrogen bond이라는 이름은 안타깝게도 '수소폭탄hydrogen bomb'이나, 수소와 산소가 결합한 물H_2O이나 수소와 염소가 결합한 염화수소 HCl처럼 수소가 다른 원자와 결합하는 경우를 연상시킨다. 그렇지만 그런 경우의 결합은 수소결합보다 훨씬 막강한 공유결합이다. 수소결합은 그보다 물 분자들 사이에서 이루어지는 결합이다. 먼저 물 분자를 크고 둥근 머리에 둥근 귀가 붙어 있는 미키마우스로 생각해보자. 큰 머리는 산소 원자이고 그 위에 붙어 있는 작은 귀 두 개는 수소 원자이다. 다행히 물 분자 미키마우스에게는 눈, 코, 입을 그려 넣을 필요가 없으니 저작

권 때문에 문제가 생길 일은 없겠다.

물 분자를 이루고 있는 수소 귀와 산소 머리를 묶어주는 전자쌍은 공평하고 균등하게 분배되어 있지 않다. 두 원소가 공유하고 있는 전자는 수소의 원자핵 가까이 있을 때보다 산소의 원자핵 가까이 있을 때가 더 많다. 그 때문에 미키 마우스 분자의 귀가 된 수소 원자는 약한 (+) 전하를 띠게 된다. 수소의 양성자가 띠고 있는 전하를 상쇄시켜줄 전자가 너무나 자주 바깥출입을 하기 때문이다. 반면에 산소 원자는 여분의 전자가 머무는 시간이 많기 때문에 얼굴의 아래쪽 절반은 약한 (–) 전하를 띠게 된다. 이렇게 분자의 지점에 따라 전하의 성질이 다른 분자를 극성을 띠었다고 말한다. 극성을 띤 분자는 위쪽과 아래쪽이 각각 다른 전하를 띤다.

그렇다면 극성을 띤 미키 마우스 분자 여러 개를 한꺼번에 같은 장소에 밀어 넣으면 어떻게 될까? 미키 마우스의 턱 부분은 다른 미키 마우스의 귀에 달라붙으려 할 테니 아마도 거인 미키 마우스가 탄생하지 않을까? 물 분자의 위와 아래가 다른 전하를 띠고 있기 때문에 이들은 서로 붙으려 하며 물은 특별한 점성을 띠게 된다. 서로 달라붙으려는 이런 경향 때문에 물 분자는 서로가 서로에게 충성스러운 동료가 되어 누군가가 앞장서서 가면 어디든지 함께 따라간다. 수소결합의 세기는 공유결합 세기의 10분의 1 정도로 작지만 덕분에 신축성이 있다. 식물이 물을 흡수하고, 거대한 삼나무 꼭대기 잎들도 갈증을 해소할 수 있는 이유는 모두 수소결합 덕분이다. 가느다란 뱀처럼 토양을 따라 줄 지어 흘러가던 물 분자는 식물의 물관을 거슬러 올라가 잎의 기공을 통해 수증기로 증발된다. 선두에 있는 물 분자가 물기둥 끝에서 공기 중으로 나갈 때 그 뒤로도 물 분자들이 밑에서부터 줄줄이 따라 올라온다.

그러나 물의 수소결합은 느슨해서 더 빽빽한 물질이 들어오면 서로 뒤섞이기 위해 맞잡은 손을 놓는다. 물을 흔히 만능 용매universal solvent라고도 부르는데, 물에 녹지 않는 물질은 극히 적기 때문이다. 소금 한 숟갈을 물에 넣고 휘저으면 미키마우스 물 분자들은 재빨리 소금 결정들 사이에 끼어들어, 소금 알갱이가 붕괴해 연기처럼 물속으로 사라질 때까지 양의 전하를 띠고 있는 귀는 소금의 염화 이온을 잡아끌고 음의 전하를 띠고 있는 턱은 나트륨 이온을 잡아챈다. 물에게 충분한 시간만 준다면 콘크리트도 벽돌도 녹여버릴 것이다.

수소결합을 발견할 수 있는 분자는 물 분자만이 아니다. 수소결합은 세상에서 가장 가벼운 원자인 수소가 질소처럼 커다란 원자와 공유결합을 할 때 공유하고 있는 전자가 큰 원자 쪽으로 치우치기 때문에 나타난다. 전자의 분포가 비대칭이기 때문에 전기적으로는 중성인 분자일지라도 미키마우스의 귀와 턱처럼 전하의 분포 상태가 달라질 수 있다.

반 데르 발스의 힘도 분자를 결합시키는 또 다른 힘이다. 이 이름은 이 힘을 발견하고 수학적으로 설명한 19세기 네덜란드 물리학자의 이름을 따서 지었다. 사실 반 데르 발스의 힘은 결합시키는 힘 가운데 가장 약한 힘으로 수소결합의 4분의 1 크기밖에 안 된다. 그러나 약한 것이 도리어 장점이어서, 반 데르 발스의 힘은 수많은 금속과 액체에 필수적이며, 우리의 생존을 결정하는 물질들의 특성을 결정한다. 수소결합을 비롯한 다른 결합들은 전자가 자신이 있어야 할 자리를 알고 있기 때문에 음전하 입자와 양전하 입자가 상당히 고정되어 있는 배열의 분자나 화합물을 만든다. 그러나 반 데르 발스의 힘은 전자의 다른 성질을, 다시 말해 전자가 얼마나 즉흥적인지를 보여준다.

전자는 당연히 다른 전자가 근처에 오는 것을 꺼려한다. 같은 전자에 대한 뿌리 깊은 반발심 때문에 우리는 텅 빈 공간에 가까운 원자들로 이루어진 물체를 그대로 관통하지 않고 만질 수 있는 것이다. 전자는 또한 양성자에 끌린다. 그 양성자가 자신이 속한 원자의 핵에 들어 있건 이웃한 다른 원자의 핵에 들어 있건 가리지 않는다. 이런 전자의 성질은 전자가 분자나 이온의 일부가 돼서 액체나 고체 상태로 있을 때도 변함없다. 한결같이 양성자는 좋고, 전자는 싫은 것이다. 이 같은 전자의 선천적인 극단적 성향 때문에 원자나 분자가 서로 가까이 다가가면 전자들은 다른 전자를 피해 자신의 구름 집 한쪽 끝이나 그 집을 벗어난 어딘가로, 양성자의 기운을 좀더 많이 느낄 수 있는 곳으로 자리를 옮긴다. 그 때문에 분자는 전하의 불균형 현상이라고 할 수 있는 약한 극성을 띠게 되고, 이런 양전하와 음전하가 겹쳐지게 되면 여러 물질들을 서로 묶는 데 도움을 줄 수 있다. 그러나 이것은 깨지기 쉬운 힘이다. 분자나 이온을 만들 때와 달리 이 경우는 원자들끼리 전자를 정식으로 공유하는 것이 아니며, 디즈니 만화의 등장인물처럼 생긴 물 분자의 경우처럼 전자 궤도가 균형을 잃어도 된다고 허용하는 것도 아니다.

그런데 이처럼 약한 반 데르 발스의 힘이 물질들을 한데 모으는 유일한 힘으로 작용할 때도 있다. 예를 들어 도자기를 만드는 점토가 그렇다. 도자기의 원료가 되는 점토는 규소, 알루미늄, 산소, 수소, 칼슘, 질소, 철 등 다양한 원자들의 얇은 층으로 이루어져 있으며 경우에 따라서는 코발트, 구리, 망간, 아연 판 등이 한데 섞여 있다. 각각의 층을 이루는 원자들이야 견고한 공유결합이나 이온결합으로 결합되어 있지만 층과 층 사이는 반 데르 발스의 힘이 유일한 접착제이다. 도자기를 빚을 때 약간의 실수로도 점토가 쉽게 허물어지는 것은 바로 이 때문이다. 점토에 가하는 모든 충격은 점토를 구성하는 물질들을 한데 뭉치고 있는 약한 인력을 어지럽히게 된다. 그러나 손가락에 달라붙은 미끈미끈한 점토를 씻어 내려 할 때 잘 알 수 있듯이, 분자들 자체를 결합시키고 있는 힘은 아주 세서 떼어내기가 아주 힘들다. 몇 시간 후에는 미끈미끈한 찌꺼기가 손가락 지문 사이사이로 스며들어갈 것이다. 이런 점토 분자의 공유결합을 산산이 부술 수 있는 것은 강력한 세제나 화학 용매제밖에 없다.

표준 규격 시험을 통과한 평범한 연필도 반 데르 발스의 힘을 설명하는 좋은 예이다. 연필 속에 들어 있는 흑연은 캐러멜로 만든 얇은 층이 가득 차 있는 버터핑거 막대 사탕처럼 탄소 원자 층이 끝에서 끝까지 셀 수도 없이 늘어선 물질이다. 하나의 흑연 층 속에 들어 있는 탄소 원자는 서로서로 팔을 엮어 공유결합을 함으로써 단단하게 묶여 있지만 층과 층 사이를 이어주는 것은 오직 반 데르 발스의 힘뿐이다. 연필로 타원을 그릴 수 있는 이유는 종이 위에 연필을 대고 힘을 주는 순간 흑연 층 한 두 개가 커다란 덩어리에서 떨어져 나오기 때문이다.

탄소는 생명체의 만능 청테이프

생명과 세상을 이루는 물질들이 그 형태를 이루고 우리가 안정적으로 살아갈 수 있는 이유는 모두 이처럼 다재다능한 결합들이 존재하기 때문이다. 이온결합이 있기 때문에 우리와 우리 자동차의 철을 두른 레이디얼 타이어가 산이나 언덕, 바위, 모래, 해변에 흩어져 있는 조개와 산호가 부서져 만들어진 모래사장 같은 멋진 경치를 구경하며 돌아다닐 수 있는 것이다. 이온결합으로 탄생한 고체는 아주 단단하기 때문에 여간해서는 그 결합을 깰 방법이 없다. 바로 이 같은 이온결합 고체의 단단함 덕분에 우리는 멋진 도로를 만들 수 있다. 소수의 이온결합으로 만들어진 콘크리트 기둥보다 더 좋은 다리 재료가 있던가? 보도를 만들 때 단단한 시멘트보다 더 좋은 재료를 어디서 찾을 수 있을까? 우리의 뼈도 마찬가지다. 우리를 단단하게 지탱해주는 뼈는 칼슘, 인 같은 원자들의 이온결합 산물이다. 뼈가 있기 때문에 우리는 늪지도 자유롭게 헤쳐 나갈 수 있다. 우리는 몸속에 징검다리를 가지고 다니는 셈이다.

그러나 이온결합 고체가 할 수 있는 일에도 한계가 있고 그 강함도 얼마든지 부서질 수 있다. 사람이 힘껏 누르면 이온결합 고체도 완강하게 버티긴 하겠지만 어느 정도는 구부러질 것이다. 망치를 가지고 힘껏 내리치면 단단한 이온결합도 결국 버티지 못하고 산산이 깨질 수도 있다. 콘크리트 기둥을 땅속 깊이 심는 이유도 안정된 상태를 유지하기 위해서다. 단단한 시멘트로 만든 보도라 하더라도 거만한 나무뿌리가 얼마든지 밖으로 삐져나와 보도블럭을 쪼개버릴 수 있다. 그뿐이랴, 살짝 발을 헛딛었을 뿐인데도 뼈가 부러지는 일이 얼마나 많은가! 한 가지 다행인 점은 우리의 뼈가 이온결합 고체 덩어리일 뿐이라면 가지지 못했을 유연성과 탄성을 단백질이라는 부드러운 모르타르가 섞여서 보완해주고 있다는 점이다. 더구나 뼈의 취약한 껍질 밑에는 재생 조직이 그물망처럼 버티고 있어 새로운 뼈세포를 만들고 갈라진 부분을 이어주고 부러진 뼈를 다시 연결해준다. 단순한 이온결합 고체인 달걀 껍데기와 달리 우리 척추동물의 뼈는 다시 한 번 뭉칠 기회를 갖고 있다.

우리 몸을 구성하는 조직들은 대부분 이온결합이 아니라 공유결합으로 만들어진 화합물로 되어 있다. 간단히 말해 우리는 소금이 아니라 분자 덩어리인 셈이다. 적어도 몸무게의 60퍼센트를 차지하는 것은 물 분자라고 변명해도 좋을 만큼 우리 몸속은 수화물로 넘쳐난다. 갑자기 곤란한 상황에 빠져 가게 주인이 보지 않는 틈을 타 '손님만 사용'이라고 적힌 화장실에 몰래 기어들어가야 하는 사람이라면 더더욱 그 사실을 절실히 느낄 것이다. 그럼 이제부터 우리들을 빨래 짜듯 꼭꼭 짜보자. 수분을 제거한 우리를 공상과학식 용어로 표현해보면 '스스로 복제하는 탄소 화합물 덩어리'라고 하겠다. 물기를 완전히 제거한 우리 몸에서 탄소가 차지하는 비율은 전체 건조 무게의 3분의 2가량 된다. 물이 우주의 만능 용매제라면 탄소는 생명체의 만능 청테이프이다. 세포는 물론이고 세포소기관까지 어느 것 하나 탄소가 없다면 존재할 수 없다. 생명의 계보에서 한 자리를 차지하고 있다면 그 형태가 무엇이든지 모두 탄소를 갖고 있다. 세균, 아메바, 지의류, 먼지보다 작은 진드기, 요충, 창조주의자까지도 예외는 없다. 심지어 살아 있다고 보기엔 어딘지 부족한 바이러스조차도 탄소를 가지고 있다. 탄소는 바이러스를 한 숙주에서 다른 숙주로 옮겨가게 하는 유전물질의 한 자리를 차지하고 있다. 화학자의 절반 정도가 유기화학 분야에 있는 것도 조금도 이상한 일이 아니다. 유기화학organic chemistry은 순수한 유기농 자연 식품organic food과는 관계가 없으며 탄소를 포함한 화합물에 대해서 연구하는 분야이다.

생명체가 탄소를 기반으로 하는 화합물로 이루어져 있는 이유는 탄소가 생명을 유지하는 데 가장 적합한 분자를 만들어내기 때문이다. 탄소는 융통성과 친화력을 두루 갖춘 강하고 뛰어난 지략가이다. 최외각 전자껍질에 있는 여덟 개의 전자 자리 중 네 개를 채우고 네 개를 비워놓은 탄소는 분명히 분자결합의 최상의 파트너이다. 탄소는 누구와도 손잡기를 거부한 헬륨, 네온을 비롯한 여섯 개의 고귀한 원소들*을 제외하고는, 원소 주기율표에 나와 있는 나머지 모든 원소와 행복하게 손을 잡을 수 있다. 더구나 탄소는 탄소 사슬, 탄소 고리, 탄소 가지, 널찍한 탄소 평면, 통통 튀는 탄소 공 등 아주 다양한 형태로 결합하면서 다른 원소들은 꿈도 꾸지도 못할 만큼 다양한 형태의 결합을 끝도 없이 이어나갈 수 있는 능력이 있다. 세포의 어느 부분을 만들려 하건, 어떠한 효소를 만들려 하건 간에 제일 먼저 해야 할 일은 탄소 골격을 만드는 것이다. 더구나 탄소 원자 두 개가 결합하고 있는 힘인 탄소결합은 아주, 아주 강력하다. 탄소 원자들을 연결하는 힘은 탄소와 공통점이 아주 많은 규소 원자 두 개를 연결하는 힘보다 훨씬 강력하다. 탄소결합이 아주 강력하다는 사실도 탄소가 생명의 기본 물질로 선택된 이유일 것이다. 생명체를 구성하는 분자는 안정한 상태를 유지해야 한다. 분자의 안정성에 대한 요구는 지금보다 훨씬 혹독했던 생명체 탄생 무렵의 지구에서 더욱 절실했을 것이다. 또한 탄소는 특별하지 않은 상황 속에서도 쉽게 구부러지고 휘어지고 고리를 만들기 때문에 탄소 분자는 고리나 직선 혹은 나선형을 가리지 않고 마음대로 형태를 만들어낼 수 있다. 그렇기에 나선형으로 빙빙 꼬여 있는 분자, 유전암호를 담고 있는 화학 문자인 DNA의 재료로 탄소만큼 적합한 물질은 없다.

그저 우연의 일치일지도 모르지만 우리 몸을 구성하는 탄소 화합물을

* 그외 아르곤, 크립톤, 제논, 라돈.

밝혀내기 전부터 어떤 탄소 덩어리는 우리를 사로잡아왔다. 바로 다이아몬드다. 시커멓고, 무디고, 연한 흑연에서부터 세상에서 가장 단단하고, 투명하고, 별빛을 담고 있는 보석 다이아몬드에 이르기까지 다양한 물질을 만들어낸다는 사실은 탄소의 다재다능한 결합 능력을 단적으로 보여준다.

어떤 비밀이 있기에 똑같은 탄소 덩어리인데도 어떤 것은 하찮은 연필심이 되고 어떤 것은 값비싼 예물 반지가 되는 것일까? 흑연을 구성하는 탄소는 탄소 원자 한 개당 세 개의 탄소 원자와 결합하며 네 원자가 모두 같은 2차원 평면 위에 있다. 네 개의 탄소 원자 가운데 위나 아래로 구부러져 입체 구조를 만드는 원자가 단 한 개도 없기 때문에 흑연 층 한 개와 다른 흑연 층 한 개를 연결하는 힘은 약한 반 데르 발스의 힘밖에 없다. 그렇기 때문에 조금만 힘을 줘도 층과 층이 미끄러지면서 분리된다.

반면 다이아몬드를 구성하는 탄소 원자는 모든 방향에서 결합이 일어난다. 한 개의 탄소 원자는 자신이 결합할 수 있는 최대 수인 네 개의 탄소 원자와 결합함으로써 3차원 구조를 만든다. 오른쪽, 왼쪽, 위, 아래. 어디를 보아도 탄소결합이 보인다. 워낙 단단하게 서로 뭉쳐 균등한 결정 상태를 이루기 때문에 빛을 가로막는 장애물이나 시야를 흐리게 하는 요소가 없고, 그래서 다이아몬드는 영롱한 빛을 내뿜을 수 있다. 다이아몬드를 잘라내려 해도 어느 곳이나 복잡하게 얽힌 탄소결합이 포진해 있어 쉽게 잘라낼 수 없다. 그 때문에 다이아몬드는 영원히 변치 않을 것만 같이 느껴진다. 전문 가공사들은 다이아몬드를 자를 때 다른 다이아몬드를 사용한다.

다이아몬드처럼 탄소가 놀라울 정도로 사방이 꽉 찬 상태로 배열되기란 정말 어려운 일이다. 수억, 수조 개의 탄소들이 하나도 빠짐없이 흠잡을 데 없는 4면체 구조를 형성해 완벽하게 정렬된 상태로 배열되려면 막대한 시간과 막강한 힘이 필요하다. 최근까지 다이아몬드가 만들어지는 공장은 지표면에서 수 킬로미터를 파고 내려가야 하는 맨틀이 유일했다. 다이아몬드가 되려면 맨틀에 저장된 탄소 덩어리가 수백만 년 혹은 수십억 년 동안 뜨거운 열과 압력을 받아야 한다. 이렇게 만들어진 다이아몬드는 때때로 화산이 폭발할 때 지표면 밖으로 튀어나와 제왕의 왕관에 박히거나 '여성의 가장 좋은 친구'가 된다. 다이아몬드는 그 강도로 인해 금속을 연마하는 능력이 비할 데 없이 뛰어나기 때문에 각종 금속 기계 산업에서도 필수적이며, 마이크로칩에 장착한 회로가 가열되는 것을 방지해야 하는 반도체 제조업자들도 다이아몬드를 필요로 한다. 다이아몬드는 열을 식히는 능력이 탁월하기 때문에 겨우 상온의 온도밖에 되지 않는 다이아몬드를 만졌을 때도 순간적으로 피부의 열을 빼앗아가 차갑게 느껴진다. 그런 냉각성 때문에 다이아몬드를 '얼음'이라고 부르기도 한다.

뭐, 어떤 별명으로 부르건 간에 다이아몬드는 그저 마그마 수송관에 묻혀버리기에는 너무나도 쓸모가 많은 광물이다. 20세기 중반 과학자들은 지구 깊숙이 묻혀 있는 맨틀의 상태를 흉내 내 산업용 인공 다이아몬드를 만드는 데 성공했다. 그리고 보다 최근에 과학자들은 천연 보석과 거의 유사한 상태의 인공 다이아몬드를 만들어냈다. 제작비용이 너무 높아 나미비아의 다이아몬드 광산에서 찾아낸 천연 다이아몬드보다 티파니에서 만든 인공 다이아몬드 값이 훨씬 비싸다는 것이 문제지만.

우리 몸을 연결하는 탄소결합은 다이아몬드를 만드는 탄소결합보다는 덜 열정적이지만 우리를 살아 있게 해준다. 탄수화물, 지방, 단백질, 식이섬유 같은 우리가 먹는 대부분의 음식들은 탄소를 기반으로 하는 화합물이다. 우리가 하루 동안 먹는 음식 속에는 평균 300그램 정도의 탄소 원자가 들어 있다. 양쪽 콩팥 무게를 합한 정도의 양이다. 우리가 섭취한 탄소 원자는 곧바로 몸에 흡수되어 손상된 세포를 치료하거나 호르몬을 합성하는 데 쓰이기도 하지만 대부분은 탄소 화합물이 분해될 때 나오는 탄소결합이 저장하고 있던 에너지만 쓰고 남은 탄소는 이산화탄소의 형태로 몸 밖으로 배출한다. 그런데 우리에게는 쓰레기인 이산화탄소도 다른 생명체에겐 소중한 자원이 된다. 식물은 우리가 배출한 이산화탄소를 흡수해 물과 결합시켜 당을 만들어낸다. 그 과정에서 나오는 부산물이 운 좋게도 우리가 필요로 하는 산소이다. 우리는 생각 없이 탄소 순환이 생명의 본질 중 하나일 뿐이라고만 생각하고 너무 함부로 취급하는 경우가 많다. 탄소결합은 아주 강한 결합으로 막대한 양의 에너지를 저장하고 있으며, 우리는 이를 기반으로 살고 있다. 우리 경제와 수송 기관을 움직이는 엔진은 석탄이나 도시가스, 석유의 탄소결합으로부터 대부분의 에너지를 얻는다. 우리들의 몸처럼 우리들의 자동차도 탄소결합 속에 들어 있는 에너지를 빼내고 부산물로 이산화탄소를 만든다. 인류가 한 해 동안 소비하는 화석 연료는 70억 톤에 이른다. 인류는 수천 년 이상 대기 속으로 연소되지 않고 지하 깊숙한 곳에서 동면하고 있을 탄소를 끌어내 사용함으로써 이미 너무나 많이 가속화돼버린 탄소 순환 과정을 더욱 악화시키고 있다.

결합은 생명의 다른 이름

분자결합의 힘은 우리에게 생명 유지에 필수인 먹을 수 있는 탄소 기반 물질과 숨 쉴 수 있는 산소쌍을 선사해주지만 단단한 공유결합은 생명이 요청하는 섬세한 작업을 하는 데는 서투르다. 여기서 보조해주는 다른 결합이 등장해서 약점을 보완해준다. DNA의 골격은 탄소결합으로 연결되어 있지만 DNA의 이중나선 구조는 필요에 따라 단단하게 맞물리기도 하고 느슨하게 풀어지기도 하는 지퍼처럼 작동한다. 가령 체세포 가운데 하나가 증식을 한다고 생각해보자. 체세포 속에 들어 있는 DNA 분자는 꼬여 있는 두 가닥의 나선 줄을 풀어 DNA를 복제할 채비를 갖출 것이다. 체세포 전체가 분열하지 않고 단순히 헤모글로빈이나 인슐린 같은 단백질을 새롭게 공급할 계획이라면 그 세포의 DNA는 해당 단백질을 만드는 제조법이 적혀 있는 부분만 조금 열어 필요한 단백질을 만들어낼 것이다. DNA는 필요할 때마다 꼬인 줄을 풀거나 단단하게 조인다. 이 생명의 분자는 끈끈하게 붙은 채로 위아래로 흔들린다. 어쨌든 물에서 태어난 생명과 유전자의 수호자인 DNA는 자신의 뿌리를 잃어버리는 법이 없다. DNA의 이중나선 가닥을 서로 맞물리게 해주는 결합, 각각의 지퍼 이빨이라 할 수 있는 각각의 화학 문자가 한 쌍씩 서로 맞물리게 해주는 결합은 바로 수소결합이다. 수소 원자가 산소나 질소, 탄소처럼 훨씬 크고 소유욕이 강한 원자와 전자를 공유해 분자를 만들 때 생기는 매력적인 불균형 덕분에 우리들의 DNA는 서로 붙었다 떨어졌다 할 수 있다. 수소결합은 DNA가 세포핵 속에서 얌전히 쉬고 있을 때는 DNA 이중나선 구조를 유지할 수 있을 만큼 강인하지만, 지나치게 강하지는 않아서 새로운 단백질을 만들거나 DNA 전부를 복제하려 할 때면 쉽게 떨어뜨릴 수 있다.

단백질 분자를 만들 때도 마찬가지다. 단백질 분자는 세포 내에서 특정한 임무를 수행해야 하는 만큼 자신만의 독특한 형태를 유지해야 하지만 그와 동시에 재빨리 모습을 바꿔 새로운 형태가 될 수 있는 융통성도 있어야 한다. 수소결합의 도움으로 단백질은 한쪽에 살짝 주름을 잡거나 안쪽으로 버클을 채우는 방법으로 자신의 모양을 쉽게 변화시킬 수 있다. 수소결합 덕분에 헤모글로빈 단백질은 자신의 모양이 스파게티 일인분이나 미트볼처럼 보일 때까지 돌돌 말아 우리가 갈망해 마지않는 산소와 결합할 철 덩어리를 붙잡을 수 있다. 면역계가 만들어내는 항체가 우리 몸에 침입한 미생물을 만났을 때 펄럭거리는 네 개의 사슬을 재빨리 범인이 움직이지 못하도록 입힐 구속복으로 변형시킬 수 있는 것도 모두 수소결합 덕분이다.

수소결합이 회복될 수 없을 정도로 파괴되면 생명체가 단단하게 굳는 모습을 우리 눈으로 직접 확인할 수 있다. 이제 막 닭이 낳은 달걀의 투명한 액체 속에는 귀여운 병아리를 보호해줄 섬세한 단백질들이 40여 종 들어 있다. 이 단백질들의 3차원 구조를 유지시켜주는 것은 수소결합이다. 달걀을 삶아 수소결합을 파괴하면 단백질 배열이 파괴되면서 아무렇게나 자기들이 원하는 대로 마구 뒤섞이게 된다. 출렁이고 투명한 액체가 달걀흰자라고 불리는 불투명한 고체로 굳어버리는 순간이다.

생명체의 작은 세상에서 작용하는 탄소결합을 보조해줄 2차 결합을 이야기하면서 제일 먼저 수소결합을 들었다고 해서 우리 생명체들의 부드러운 조직을 뭉쳐주는 반 데르 발스의 힘을 무시하면 안 된다. 우리의 내장 조직을 이루고 있는 층상 구조, 무화과 푸딩 같은 주름이 진 뇌 조직 등은 반 데르 발스의 힘이 없으면 한데 뭉쳐 있지 못한다. 특히 스테이크 칼이나 외과의사의 메스 앞에서는 스르륵 잘리는 지방질이 결합해 있는 것도 모두 이 느슨한 풀 덕분이다. 그런 우리의 지방질이 운동으로는 잘 없어지지 않는 까닭은 지방 분자 자체를 결합시키는 힘은 에너지를 많이 저장하고 있는 탄소결합이기 때문이다. 식물이 생존할 수 있는 이유도 셀룰로오스 벽이 갖고 있는 반 데르 발스의 약한 자기력 때문이다. 식물 뿌리와 줄기의 내벽은 약한 전하를 띤다. 그 덕분에 토양에 스며 있는 물 분자를 끌어당겨 위쪽으로 올려보낼 수 있다. 물에 한쪽 끝을 담근 휴지를 타고 물이 올라가는 것도 같은 이유다. 일단 반 데르 발스의 힘으로 물 분자를 끌어당기면 그 다음부터는 물 분자 사이에 작용하는 수소결합이 다른 물 분자들이 지도자를 따라 나아가게 한다. 결합은 생명의 또 다른 이름이다. 이 모든 결합들, 온갖 결합의 무리들은 각자 맡은 일이 무엇이든 서로 힘을 다해 이 우주가 단 하루라도 더 파국으로 치닫지 않도록 해준다.

변화의 연금술

화학은 분자와 결합에 관한 학문이며 또한 성냥을 찾아 휘두르면 마침내 불이 붙는 일에 관한 과학이다. 릭 댄하이저는 '화학은 변화의 과학, 변형의 학문'이라고 말한다. 화학은 납을 금으로, 가치 없는 것을 고귀한 것으로 만들려 했던 연금술에 뿌리를 두고 있다. 화학化學이라는 한자에도 변화라는 개념이 담겨 있다. 화학의 화化자는 서 있던 사람이 앉아 있는 자세로 변화한 것을 단순하게 표현한 모양이다.

물질이 화학적으로 변화하고 있음을 가장 분명하게 보여주는 증거는 물질의 세 가지 상태 변화이다. 고체인 얼음이 녹아 물이 되고 물이 증발해 수증기가 되며 수증기가 응결해 액체인 비가 된다. 일상생활을 영위하기 위해 사용하는 물질들도 모두 세 가지 상태 가운데 하나이다. 나무와 철은 고체이며 산소와 헬륨은 기체이고 알코올 음료수는 액체이다. 가정에서 볼 수 있는 물은 무슨 회합이라도 여는 듯이 고체, 액체, 기체라는 자신의 세 가지 상태를 모두 보여준다. 사실 지구는 물의 세 가지 상태를 모두 볼 수 있는 매우 드문 장소이다. 화성도 물이 아주 많지만 대부분 지하에 얼어 있다. 목성과 토성도 물이 있지만 행성을 둘러싼 고리 속에 얼음 결정으로 들어 있거나 유독한 기체들과 섞인 수증기 상태로 존재한다. 바닷물이 넘실대고 극지방에 얼음이 얼어 있고 간헐천 지대의 분기공에서 수증기가 쏟아져 나오는 곳은 오직 지구밖에 없다. 이 골디락스 행성에만 모든 생명체를 만족시키는 다양한 형태의 물이 존재한다.

그렇다면 고체, 액체, 기체라는 상태의 차이가 생기는 이유는 무얼까? 어째서 어떤 고체는 녹는 것을 주저하는데, 어떤 고체는 소풍 갈 때 가져가야지 하는 생각을 하는 것만으로도 가방 밖으로 줄줄 흘러내릴 정도로 빨리 녹아버리는 걸까? 우리가 가지고 있는 표본의 상태 변화를 불러일으킬 수 있는 한 가지 분명한 조건은 열이다. 얼음을 불에 올려놓고 가열하면 녹아서 물이 된다. 계속해서 열을 더 공급하면 물은 결국에는 훨씬 분자 운동이 활발한 상태가 될 것이다. 사실 분자는 시작부터가 침착한 존재가 아니었다. 아무리 겉모습이 근엄해 보여도 모든 물질은 근본부터가 거칠고 끊임없이 흔들리는 존재들이다. 양성자는 빙글빙글 회전하고 전자는 휙휙 날아다니지 않는가. 모양과 부피가 일정한 고체를 이루는 분자도 제자리에서 맹렬하게 움직이고 있다. 어찌나 맹렬하게 움직이는지 자신들을 강하게 묶고 있는 결합이 위태로울 정도다. 그러나 온도(그리고 압력)가 일정한 상태를 유지하는 한 분자들은 자신의 크기와 부피와 상태에 만족해하며 그 자리를 유지한 채 제자리 뛰기만 할 것이다.

만약 고체에 열을 가하면 분자의 떨림은 훨씬 격렬해진다. 열을 받아 잔뜩 화가 난 분자들은 자신들의 3차원 배열이 갈기갈기 떨어져 나갈 때까지 자신들을 묶고 있는 결합을 팽팽하게 잡아당긴다. 이제 분자들에게는 다른 분자를 향해 이동할 수 있는 여유가 생겼다. 이곳으로 분자들이 밀려온다는 것은 저곳에 공백이 생겼다는 뜻이며 그 말은 곧 고체 상태의 경직된 구조에서 빠져나올 기회를 엿보고 있던 분자들에게 더 많은 기회가 생겼다는 뜻이다. 마지막까지 고체 구조를 포기하지 않으려 했던 분자들까지 결국 포기하고 손을 놓으면 분자는 부피는 일정하지만 모양은 일정하지 않은 액체 상태가 된다. 이 액체 상태의 분자에 더 많은 열을 가하면 분자의 운동은 이제 걷잡을 수 없을 정도로 활발해져 분자들은 자신들을 잇는 모든 인력을 과감하게 끊어버리고 마음대로 훨훨 날아가는 기체 상태가 된다. 사실 기체 분자 사이에도 서로를 끌어당기는 인력은 있다. 팔팔 끓고 있는 주전자의 증기는 기체 물 분자들이 한데 모여 있는 모습이다. 그러나 기체는 정해진 부피가 없기 때문에 이내 자신이 원하는 공간을 찾아 뿔뿔이 흩어져버린다.

일반적으로 이온결합 물질인 광물이나 뼈는 액체가 되거나 기체가 되는 것을 거부한다. 이온과 이온이 결합해 있는 단단한 이온결합 물질은 액화 과정의 첫 번째 단계인 결합이 헐거워지거나 떨어지는 것을 단호하게 거부한다. 탐정 소설을 보면 조용히 불속으로 사라지기를 거부한 희생자의 뼈가 난로에 남아 범인을 잡게 되는 경우가 많다. 평범한 나무 난로의 온도는 섭씨 300도 정도이기 때문에 뼈나 이빨이 잘 녹지 않는다. 화장터에서 활활 타오르는 섭씨 1,000도 정도의 불꽃도 두 시간 내지 세 시간은 태워야 망자의 뼈를 재로 돌릴 수 있지만 이때도 액체가 아니라 재의 형태로 남는다. 금속도 뜨거운 것을 좋아하는 기질이 다분해 아주, 아주 높은 온도에서만 녹는다. 금속의 녹는 온도가 높은 이유는 수많은 원자들이 함께 전자를 공유하고 있는 금속결합 때문이기도 하지만 또 한 가지 이유는 가능한 한 조밀한 3차원 구조를 이루기 위해 서로서로를 겹치게 쌓아 놓는 구조 때문이기도 하다. 그런데 녹지 않으려고 저항하는 정도는 금속마다 모두 다르다. 동료들과 나눌 수 있는 전자가 세 개이며 한 원자당 접촉하는 원자의 수가 12개에 이르는 철의 녹는 온도는 섭씨 1,538도에 이른다. 반면에 청어처럼 부드러운 나트륨이 동료들과 나누고 있는 전자는 한 개밖에 안 된다. 비교적 느슨한 연합을 하고 있는 나트륨의 녹는 온도는 약 섭씨 98도이다. 구조가 서로 비슷한 은, 구리, 금의 경우 녹는점은 섭씨 1,100도가 채 안 된다.

그리고 모든 원소 가운데 가장 커다란 논쟁을 불러일으키는 수은이 있다. 수은은 상온에서 액체 상태로 존재하며 열이나 전기를 별로 전달하지 못하는 아주 약한 전도체로 금속 세계의 일원으로 인정할 만한 자질을 제대로 갖추지 않고 있다. 수은이 이렇게 이상한 금속이 된 데는 거대한 원자핵과 강력한 인력을 자랑하는 80개의 양성자에게 책임이 있다. 이론적으로는 수은이 전자 바다에 내놓아 동료들과 함께 공유해야 하는 전자는 두 개이지만 워낙 원자핵이 강력하게 끌어당기고 있는 탓에 수은의 전자는 자유롭게 원자를 벗어나지 못하고 대부분 자기 자리에 머물게 된다. 그 때문에 수은 원자들은 강력한 금속결합을 하지 못한 채 느슨한 결합에 만족해야 한다.

수은의 영혼은 변덕스럽고 무책임하지만 은이나 금 같은 다른 금속과 섞이면 아말감이라는 부드러운 물질을 만든다. 고대 이집트와 그리스의 광부들은 수은을 이용해 광석에서 금을 채취했고 연금술사들은 수은이 납을 금으로 바꾸어줄 것이라고 믿었다. 사람들은 이 물질이 금속과 물의 중간쯤이라고 생각해 이상한 물chaotic water 또는 움직이는 은quick silver이라고도 불렀다. 위대한 아이작 뉴턴 경은 한때 연금술에 몹시 열정적으로 뛰어들어 수은을 물리학의 기본 원리 다음으로 귀중한 것이자 모든 금속의 정수라고 생각했으며, 수은 속에서 가장 고귀하고 철학적인 형태를 찾으려고 노력했다. 그는 자신의 케임브리지 연구소에서 수은을 가지고 실험하면서 너무나 많은 수은 증기를 들이마신 탓에 미치광이 같은 괴짜가 돼버렸다. 실제로 남아 있는 뉴턴의 머리카락에서는 다량의 수은이 검출됐는데, 동시대 사람들은 그가 시간이 갈수록 난폭해지고 사람들을 적대적으로 대했다고 적고 있다. 젊은 날에는 중력과 운동과 광학의 보편적 원리를 발견하고 미적분을 발명해 제임스 글릭이 '이 시대를 건설한 최고의 건축가'라는 극찬을 마지않은 이 천재는 긴 생애의 끝을 향해 다가갈수록 성서 중에서도 가장 공상적인 요한계시록 외에는 어떠한 것에도 흥미를 갖지 않는 노인이 되었다.

이온결합 물질도 금속결합 물질도 아닌 분자결합으로 이루어진 고체는 쉽게 녹거나 끓는다. 그중에서도 우리 몸을 이루는 신체 기관처럼, 종류는 다르지만 비교적 가까운 관계에 있는 분자들이 섞여 있는 부드러운 고체는 쉽게 녹거나 끓는다. 그런 분자들은 보통 반 데르 발스의 힘에 의

지해 형태를 갖추고 있기 때문에 조금만 충격을 가해도 결합이 쉽게 깨진다. 예를 들어 지방이 80퍼센트이고 단백질, 우유, 설탕을 비롯한 여러 가지 첨가물의 비율이 20퍼센트 정도 되는 버터는 그저 입안에 넣는 것만으로도 녹아내린다. 그렇기 때문에 우리가 입 안 가득 퍼지는 버터의 맛을 음미할 수 있다.

그런데 모든 물질이 열을 받으면 고체에서 액체를 거쳐 기체가 되는 것은 아니다. 얼어붙은 이산화탄소, 즉 드라이아이스라고 하는 물질을 생각해보자. 드라이아이스는 아이들에게 인상적인 생일 파티를 열어주고 싶을 때나 연극 무대에서 환상적인 장면을 연출할 때 사용한다. 이 드라이아이스를 상온에 갖다놓으면 액체 상태는 그대로 건너뛰고 곧바로 하얀 증기를 뿜으며 기체 상태로 돌아간다. 이렇게 액체 상태를 건너뛰는 상태 변화를 '승화'라고 부른다. 드라이아이스가 깃털처럼 가볍게 날아가버릴 수 있는 이유는 이산화탄소들을 묶고 있는 결합이 상대적으로 연약하고, 대기 중에 이산화탄소가 턱없이 부족하기 때문이다. 때문에 분자들을 연결하는 결합은 쉽게 깨지고, 주변의 공기는 옳다구나 하고 귀한 이산화탄소를 받아들인다. H_2O의 고체 상태인 얼음도 물이 되는 과정을 건너뛰고 곧바로 수증기가 되는 승화 현상이 일어날 수 있지만 드라이아이스처럼 맹렬하게 진행되지는 않는다. 냉동실에 넣어둔 얼음이 온도가 변하지 않았는데도 조금씩 줄어드는 현상이 바로 얼음이 승화된다는 증거이다. 얼음을 둘러싼 공기 속으로 얼음 분자가 곧바로 뛰어들어 수증기가 된 후에 냉장고 표면에서 다시 얼음으로 바뀌는 냉장고 서리가 바루 승화의 예이다. 또는 냉동실 속에 넣어둔 얼음이 줄어들면서 함께 넣어둔 물건이 일종의 얼음 풀로 붙여놓은 듯, 한 덩어리의 얼음

덩어리로 되는 것도 승화로 인해 일어나는 현상이다.

녹거나 얼거나 끓거나 응결되는 모든 것이 물질의 물리적인 상태 변화를 나타내지만 상태가 변한다고 해서 분자 구조가 변하는 것은 아니다. 분자라는 입자는 물리적인 상태에 따라 무정부주의자처럼 자유로운 기체가 되기도 하고 군인처럼 엄격한 고체가 되기도 하지만 분자의 정체성만은 확고하게 지킨다. 결혼식장에서 뿌리든 향수로 만들어 뿌리든 장미 꽃잎은 장미 꽃잎인 것처럼 아무리 물질의 상태가 변해도 분자의 성질은 변하지 않는다. 분자의 성질을 바꾸려면 물리 변화가 아니라 화학 변화를 일으켜야 한다. 분자를 구성하는 원자들을 모두 분리해내 새로운 분자가 되도록 다시 배열해야 한다. 끓이거나 얼리거나 힘껏 누른다고 해서 밀가루 반죽이나 주스가 발효되는 것이 아니다. 우리에게 필요한 것은 놀라운 변화를 일으키는 연금술이다. 우리에게 필요한 것은 화학 반응이다. 밀가루를 빵으로 만들고, 물을 술로 만드는 것도 화학 반응의 기적이다.

술과 빵과 사과의 과학

발효는 인류가 가장 먼저 시작한 화학 실험일 것이다. 인류 최초의 알코올 음료가 언제, 어떤 방법으로 만들어지고 사람들의 찬사를 불러일으키게 되었는지는 아무도 모른다. 인류가 알코올 음료를 마시게 된 것은 순전히 우연 때문일 가능성이 크다. 조심성 없는 아이나 기운이 빠진 탓에 식탁 치우는 걸 잊어버린 노예의 잘못으로 죽 그릇 속으로 효모 포자 몇 개가 떨어진 결과일 수도 있다. 어떤 경로로 인류가 알코올 음료를 먹게 됐든지 간에 농업 혁명이 도래한 직후 양조업자의 기술은 일취월장했다. 9천 년 전에 살았던 사람들이 남기고 간 질그릇 파편을 화학 분석해본 결과 중국 북부 허난河南 성의 한 마을인 자후賈湖에 살았던 사람들이 쌀이나 포도, 꿀을 발효시켜 알코올 음료를 만들어 먹었음을 알아냈다(왜 중국 음식과 술이 잘 어울리는지 알겠다!). 알코올 음료는 분명히 어두운 면이 있어 수백만 명의 사람들을 죽게 하거나 살인자로 만들지만 수백만 명의 사람을 살린 것도 분명 사실이다. 공중위생학이라는 개념이 탄생하기 전, 적어도 서양에서는 수천 년 동안 안심이 되지 않는 물 대신 모든 연령의 사람들이 알코올 음료를 마셨다. 산성을 띠고 있어 약한 살균 작용을 하는 술은 물보다 병원균을 옮길 가능성이 낮았다. 그 덕분에 일반 시민들도 살짝 알코올 중독에 걸려 있었겠지만, 티푸스로 죽는 것보다는 얼근하게 취해 있는 편이 낫지 않은가!

포도주와 맥주를 비롯한 정신을 지배하는 알코올성 음료는 모두 효모가 축제를 벌이며 먹는 동안 일으킨 화학 변화의 부산물이다. 효모는 자신이 찾아낸 분자를 분해시킨 후 그 부품을 이용해 우리가 원하는 새로운 분자를 만들어낸다. 효모는 균류의 일종이다. 사실 대부분의 균류 세계의 일원들은 우리 인류와는 전혀 다른 미각을 가지고 있는 것이 보편적인데 효모의 미각은 독특하게도 설탕을 좋아하는 우리의 입맛과 닮았다. 갈아놓은 곡물이나 잘 으깨놓은 포도를 담은 통에 양조용 효모를 첨가하면, 효모는 그 속에 들어 있는 단당류를 자기 것으로 만들어버린다. 단당류란 더 이상 그보다 간단한 당류로 분해되지 않는 탄수화물을 말한다. 단당류는 혀끝에 달짝지근한 맛을 선사하는 주인공들로 혈관 속을 놀면서 세포의 연료로 쓰이는 포도당, 과일에 주로 들어 있는 과당 등이 바로 단당류이다. 포도당과 과당은 만들어지는 과정이나, 분자를 이루고 있는 탄소와 산소, 수소 원자의 개수 등은 서로 같지만 원자들이 만드는 3차원 구조가 다르기 때문에 각기 다른 성질을 띤다. 그러나 효모에게 두 당의 차이점은 아무 의미가 없다. 효모는 단당류라면 종류를 가리지 않고 이산화탄소 분자 두 개와 에탄올이라고도 하는 에틸알코올 분자 두 개로 분해해서 에너지를 짜낸다. 어떤 술에 거품이 생기는 이유는 바로 이때 만들어진 이산화탄소 때문이다. 곡물을 으깬 곤죽이 아니라 빵을 만드는 밀가루 반죽에 효모(이스트)를 첨가하면 발효가 일어나면서 반죽을 부드럽게 만들며 부풀린다. 에탄올은 술alcohol을 진정 알코올 음료로 만들어주는 물질로, 분위기를 고취시켜주고 이성을 앗아가는 물질이다. 에탄올은 여러 가지 용도로 다양하게 쓰이는 거대한 유기 화합물 집단인 알코올의 한 일원이다. 효모가 없어도 인간의 체세포는 산소가 없을 때면 언제라도 알코올을 만들어낸다. 역도를 올리는 것 같은 근력 운동을 할 때 그렇다. 가끔 헬스장 탈의실에서 술 냄새가 풍기기도 하는 이유가 바로 그 때문이다.

어떤 것을 재료로 만들었느냐에 상관없이 알코올이라면 모두 수산기(-OH)를 가지고 있다. 수소 원자 한 개와 산소 원자 한 개로 이루어진 수산기는 반응성이 높아서 아주 거대한 분자들을 뚫고 들어가 쉽게 갈라놓는다. 그렇기 때문에 아주 강력한 세제를 만들 때도 집어넣고 향수, 염료, 약품의 용제로 많이 쓰이며 심지어는 어린이용 시럽 감기약에도 들어간다. 또한 와인을 한 병 통째로 넣고 음식을 만들기도 하는데, 그 음식은 어린아이도 금주주의자도 부담 없이 먹을 수 있다. 알코올은 녹는점과 끓는점이 모두 아주 낮기 때문에 불에서 내릴 때쯤이면 와인에 들어 있는 알코올은 이미 멀리멀리 날아가버린 후일 테니까.

알코올 분자도 스스로 화학 변화를 일으켜 취기가 없는 상태로 변할 수 있다. 와인 병을 열어놓으면 공기 중에 떠돌던 호기성 세균(먹고 사는 데 산소가 필요한 세균)이 병 속으로 들어가 효모가 남긴 찌꺼기인 알코올을 먹고 물과 아세트산을 만들어놓을 것이다. 다시 말해 식초가 생기는 것이다. 기름과 잘 섞이는 성질 덕에 식초는 샐러드 바에서 없어서는 안 될 주빈으로 자리 잡았다. 그러나 신초의 시큼한 맛을 내기 위해 취기 가득한 알코올의 수산기를 떼어버렸으니 사람들을 흥겹게 만드는 능력은 잃어버린다.

발효는 일상생활에서 다양하게 일어나는 화학 변화의 한 단면일 뿐이다. 화학 반응 중에는 아주 쉽게 자발적으로 일어나는 반응도 있지만 턱 밑까지 불을 들이대거나 재료를 땅에 묻고 거의 5억 년이 흐를 때까지 잊어버리고 있어야 간신히 반응이 일어나는 경우도 있다. 나트륨과 염소는 함께 섞이는 순간 불꽃을 내며 맹렬하게 반응해 소돔과 고모라에서 그랬듯이 소금 기둥을 만들어낸다. 두 이온의 전자들이 소금 결정 속에 자리 잡기로 결정하면서 나트륨 원자와 염소 원자는 자신들의 열정, 자신들의 운동에너지와 위치에너지를 기꺼이 포기해버린다. 두 원소가 자신들의 에너지를 포기하는 과정은 짧은 폭발음과 빛과 열을 발산하는 발열 반응의 형태로 나타난다.

생일 케이크를 만들기 위해 계란, 버터, 밀가루, 설탕 같은 첨가물을 넣고 잘 저은 다음 반죽을 케이크 팬에 붓고 오븐에 넣고 생일 파티가 반쯤 진행됐을 쯤에 오븐으로 가보자. 뭐, 빵집에 가서 그냥 사오는 것이 더 산난할 수 있겠지만. 아무튼 오븐 속에서 구워지는 반죽의 성분은 분자 구조가 재배열되어 가볍고 촉촉하고 탄력 있는 상태로 화학 변화되어 있을 것이다. 케이크 반죽이 에너지를 얻었기 때문에 가능한 일이다. 케이크를 굽는 반응은 열을 밖으로 내보내는 발열 반응과 달리 반죽 속에 열을 가두는 흡열 반응이다.

그런데 흡열반응으로 시작하지만 뜨거운 공기를 내뿜는 것으로 끝나는 화학 대결이 있다. 우리가 숨 쉬는 산소, 전체 대기의 5분의 1을 차지하는 이 기체는 생명의 수호자이기도 하지만 화학 반응에 열광적이기도 하다. 산소는 할 수만 있다면 어떤 물질하고도 결합한다. 산소는 파트너의 전자를 훔쳐 파트너의 성질을 바꾸어놓는데, 산소의 파트너가 된 물질은 표면을 그슬려 전보다 연약한 상태가 된다. 산소라는 영리한 도적이 전자를 훔쳐가는 행위를 산화라고 하는데, 산소 원자와 산소 분자 모두 강력한 산화제로 작용한다. 산화는 강철로 만든 다리가 산소와 반응하여 녹슬어가는 것처럼 서서히 점진적으로 일어난다. 산화 반응은 대부분 발열 반응으로 휘발류나 석탄이 타서 열을 내는 것도 산화의 일종이다. 내연 기관은 작동을 멈춘 후에도 차 후드에 열기를 남길 정도로 강렬한 에너지를 뿜어내지만 녹슬어가는 철다리는 아주 소량의 열을 방출한다. 그런데 어떤 물질이 연소되려면 자기 스스로 타오르는 발열 반응이 일어나기 전까지는 외부에서 에너지를 흡수해야 한다. 산소와 휘발유가 격렬히 반응하게 하기 위해서는 스파크 플러그를 이용해 불꽃 방전을 일으켜야 한다. 아무리 상상 속에서 성냥불을 켜는 것이라 해도 성냥불을 지피려면 성냥을 그어야 한다. 성냥을 적당한 장소에 대고 긋는 이유는 마찰에 의한 열을 얻기 위해서다. 성냥 머리에 묻혀놓은 인이나 황 같은 인화 물질이 마찰될 때 생기는 열이 그 후에 일어날 발열 반응의 촉매 역할을 한다. 황과 인의 혼합물이 마찰될 때 발생하는 열은 산화 반응, 이 경우에는 탄소를 기반으로 한 물질인 나무가 산소와 펼치는 격렬한 화학전을 유도한다. 한 번 시작된 반응은 격렬하게 빛과 열을 내면서 산소가 탄소를 게걸스럽게 전부 먹어치울 때까지 계속되며, 나무는 이산화탄소와 수증기로 변해간다.

생명체의 화학 반응도 연료를 모으고 불을 붙이는, 흡열 반응과 발열 반응이 모두 존재한다. 생명체는 가만히 앉아 자신에게 필요한 화합물이 들어오기만을 기다릴 수는 없는 존재다. 그저 산화알루미늄처럼 완벽한 지질 작용이 자신을 사파이어로 바꾸어줄 때까지 수백만 년을 한가롭게 기다릴 처지가 아니다. 생명체는 평상시에는 결코 서로를 찾지도 않는 분자들을 닦달해서 반응이 일어나게 해 필요한 결과물을 얻어내야 한다. 우리들의 세포 속에는 엔진이 연소할 수 있도록 불꽃 방전을 일으키는 스파크 플러그처럼 정해진 임무를 성실하게 수행하는 효소와 단백질이 잔뜩 들어 있다. 소화 효소는 음식 속에 들어 있는 에너지를 방출시키고, 간 효소는 해독 작용을 하며, 면역계에 속한 효소들은 세균의 기능을 마비시킨다. 이런 촉매를 만들려면 연료가 필요하다. 효소의 제작은 흡열 반응으로 이루어진다. 흡열 반응으로 만들어진 효소들은 자신들에게 주어진 사명대로 수백만, 수천만 개의 작은 난로들이 매일같이 꺼지지 않고 불을 피우는 발열 반응을 촉진시킨다.

사랑을 할 때 그렇듯이, 생명체에게도 시간이, 타이밍이 아주 중요하기 때문에 손목은 없더라도 손목시계를 차고 있어야 한다. 움직일 수 있는 동물들에게 번식을 의지하고 있는 식물들은 자신들의 씨를 널리 퍼트려야 하는 시기에 맞춰서 가장 달콤하고 부드러운 과일을 열리게 해야 한다. 이 식물들은 과일을 먹고 사는 우리 같은 동물들이 그 순간에 열매를 먹고 소화시킨 다음 돌아다니다가 멀리 떨어져 있는 비옥한 공터에 배설해주기를 바란다. 소규모 화학 반응을 단계적으로 점화시켜서, 사과가 탐스럽게 익어 윤기 나는 빛깔과 향기, 과즙이 풍부한 둥근 모양을 갖추어 한 입 베어 물지 않을 수 없게 유혹하는 식물의 전략은 본능적인 욕구를 이용하는 훌륭한 예를 보여준다.

사과는 봄날 사과 꽃이 새로운 씨를 맺도록 도와줄 수분 매개자인 곤충을 불러들인 직후에 자라나기 시작한다. 사과나무 꽃이 떨어지면 사과나무 잎의 광합성 작용에 힘입어 흡열 반응이 일어나면서 다섯 개의 씨를 둘러싸고 있는 사과 열매가 부풀어 오르기 시작한다. 그러나 씨가 완전히 여물어 새로운 사과나무로 발아할 수 있는 능력을 갖추기까지는 어느 정도 시간이 필요하다. 따라서 익지 않은 사과는 아무도 손대지 않는 금단의 열매로 남기 위해 세포벽은 쉽게 뚫을 수 없도록 두툼하게 만들고, 과육은 신맛 나는 뻣뻣한 녹말과 섬유질 덩어리로, 바깥 표피는 식욕이 안 당기는 녹색으로 만들어놓는다. 이 녹색 신호는 '아직 공사 중이니 손대지 마시오'라고 적어놓은 것이라 할 수 있다.

시간이 흘러 사과도 씨도 준비가 끝나면 비로소 에틸렌이라고 알려져 있는 유명한 과일 성숙 호르몬을 분비한다. 에틸렌은 수소와 탄소 원자가 결합한 작은 분자(탄화수소)인데 여러 가지 놀라운 일을 해낸다. 사과에 에틸렌 기체를 쐬면 사과를 고상하게 만드는 효소, 사과에게 바른 길을 알려주는 효소, 목수 역할을 하는 효소, 교정교열을 담당한 효소, 의상 자문, 태도 교정자 같은 다양한 효소들을 활성화시킨다. 그중에는 단단한 다당류인 녹말을 달콤한 단당류로 바꾸는 효소도 있고 신맛을 없애는 효소도 있고 사과 세포의 펙틴을 분해시켜 부드러운 육질로 만들어주는 효소도 있다. 세포가 더 부드러워지고, 더 달콤해지고, 삼투성이 더 늘어나게 되면서 과일 세포도 동물처럼 산소를 들이마시고 이산화탄소를 내뱉는 호흡 방식을 택하게 된다. 급속히 늘어난 당분이 줄기에서 수분을 빨아들이면서 사과는 과즙을 듬뿍 함유하게 된다. 잘게 부서진 분자는 공기 중으로 날아가 우리에게 사과가 익었음을 알리는 향긋한 향기를 전달한다. 포식자를 피하기 위해 우중충한 녹색을 띠었던 껍질도 지속적으로 밝은 색으로 바뀌어, 멀리서도 새들이나 포유류들이 알아보고 저녁 만찬을 즐기기 위해 달려오게 될 노란색이나 빨간색으로 거듭난다. 사과가 익는 동안 일어나는 화학 반응은 대부분 발열 반응이다. 잘 익은 사과 열매는 거의 타오르는 듯하다. 보이는 모습뿐 아니라 느낌까지도 그렇다. 마침내 사과를 따서 맛을 보고 그 따뜻함을 사랑하는 사람과 나눌 수 있게 된 것이다.

6

진화생물학: 모든 몸들의 이론

Evolutionary Biology: The Theory of Every Body

데이비드 웨이크 교수와 함께 UC 버클리의 대학교 척추동물 박물관에 있는 그의 사무실로 막 들어가려던 때였다. 흘끗 옆을 보던 그는 갑자기 멈춰서더니 말했다.

"잠깐만요. 보여줄 게 있어요. 분명히 좋아할 거예요. 아주 좋아할 걸요." 그는 가까이 있는 선반으로 뛰어가더니 뚜껑이 닫힌 하얀 플라스틱 양동이를 꺼냈다. 뚜껑 위에는 구멍이 몇 개 뚫려 있었다. 뚜껑을 연 웨이크 교수는 나에게 들여다보라고 했다.

"이게…… 뭐예요?" 양동이를 들여다보는 순간 나는 너무나도 놀라서 이 말이 절로 튀어나왔다. 양동이 바닥에는 도마뱀처럼 생긴 괴상한 인형이 있었는데, 그런 동물 인형은 동물원 선물 가게에서도, 장난감 백화

점에서도 본 적이 없었다. 반투명한 푸딩처럼 밝게 빛나는 12센티미터 정도 되는 그 인형은 최신 소재로 만든 게 분명했다. 연한 청록색 머리에 우아한 다리, 분홍빛을 머금은 사탕 같은 코 끝, 구릿빛과 옅은 자색을 띤 등과 꼬리. 나는 계속 멍하니 바라보았다. 멸종해버린 고대 파충류를 복원한 것일까? 아니면 파충류 학계를 놀려주고 싶었던 손재주 좋은 과학자가 만들어낸 짓궂은 장난감일까? 이런 물건은 어디가면 살 수 있지? 웨이크 교수가 안 볼 때 훔쳐야 할까? 어라, 동작 버튼도 안 눌렀는데 저절로 꼬리를 움직이네?

그때 웨이크 교수가 말했다. "이렇게 아름다운 생명체는 본 적이 없을 거예요. 게코(도마뱀붙이)예요. 이제 막 중동 지방에서 돌아온 친구가 가져왔어요."

"잠깐만요……." 교수의 말에 내가 말했다. "이게, 그러니까 진짜 살아 있는 게코라는 거예요?"

"그럼요, 색깔까지 있는 진짜 살아 있는 게코지요." 웨이크 교수가 다시 강조했다. "정말로 이 세상에 속하지 않은 것처럼 신비로운 생물 아닌가요? 마치 수스 박사(미국의 유명한 그림책 작가—옮긴이)가 만든 창조물 같아요. 그러니까 그 뭐더라? 픽사 스튜디오인가? 왜 컴퓨터 애니메이션을 만드는 사람들이 찾는 완벽한 모델 같지 않나요? 바꿔야 할 게 하나도 없으니까요." 교수는 다시 양동이 위에 뚜껑을 덮고 선반 위에 올려놓았다.

아니, 그렇지 않은걸. 나는 속으로 생각했다. 게코는 정말 멋졌다. 집으로 가져가고 싶을 정도로 정말 근사했다. 그러나 훗날 일상적으로 부르는 이름이 정확하게 '경이로운 도마뱀'이라는 사실을 알게 된 그 게코는 만화에 나오기에는 오히려 너무나도 가짜 티가 많이 났다.

자연의 장난감

가짜 같은 진짜. 이것이 이제부터 이야기하고 싶은 내용이다. 생물학에서는 결코 자신의 의혹을 믿으면 안 된다. 세상에는 우리의 의심을 뛰어넘는 생명체가 너무나도, 너무나도 많이 있다. 정말 비현실적으로 보이는 있을 것 같지 않은 생명체, 너무나도 바보처럼 보이는 생명체, 너무 고풍스러운, 너무 조립된 것 같은, 너무 우아한, 너무 꾸민 것 같은, 너무 소중해 보이는, 너무 완벽해 보이는 생명체들이 너무나도 많이 있다. 나는 큰부리새를 볼 때마다 의심스럽다. 전체 몸 크기에 비해 터무니없이 큰 데다가 간신히 얼굴에 붙어 있는 것 같은 위태로운 거대한 노란 부리는 사실 부리가 아니라 부리에 콕 박혀 있는 거대한 바나나가 아닐까? 절대로 진짜일 것 같지 않은 큰 코에 대해서 이야기할 때 절대로 빼먹으면 안 되는 동물이 바로 북아메리카 동부 지방 전역에서 볼 수 있는 반수생동물인 별코두더지이다. 22구경 권총처럼 생긴 통통한 살집에 극도로 예민한 열은 분홍색 촉수인 별코두더지의 코는 먹이인 통통한 지렁이를 찾을 때면 앞으로 쭉 뻗어 나와 꾸물꾸물 움직여댄다. 별코두더지는 결코 우연히 생겨난 생명체처럼은 보이지 않으며, 누군가가 장난으로 만들어놓은 것 같다.

실제로 19세기 유럽 박물학자들이 호주와 뉴질랜드에서 오리너구리를 처음 봤을 때 누군가가 사기를 치려고 꾸며놓은 것이 분명하다고 확신했다. 도마뱀처럼 발을 질질 끌면서 걷는 걸음새, 작은 단추만 한 눈, 그냥 쭉 찍어 놓은 것 같은 귀, 물갈퀴 같은 발, 노처럼 생긴 꼬리, 오리처럼 툭 튀어나온 흑남색 주둥이 등 오리너구리는 온갖 괴상한 특징을 한 몸에 지니고 있었다. 상당히 많은 수의 오리너구리들이 잡혀와 해부된 다음에야 이런 의심들이 사그라졌다.

놀랍도록 우아한 생물도 가짜처럼 느껴질 때가 있다. 흑고니 두 마리가 서로를 마주 보며 머리를 숙여 이마를 맞댄 뒤 우아한 목을 머리가 가슴에 닿을 때까지 구부리고 있는 모습을 보면, 당신은 절로 고니가 이 세상에 존재하는 이유는 겸허한 마음으로 신의 경이로움을 느끼게 하기 위해서라고 단언해버릴 것이다. 마티스의 그림처럼 원색의 화려한 깃털을 지닌 오색멧새 수컷을 볼 때도 마찬가지다. 한 번은 오색멧새가 통나무 위에 있는 걸 봤는데 그렇게 아담한 무언가가 내 눈을 사로잡을 수 있다는 사실에 얼마나 경탄했는지 모른다.

데이비드 웨이크 교수는 전문가로서의 열정과 개인적인 목표에 대해서, 청개구리, 도마뱀, 가시고기, 도롱뇽들과 그들이 지닌 기다란 혀에 대해 이야기했으며, 자신의 독특한 개인적 이력을 이야기해주었다. 일반적으로는 〈로미오와 줄리엣〉에 나오는 몬태규 가문과 캐플렛 가문처럼, 서로 트집만 잡는 신학과 과학이 그의 내면에서 조화를 이루고 있으며, 그런 사고방식이 학생들을 가르치는 일에 굉장히 커다란 열정을 불어 넣고 있다고 이야기했다.

“저는 아주 독실한 기독교 집안에서 자랐습니다. 할아버지는 루터파 목사셨고 부모님은 신실한 종교인이었죠. 저도 퍼시픽 루터란 칼리지에 다녔고 신학으로 박사 학위를 받은 사촌이 두 명이나 됩니다. 한 명은 알버타Alberta에 있는 루터란 칼리지의 학장이고 한 명은 캐나다에서 감독으로 목회 활동을 하고 있습니다. 저희 집안은 종교인들과 신학자들로 가득합니다.

하지만 저희 집안은 그 못지않게 과학자들도 많지요. 제 사촌 중에는 시카고 필드 자연사박물관 큐레이터도 있고 오슬로에 있는 자연사박물관 큐레이터도 있습니다. 할아버지는 목사이시자 아마추어 박물학자셨지요. 99세까지 사셨던 할아버지는 저희 집에서도 한동안 사셨기 때문에 잘 알고 있습니다. 할아버지는 풍부하고도 길었던 일생 동안 종교와 과학 지식이 대립한다고는 한 번도 생각하지 않으셨습니다. 저희 가족 누구나 마찬가지였죠. 제게 진화를 맨 처음 가르쳐주신 분도 할아버지입니다. 할아버지는 제게 증거를 존중해야 한다는 것을, 종교도 반드시 현실과 함께 해야 한다는 사실을 알려주셨습니다. 우리는 실재하는 세계에 살고 있으니 우리 자신의 경험에 근거해 이 세상을 이해할 수 있어야 한다고 말하셨죠."

나는 웨이크 교수의 말을 다른 사람들에게도 꼭 들려주고 싶다. 그가 말한 내용은 내가 이야기를 나누어본 거의 모든 과학자들이 분야에 상관없이 일반 대중들이 과학에 대해 알았으면 하는 내용으로 가장 손꼽는 사항이다. 웨이크 교수는 생명과학의 알파이자 오메가를 말하고 있었다. 위대한 러시아 유전학자 테오도시우스 도브잔스키는 간결하게 이렇게 말했다. "진화의 빛을 빼면 생물학에서 이해할 수 있는 것은 하나도 없다."

진화, **진화**, **진화**! 당신이 무신론자이건 한 번도 예배에 빠지지 않고 교회에 나가는 사람이건 은신처에 숨어 있는 소심한 파우스트이건 그런 것은 아무런 문제도 되지 않는다. 당신은 가톨릭 신자일 수도, 이슬람교

도일수도 유대교인, 드루이드교인, 독실한 침례교인, 그보다도 더 독실한 불교 신자일 수도 있다. 현생의 목적을 믿건 내세에 희망을 품건, 절대자의 권위를 믿건 그런 것은 아무런 문제가 되지 않는다. 당신이 생각하는 신이 어떤 형태를 띠고 있건 간에 전혀 문제될 것이 없다. 지구에 살고 있는 모든 생명체들을 연결하는 근원적인 원리를 깨닫는 데는 종교적인 문제로 고민할 이유가 전혀 없다. 우리 주위에서 보는 생명, 우리가 소유하고 있는 생명은 우리보다 앞선 형태의 생명체가 진화해온 것이고, 우리보다 앞선 생명체들도 그보다 앞선 생명체들이 진화한 결과이다. 새로운 종들은 그 범위와 능력이 거의 전능에 가까운, 어떠한 자격도 보완물도 안전장치도 변호자도 필요 없는 자연선택이라는 위대한 힘을 통해 진화해온 생명체들이다. 다윈의 진화론이라는 이름으로 알려져 있는 자연선택에 의한 진화는 현재 지구상에 존재하는 3천만에서 1억 개에 달하는 생물종의 기원일 뿐 아니라 (아직까지 정확하게 밝혀져 있지 않은 수많은 생물 종들과 앞으로 탄생하게 될 그 정도 되는 생물 종들은 물론이고) 처음 생명체가 출현한 후 수십억 년 동안 나타났다 사라져버린 수억 종에 이르는 생명체의 기원에 대해서도 알려준다. 진화란 생명을 정의하는 한 측면이라고 생각하는 생물학자들이 많다. "생명이란 무엇인가"라는 질문에 한 과학자는 이렇게 대답했다. "생명이란 먹고 번식하고 질퍽거리며 진화하는 것."

진화론은 물리학자들도 아토그램밖에 안 되는 생물량을 이해하려 할 때 반드시 고려해야 하는 기본 법칙으로 인정하고 있다. MIT의 물리학자 로버트 제프는 이렇게 말했다. "사람들은 과학의 기본 법칙은 물리학에서 나온다고 생각하는 경향이 있습니다. 맞는 말이지만 또 한 가지 기본 법칙이 생명과학에서 나옵니다. 생명과학이 제시하는 이 법칙은 물리학의 신전에서 나온 것만큼이나 심오하고 파급력이 크며 보편적입니다. 자연선택에 의한 진화는 완벽한 자연의 원리로 어디에나 적용되는 놀라운 이론입니다. 그런데도 그 가치를 제대로 인정받지 못하고 있습니다. 아니, 인정은커녕 공격을 받고 있다는 사실은 정말 슬픈 일이지요."

물론 진화론이 일반적으로 경멸받거나 거부되고 있는 것은 아니다. 사실은 그 반대여서 진화론은 폭넓은 팬 층을 확보하고 있다. 몇 년 전 「뉴요커」에서 데이비드 덴비가 지적한 것처럼 이제는 저녁 식사를 하는 동안 어떤 친구가 무례하게 구는 이유에 대한 분석 근거 자료로 프로이트의 학설이 아닌 진화생물학적 근거가 제시되고 있을 정도이며, 과학계가 배출한 인물 가운데 길고 하얀 턱수염에 빅토리아풍의 프록코트를 입은 독특한 찰스 다윈의 모습은 아인슈타인 다음으로 가장 널리 알려져 있을 정도다. 유럽, 아시아, 라틴 아메리카의 많은 지역에서 과학 교육계가 주로 선택한 학설은 진화론이며 진화론은 코페르니쿠스의 태양 중심설만큼이나 이견이나 사회적 불협화음 없이 받아들이고 있는 주요 학설인데도, 유독 세상에서 가장 훌륭한 연구 대학들이 즐비해 있고 그 어느 나라보다 과학 분야의 노벨상을 많이 탄 미국에서 진화론은 피 튀길 정도로 격렬하고도 호전적이며 쉽사리 꺼지지 않는 논쟁에 휩싸여 있다. 마치 이미 100년 전에 증거 전쟁에서 패배한 군인들이 낡은 군복을 입고 구식 총을 들고서 그딴 건 다 집어치우라고 외치며 싸움터에서 물러나지 않은 형국이다.

진화론이 단지 이론일 뿐?

진화론에 반대하는 사람들은 끊임없이 학교 교과서에서 진화론을 제거하기 위해 노력하고 있으며 그렇게까지는 못하더라도 '대안적인 시각'을 전해주기 위해 생물 교과서에 진화론과 함께 비과학적이며 증거 자료도 제시하지 못하는 창조론이나 지적 설계론을 함께 실어야 한다고 주장한다. 진화론을 반대하는 사람들의 활동은 수많은 사람들의 마음에 의심을 심어줄 정도로 성공적이다. 최근 여론 조사는 수십 년에 이르는 그런 노력들이 어떤 결실을 이루었는지 보여준다. 진화론을 '증거가 뒷받침하는 과학 이론'이라고 생각하는 사람은 미국 전체 성인의 35퍼센트에 불과했다. 진화론을 지지하는 사람은 교육 수준이 높을수록 더 높아져 대학 졸업자의 52퍼센트, 대학원 교육을 받은 사람은 65퍼센트가량이 진화론을 지지했다. 그러나 한편으로 보면 가장 상위 교육을 받았다고 할 수 있는 대학원생 가운데서도 35퍼센트가 현대 과학의 기본 원리 가운데 하나인 진화론을 받아들이지 않고 있는 셈이다.

다른 일에는 충분히 이성적인 사람들도 진화론에 대해서는 회의를 품거나 적개심을 드러내는 모습을 놀라울 정도로 자주 보게 된다. 한번은 진화에 관한 어린이책을 쓰려고 마음먹고 사촌인 화가에게 삽화를 그려달라고 부탁했다. 그러자 그 사촌은 자신은 원숭이가 사람이 됐다는 이야기는 믿지 않지만 어쨌든 삽화는 그려주겠다고 했다. 한 번은 새크라멘토 근처에서 진행된 결혼식에 갔다가 흠잡을 데 없이 유쾌한 남녀와 이야기를 나누게 됐다. 남자 쪽은 변호사였고 여자는 사업가였다. 그런데 한창 이야기를 하는 중에 어떤 문제를 설명하면서 내 입에서 진화론이라는 말이 나왔다. 그러자 두 사람이 곧바로 내 이야기를 가로막고 나왔다. "그러니까 지금 당신 말은 진화론은 추호의 의심할 여지도 없는 사실이라는 겁니까?" 변호사가 말했다.

"음……." 나는 하필 그 순간에 텅 비어버린 내 샴페인 잔의 밑바닥을 하염없이 쳐다보면서 대답했다. "지금 이 순간 이 잔을 손에서 놓으면 중력이 이 잔을 끌어당겨 바닥에서 산산 조각이 날 테고 그걸 아는 순간 신부가 미친 듯이 날뛸 거라는 걸 의심하는 만큼은 의심을 하고 있죠. 이 잔은 최고급품이니까요."

그 순간 두 사람은 저 멀리에 있던 아주 친한 친구가 자신들의 이름을 부른 듯, 나에게서 떠나갔다.

아마도 그래서 내가 파티에 초대되는 일이 많지 않은 것 같다. 하지만 내가 이야기한 내용은 과학자들 사이에서는 의심할 여지없는 사실로 인정받고 있다. 유리잔을 떨어뜨리면 분명히 깨진다. 그렇듯 자연을 둘러보면 도처에서 진화의 증거를 발견할 수 있다.

"진화의 증거라고요?" 버클리에 있는 캘리포니아 대학교의 고인류학자 팀 화이트는 말한다. "압도적이고도 절대적이죠!"

30년 동안 버클리에서 고등 진화론을 강의한 데이비드 웨이크 교수는 "진화의 증거는 바위처럼 단단하고 견고하며 논쟁의 여지가 없습니다"라고 말한다. 그는 우리가 먹는 약을 생각해보라고 했다. 약을 개발하면 인간에게 처방하기 전에 먼저 실험실 동물들에게 투여해봐야 한다. 당신은 지구의 역사가 불과 6천 년밖에 되지 않았고 지구상의 모든 생명체가 신의 의지에 따라 한꺼번에 창조됐다고 믿을 수도 있다. 그러나 의학 실험을 할 때 희생양이 될 동물을 설치류가 아닌 거미나 뱀으로 택하는 사람은 없을 것이다. "무엇 때문에 거미가 아닌 쥐를 가지고 실험을 하는 걸까요? 왜 그런지는 정확히 몰라도 모두들 본능적으로 우리가 거미보다는 쥐에 가깝다는 사실을 알기 때문입니다. 음, 여기에 진화와 관계된 어떤 이유가 있지 않겠어요?"

진화론의 불굴의 방어자이자 『이기적 유전자*The Selfish Gene*』(을유문화사, 2006), 『눈 먼 시계공*The Blind Watchmaker*』(사이언스북스, 2004)을 비롯한 주옥같은 책을 지은 옥스퍼드 대학교의 진화과학자 리처드 도킨스는 살롱 닷컴Salon.com 기자와 나눈 인터뷰에서 진화의 증거에 대해 다음과 같은 근사한 답변을 했다. "진화는 과거에 일어난 일이기 때문에 진화의 직접적인 증거는 없다고 하는 사람들이 있습니다. 물론 말도 되지 않는 소리죠. 진화의 증거를 찾는 일은 탐정이 범죄가 벌어진 뒤에 사건 현장을 찾아 남아 있는 단서를 이용해 범죄 현장에서 벌어진 일을 밝혀내는 일이라 할 수 있습니다. 진화가 남긴 단서는 범죄 현장에 남아 있는 단서보다 수십억 배는 많지요."

그는 동물계와 식물계가 가지고 있는 유전자의 분포 상태와 유전자의 다양한 물리학적, 생화학적 특성들을 분석해보면 그런 단서들을 찾아낼 수 있다고 했다. "전 세계에 퍼져 있는 섬과 대륙에 서식하는 생물종의 분포 상태를 살펴보면 진화가 사실인지 아닌지를 확실하게 알 수 있습니다. 화석의 공간적, 시간적 분포 상태를 살펴보아도 진화가 사실인지 아닌지를 확인할 수 있습니다. 수백만 개가 넘는 사실들이 모두 똑같이 한 방향을 가리키고 있습니다. 다른 방향을 가리키고 있는 것은 단 한 개도 없지요. 영국의 과학자 J. B. S 홀데인은 진화를 반대하는 증거가 될 수 있는 것은 무엇이냐는 질문에 '선캄브리아기의 토끼 화석'이라고 대답한 것으로 유명하죠. 그런 화석은 결코 발견되지 않았지요. 진화를 반대하는 증거는 단 한 건도 발견되지 않았습니다. 엉뚱한 지층에서 엉뚱한 화석이 발견된다면 진화론을 반박할 수도 있겠죠. 하지만 지금까지 발견된 화석들은 모두 발견되어야 하는 곳에서 나왔습니다."

웨이크 교수는 "도처에 널려 있는 진화의 증거를 보지 않으려면 악마에라도 홀린 듯 눈이 멀어야 합니다"라고 말한다.

진화론이라는 용어 뒤에 붙은, 이론이라는 의미의 '**론**'이라는 글자도 공격의 원인이 되고 있다. 흔히 다윈의 학설을 '자연선택에 의한 진화 이론'이라고 설명하기 때문에 일반인들에게 혼동을 주고 반대자들에게 공격할 명분을 제공한다. 진화론에 비난을 가하는 사람들은 말하다. "봐봐. 과학자들도 진화를 사실이라고 말하지 않고 그냥 이론이라고 한단 말이야. 자기들 스스로도 의심하고 있는데, 우리가 의심하는 것은 당연하잖아? 왜 우리가 과학자들이 만들어낸 이론을 믿어야 하지? 다른 이론을 믿으면 안 되나?" 최근에 나는 자동차 범퍼에 이런 스티커가 붙어 있는 것을 봤다. '진화론—어른들을 위한 동화.' 최근 몇몇 주에서는 진화론 반대주의자들이 고등학교 생물 교과서에 진화론은 사실이 아니라 그저 단순한 가설일 뿐이라고 알리는 스티커를 붙여야 한다고 요구했다.

가설과 이론 사이

과학자들은 '이론'이라는 용어가 '짐작', '추론', '추측'이라는 뜻을 담고 있는 용어처럼 사용되는 것을 참으로 안타깝게 생각한다. 아주 멋진 추측, 심지어 확실한 근거가 있는 추측일지라도 이론은 '증명된 사실'이 아니라 '그럴 가능성이 있는' 의견일 뿐이라고 말이다. 보통의 경우에 나는 전문적인 학술 용어가 필요하다고 주장하지는 않지만 이 경우만큼은 과학자들이 진화론이라는 이론이 그들에게 어떤 의미가 있는 이론인지를 명확히 밝혀줄 용어를 만들었으면 한다. 그러니까 '리보솜'이나 '화성암'처럼 우연 또는 계산적인 오해나 '단지 이론일 뿐'이라는 일방적인 폄하를 견딜 수 있을 만큼 강한 용어를 말이다.

과학에서 이론을 나타내는 'theory'는 결코 그저 그런 이야기가 아니다. 과학에서 아직 실험해보지 않았거나 자신의 생각을 뒷받침해줄 증거가 좀더 필요한 생각은 가설, 즉 'hypothesis'라고 부른다. 만약 당신이 이 세상에서 벌어지는 어떤 현상을 관찰하고 그 현상이 일어난 원인과 원리를 나름대로 생각해본다면 그것은 가설이다. 이런 가설은 동일한 경우는 아니지만 누군가가 벌써 발견했던 사실을 더 확장한 단순한 추론의 결과물일 수도 있고 태양계 전부를 밝게 비출 수 있는 굉장한 추론일 수도 있다. 그러나 아무리 뛰어나고 굉장한 추론을 담고 있다 해도 이론이 아닌 가설일 뿐이다. **단지** 당신의 가설일 뿐인 것이다. 자신의 가설이 옳은지를 알아보려면 실험을 고안하거나 현장에서 수많은 표본 자료를 채집해오거나 대조군과 비교해보는 실험을 여러 차례 반복해야 한다. 그렇게 해서 결과가 나왔으면 나온 결과를 분석해 통계를 내야 한다. 이제 결과가 나왔다. 나온 결과가 처음에 세운 가설과 일치한다면 그 사실을 발표하고 의기양양해해도 된다. 그러나 자신이 세운 가설과 검증 결과가 일치하지 않는다면 처음에 세운 가설을 포기하고 자신이 관찰한 현상을 설명해줄 새로운 가설을 세워야 한다. 과학 논문을 검토하고 토론하는 과정이 바로 가설을 검증하는 과정이다. 이 과정을 거쳐 증명할 수 있고 반박할 수 없는 사실만이 남지만 그렇다고 해서 자신의 이름을 건 이론이 탄생하는 것은 아니다.

아인슈타인의 일반 상대성 이론이나 판 구조론, 혹은 다윈의 진화론 같은 과학 이론은 수많은 관찰이나 발견을 포괄적으로 설명하는 일관성 있는 일련의 원리 혹은 공식적인 견해를 뜻한다. 일관성 있는 수많은 발견은 과학 연구 및 실험의 산물이다. 일관성 있는 발견들이란 이미 여러 차례에 걸쳐서 증명이 됐기 때문에 '사실'이라고 규정해도 좋을 정도로 확실해진 가설들을 말한다. 간단한 예를 살펴보자. 곤충학자들은 항상 새로운 종의 곤충들을 찾아낸다. 당신이 애디론댁 국립공원을 걷고 있든, 센트럴 파크의 드넓은 잔디밭 위를 걷고 있든, 새로운 딱정벌레를 찾아내 당신이 원하는 이름을 붙여줄 가능성은 얼마든지 있다. 사람들의 눈을 속이는 교묘한 위장술로 아직까지 그 모습을 감춘 채로 발견되기만을 기다리는 다양한 크기의 곤충들이 수천 종이 넘는다. 그러나 아무리 독특한 모양을 하고 있는 새로운 종이라고 해도 곤충학자들은 곤충이라면 머리, 가슴, 배로 구분되는 몸, 세 쌍의 다리, 단단한 바깥 껍데기인 외골격이라는 공통적으로 적용되는 특징들을 갖추고 있음을 알고 있다. 곤충들의 일반적인 특징은 내 딸아이가 유치원에서 배운 '난 곤충이야, 아주 작은 곤충이지, 걸어 다니는 다리가 여섯 개, 머리, 가슴, 배, 배, 배!'라는 노래에도 잘 나타나 있다 이런 특징들은 분류학적으로 곤충강綱에 속하는 동물이라면 누구나 갖추고 있어야 하는 조건으로 곤충이 하나의 공통 조상을 갖고 있기 때문에 얻은 특징들이다. 무수히 많은 사실들 중에서도 이 소박한 진실은 진화론이라는 웅장한 설명의 틀을 이해하는 가장 적절한 예로 꼽힐 만하다. 그토록 많은 지구 생명체가 똑같이 여섯 개의 다리에 세 부분으로 이루어진 몸, 단단한 외골격 코트를 갖게 된 이유는 무엇일까? 그 이유는 현재 살아 있는 3천만 종이 넘는 곤충들 모두가 4억 년 전쯤인 데본기의 어느 시기에 살았던 어떤 고대 종이 획득한 생존의 성공 조건들을 물려받은 후손들이기 때문이다. 그렇다면 귀뚜라미, 쇠똥구리, 잠자리, 머릿니, 말벌, 흰개미, 사마귀가 그렇듯이 곤충 종마다 저마다 뚜렷하게 다른 특성을 갖고 있는 이유는 무엇일까? 세월이 흐르는 동안 변이가 일어났기 때문이다. 공통 조상이었던 곤충이 활동 영역을 넓히고 저마다 다른 상황에 처하게 되면서 곤충들은 저마다 각자의 상황에 맞게 진화됐다. 우연히 돌연변이로 인해 앉아 있는 잎의 모양을 닮게 된 곤충은, 덕분에 파리채의 강습으로부터 벗어날 수 있다. 여기서 자연선택이 작용해 잎 모양을 닮은 곤충이 살아남게 되는 것이다. 곤충의 다양성에 초점을 맞추건, 곤충의 공통 특징에 초점을 맞추건 두 경우 모두 진화의 증거임을 부정할 수는 없다. 이것이 바로 진화론의 의미이다.

네 가지 형태로 변한 앞다리를 살펴보는 것도 좋은 예가 될 것이다. 박쥐의 날개, 지느러미 발처럼 생긴 펭귄의 날개, 도마뱀의 앞다리 그리고 인간의 팔. 겉에서 보면 이 네 가지는 전혀 다른 기관처럼 생겼고 하는 일도 날기, 헤엄치기, 돌진하기, 핸드프리 가전제품 구입하기 등으로 모두 다르다. 그러나 표피 밑에 숨어 있는 뼈는 네 동물 모두 상완골, 요골, 척골, 완골이라는 네 개의 뼈로 이루어진 동일한 모양을 하고 있다. 박쥐 날개의 뼈는 옆으로 넓게 펴져 있고 펭귄 날개의 뼈는 V자 형태로 끝이 모여 있지만 X선으로 살펴보면 네 동물의 앞쪽 기관은 명백히 해부학적으로 같은 기관임을 확인할 수 있다. 배아의 발생 단계는 네 동물의 앞다리가 발생학적으로도 같은 기관임을 보다 분명하게 입증해준다. 알 속에 들어 있는 도마뱀과 펭귄의 배아와 박쥐와 사람의 자궁 속에 들어 있는 배아를 저속 촬영한 화면을 비교해보면 네 동물의 사지 모두 발생하는 부위가 일치함을 확인할 수 있다. 그런 구조적인 동시에 발생학적인 유사점은 우리들 모두가 바다에서 육지로 용감하게 기어 나온 다리가 네 개였던 최초의 육상 척추동물의 후손임을 말해준다. 최초의 육상 척추동물이 확립한 기본 골격 구조는 육상 생활에 더없이 적합했기 때문에 그 뒤로도 육상 척추동물은 앞 다리의 형태를 상완골, 요골, 척골, 완골이라는 4조 일체 구조에서 바꾸지 않고 있다. 또한 우리가 택한 4개의 팔다리도 그대로 유지되고 있다.

홀데인이 언급했던 화석 토끼가 발견되어야 하는 적합한 장소에 대한 농담도 또 다른 확고한 사실에 기초하고 있다. 토끼 화석은 결코 삼엽충 화석이 발견되는 지층에서 찾아낼 수 없다. 고대암석분류의 표준 지표가 되는 삼엽충은 참게나 바퀴벌레 혹은 게임보이 비디오 아이콘과 상당히 많이 닮은 친숙한 생물로 3억 년 동안 지구의 바다에서 번성했다. 삼엽충의 크기는 앞 문장에 나온 쉼표 정도 크기인 1밀리미터부터 인간의 팔뚝 길이에 이르기까지 아주 다양하며 종의 수만 해도 만 종이 넘는다. 서식 형태도 대양의 바닥을 기어 다니며 먹을 것을 주워 먹는 종에서부터 해조류를 먹는 종, 다른 삼엽충을 먹는 종까지 아주 다양하다. 아가미로 숨 쉬고 헤엄쳤으며 그 어떤 생물과도 다른 눈을 가지고 있었다. 일반적으로 다른 동물의 눈의 수정체는 단백질 분자로 이루어져 있는 데 비해 삼엽충의 수정체는 대리석 조각처럼 광물인 방해석으로 되어 있었다. 그러나 2억 5천만 년 전에는 그 정도 눈으로도 상당히 예리하게 주위를 관찰할 수 있었을 것이다. 삼엽충은 당시 지구에 있던 해양 생물의 90퍼센트가 멸종했던 페름기 말에 마찬가지로 지구상에서 사라졌다. 지구상에 마지막으로 흔적을 남기고 영원 속으로 사라져버린 마지막 삼엽충의 흔적은 최초의 포유동물의 흔적보다도 2천만 년 전의 것이다. 따라서 5천7백만 년 전 쯤에 처음 모습을 드러낸 첫 번째 토끼 화석은 물론이고 가장 처음 지구상에 나타난 포유동물들의 화석도 삼엽충과 같은 지층에 묻혀 있을 수 없다. 고생물학자들은 계속해서 이런 사실을 확인하고 또 확인한다. 지금까지 발견한 화석들은 모두 자신들이 속해 있어야 할 장소와 속해 있어야 할 시간대에 속해 있었고, 후대에 속한 화석들은 모두 전대에 속한 화석들보다 위에 있는 지층에서 발견됐다. 삼엽충은 전 세계적으로 흔하게 볼 수 있는 화석이라 호주에서도 오스트리아에서도 신시내티에서도 찾아낼 수 있지만, 정확히 우리가 있을 것이라 예상하는 지층에서만 발견된다. 공룡 화석의 경우도 마찬가지이며, 3천5백만 년 전쯤인 점신세에 살았던, 지금까지 살았던 지상 포유류 중에서는 가장 큰 몸집을 자랑하는 육상포유류 인드리코테리움*Indricotherium*—지라프 리노세로스(기린 코뿔소)giraffe rhinoceros—같은 고대 동물들의 뼈는 하나도 예외 없이 자신이 속해야 하는 지층에서 발견됐다. 수퇘지처럼 생겼으며 황소만 한 크기에 커다란 낫 같은 엄니가 있는 아르카이오테리움*Archaeotherium*, 굽을 가진 낙타의 먼 친척이지만 얼굴과 귀와 앞다리는 홀데인의 마스코트인 토끼처럼 생긴 카이노테리움*Cainotherium* 등도 모두 마찬가지다. 어디서 찾아내건 화석들은 언제나 자신들이 있어야 할 장소에 있었다. 인드리코테리움의 화석은 변함없이 점신세 지층에서 발견됐고 점신세 지층은 언제나 쥐라기 지층과 삼첩기 지층 위에 있었다. 계속해서 일관되게 나타나는 화석 기록들은 모두 사실이며, 이런 사실들은 너무 많아서 LA 고속도로의 차들보다도 더 미어터질 정도이다.

이런 것이 바로 과학 '이론'이다. 과학 이론은 단순한 짐작이, 그저 짐작들을 모아놓은 것이 아니며, '사실'과 높은 확률 값을 가진 탄탄한 발견을 포괄적으로 종합한 것이다. 과학 이론은 또한 예언하는 힘을 갖추었다. 과학 이론의 규칙과 감독 아래서 우리는 세상이 어떤 식으로 움직이고 있는지 새로운 생각을 제기해볼 수 있고 그 생각을 실험해볼 수 있다. 예를 들어 진화론을 바탕으로 추론을 해보면 다른 유기체들 사이에 존재하는 관계에 대해 확실한 결론을 내릴 수 있다. 생명체의 정체성을 결정하는 DNA의 유전암호를 분석하기 훨씬 전부터도 과학자들은 형태와 행동 방식을 이용해 유기체들의 친족 관계를 분석하고 분류해왔다. 과학자들은 쥐와 사람을 모두 포유류로 분류했다. 우리들은 거미보다는 포유류인 쥐와 공통점이 더 많다. 쥐의 내부 기관들, 뇌, 혈관순환계, 화학 조성, 면역계, 생식 습성, 사지와 시력 등은 거미나 파리보다는 인간에 훨씬 가깝다. 그렇기 때문에 유전학자들은 쉽게 쥐와 인간의 DNA 역시 유사할 것이라고 예측할 수 있었다. 다양한 유기체들의 DNA 염기를 분석해본 과학자들은 육안으로 보아 인간과 가까운 유기체들이 DNA 염기 상태도 가깝다는 사실을 알아냈다. 쥐의 경우 유전자의 70퍼센트가량이 우리와 동일했지만 초파리는 47퍼센트만이 같았다.

세상이 완벽했다면 세상은 없었다

과학자들은 이런 예언 능력을 분자 수준에도 적용해볼 수 있다. 분명히 우리는 파리보다는 쥐와 유전적으로 더 가깝다. 그러나 한편으로 어째서 우리는 겹눈과 구부러진 다리를 가졌으며 화장실과 쓰레기통을 좋아하는 작은 생명체와 거의 절반에 가까운 유전자를 공유하고 있는 것일까? 게다가 우리 인류는 머리나 가슴을 가지기는커녕 다세포 생물도 아닌 단순한 균 덩어리인 효모와 전체 유전자의 5분의 1에 가까운 유전자를 공유하고 있다. 도대체 우리는 균류와 어떤 유전자를 공유하고 있는 것일까?

사실 모든 세포가 반드시 하는 법을 알고 있어야 할 기본적인 가사일들이 아주 많다. 사람이든, 파리이든, 빵집의 효모이든, 세포라면 반드시 영양분을 챙기고, 쓰레기를 버리고, 모양을 유지하고, 필요할 때면 둘로 나누어질 수도 있어야 한다. 모든 생명체의 세포들이 이런 일들을 해야 하므로, 이런 필수 과업을 담당한 유전자들은 오랜 진화의 시간을 거쳐도 거의 변하지 않고 그대로 유지될 것이라고 예측해볼 수 있다. 그리고 유전학자들은 바로 그런 증거를 찾아냈다. 세포의 항상성을 유지하고 분열을 담당하는 유전자는 자연이 선사한 특성 중에서도 가장 잘 보존되어 있는 특징이다. 5억 년이라는 진화의 시간 동안 세포를 둘로 갈라지게 하는 유전자의 명령이 거의 바뀌지 않았다는 사실은 주목할 만하다. 사실 과학은 DNA 염기의 시간이 지나도 변하지 않는 특성을 멋진 방법으로 사용하고 있다. 과학자들은 세포 분열을 감독하는 효모의 유전자를 연구하면서 암세포 자체가 알려주는 것보다 암세포에 대해 더 많은 것을 알게 되었다. 종양 세포는 사악하고 까다로우며 다루기 힘들다. 그러나 효모 세포는 유순하고 관대하다(우리에게 포도주를 선사한다는 사실을 생각해보라). 질긴 소모전인 '암과의 전쟁'에서 승리했노라 소리치고 싶다면 진화론이 잘 연마한 날카로운 창을 갖추게 해야 한다.

진화론이 실제보다 기반이 약한 것처럼 보이는 또 한 가지 이유는 진화생물학자들이 세부 사항을 놓고 벌이는 격렬한 논쟁 때문이다. 보통 대부분의 다른 과학적 원리에 대한 실랑이는 대개 참가자들과 관련자들에게만 관심사가 될 뿐이다. 그런데 진화론은 마치 전 국민적인 스포츠인 양 모두가 이 피 튀기는 싸움에 달려든다. 진화생물학자들은 진화의 변화 방식에 대해 토론하고, 얼마나 빨리 그런 변화가 진행됐는지, 진화적 변화의 속도는 어떻게 측정할 것인지를 두고 논쟁을 벌인다. 또한 변화가 점진적이고 누적적으로 빈둥거리고 꾸물거리며 일어나지만, 세대에서 세대로 전해지면서, 부리에 바나나가 씌어질 때까지 쭉 앞으로 나가며 진행되는 일인지, 혹은 대부분의 종이 자신의 형태를 유지하면서 평온한 삶을 오래도록 계속 살다가, 소행성 충돌이나 지구 전체를 유독한 황 가스와 화산재로 덮어버리는 화산 폭발 같은 대격변이 일어나서 많은 종의 급격한 진화를 가져오는 계기가 되는 것인지 알고 싶어 한다.* 진화생물학자들은 별개의 종임을 구분하는 기준은 무엇인지, 확실히 다른 두 종이라고 결정할 수 있는 근거는 무엇인지, 린네식 명명법을 이용해 독립된 종으로서의 자격을 부여받을 가치가 있는지, 아니면 같은 종의 다른 두 하위 집단인 것인지 등을 놓고 싸운다. 또한 그들은 진화와 로맨스 사이의 관계를 놓고도 싸움을 벌인다. 암컷은 수컷의 가장 기본적인 유전자의 질을 신중하게 판단해서 짝짓기할 수컷을 결정하는 것인지, 아니면 모든 암컷들이 그 수컷을 따라다니는 것으로 보아 자신이 모

* 고故 스티븐 제이 굴드는 진화가 평상시에는 안정된 상태에 있다가 때때로 대량 멸종이 일어난 이후 맹렬히 치고 나간다는 후자의 가설을 좋아했다. 그는 이런 시나리오를 단속평형설punctuated equilibrium이라고 불렀다. 그는 과학자이자 평론가, 베스트셀러 작가로서 그 누구보다도 열심히 대중들에게 진화론을 소개한 사람이었기 때문에 이 주제는 널리 퍼졌다.

르는 무언가를 다른 암컷들이 알고 있다고 생각해서 짝짓기할 수컷을 택하는지, 그것도 아니면 배가 아주 고픈데 마침 자신이 좋아하는 먹이처럼 생긴 코를 가진 수컷이 지나가는 바람에 짝짓기 상대로 택하는 것인지 등을 놓고 난투극을 벌인다.

그러나 이렇게 세부 사항을 놓고 전쟁을 벌이는 진화생물학자들도 가장 근원적인 문제에 대해서는 이의를 제기하지 않는다. 과학자들은 진화의 본질, 다시 말해서 현존하는 생물종은 이전에 살았던 생물종이 진화한 형태라는 사실에 대해서는 논쟁을 벌이지 않는다. 또한 진화생물학자들은 150년 전 찰스 다윈과 알프레드 월리스가 명확하게 밝혀낸 진화의 원동력인 자연선택에 대해서도 논쟁을 벌이지 않는다. 자연선택은 편차와 무작위를 놀라운 선물로 바꾸어주는 힘이다. 자연선택은 열역학 제2법칙의 나태함을 움켜쥐고 망치로 두드려 시간이 지나면 모든 것은 낡고 닳아빠진다는 경향을 뒤집고 목적을 지닌 생명체를 탄생시키고 엔트로피를 무릎 꿇린다.

자연선택의 가장 기본적인 전제 조건은 간단하다. 부모는 여러 개체의 자손을 낳는다. 일반적으로 자손의 수가 많을수록 살아남는 자손의 수도 많아진다. 자손은 부모와 닮았지만 정확히 같지는 않다. 각 자손의 DNA는 선조의 DNA를 자신만의 방식으로 이리저리 뒤섞고 꼬고 잘라내고 바꾼 결과물이다. 어머니 속에서 잠자고 있던 DNA들이 자손들의 특징으로 나타나기도 하고 아버지가 가지고 있는 주요 특성이 아들에게서는 조용히 숨어버리기도 한다. 그렇다고 해도 자손에게서만 나타나는 순전히 새로운 특성은 그리 많지 않을 것이다. 물론 부모에게서 자손에게로 화학 기호로 이루어진 유전자가 전달될 때 약간의 새로운 변이는 일어날 수밖에 없다. 30억 개나 되는 문장으로 이루어진 DNA를 복사해야 하는데 조금 달라지는 것은 당연하지 않나? 우리 모두가 그렇듯이 생명도 실수를 한다. 변이는 그런 실수의 결과물이다. 요기 베라(메이저리그 뉴욕 양키스의 전설적인 명포수—옮긴이)는 값을 매길 수 없는 귀중한 말을 남겼다. “세상이 완벽했다면, 세상은 존재하지 않았을 것이다.” DNA의 복제 프로그램에 열역학적인 치명적인 버그bug가 없었다면 우리는 여전히 벌레bug 상태로 머물러야 했을 것이다. 심지어는 원핵생물도 진핵생물도 아닌, 지금은 뜨거운 온천물에서나 간신히 볼 수 있는 세균 중의 세균인 단세포 고古세균으로 머물러야 했을 것이다.

변이와 DNA 교차 때문에 생긴 유전자풀의 차이는 자연에게 선택을 강요했다. 자연은 이제 과도하게 늘어난 자손들을 놓고 선택을 해야 했다. 솎아내기가 시작된 것이다. 원시 생명체 사회에서 어느 한 개체가 자신의 동포들보다 몸집이 훨씬 커지고 먹이도 많이 섭취할 수 있는 형태의 신진대사가 가능한 변이를 일으켰다고 생각해보자. 이 독특한 미생물은 통통한 지방산 세포막으로 감쌀 수 있는 것이라면 무엇이든지 탐욕스럽게 먹어치웠다. 저런, 자기를 낳아준 어미 세균까지. 이 식욕이 왕성한 젊은 세균은 곧 스스로 포자를 만들어내기 시작했고 그중 많은 수가 자신을 만든 세균의 특징을 이어받아 얌전한 다른 단세포 세균들을 먹어치웠다. 이 세균들의 세대가 수천에 수백을 곱하고 또 수백을 곱한 만큼 지나가자 또 다시 행복한 실수가 벌어졌다. 이번 실수는 세균의 세포막의 기능을 담당하는 유전자가 저질렀다. 그 결과 세균들은 이웃 세균들의 행동에 민감하게 반응하게 되어, 옆에 있는 존재가 누구인지, 무엇을 하고 있는지, 그들의 활동이 자신에게 어떤 이익이 되는지 등을 알 수 있게 됐다. 자신들이 어떤 능력을 갖게 됐는지도 깨닫기 전에 이 고대 도청 장치는 수많은 도청자를 낳아 비사회적이고 협동이라고는 전혀 모르던 지독한 단세포 나르시시즘 사회에 일대 변화를 일으켜 단세포 생물들이 서로 협동하고 관계를 맺는 다세포적인 나르시시즘 사회로 변할 수 있게 해주었다. 이런 숭고한 혁신이 있었기 때문에 봉건주의, 군주제, 민주주의, 금권 정치, 포스트모더니즘적 자치 단체들이 뒤를 이어 나타날 수 있었다.

나뭇잎을 닮은 개구리는 어떻게 나타나나

자연선택은 거의 무제한의 잠재력을 가진 두 가지 단계를 거쳐 진행된다. 첫 번째 단계는 한 개체군 내부에서 우연히 유전되는 작은 변이가 일어나는 것이다. 개구리 무리 가운데 한 개체의 머리가 마름모꼴이 되는 괴상한 변이가 일어났다고 생각해보자. 머리가 이상하게 생긴 그 개구리가 지나갈 때마다 동료들은 빤히 쳐다보며 지나가고 나면 흉을 본다. 물론 개굴거리는 소리로. 그런데 양서류를 먹는 새의 눈에는 그 개구리가 바닥에 구르는 나뭇잎과 똑같아 보였기 때문에 결국 변이를 일으킨 개구리는 자신을 욕하던 개구리보다 훨씬 오래까지 살아남았다. 변이 개구리의 자손들에게 일어난 우발적인 변이들은 계속해서 위장술을 강화시켰고 더 나은 위장술이 탄생할 때마다 자연은 변이 자체가 그 종의 특성이 될 때까지 그런 위장술을 가진 개체들을 선택했다. 오늘날 널리 알려진 솔로몬 제도의 잎개구리leaf frog는 나뭇잎과 정말 믿기 어려울 만큼 똑같이 생겼다. 사람들은 '어떻게 이런 일이!' 하며 고개를 절레절레 흔들 것이다. 어떻게 개구리의 모양을 결정하는 변이가 '우연히' 무작위로 일어날 수 있지? 평범한 양서류의 유전자이기를 거부한 탈선 유전자가 우연히 획득한 별난 형질이 어떻게 해서 그토록 유용할 수가 있었을까? 게다가 변이로 획득한 특성이 계속해서 향상되도록 유전자 변이가 연달아 일어났다고? 그것도 완전히 우연히? 잇따른 실수가 완벽한 위장술로 변할 확률이 얼마나 될까?

사실, 꽤나 높다. 실제로 개구리들은 다양한 포식자들의 무시무시한 위협을 받으며 산다. 조류, 뱀, 거북, 포유류, 다른 개구리, 전갈, 타란툴라 거미, 요리사 자크 페펭에 이르기까지 무수히 많은 천적들이 가하는 위협이 개구리의 모양과 다리 형태를 결정짓는 크나큰 원동력으로 작용한다. 부지런한 뱀 몇 마리만 있으면 황혼 무렵에 백 마리가 넘는 개구리들이 이 세상에서 사라지는 데 왜 안 그렇겠는가.

이토록 개구리들은 취약한 먹이 동물이라면 모두 그렇듯이 막강한 번식력으로 자신들의 약점을 보완한다. 수많은 개체를 낳는 번식법은 생식능력을 가진 나이에 도달하는 개체를 되도록 많게 하는 전략인 동시에 진화가 일어날 수 있는 기회를 확보하는 전략이기도 하다. 한 세대에 태어나는 개체 수가 많을수록 멋진 뒤섞임이 일어날 확률이 높아지고, 방어술이 한 단계 도약할 때마다 자연은 분명히 그 기술을 선택해줄 것이다. 우연히 획득한 형질은 이내 기본 중의 기본이 되어 또 다른 기술 개선이 일어나지 않는 한 그 종의 표준 형질로 자리 잡을 것이다.

곤충들에게도 '월리를 찾아라!'와 같은 과정을 밟으며 놀라운 진화를 수행할 동기와 능력이 있다. 곤충들은 덧없이 짧은 자신들의 삶을 놀라울 정도로 왕성한 번식력으로 보완한다. 왕성한 번식력을 자랑하는 곤충

가운데 내가 가장 많이 언급하는 종은 흔히 독일바퀴라고 부르는 블라텔라 게르마니카*Blatella germanica*이다. 다행히 일찍 사람들 발에 밟혀 죽지 않고 1년 정도 되는 수명을 모두 채운다면 암컷 바퀴는 대략 4천만의 자손을 낳을 수 있다. 곤충들 세계의 연방예금보험공사가 보증하는 안전한 투자를 한 셈이다. 독일바퀴가 암갈색인 이유는 도시 생활에 적응된 결과물로 곤충들은 자신의 환경에 딱 맞는 옷을 입는 능력이 있다. 자바 섬에 서식하는 잎벌레는 진짜 잎의 것처럼 보이는 주맥은 물론 옆으로 뻗어 있는 잎맥도 있으며 심지어 곤충이 뜯어먹은 것처럼 보이는 작은 구멍이나 찢긴 부분까지도 흉내 내고 있다. 대벌레는 나뭇가지처럼 보일 뿐 아니라 진짜 나뭇가지처럼 행동한다. 대벌레는 의심이 들 정도로 꼼짝도 않고 있는 법이 없다. 가만히 앉아 있는 대벌레도 바람에 나뭇가지가 흔들리듯이 가끔씩 앞뒤로 몸을 움직인다. 그러나 뭐니 뭐니 해도 가장 멋지고도 놀라운 위장술의 대가는 갓 싸놓은 새똥처럼 생긴 호랑나비 애벌레다.

곤충들과 그들의 절지동물 친척들의 생존 전략을 모두 모으면 생명체가 택할 수 있는 모든 전략과 모든 무기가 총망라된다. 모방, 교란, 나를 먹으면 죽는다거나 소화 불량에 걸릴 수 있다는 위협 등등. 절지동물들은 언제 어느 때라도 독극물을 사용할 준비가 되어 있다. 채찍전갈은 두 가지 강력한 물질이 혼합된 칵테일을 공격자를 향해 재빨리 쏠 수 있다. 전갈의 독 속에는 제아무리 딱딱한 껍데기라도 침투해 들어갈 수 있는 지용성 카프릴산과 그 밑에 있는 조직에 끔찍한 고통을 줄 수용성 아세트산이 섞여 있다. 대벌레도 방어적인 위장술을 화학 대포로 지원하고 있다. 이 무기는 (이해할 수 없게도 고양이만 빼고) 동물들이 끔찍하게도 싫어하는 개박하에 들어 있는 활성 성분과 비슷한 강력한 화학물질인 테르펜terpene 증기를 뿜어낸다. 대벌레가 뿜어내는 화학 증기를 얼굴에 맞은 큰어치는 다시는 나뭇가지라면 가까이 않는 소심한 어치가 된다. 노래기 중에는 프로게스테론과 비슷한 화학물질을 몸속에 잔뜩 가지고 있어서 적의 생식력을 오랫동안 억제하는 방어 전략에 이용하기도 한다. 그 같은 노래기의 전략은 희생양이 된 당사자에게야 도움이 되지 않지만 앞으로 태어날 천적의 수를 억제함으로써 노래기 집안의 번영에 일조하게 된다.

곤충들에게는 우리 인류가 기록하고 실험해온 시간보다도 훨씬 많은 방어 물질을 만들어낼 수단과 동기가 있었다. 곤충들은 또한 우리가 화학 무기를 그들에게 겨눌 때 위기에서 벗어날 번뜩이는 기지도 갖추고 있다. DDT의 불길한 역사를 생각할 때마다 우리는 더 이상 새들이 노래하지 않고 대머리독수리가 하늘을 날지 않는 침묵의 봄을 떠올리게 된다. 모기와 모기가 옮기는 질병을 없애기 위해 살충제를 뿌렸을 때 인류가 겪어야 했던 진정한 실패는 모기가 너무나도 빨리 살충제의 위협으로부터 벗어났다는 사실이다. 1972년 미국 내 DDT 사용이 금지됐을 때 말라리아를 퍼트리는 모기 가운데 3분의 1 정도인 19종이 DDT에 내성을 갖게 됐다. 최근 사랑하는 아이 머리에서 머릿니를 발견한 적이 있는지? 그런 적이 없다면 당신은 분명 아이를 집에서 교육하는 사람이거나 당신의 아이에게 친구가 전혀 없는 게 분명하다. 부드러운 아이들의 두피를 좋아하는 흡혈 곤충인 페디쿨루스 카피티스*Pediculus capitis*가 최근 학교 운동장의 금속 탐지기와 13킬로그램이나 나가는 책가방과 함께 아이들의 필수요소 가운데 하나로 합류했기 때문이다. 아이들에게 머릿니가 생긴 이유는 간단하다. 머릿니를 죽이기가 너무나도 어려워졌기 때문이다. 이제 머릿니는 가게에서 파는 머릿니 전용 샴푸에 들어 있는 피레트린 같은 약한 독극물에는 내성이 생겼다. 그렇다고 소아과 의사들이 아직 제대로 여물지도 않은 연약한 아이들 머리에 강한 독극물을 뿌리라고 권할 수도 없는 일이다. 결국 아이들의 부모는 지루하고도 비효율적으로 일일이 잡아 죽이는 기본적인 방어밖에 할 수 없고 그 결과 기생충들은 아이들의 여린 머리에서 피를 빨며 곳곳에서 창궐하게 됐다.

곤충이 인간이 뿌리는 살충제에 내성을 갖고, 세균이 우리가 만든 항생제에 내성을 갖게 되는 시간이 눈에 보일 정도로 빠르게 진행될 때도 있다. 언젠가 우리 집에 개미 박멸 통을 설치한 적이 있다. 박멸 통을 설치한 그해에는 분명 개미가 사라지는 것처럼 보였다. 그런데 그 다음 해, 개미들이 내가 설치해놓은 통을 피해갈 생각을 전혀 하지 않은 채 그냥 지나쳐 고양이 먹이가 담긴 접시로 행진하는 모습을 보고 얼마나 놀랐는지 모른다. 우리 지하실에 살면서 마음대로 번식하고 배설을 해대는 귀뚜라미는 또 어떻고? 매일 봄이면 남편은 귀뚜라미가 잘 다니는 통로나 은신처에 살충제를 뿌려댄다. 지난봄까지만 해도 남편의 전략은 성공해 귀뚜라미를 구경할 수 없었다. 하지만 이번 봄부터는 전혀 효과가 없을 뿐 아니라 귀뚜라미 놈들이 1950년대의 고전 SF 영화 〈그놈들Them!〉에 나오는 개미처럼 커져버리기까지 했다. 진화가 의심스럽다면 우리 집 지하실로 와보라! 캥거루만 한 귀뚜라미를 볼 수 있을 테니.

문제가 되는 해충이 무엇이건 간에 살충제에 대한 내성이 진화되는 모습을 보고 있노라면 진화론의 알고리듬에 확신이 생긴다. 한 개체군 안에서 유전자가 무작위로 변이되는 것은 언제나 일어나는 일이다. 특히 번식 속도가 빠른 종일 경우에는 더욱 높은 빈도로 일어난다. 그런 변이의 대부분은 커다란 영향을 미치지 못하거나 장점은커녕 커다란 단점으로 작용해 자연선택을 받지 못하거나 빠른 속도로 유전자풀에서 제거된다. 그러나 독성물질에 대한 내성 같은 굉장히 유용한 변이는 그 종이 보편적으로 갖게 되는 새로운 형질이 되는 경우가 자주 있다.

유전자 변이는 또한 종 다양성을 만든다. 한 동물의 기본적인 발달 과정을 제어하는 주요 유전자가 변이를 일으키면 변이를 일으킨 개체들이 완전히 다른 종처럼 보이거나 행동할 정도로 아주 커다란 변화가 생기기도 한다. 바닷물이 상승해 육지가 섬으로 바뀐다거나 하는 일로 변이를 일으킨 개체와 그 자손들이 변이를 일으키기 않은 개체들과 갈라지게 되면 그 후로는 전혀 다른 진화의 길을 밟아 기존 개체들과는 전혀 다른 새로운 종으로 변한다. 스탠포드 대학교 연구팀은 최근 간단한 유전자 변이가 상당히 많이 일어나는 가시고기를 연구했다. 북반구 전역에 서식하는 가시고기는 50여 종이다. 바다에 사는 가시고기들은 포식자에게 맞서기 위해 서른다섯 개의 딱딱한 골질 판으로 자신의 몸을 완벽하게 무장하고 있다. 그러나 강이나 호수 같은 담수에 사는 가시고기들은 거추장스러운 갑옷을 입고 있지 않기 때문에 빠른 속도로 움직이며 경쟁적으로 먹이를 먹을 수 있다. 스탠포드 과학자들은 단 한 개의 유전자에 생긴 약간의 변화로 인해 바다 가시고기는 최대한 많은 갑옷을 만들고, 담수 가시고기는 서식처의 상황에 따라 어느 정도 갑옷을 만드는 기능을 억제한다는 사실을 알아냈다. 담수 가시고기가 빠른 속도로 더욱 다양한 종으로 분화될 수 있었던 이유도 가벼워진 몸에서 찾을 수 있다. 담수 가시고기는 마지막 빙하기 말인 불과 1만여 년 전에 바다 가시고기에서 분화되어 나온 후 자신들이 살게 된 담수의 종류에 맞게 또 다시 분화되어왔다.

땅 위에 사는 고래

진화의 증거는 우리들 속에서, 밑에서, 위에서, 주위에서 얼마든지 찾을 수 있다. 진화론을 반대하는 사람들은 발견된 화석 사이에 '공백'이 있다고, 그것도 협곡처럼 커다란 간극이 있다고 불만을 늘어놓는다. 지금까지 신원을 확인하고 이름을 얻은 생물 종의 화석은 수십만 개 정도 된다. 과학자들은 화석으로 발견된 생물 종의 수는 현재까지 지구에서 살았던 혹은 살고 있는 전체 생물 종의 천분의 1에 불과하다고 말한다. 리처드 도킨스는 "물론 화석들 사이에 커다란 간극이 있는 건 사실입니다. 이상한 일이 아니죠. 당연히 있을 수밖에 없는 일입니다. 어쨌든 화석을 발견하는 것 자체가 행운이니까요"라고 말한다. 사체 한 구가 모든 장애를 넘어 불후의 명성을 얻으려면 얼마나 많은 어려움을 겪어야 하는지 생각해보라. 먼저 그 사체는 죽은 유기체라면 대부분 겪는 운명을 피해갈 수 있어야 한다. 쓰레기 청소부들이 찾아와 갈기갈기 찢어 먹어치우는 일을 피했다 해도 사체를 완전히 분해시켜버릴 벌레, 곰팡이, 세균들이 있다. 사체들은 대부분 쓰레기 청소부들이나 분해자 가운데 하나 혹은 나열한 모든 분해자들을 만나 사라져버린다. 다양한 재활용 프로그램으로 무장하고 있는 자연에 맞서 자신의 몸을 지키려면 일단 아주 빨리 묻혀야 한다. 그러려면 일반적으로 사체가 묻힌 후 곧바로 그 위를 덮어버릴 두툼한 침전물 층이 있어야 한다. 그렇다면 사체가 묻힐 가장 이상적인 장소는 호수나 강, 늪지, 개펄, 혹은 모래나 침니가 흘러들어와 쌓이는 해안과 가까운 바다 밑이 될 것이다. 두툼한 퇴적층은 사체가 부패되는 것을, 적어도 뼈나 이빨, 껍데기, 엄니, 나무 기둥처럼 딱딱한 부분이 부패되는 것을 막는 데 도움을 준다. 시간이 흐르면 모래나 침니 같은 퇴적물은 단단하게 굳어 암석이 되고, 그 속에 묻혀 있던 뼈나 유기체는 형태는 그대로 유지한 채 원래 있던 유기체 분자 대신 광물 입자가 채워지면서 딱딱하게 굳는다.

이런 과정을 모두 거쳤다 해서 화석이 안전해진 것은 아니다. 대부분 화석은 아주 깊은 암석층에 묻혀 있기 때문에 우리에게 발견되어 분류 작업을 거치기 전에 녹아 없어지거나 지각 변동으로 산산이 부서지거나 화산이 폭발할 때 재가 되어 날아갈 수도 있다. 그런 장애를 모두 피하고 무사히 보존됐다 해도 발견되는 것은 또 다른 문제이다. 수십만 년에서 수백만 년 동안 지하 세계에서 얌전히 기다리고 있던 화석이 사람들 눈에 발견되려면 무슨 수를 쓰건 간에 표면으로 올라와야 한다. 화석이 표면으로 올라오는 방법은 융기하는 지각의 가장자리에 위치해 있어 산이나 언덕의 옆면에서 노출되거나 바람이나 물이 힘들게 퇴적층을 깎아서 샌드위치처럼 쌓여 있는 지층들을 드러내야 한다. 그 안에 보물처럼 화석이 숨어 있다. 고생물학자들은 아주 오래전에 지하 깊숙이 숨어버린 고대 지층을, 주로 지질학적 요소가 기상학적 요소와 우연히 힘을 합쳐 살짝 드러낸 산허리나 협곡으로 화석을 찾아 나선다.

고생물학자들은 암석의 노출부와 그 속에 들어 있는 다양한 화석의 나이를 쉽게 추정할 수 있다. 5만 5천 년 전 이후에 만들어진 비교적 생성 연도가 가까운 화석의 나이는 유기체 속에 남아 있는 탄소14 와 탄소12 라는 두 가지 탄소 동위원소를 비교해보면 아주 정확하게 알아낼 수 있다. 탄소12에 비해 탄소14의 양이 더 적을수록 오래된 화석이다. 훨씬 오래전에 만들어진 화석의 생성 연대를 알아내려면 화석이 몸을 맡기고 있는 지층의 암석을 조사해야 한다. 암석이 형성될 때는 보통 그 속에 원자핵 속에 쌓인 여분의 입자를 방출하고 안정한 상태로 돌아가려 애쓰는 이른바 방사성 동위원소들이 녹아들어가는 경우가 많다. 우라늄238, 칼슘40, 루비듐87 같은 것들이 그런 동위원소이며 이들은 주기적, 규칙적으로 입자를 방출하고 안정된 상태의 원소로 변한다. 과학자들은 불안정한 방사성 동위원소들이 안정된 상태로 돌아가는 시간을 알고 있다. 바로 원소의 반감기라고 알려져 있는 시간인데, 이 반감기는 변절자를 추적하는 지질 시계의 역할을 한다. 가이거 계수관(방사능 측정기)을 가지고 자신들이 발굴해낸 보물 속에 들어 있는 불안정한 방사성 동위원소와 여분의 입자를 제거한 안정된 동위원소를 비교해봄으로써 과학자들은 암석과 암석에 묻혀 있던 화석이 얼마나 오랫동안 땅속에 묻혀 있었는지, 땅 속에 묻힌 후 몇억 년이라는 시간이 흘렀는지 알아낼 수 있다.

그러나 화석이 되는 것은 어렵고, 신뢰할 수 있는 동위원소 출생증명서를 가지고 태어난 화석을 발견하는 일은 그보다 훨씬 어렵다. 화석 기록에 간극이 많은 이유는 끊임없이 퇴비로 만들려는 자연의 힘을 이겨내고 수백만 년이 흐른 후에 지표면으로 융기하는 화석을 찾는 일이 결코 쉽지 않기 때문이다. 오히려 이 같은 사실을 생각해보면 공백이 **이 정도밖에** 되지 않는다는 사실이 더욱 놀랍지 않은가?

게다가 화석들 사이의 공백은 꾸준히 노력하면 약간 메워질 수는 있겠지만 완전히 메워질 수는 없다. 2001년 과학자들은 파키스탄 북부에 있는 낮은 산에서 발굴 작업을 진행했다. 이 지역은 과거에는 테티스 해(고대에 현재의 지중해 지역에서 히말라야 산맥 등을 지나 동남아시아까지 걸쳐 있던 바다—옮긴이)의 따뜻하고 얕은 물속에 잠겨 있던 곳이었다. 이곳에서 과학자들은 원래는 육지 동물이었지만 이제는 수생 동물이 된 고래의 진화사를 밝히는 데 도움이 될 거대한 고래 화석 발굴지를 두 곳 찾아냈다. 비록 고래는 완벽하게 물에 적응한 물고기 같은 유선형 몸을 하고 있어서 허먼 멜빌은 물고기로 여겼지만, 폐로 숨을 쉬고 새끼에게 젖을 먹이며 난소 속에 여포를 만드는 등 여느 포유류와 다름없는 생리적 특징을 갖추고 있다. 그래서 과학자들은 고래를 오래전부터 5천만여 년 전에 바다로 되돌아간 육지 동물의 후손이라고 생각해왔다. 하지만 고래 화석이 그리 많지 않아 고래가 헤엄을 치기 이전의 모습을 그려보기란 쉽지 않았다. 이제 과학자들은 모비 딕의 선조는 늑대처럼 생긴 용맹하게 달리는 동물이 아니라 돼지처럼 먹는 소목目 동물, 그러니까 돼지, 낙타, 소, 하마처럼 발굽이 있는 유제동물이라는 아주 놀라운 증거를 발견했다. 게다가 고래 화석은 고래가 바다를 향해 모험을 떠나기 전부터도 오늘날 고래나 돌고래에게서만 볼 수 있는 특수한 귀를 가지고 있었음을 알려주었다. 이는 고래의 놀라운 청각 능력, 프리윌리가 멀리 떨어져 있는 동료들의 소리를 듣는 능력을 육지에서 이미 획득했음을 말해준다. 그렇게 생각해보면 어쩌면 고래를 바다로 이끈 것은 사이렌들의 노랫소리였는지도 모르겠다.

한 생물의 원시 종이 어떤 식으로 다음 단계로 진화해왔는지를 보여주는 아름다운 화석들도 발견됐다. 그중에서도 가장 연구가 많이 진행됐고 잘 알려져 있는 화석 시리즈는 말의 화석 진화사이다. 현재까지 발굴된 말의 화석을 분석해본 결과 가장 앞선 말속屬 동물은 래브라도 리트리버 정도 크기에 발가락이 네 개인 민첩하게 생긴 에오히푸스*Eohippus*나 하이라코테리움*Hyracotherium*이다. 이 동물은 5천3백만 년 전인 에오세 때 북아메리카 대륙의 숲을 돌아다니며 우아하게 새싹이나 딸기, 잎 등으로 만찬을 즐겼다. 에오히푸스는 세대를 거듭하면서 크기뿐 아니라 발가락 개수, 이빨의 융기 형태 등이 계속해서 변하였고 가죽은 화석으로 남지 않으니 앞으로도 확인할 수 없겠지만 분명히 털 색깔도 바뀌었을 것이다. 에오히푸스의 자손들 중에는 깊은 숲속에 적응한 종도 있었고 활짝 펼쳐진 초원에 적응한 종도 있었다. 그중에서도 사바나 정착에 성공한 히파리온*Hipparion*은 천만 년 전쯤에 베링 육교를 건너 신대륙에서 구대륙으로 넘어온 후 유라시아 남부와 북쪽까지 빠르게 퍼져갔다. 반면 북아메리카 대륙에 남은 에오히푸스의 후손들은 점차로 사라져가는 운명에 처해 5백만 년 전인 플라이오세가 시작될 무렵에 신대륙에 서식하던 말과 동물은 디노히푸스*Dinohippus*밖에 없었다. 크고 다부진 디노히푸스는 긴 다리에 한 개의 발가락을 가지고 있었고 살집이 없는 발굽은 점점 더 추워지고 건조해지는 기후에 맞춰 점점 더 세력을 확장시켜가고 있는 탁 트인 대초원을 달리는 데 이상적이었다. 게다가 두툼한 에나멜질 이빨은 질긴 관목 풀과 함께 들어온 규소 물질(모래나 흙)을 씹어도 끄떡없을 정도로 점점 더 크고 두툼하게 변해갔을 것이다. 디노히푸스는 자신보다 조금 더 우아하게 생긴 후손을 낳았다. 이 후손이 현대 말속인 에쿠우스*Equus*다. 어느 때에 에쿠우스는 자신만큼 튼튼하고 길쭉한 다리를 가진 히파리온과 함께 달리기 시작했고 무슨 이유에서인지—아마도 왕성한 번식력과 행운의 말편자가 있었기 때문이겠지만—히파리온을 몰아내버리고 말았다. 센트럴 파크에서 마차를 끌고 있는 회색 말부터 혈통 좋은 날쌘 종마에 이르기까지 현재 지구상에 있는 모든 말 종은 에쿠우스 집안이며, 현생 얼룩말과 야생 나귀도 마찬가지다. 말은 자신들의 진화 과정을 오랜 세월에 걸쳐 돌 위에 새겨놓았다.

다이아몬드를 지닌 천상의 루시

화석 자료를 풍부하게 남겨놓은 또 다른 동물 속은 놀랍게도…… 우리 자신이다. 인류 진화에 관한 이야기에 초월적인 존재가 개입했다고 믿는 사람이라면, 남아 있는 인간 화석의 경우를 고려해보는 것도 좋을 것이다. 누군가가 화석이 남기에는 혹독한 자연의 힘을 거스르고 이토록 많은 원시 인류 화석을 남겼다고 말이다. 원시 인류의 화석은 절대적인 누군가가 자신들의 뿌리를 반드시 알고 싶어 하는 사람들이 가계도를 그릴 수 있도록 일부러 남겨놓은 증거품일 것이다. 과학자들은 8천만 년 전에 살았던 뒤쥐를 닮은 원시 영장류 화석을 찾아냈다. 이 원시 영장류는 땅 위에 내려와 있기보다 관목이나 나무 위에서 더 많은 시간을 보냈을 것이다. 곤충을 찾아내는 데 적합하도록 큰 눈이 얼굴 앞쪽에 위치하게 진화했고 손가락은 나뭇잎에서 찾아낸 곤충을 능숙하게 골라낼 수 있도록 진화했다. 과학자들은 또한 나무 위에서 살았던 선조들이 원숭이와 유인원으로 분화되기 시작한 5천만 년 전 화석도 찾아냈다. 이 화석들은 나무뿌리로 덮여 있는 습한 아프리카의 아열대숲에서 형성됐다. 현재 우리는 덴드로피테쿠스*Dendropithecus*, 프로콘술*Proconsul*, 케냐피테쿠스*Kenyapithecus* 등의 원시 유인원 화석을 찾아냈다. 스탠포드 대학교의 생물학자 폴 에얼릭은 『인간의 본성(들)*Human Natures*』(이마고, 2008)에서 이렇게 말했다. "1천2백만 년 전에는 실제로 우리에게 필요한 것보다 더 많은 조상들이 있었던 것 같습니다." 그는 덧붙였다. "정말 당혹스러울 정도로 많은 화석이 있지요."

그렇기에 우리에게는 이른바 '잃어버린 고리'라고 하는, '인간스럽다'고도 할 수 있고 '유인원스럽다'고도 할 수 있는 여러 특징들이 뒤섞인 화석들로 이루어진 튼튼한 사슬이 있다. 이 중에서 특히 유명한 것이 조그만 오스트랄로피테쿠스인 루시이다. 루시라는 이름을 갖게 된 이유는 도널드 요한슨이 루시를 발견한 날 텐트에 비틀즈의 노래 "다이아몬드를 지닌 천상의 루시Lucy in the Sky with Diamonds"라는 곡이 흘러나왔기 때문이다. 루시는 완전한 직립보행을 하고 있었지만 뇌의 크기는 현생 인류의 4분의 1밖에 되지 않았다. 이런 초기 사람과hominid 동물로는 최초로 석기 도구를 사용했다고 생각되는 호모 하빌리스*Homo habilis*, 말처럼 억센 이빨을 가진 호모 에르가스테르*Homo ergaster*, 턱이 홀쭉한 호모 루돌펜시스*Homo rudolfensis*, 샤워 모자를 쓴 것처럼 두개골이 뒤로 치우친 호모 에렉투스*Homo erectus*, 고대 호모 사피엔스*Homo sapiens*, 초기 현대 호모 사피엔스, 완전한 현생 호모 사피엔스, 진정한 동굴인이자 네안데르탈인이라고 알려진 호모 네안데르탈렌시스*Homo neanderthalensis* 등이 있다. 연구자들은 네안데르탈인Neanderthal에서 'h'를 빼는 사람도 있고 넣는 사람도 있지만 네안데르탈인이 '아주 원시적이고 비위생적이며 그르렁거릴 것' 같다고 취급받는 것은 부당하다는 데 모두 동의한다. 사실 네안데르탈인은 2만 8천 년 전 쯤 파국적으로 갑작스럽게 멸종해버리기 전까지 적어도 10만 년 동안 유럽에서 호모 사피엔스들과 공생해왔다. 네안데르탈인들이 갑자기 멸종해버린 이유는 아직 정확하게 밝혀지지 않았다.

보통 네안데르탈인은 우리와는 두개골의 모양이 조금 달랐고, 얼굴은 평평하고 눈썹이 툭 튀어나온 데다 우리 호모 사피엔스가 지능의 산실이라고 생각하는 대뇌의 전두엽이 상당히 작았을 것으로 여겨지지만, 사실 네안데르탈인의 뇌는 호모 사피엔스의 뇌만큼이나 컸다. 네안데르탈인도 호모 사피엔스처럼 석기 도구의 끝을 날카롭게 연마하는 기술을 갖고 있었지만 동굴에 벽화를 그리거나 상아로 여성을 조각하는 등의 예술적, 장식적 취미는 없었던 것으로 보인다. 남아 있는 뼈를 보면 네안데르탈인은 호모 사피엔스보다 다치거나 관절염으로 고생하는 경우가 더 많은 등, 여러 가지 질병에 보다 취약했던 것으로 보인다. 또는 어쩌면 우리 조상이 자신들보다 열등하다고 생각한 네안데르탈인을 경멸해서 멸종시켜버렸는지도 모를 일이다. 아무튼 유전자를 분석해본 결과 네안데르탈인과 호모 사피엔스 사이에 사랑이 싹텄던 적은 전혀 없는 것 같다. 현생 인류의 유전자풀 속에서는 네안데르탈인의 흔적을 전혀 찾을 수 없다. 네안데르탈인이 어떻게 역사의 뒤편으로 사라졌는지는 알 수 없지만 그 후 지구에는 높은 이마와 1.3킬로그램 정도 나가는 뇌를 자랑스럽게 생각하며 자기 스스로 자신들의 이름을 지어낸 오직 한 종의 사람속*homo* 만이 살아남았다. 스스로를 어찌나 현명하게 생각했던지 그 이름도 현명한 자라는 의미의 사피엔스를 두 개나 갖다붙인 호모 사피엔스 사피엔스다. 어째서 민감하고 지각 있는 사피엔스들이 자연사박물관에 쭉 전시되어 있는 원시 사람과들의 두개골을 보고서 우리와 그들을 묶어주는, 그리고 구분하는 특성들에 깊은 인상을 받지 않을 수 있을까? 우리는 공통 조상에서 뻗어 나왔으며 자연선택을 통해 달라졌다.

화석 기록은 그 자체로는 불완전할지라고 전 세계 어디에서 발굴해냈

건 간에 어김없이 연속성을 보여준다. 분자 기록 또한 살아 있는 모든 생명체들이 서로 관계가 있음을 알려주었고 주요 유기체 군의 진화 형태에 대한 예측이 옳았음을 보여준다. 우리들의 유전자는 파리보다는 쥐와 가깝고 우리의 가까운 친척 종인 침팬지와는 보다 더 가깝다. 인간의 세포에서 이중나선 한 가닥을 빼내 침팬지 세포에서 빼낸 이중나선 한 가닥 옆에 나란히 놓으면 두 나선 가닥은 전체 길이의 2에서 4퍼센트 정도만이 떨어진 채 그대로 있고 나머지 부분은 각각 맞는 염기 짝을 찾아 결합해버릴 것이다. 인간의 DNA를 구성하고 있는 30억 개의 염기 가운데 96퍼센트에 달하는 염기가 침팬지와 같다고 한다. 다른 식으로 표현해보자면 태아의 양수 검사를 했을 때 보게 되는 소시지처럼 생긴 23쌍의 염색체 가운데 소시지 단 한 개 분량밖에 되지 않는 1억 2천만 개의 작은 염기가 당신의 아이를 샌디에이고 동물원의 거주자가 아닌 관람객으로 만들어주었다는 뜻이다. 이것이 바로 두 종이 불과 5백만 년 전에 공통 조상에서 갈라져 나왔다고 주장하는 근거다. 그러니까 불과 25만 세대만 거슬러 올라가면, 아버지의 아버지를 25만 번만 되뇌면 아주 먼 조상이기는 하지만 우리는 어떤 유인원을 할아버지라고 부를 수밖에 없게 된다는 것이다.

전 세계에 퍼져 있는 생물의 독특한—적어도 인간이 마음대로 전 세계 생물 종을 마구 뒤섞기 전까지는—분포 상태를 연구하는 생물지리학도 진화설의 증거를 뭉텅이로 제공한다. 다윈 역시도 자신이 '긴밀하게 관련된' 생명체들이라고 부른, 비슷한 외형과 특성을 가진 종들이 공간적으로 모여 있는 모습에 깊은 인상을 받았다. 예를 들어 라틴 아메리카 대륙은 크고 불가사의할 정도로 기묘한 멸종 위기 생물인 봉관조과cracids 조류의 고향이다. 모두 50종인 살집이 많고 커다란 봉관조과 조류들은 모두 화려한 색깔을 뽐내는 머리 장식으로 유명하다. 울음새piping guan의 화려한 머리 장식은 모호크 족의 머리 장식과 비슷하고 관머리봉관조helmeted curassow의 밝은 분홍색 머리는 눈 사이에 커다란 풍선껌이 붙은 것처럼 부풀어 올라 있다. 이 푸른색의 긴 뿔 때문에 관머리봉관조는 파우시 유니코르니스*Pauxi unicornis*라는 학명을 얻었다. 봉관조과 조류는 북으로는 텍사스와 멕시코 국경에 이르고 남으로는 부에노스아이레스에 이르는 넓은 지역에 분포해 있다. 현재 지나친 사냥과 서식처 파괴로 그 수가 급격히 줄어들고 있지만 잘 날지 못하는 탓에 바다 넘어 날아간다는 것은 꿈도 꾸지 못한다. 볼망태울음새wattled guan를 라오스 열대림이나 태양이 내리쬐는 솔로몬 제도에서 볼 리는 없다. 또한 야생 펭귄을 입에 물고 있는 북극곰을 보게 되는 일도 없을 것이다. 18종에 달하는 야생 펭귄들은 모두 남반구, 그중에서도 대부분이 남극 근처에 살지만 북극곰은 가까운 친척인 회색 곰처럼 고집스럽게도 북반구를 벗어나지 않는다. 생물학자들은 다윈의 시각을 더 발전시켜 생물과 지리적 조건이 일치하는 이유, '긴밀하게 관련된' 생물 종들이 같은 지역에 떼 지어 뭉쳐 사는 이유, 대륙마다 서식하는 생물종에 차이가 생기는 이유를 우아하게 설명할 방법을 찾아냈다. 다윈은 이렇게 적고 있다. "우리는 이 같은 사실 속에서 시간과 공간을 모두 아우르며 형성된 끈끈한 유기적인 결합을 발견할 수 있다. 이 결합은, 내 생각을 이야기해보라면, 단순히 유전이다." 같은 조상을 둔 자손들이 같은 땅에 살고 있는 것이다.

생명수라는 나무는

생물들의 계통 관계는 계Kingdom, 문Phylum, 강Class, 목Order, 과Family, 속Geuns, 종Species의 순으로 이루어져 있다. 분류가 좁아질수록 그 분류 안의 생물들은 비슷한 특성을 많이 공유한다. 반대로 범주가 넓어질수록 그 수는 많아지고 제멋대로가 된다. 한 분류에 같이 속해 있는 생물들은 그 안에서 아무리 지지고 볶더라도, 다른 단계에 속해 있는 생물들보다 훨씬 많은 공통점들을 가지고 있다. 간단하게 우리 자신을 생각해봐도 알 수 있다. 우리 호모 사피엔스들은 사람속에 속해 있으며, 과거에는 네안데르탈인이나 호모 에렉투스 같은 친척들도 있었지만 오늘날은 우리가 유일한 종이다. 우리가 속한 과科는 사람과이다. 사람과에는 우리 말고도 대형 유인원인 침팬지, 보노보, 고릴라, 오랑우탄 같은 현생 종이 있으며 유인원의 특성을 더 많이 가지고 있거나 사람의 특성을 더 많이 가지고 있는 여러 종의 멸종한 생물들이 있다. 사람과는 원숭이, 여우원숭이, 안경원숭이, 늘보원숭이 같은 200여 종의 원숭이 종과 함께 영장목에 속한다. 영장목은 4,600여 종 되는 다른 동물들과 함께 온 몸에 덮인 털, 네 부분으로 구분되는 심장과 두 부분으로 나누어지는 귀, 젖으로 새끼를 키우는 등의 특징이 있는 동물들의 집단인 포유강에 속한다. 심지어 포유강 속에는 알을 낳는 오리너구리와 바늘두더지도 속해 있는데, 그 이유는 알에서 부화한 새끼가 유선에서 떨어지는 젖 방울을 먹고 자라기 때문이다. 우리가 속한 척색동물문에는 5만 종이 넘는 파충류, 조류, 어류, 양서류들이 함께한다. 마지막으로 우리가 속한 동물계는 막강한 숫자의 절지동물들을 비롯해 여러 가지 등뼈가 없는 동물들이 포진해 있다. 절지동물(곤충류, 거미류, 전갈류, 다지류, 가재류, 새우류, 게류), 복족류(굴류, 문어류), 선충류와 해면동물(산호류, 바다조름류, 해삼류), 어떤 것을 어떻게 먹느냐에 따라 입의 모양이 크게 열린 형태나 입수공의 형태를 취하는 여러 강장동물들까지. 26만 종에 달하는 식물계까지는 상세히 언급하지 않겠다. 아, 물론 곤충을 잡아먹고 사는 파리잡이풀도 곤충이 없을 때는 엽록소를 만들어 햇빛을 잡아먹는 분명한 식물이다.

그런데 생명의 나무(생명수)를 따라 계속해서 올라가다보면 우리가 암기한 분류법으로는 도저히 구분할 수 없는 새로운 무언가가 나온다. 동물계와 생물계가 만나는 생명수 끝 부분에는 조류藻類와 효모가 있다. 동물계와 생물계라는 왕국 위에는 진핵생물과 원핵생물이라는 두 황제가 서 있다. 우리 인류도 속해 있는 진핵생물은 이중나선을 핵 안에 담고 있고 세균이 속한 원핵생물은 20분이라는 짧은 시간 안에 재빨리 분열될 수 있도록 이중나선을 끈적끈적한 세포 여기저기에 흩어놓았다. 이곳을 넘어 더 높이 올라가면 생명체가 운반하는 유전암호를, 진핵생물과 원핵생물이 하나로 합쳐지는 모습을 볼 수 있다. 세상의 모든 세포 속에는 똑같은 화학적 알파벳이 들어 있으며, 똑같은 핵산 암호가 수십억 가지 다른 방식으로 부르고 있는 노래가 사실은 하나의 대서사시인 셈이다.

작가이자 박물학자인 데이비드 콰멘이 언급한 것처럼, 하나의 범주 안에 또 다른 범주들을 만들어나가고, 다양한 종들의 비슷한 특징을 한데 모아 점차적으로 우리 유전자의 화학물질이 공유한 하나의 원형적인 초超형질을 찾아가는 이런 계통 발생학적인 분류 방법은 우리가 무언가를 분류할 때 일반적으로 택하는 방법과는 거리가 멀다. 예를 들어 내가 전 세계를 돌아다니며 19세기 초반부터 지금까지 생산된 책갈피를 아주 많이 모았다고 생각해보자. 이 책갈피들을 그 책갈피들이 광고하고 있는 주제별로 피아노, 페어즈 비누, 초콜릿, 타이어, 순찰차, 스코틀랜드 미망인 기구 책갈피 등으로 분류할 수는 있겠지만 타이어 책갈피와 향수 책갈피와 1939년 세계 박람회 기념 책갈피가 계통상 어디어디에 속한다는 식으로 분류할 수는 없을 것이다. 내 딸아이가 수집하는 상자들도 마찬가지다. 딸아이는 상자들을 생긴 모양에 따라 아름답게 분류하는 걸 좋아하지만 그렇다고 해서 형태학적으로 보석 상자는 색칠한 나무 상자에 속해 있고 나무 상자는 조각한 나무 상자에 속해 있다고는 말할 수 없다. 책갈피나 상자, 혹은 암석이나 귀걸이는 어째서 뚜껑을 열면 계속해서 같은 인형이 나오는 러시아 민속 인형처럼 계통적으로 분류할 수 없는 걸까? 콰멘은 이렇게 적고 있다. "왜냐하면 암석이나 보석은 공통 조상에게서 갈라져 나온 후손들이 아니기 때문이다. 하지만 다양한 생물들은 그렇다." 그리고 두 생물종이 함께 나누고 있는 공통 특성들의 수가 많을수록, DNA 가닥이 서로 즐겁게 나선을 이루며 달라붙은 부분이 많을수록 두 종이 공통 조상에게서 떨어져 나온 시기가 얼마 되지 않았음을 말한다.

그러나 닮았다는 것이 곧 혈연적으로 관계가 있다는 증거는 아니다. 어떤 대륙에 있는 생명체의 생김새가 지구 반대편에 있는 생명체와 놀라울 정도로 유사하지만 혈통학적으로는 아주 먼 관계에 있는 경우도 얼마든지 있다. 예를 들어 아메리카 대륙에 서식하는 선인장 식물들을 아프리카에 서식하는 즙이 많은 등대풀과 식물과 구분하기란 쉽지 않다. 두 과 모두에 밀가루 반죽을 눌러놓은 것 같은 통통한 식물과 높게 솟은 장대 같은 키 큰 식물들이 있다. 이 두 과에 속한 식물들은 잎에 난 가시도 비슷하고 두툼한 밀랍으로 두른 표피도 비슷하고 텅 빈 목질부가 물로 가득 차 있는 것도 비슷하다. 아프리카 등대풀을 사와서 사가로 선인장이라고 속여도 사가로 선인장에 익숙한 사람들도 그냥 순순히 믿어버릴 것이다. 그러나 사실 선인장과 등대풀은 서로 다른 과에 속해 있는 관계가 아주 먼 식물들로 모두 자신들과 아주 가까운 가시가 없는 식물 사촌들이 따로 있다.

호주에 사는 바늘두더지와 아프리카에 사는 천산갑, 라틴 아메리카에 사는 큰개미핥기도 마찬가지다. 세 동물 모두 좋아하는 먹이는 개미와 흰개미다. 세 동물 모두 촉촉하게 젖어 있는 털이 없는 코, 지렁이처럼 생긴 혀, 불룩한 침샘, 시멘트 혼합기처럼 튼튼한 위, 흔적만 남은 이빨, 다리에 붙어 있는 커다란 낫을 가지고 있다. 그러나 세 동물의 마지막 공통 조상을 찾으려면 최소한 공룡들의 시대로까지 거슬러 올라가야 한다. 알을 낳아 번식하는 바늘두더지와 가장 가까운 생물 종은 앞에서 이야기한 오리너구리다.

중요한 것은 개미를 먹는 삼총사나 두 대륙의 수분을 가득 머금은 식물들처럼 생김새는 비슷한데 계통학적으로는 거리가 먼 생물들의 예가 다윈의 절대적인 권위를 더욱더 강조해준다는 사실이다. 이 모든 예가 멀리 떨어져 있는 생명체들이 같은 문제에 직면했을 때, 문제 해결의 안내자이자 가혹한 채찍을 휘두르는 판단자인 자연선택에 의해 비슷한 도구를 사용하는 비슷한 방법의 해결책을 찾은 진화의 예라 하겠다. 사하라 사막 이남에 서식하는 아프리카의 등대풀들과 북아메리카 대륙의 소노란Sonoran 사막에 서식하는 선인장들은 모두 지구상에서 가장 황량하고 건조한, 햇볕이 강하게 내리쬐는 지역에서 자란다. 그렇게 극단적인 환경에서 살아가는 식물들이 취할 수 있는 생존 전략은 그리 많지 않을 것이다. 부피에 비해 가장 적은 표면적을 갖고 싶다면 둥근 형태를 취하면 된다. 둥근 형태를 취하면 따가운 햇살과 거친 바람에 노출되는 비율을 최소로 줄이면서 짧은 사막의 우기 때 내리는 단비를 표면에 비해 비교적 커다란 내부 탱크에 저장할 수 있다. 둥근 형태를 취하기 싫다면 장대처럼 곧고 높게 자라는 방법도 있다. 그러면 한낮의 태양빛을 가장 적게 받는 상태에서 내부 공간을 저장 창고로 활용할 수 있다. 잎은 전체 표면적을 넓히고 몸속에 저장한 수분을 밖으로 배출할 뿐이니 잎은 최대한 적게 만들고 광합성은 줄기가 하도록 하는 편이 낫다. 두툼한 밀랍으로 덮인 피부는 증산 작용을 억제하고 물을 찾아 헤매는 날카로운 앞니를 가진 설치류들의 공격으로부터 지켜준다. 잎이 변한 날카로운 가시는 물을 찾는 동물들로부터 지켜줄 뿐 아니라 새벽에 맺힌 이슬이나 하늘에서 떨어지는 빗방울이 얕은 땅속에 간신히 박혀 있는 뿌리로 곧장 갈 수 있게 해준다. 그렇다, 누구든 지글거리는 불 아래에서 성공하려고 마음먹었다면 두툼한 표피를 만들고 옆면을 온통 커다란 가시로 장식해야 하는 것이다.

개미를 먹겠다는 계획은 정말 실행하기 어려운 과제이고 여기에 흰개미까지 곁들인다는 것은 상상도 못할 일이다. 지구상에서 성공적으로 번식한 절지동물 중에서도 가장 번성한 생명체들인 개미와 흰개미는 딱정벌레나 바퀴 같은 곤충들도 어쩔 수 없이 포기해버린 지역에서도 식민지를 건설해 번성한다. 에드워드 O. 윌슨은 개미 혼자만으로도 전 세계 곤충 생물량의 절반 정도를 차지할 것이라고 말한다. 개미와 흰개미가 놀라운 성공을 거둔 데는 고도로 전문화되어 있으면서도 모든 개체들의 기능을 한데 모아, 하나의 거대한 생명체처럼 행동하는 사회적인 능력이 큰 몫을 했다. 개미와 흰개미의 군사적인 애국심은 자신의 왕국을 수호하는 모습에서 가장 분명하게 알 수 있다. 자신의 집이 공격을 받으면 개미와 흰개미는 집단으로 달려들어 상대방의 눈, 귀, 콧구멍, 바지 할 것 없이 마구 찌르고 물어뜯고 포름산을 뿜어댄다. 살짝 맛만 보겠다고 젓가락을 담그는 순간 수백만 마리나 되는 개미(혹은 흰개미)들이 달려드는 통에 대부분의 생명체들은 이 독한 친구들을 주식으로 삼는 걸 단념해버렸다. 이 고집 센 먹잇감을 원하는 대로 실컷 먹고 싶다면 완전히 새로운 도구를 갖추어야지 어설프게 덤볐다가는 큰 코 다친다. 망치 같은 단순한 도구로는 절대 목적을 달성할 수 없다. 정말로 특수한 고도의 장비가 필요하다.

바늘두더지, 천산갑, 큰개미핥기는 완강한 방어로 지키고 있는 먹이를 먹기 위해 모두 같은 형태의 금고털이 도구를 만들어냈다. 둥지를 파 들어갈 커다란 낫처럼 생긴 발톱, 방공호 깊숙이 뚫고 들어가 한 번에 수백 마리나 되는 곤충을 낚아챌 길고 끈끈한 창살 같은 혀, 정확하게 조준한 방향으로 혀를 쏠 수 있도록 길게 늘어난 데다 개미나 흰개미가 반격을 하러 붙잡을 만한 털을 말끔히 밀어버린 주둥이, 혀가 낚아채 올린 개미들을 입 안으로 말끔히 털어 넣기 위해 언제나 촉촉한 침을 분비하는 볼록해진 침샘, 개미와 함께 들어온 모래에도 아랑곳 않을 튼튼한 위장. 말은 풀뿌리와 함께 딸려 들어온 모래 등에 손상되지 않을 만한 큰 이빨을 가지고 있다. 그러나 개미나 흰개미는 삼키기 전에 씹을 필요도 없을 만큼 작았기 때문에 개미를 먹는 포식자들은 씹는 이빨을 튼튼하게 만드는 대신 아예 없애는 쪽을 선택했다. 개미를 먹는 포식자들을 연구하고 있는 브롱크스의 야생보호협회 생물학자 켄트 레드포드는 이 세 동물이 택한 전략이 아주 기묘한 것이 사실이지만 대단히 성공한 전략이라고 말한다. 그는 각기 다른 혈통을 지닌 생명체들이 되풀이해서 비슷한 형태로 진화했다는 사실은, 그 형태가 자연이 선택한 최상의 디자인임을 보여준다고 말했다.

필요 없는 뇌는 버린다

진기한 생물들로 가득 찬 자연의 캐비닛 어디를 뒤지건 진화가 아무렇게나 마음대로 대충 만든 것은 하나도 없다. 자연의 많은 부분이 일부러 디자인한 것처럼 보인다면 그것은 실제로 디자인**되었기** 때문이다. 외부에서가 아니라 내부에서, 수단과 방법을 가리지 않고 지상에서 살아남기 위해 끊임없이 애쓴 결과이다. 진화론을 비난하는 사람들은 진화론은 생명에 대한 '기계적' 설명이며, 이런 관점은 우리 인생을 무의미하게 만들고, 무작위성과 긴박한 필요, 부도덕성이 세상을 지배하게 만든다고 힐난한다. '진보적 기독교인'이라고 알려져 있는 작가 그레그 이스터브룩은 '궁극적인 논쟁은 자신들보다 큰 존재를 믿는 사람들', 다시 말해 신앙심이 깊은 사람들과 '모든 것은 화학적으로 우연히 일어난 하나의 사건이라고 믿는 사람들' 사이에서 일어날 것이라고 말했다. 그러나 이런 이분법은 쓸데없이 분쟁만 불러일으킬 뿐인 빈곤한 주장이다. '화학적으로 우연히 일어난 사건'이 만들어낸 '모든 것'이란 대체 무엇을 말하는 걸까? 그 모든 것이란 세상에 넘쳐나는 종 다양성을 말하는 것일까? 생명을 우연의 결과라고만 한정짓는 것은 종교적 성향이 어떻든지 간에 커다란 오해이다. 생명은 반反우연적이다. 우리는 생명이 어떻게 시작됐는지 모르지만 미지의 분자 한 개가 최초로 자기 자신을 복제하게 된 것은 정말로 우연히 벌어진 일이 아니다. 자신을 복제할 수 있는 조건이 갖추어지는 것은 행운에 달린 문제이지만, 바로 그 자기 자신을 복제하는 일 자체는 신중히 이루어지는 행위이다. '살아 있으며 영구히 존재하려 하는 것'이라는 생명의 또 다른 정의는 이미 우연이라는 요소를 배제하고 있다. 사실 생명의 기원을 연구하는 학자 중에는 특정한 환경만 갖추어지면 생명은 필연적으로 발생하기 마련이라고 주장하는 사람들도 있다. 이런 특정한 환경은 화학적인 사건이 순전히 우연히 일어나야 할 만큼 드문 것일까? 아니면 가장 흔한 원소들인 산소와 수소가 결합한 물이 있는 곳이라면 어디나 이런 환경이 될 수 있는 것일까? 그에 대한 해답은 아직 모르고 있지만 한 가지 말할 수 있는 것은 대다수의 천체물리학자들이 지구의 생명체들이 우주 유일의 생명은 아니라고 확신하고 있다는 사실이다. 이 주제는 마지막 장에서 다시 다룰 생각이다.

생명의 시작이 우연이건 필연이건 간에 생명이 만개하여 우리가 주변에서 볼 수 있는 '모든 것'이 된 과정은 모두 우연인 것도 무작위적인 것도 아니다. 리처드 도킨스는 "자연선택은 상상할 수 있는 가장 무작위적이지 않은 힘"이라고 했다. 그렇다고 해서 자연선택이 처음부터 어떤 목표를 가지고 있다거나 언제나 보다 지적이고 복잡한 유기체로 변하는 쪽으로 나아가고 있다는 뜻은 아니다. 자연선택은 언제나 생존 방법을 가장 잘 알고 있는 생명체를 선택하며 철저한 모더니즘 건축가 아돌프 루스의 말처럼 때로는 장식이 죄악인 경우도 있다. 예를 들어 원색동물인 멍게는 유충 단계에서는 활발하게 움직이는 포식자이기 때문에 작은 뇌가 먹이를 찾을 때 유용하게 쓰인다. 그러나 일단 성체가 되면 안전한 장소에 몸을 붙이고 죽을 때까지 꼼짝도 않은 채 흘러가는 물속에 들어 있는 먹이를 걸러 먹기 때문에 더 이상 쓸모없게 된 뇌는 버린다. "뇌는 막대한 양의 에너지를 소비하죠." 옥스퍼드 대학교 화학과 교수 피터 앳킨스의 말이다. "따라서 더 이상 쓸모가 없다는 사실을 알았을 때는 그냥 버리는 게 아주 좋은 전략입니다."

진화는 조직적이지도 않고 선견지명을 갖추고 있는 것도 아니다. 따라서 진화에게 당신 회사의 연간 임원 회의를 계획하게 할 수도, 아이들의 생일 파티를 기획하게 할 수도 없다. 생물학자들이 즐겨 이야기하듯이 진화는 땜장이, 임기응변의 달인, 응급 장비이다. 진화는 당장의 시급한 문제만 해결할 뿐 미리 앞을 내다보고 계획하지 않는다. 아주 멋진 작품을 창출해낼 때도 있지만 그저 꿰매거나 풀만 발라놓는 경우도 있다. "흔히 사람들은 생물의 현재 상태가 최적의 상태라고 생각하고는 합니다." 캘리포니아 대학교 버클리 캠퍼스의 재료 과학자 밥 풀의 말이다. "그러나 사실 그렇지 않습니다. 생물들에게는 자기들만의 역사가 있지요. 자연선택은 생물들이 조상들에게 물려받은 재료만을 가지고 일을 해야 합니다. 그래서 돌고래가 아가미를 갖는 방향으로 진화가 일어나는 일은 없으며 거북 등껍질에서 티타늄을 발견하는 경우도 없을 겁니다. 완전한 무에서 박쥐를 만들어낼 수도 없지요."

어째서 우리 인간들은 음식을 먹다 목에 걸려 괴로워하고, 심지어 때로는 목이 막혀 죽기까지 하는 것일까? 이는 우리가 언어를 구사할 수 있게 된 구강구조의 변화와 관련이 있다. 인간의 진화 과정에서 발성기관인 후두가 애초에 자리 잡고 있던 위치를 벗어나 밑으로 내려감으로써 성교한 소리를 만들어낼 수 있는 공기의 통로가 넓어졌으며 그와 동시에 혀의 위치도 바뀌었다. 침팬지의 혀는 입 안에 모두 들어 있지만 인간은 혀의 뒷부분이 성도의 윗부분을 형성하기 때문에 자유자재로 모양을 바꾸고 명확한 소리를 낼 수 있다. 이 두 가지 변화 덕분에 인간의 공기 통로와 음식 통로는 우리들의 조상이나 현대 유인원 친척들에 비해 훨씬 더 가까이 붙어 있게 됐고 그 결과 음식물이 자신이 들어가야 할 식도를 벗어나 기도로 떨어지는 아찔하고 당혹스러운 일이 일어날 확률이 높아지게 됐다. 위험 요소만 생각한다면 우리 유전자풀에서 이런 후두의 변이는 즉각 퇴출되어야겠지만 일장 연설도 하고, 가르치고, 당황스럽게 만들고, 야단 치고, 중상모략하고, 회의 진행을 저지하고, 샤워하면서 음악을 흥얼거릴 수 있는 능력이 더 소중했기 때문에 그러지 않았다. 그 결과 오늘날 우리는 말을 할 수 있다.

더구나 한 생명체의 모든 특성이 자연선택의 결과물인 것은 아니다. 이제는 더 이상 쓸모가 없거나 기능이 사라진 형질이라도 존재하는 것 자체만으로는 아무런 해가 없기 때문에 멍게의 뇌와 달리 퇴출되지 않고 그대로 남아 있는 경우도 있다. 예컨대 춥거나 크게 놀랄 때 몸에 돋아나는 소름은 온 몸이 털로 뒤덮여 있던 고대 인류가 추위에 맞서 보온을 유지하거나 적에 맞서 자신의 몸을 크게 보이게 하기 위해 털을 세웠던 흔적이다. 이 소름은 실제 털이 난 것과 달리 보온에는 전혀 도움이 되지 않지만 아직까지 남아 있다. 한쪽 성에게는 아주 중요한 기능을 하지만, 다른 성에게는 도대체 왜 있는지 모르는 기관이 존재하는 경우도 있다. 예를 들면 남성의 젖꼭지가 그런데, 이는 포유류의 배아가 자웅동체 상태로 발생을 시작하기 때문이다. 그래서 모든 포유류 수컷에게도 암컷과 같은 수의 젖꼭지가 달려 있다. 인간 남성이나 침팬지, 혹은 박쥐 수컷에게는 두 개, 수캐에게는 열 개, 수고양이에게는 여덟 개의 젖꼭지가 달려 있다.

때로 생물들은 개체의 수명을 늘리는 것과는 전혀 상관이 없으며 가끔은 수명을 단축시키기까지 하는 허식적이고, 과장되고, 우습고, 눈에 잘 띄는 형질을 가지고 있는 경우가 있는데, 이는 성선택sexual selection이라는 진화의 또 다른 강력한 엔진 때문이다. 다윈 역시도 이 인상적인 자연선택의 보조 장치에 대해 언급하면서, 짝짓기 상대에게 자신의 매력은 한껏 드러내 보이는 동시에 경쟁자의 매력을 한껏 깎아내릴 수 있는 기술이 동물의 특성과 행동에 커다란 영향을 미쳤다는 중요한 증거를 제시했다. 다윈에 따르면, 자연선택의 기본 조건이라 할 수 있는 포식자에게서 벗어나는 기술이나 눈에 띄지 않도록 주변 환경에 묻혀 들어가는 기술을 망치는 형질일지라도, 개체의 성적 매력을 한껏 부각시켜 짝짓기 경쟁에서 승리하는 데 도움이 된다면 살아남을 수 있다. 어쨌든 동물의 입장에서는 자손을 남길 수 있을 만한 나이가 되어 봄날 짧은 기간이나마 열렬한 인기를 얻어서 많은 상대와 열광적인 사랑을 나눌 수 있다면, 여름에 잡혀 일찍 죽는다고 해도 무슨 상관이겠는가? 전통적으로 성선택 현상을 설명할 때 가장 많이 등장한 것은 수컷 공작의 꼬리이다. 암컷 공작은 새들의 세계에서는 최고라고 해도 좋을 정도로 수수하고 촌스럽게 생겼는데도 배우자를 선택하는 눈은 기가 막힐 만큼 높다. 암컷들이 수 세대에 걸쳐 화려한 꼬리 깃털을 가진 수컷을 선호한 탓에 공작 수컷의 꼬리 깃털은 지나치게 화려해지는 쪽으로 진화했으며, 그 결과 나무의 가장 낮은 가지에나 간신히 올라갈 수 있을 정도로 거추장스러워졌다. 이런 형질은 나무타기의 명수인 표범과 같은 곳에서 사는 새들에게는 무척 불리하게 작용했을 것이다. 도대체 암컷들은 화려한 꼬리 깃털을 가진 수컷을 왜 좋아하는 걸까? 그 이유는 아무도 모른다. 각도에 따라 다른 색으로 보이는 깊고 선명한 무지개 색 깃털이 수컷 유전자의 가치를 말해주는 표시인 것일까? 아니면 깃털 가운데 있는 검은색 점의 수와 대칭 상태가 수컷 공작이 지탱할 수 있는 무게를 알려주는 표시인 것일까? 꼬리 깃털이 전하는 내용이 무엇이건 간에 자부심 강한 수컷이라면 결코 아름다운 깃털을 포기하지 않는다.

진화의 가혹한 시련에서 이겨내려면 동물들은 짝짓기 상대에게 매력적으로 보여야 하는 것은 물론이고 자신과 경쟁하는 다른 구혼자들도 물리쳐야 한다. 짝짓기 계절이 돌아올 때마다 수컷 사슴들은 대부분의 시간을 경쟁자들이 모두 나가떨어지고 혼자서 모든 암컷을 차지할 마지막 한 마리가 남을 때까지 서로의 뿔을 들이받으며 지낸다. 수컷들의 연중 뿔 받기 시합에서는 상대방을 여러 번 들이받아도 뿔에 금 하나 가지 않을 만큼 단단하고 강인한 동시에 상대방의 뿔을 걸고 휙 넘어뜨릴 수 있도록 여러 갈래로 갈라진 뿔이 난 수컷이 유리하다. 정교하고 아름다운 수사슴의 뿔은 암컷들을 독차지할 기회를 여러 번 제공했을 테고 아울러 사냥꾼의 벽난로 선반 위를 장식하는 영광도 누릴 수 있게 해준다. 위풍당당한 수사슴과는 정반대로 수컷 거미들은 대체로 암컷과는 비교도 할 수 없을 정도로 작다. 먹이도 잡고 거미줄도 만들고 알도 낳아야 하는 암컷은 자신의 몸집을 키울 필요가 있다. 그러나 수거미에게 필요한 것은 속도, 다리가 여덟 개인 다른 정자 제공자들보다 더 빨리 암컷 거미에게 다가갈 수 있는 속도뿐이다. 그런데 속도 때문에 희생한 몸집은 너무나도 연약해 암컷이 짝짓기를 끝낸 뒤 원기보충 겸 수컷을 식사거리로 삼기로 결정했다면 자신을 방어할 수 있는 방법이 없다. 언제나 그렇듯이 사랑은 정말 아픈 것이다.

창조론도 진화한다

윌리엄 세일탄은 온라인 잡지 「슬레이트Slate」에서 빈정대는 말투로 진화에 회의적인 사람들도 다른 생물들처럼 계통발생학적으로 분류할 수 있다고 논평했다. 이 계통의 선조들은 완고한 창조주의자들로, 성서의 창세기를 문자 그대로 해석해서 지구가 불과 6천 년 전에 만들어졌다고 믿으며 사람을 포함해 모든 생명체들은 완전히 신의 작품이라고 주장한다. 이들은 진화도, 자연선택도, 디노히푸스와 만난 에오히푸스도, 어처구니없을 정도로 까다로운 공작 암컷도, 페름기도 인정하지 않는다. '진화란 없다. 이상 끝!'이라는 식이다.

1925년 유명한 스코프스의 원숭이 재판(1925년 테네시 주에서 진화론 교육을 금지하는 법을 통과시키면서 벌어진 재판. 스코프스라는 젊은 교사가 진화론을 가르친 죄로 고소되었으며, 이 재판은 미국 전역에서 큰 이슈를 모았다—옮긴이)을 유발했던 정통 창조주의자들의 이 같은 기본 신념은 몇십 년 이상 명맥을 유지해오고 있으며 앞으로도 사라질 조짐은 안 보인다. 최근 성서 직역주의자들은 그랜드 캐넌에 있는 미국 공원 관리국 기념품 가게를 설득해 자신들이 만든 화보집 『그랜드 캐넌—또 다른 시각』을 진열하게 했다. 그 책에는 태양이 지는 화려한 사진에 그랜드 캐넌은 노아의 홍수 때 만들어진 곳이라는 설명이 적혀 있다. 아칸소 주 유레카 스프링스에 새로 지은 화려한 지구사박물관에는 거의 완벽한 형태를 갖춘 티라노사우루스나 테스켈로사우루스 같은 공룡들의 진짜 화석이 전시되어 있다. 그런데 그 옆에 적혀 있는 설명에 이 공룡 화석들은 아담과 이브 시대에 살았던 동물들로 이런 동물들이 멸종한 이유는 노아의 홍수가 일어났기 때문이라고 적혀 있다!

그러나 지구의 역사가 자신들이 주장한 시간보다 훨씬 오래됐고 생물들이 진화해왔다는 증거들이 계속해서 산만큼 쌓여가면서, 극단적인 창조주의자들은 이 증거들과의 싸움에서 압력을 받아 신종으로 분화해 나오게 되었다. 극단적인 창조주의자들은 자연선택에 의해 진화가 일어난다는 다윈의 이론을 무력화시키기 위해 새로운 종으로 진화하고 있다. 새롭게 진화된 창조주의자들의 후손 가운데 가장 악명이 높은 것은 아마도 지적 설계론자들일 것이다. 지적 설계라고 이름 붙인 이유는 신성한 설계자에게 경의를 표하려는 의도였겠지만, 이들과 싸움을 하게 되면 이들이 전혀 '지적'이지 않다는 사실을 발견할 수 있다.

창조주의자들은 대체적으로 새로운 종의 출현이나 생물학적 다양성에 대한 진화론의 설명을 모조리 다 거부한다. 창조주의자들은 조금의 거리낌도 없이 살았던 시기가 최소한 6천만 년 이상은 차이가 나는 털북숭이 매머드와 공룡을 박물관 전시실에서 한자리에 함께 놓는다. 사실 그들의 관점으로는 지구의 역사가 1만 년도 채 되지 않으니 전혀 문제될 것이 없다.

반면 지적 설계론을 주장하는 사람들은 우리 행성의 역사가 45억 년 정도 된다는 지질학적 증거를 기꺼이 받아들이며 생명체의 탄생도 몇십억 년 전으로 거슬러 올라갈 수 있다는 사실에 동의한다. 이들은 인류가 유인원을 닮은 선조에게서 분화되어 나왔다거나 유기체들은 누구나 시간이 지나면 완전히 다른 종으로 바뀔 수 있다는 사실에 대해서는 논쟁을 벌이지 않는다. 지적 설계론의 거두들 중에는 과학자들이 많은 데 그 중에서도 목소리를 가장 많이 내는 인물로는 펜실베이니아 베들레헴에 있는 리하이 대학교 생물과학 교수인 마이클 J. 비히를 꼽을 수 있다. 그는 〈뉴욕타임스〉 기명 논평에서 "지적 설계를 주장하는 사람들은 진화에 대해 의심을 품지 않는다"고 썼다.

지적 설계론자들이 대다수 과학자들과 견해를 달리하는 부분은 세포와 효소, 세포를 유지하고 생명체가 활동할 수 있도록 해주는 단백질 '기계' 같은, 생명체의 가장 기본적인 단위들이 어떻게 만들어졌는가이다. 비히를 비롯한 지적 설계론자들은 세포와 세포소기관들이 도저히 믿기지 않을 정도로 너무 정교하고, 너무 완벽하며, 너무 잘 구성되어 있다고 생각한다. 또한 그들은 생명에 필수불가결한 단백질 복합체들은 대부분 모든 부품이 완벽하게 갖추어져서 각자 자신의 역할을 다할 때만 제 기능을 발휘할 수 있다고 말한다. 단백질 분자를 만든 재료 가운데 하나만 빠져도, 또 단백질 분자를 이루는 재료들의 순서만 한 개 바뀌어도, 전체 구조가 붕괴되고 말 것이라고. 달리 말하면, 우리가 몸속으로 들어가 질퍽거리고 뒤섞인 기관들 아래로, 몸을 이루는 가장 기본적인 단위에 도달하면 지적 설계론자들이 '환원 불가능한 복잡성'이라 일컫는 우아함과 아름다움을 발견하게 된다는 것이다. 지적 설계론자들은 생명체를 운영해나가는 단백질들의 협력 체제는 기존 구조의 무작위적인 변형과 돌연변이로 인해 점진적으로 생겨난 것이 아니라고 주장한다. 그들이 보기에 세포를 구성하는 분자들은 다윈이 주장한 자연선택의 산물이라고 보기에는 너무나도 상호 의존적이고 너무나도 교묘하게 배열되어 있다. 자연선택에는 구조를 바꾸어나가는 동안 이득을 주는 중간 단계가 필요하다. 만약 약간 나뭇잎처럼 보이는 개구리가 보통의 평범한 개구리보다 생존하는 데 약간 이득을 얻는다면, 나뭇잎 위장술은 그런 식으로 차츰차츰 진화될 수 있다. 나무에 사는 포유류의 앞다리 피부가 약간 넓어져서 나뭇가지에서 뛰어오를 때 좀더 높이 올라갈 수 있다면 포식자를 피하는 데 도움이 되었을 것이다. 그렇게 점진적으로 앞다리 피부가 넓어지면서 박쥐의 날개가 생겨났을 것이라고 상상해볼 수 있다. 지적 설계론자들은 그렇지만 분자들의 조합에는 중간이 없다고 주장한다. 모든 조각이 한꺼번에 필요한 위치에 배열되지 못하면 제대로 된 구조를 만들어낼 수 없다고 말이다. 지적 설계론자들은 자연선택으로는 복잡하고 상호 의존적인 분자들의 조합을 만들어낼 수 없다고 말한다. 기본 설계가 완전히 실패한다면 선택되지 못할 것이라는 이야기이다.

생명체의 가장 기본적인 도구를 '환원 불가능한 복잡성'이라는 용어로 설명하고자 하는 사람들은 주로 짚신벌레나 세균이 물속에서 움직이는 데 사용하는 머리카락처럼 생긴 작은 섬모, 빛 신호를 눈에서 뇌로 전달해주는 단백질의 일사불란한 자극 전달 통로, 봉투 모서리에 베인 것만으로는 피를 콸콸 흘리며 죽어가지 않도록 출혈을 막아주는 혈액 응고 메커니즘 등을 예로 든다. 세 경우 모두 다양한 단백질들이 하나로 뭉쳐 하나의 국가를 위해 충성하겠다는 신실한 맹세를 한 것처럼 일사불란하게 협동한다. 짚신벌레 섬모를 이루는 60여개의 단백질 가운데 하나를 파괴하면 섬모의 움직임이 약화되거나 느려지는 것만으로 끝나지 않는다. 섬모가 완전히 쓸모없어져서 짚신벌레는 움직이지 못하게 된다. 아침에 일어나 면도하다 다친 우리들을 구해주는 혈액 응고 작용은 열 가지 단백질이 단계적으로 기능을 발휘해야만 가능하다. 열 가지 단백질 가운데 한 가지라도 유전자 변이를 일으키면 조그만 상처에도 죽을 수 있는 혈우병에 걸린다. 혈액 응고 작용처럼 복잡하고 필수적인 생명 유지 장치가 어떻게 거추장스럽고 거드름만 잔뜩 피운 채 느릿하게 진행되는 다윈식 진화 과정으로 나타날 수 있겠는가? 비히는 레고 블록을 쌓아 나가는 것처럼 진화가 이루어지다가는 단 한 개의 조각을 잘못 맞추는 것만으로도 모든 과정이 틀어지고 멈춰버릴 것이라고 의문을 던진다. 또는 혈우병의 경우에는 피가 멈추지 않게 되고 말이다.

비히는 계속해서 세포와 우리들의 생화학적인 기본 단위가 환원 불가능하게 복잡하며 이를 우리가 알고 있는 전통적인 진화론의 힘으로는 설명할 수 없다면, 그리고 이 기본 단위가 절대적이고 천재적인 지성을 갖춘 누군가가 만들어낸 정교한 도구처럼 보인다면 그런 가능성을 배제할 이유가 어디 있냐고 묻는다. 생명체의 가장 기본적인 단위는 지적인 설계자의 작품이라고 보는 설명도 고려해봐야 하지 않을까? 일반 과학이 눈에서의 빛 감지 같은 아주 독특한 현상에 대해 설명할 수 없다면 어째서 과학은 대안적인 관점과 좀더 깊이 있는 진실로 눈을 돌리지 않는 것일까? 단지 이 새로운 관점이 일부 사실을 뒤흔든다고 해서 말이다. "지금 지적 설계론자들이 주장하는 내용은 물리학적인 근거를 바탕으로 하고 있으며 논리적으로 아무 문제가 없다"라고 비히는 주장한다. "설계를 가정하지 않고서는 어떤 설명도 설득력이 없기에, 우리는 진정 지적인 설계자가 생명에 관여했다는 생각이 옳다고 주장한다."

설계자가 필요 없는 설계

신중한 태도를 보이는 지적 설계론자들은 자신들이 이야기하는 지적 설계자가 누구인지, 혹은 어떤 존재인지에 대해서는 말하지 않는다. 비히는 "지적 설계자라는 개념이 정확히 종교에서 말하는 창조주를 뜻하지는 않는다"고 적고 있다. 그러나 많은 과학자들이 보기에 이런 비히의 부정은 무척이나 솔직하지 않은 태도이다. 비히의 주장은 다른 의견을 수용하는 공평함이나 열린 자세와는 전혀 상관이 없으며, 과학자들이 사고 실험을 고안하고 더 많은 노력을 기울여 완벽한 설명을 찾을 때까지 생명의 근간을 이루는 분자들을 더 깊고 정밀하게 탐구하도록 자극하는 것도 아니다. 이 설계 학교의 기본 메시지는 '여러분들, 안됐지만 더 이상할 일은 없습니다'이다. 분자와 세포 단계의 생물학에 이른 지금 과학은 더 이상 알아낼 수 있는 것이 없는 한계에 다다른 것이다. '환원 불가능한 복잡성' 단계에 이르면, 다시 말해 복잡한 사물을 그보다 간단하고 다루기 쉬운 부분으로 분해할 수 없는 단계에 이르면 그때는 할 수 있는 일이 별로 없다는 말이다. 물론 일정 수준의 환원주의는 과학에 필요하다. 정확한 것만 식별해서 골라내고 한 번에 한두 가지 변수에 초점을 맞춰야 할 때도 있다. 그러나 자연선택이 한 단계 한 단계 조금씩 수정 작업을 거쳐 혈액 응고에 관여하는 물질들을 만들어내지 못한다면, 결국 과학으로는 그런 물질의 기원을 설명할 수 없지 않을까?

어떤 분자 과학자들도 문제에 부딪혔을 때 두 손을 들면서 "이렇게 복잡할 수가! 이렇게 환원 불가능하게 복잡한 경우는 본 적이 없어! 우리 그냥 '초자연적인 발명가'가 어떻게든 해주길 바라며 맥주나 마시러 가는 게 어떨까?"라고 말하지 않는다. 과학자라는 사람들은 해야 할 일이 분명히 산적해 있는데도 자신들은 더 이상 할 일이 없다고 말하고 손을 놓기에는 너무나도 경쟁적이고 근면한 집단이다. 과학자들은 지적 설계론자들이 환원 불가능한 복잡성이라는 말을 붙여 다윈의 진화론을 반대하는 증거라고 주장하는 특정한 분자 조합이나 단백질 집합체도 약간만 노력을 들이면 쉽게 좀더 작은 단위로 분해될 수 있으며, 그렇게 분해된 단위들 역시 다윈의 자연선택의 산물이라고 주장한다. 『다윈의 신 찾기: 신과 진화론의 공통점을 찾기 위한 한 과학자의 연구*Finding Darwin's God: A Scientist's Sea-rch for Common Ground Between God and Evolution*』에서 로드아일랜드Rhode Island에 있는 브라운 대학교의 케네스 밀러 교수는 많은 지적 설계론자들이 '환원 불가능한 복잡성'의 예로 제시한 증거들을 깨부수었다. 그중에서도 혈액 응고에 관한 주장의 허구성을 해부를 하듯이 철저히 밝혔다. 그는 혈액 응고는 단계적으로 진행되는 생리 현상이라고 말하면서 그 과정을 자세히 설명했다. 피부에 난 상처가 어떻게 혈액응고인자 Ⅷ, 혈액응고인자 Ⅸ, 혈액응고인자 X라는 식으로 구분되는 혈관 속을 순환하는 효소들을 활성화시키는지, 한 인자의 활동이 어떻게 해서 다른 인자의 활동을 부추기는지, 각 단계마다 생화학적 신호를 어떤 식으로 증폭시키는지, 혈액응고인자 X가 어떻게 혈액응고효소인 트롬빈을 잔뜩 약 올려 혈액을 응고시킬 끈적끈적한 단백질 피브리노겐을 분비하게 만드는지를 설명한다. 혈관 속으로 분비된 피브리노겐은 혈액 성분과 뭉쳐 마침내 피를 굳게 만든다.

밀러도 혈액이 응고되는 과정이 아주 쓸모없이 복잡해 보인다는 사실에는 동의하며 "이 복잡한 과정 중에 어느 하나만 일어나지 않아도 생명이 위험해질 수 있다"고 인정한다. 의료 유전학자들은 혈액 응고에 관여하는 여러 인자 가운데 단 한 개가 유전자 변이를 일으켜 유발되는 다양한 질병을 밝혀냈다. 이런 질병들은 모두 생명을 위협할 정도로 무서운 질병들이다. 밀러는 계속해서 이렇게 적고 있다. "물론 의심의 여지없이 혈액 응고는 필수적인 생명 유지 장치이며 절대로 엉망으로 일어나서는 안 될 중요한 과정이다. 그러나 그 말이 곧 진화가 일어나지 않았다는 의미가 될 수 있는가? 결코 그렇지 않다."

밀러는 이미 알려져 있는 것처럼 혈액을 응고시키기 위해 일련의 단백질들이 단계적으로 반응하는 방식을 택한 것은 포유류, 조류, 파충류, 양서류, 어류를 포함한 척추동물들과 가재나 게처럼 커다랗고 단단한 껍데기를 갖고 있는 절지동물 몇 종밖에 없다고 설명한다. 그러나 그 말이 곧 지렁이나 불가사리가 혈관에 심각한 상처를 입으면 무조건 피를 철철 흘리다 죽는다는 뜻은 아니다. 혈액 응고를 담당하는 단백질이 없는 생물의 혈관 속에는 상처 난 곳을 이어줄 끈끈한 백혈구가 들어 있다. 일단 상처가 생기면 혈관 속에 들어 있는 백혈구가 노출된 피부 바깥으로 나와 그 부근에 있는 콜라겐 같은 단백질과 결합한다. 어느 정도 시간이 지나 충분한 양의 백혈구가 흘러나오면 상처 부위에 엉긴 덩어리가 생겨 더 이상 출혈이 일어나지 않는다. 훨씬 빠른 속도로 정교하게 일어나는 단백질 인자를 이용한 척추동물의 혈액 응고 방식과 비교해볼 때 그저 밴드로 이어 붙이는 정도에 불과한 이런 혈전 생성 방식은 속도도 느리고 방법도 조악하다. 백혈구를 이용한 혈액 응고 방식은 비교적 혈압이 낮은 동물들에게서나 가능한 방식이기 때문에 이 방식을 택한 동물은 대부분 무척추 동물이다. 그렇지만 "이런 불완전하고도 간단한 방식이 다윈이 생각한 진화의 시작점"이라고 밀러는 역설한다.

아무리 간단하다고 해도 무척추 동물의 혈액 응고 방식 역시 진화의 작용으로 보기에는 너무 정교하지 않을까? 이런 의문을 품을 수도 있겠지만 밀러는 다시 그렇지 않다고 설명한다. 무척추동물의 백혈구는 혈액 응고 외에도 영양분을 운반하는 등의 다양한 역할을 맡고 있다. 밀러는 원래는 혈액 응고 기능이 없던 백혈구가 무작위적인 변이를 통해 찢어진 피부의 섬유 조직과 만났을 때 끈적끈적하게 변하는 성질을 얻었다고 상상해보라고 말한다. "백혈구에 일어난 어떤 변화가 피부에 있는 단백질을 만나면 약간 끈끈해지는 성질을 얻었다고 생각해보라. 아주 약간만 끈끈해졌다고 해도 아주 약간은 상처를 막아주었을 것이기 때문에 그런 능력이 있는 개체는 살아남는 데 유리했을 것이다." 오래전에 살았던 고대 지렁이나 성게의 백혈구에 일어난 변이가 피부에 난 상처를 막아주는 밴드를 선물한 것이다. 이런 특징은 자연의 선택을 받아 세대에서 세대로 전해지게 되었다. 가장 기초적인 혈액 응고 방법의 탄생이다.

척추동물은 혈액을 응고시킬 때 세포가 통째로 엉겨 붙는 방식이 아니라 혈액 단백질들이 엉겨 붙는 방식을 택하고 있지만 기본 원리는 백혈구를 끈끈하게 만드는 것과 아주 비슷하다. 혈액을 걸쭉하게 만드는 단백질 인자들은 이자 같은 내분비 기관이 분비하는 단백질과 아주 유사하며, 이 단백질들은 혈액 응고와는 아무 상관이 없지만 다양한 생물학적 신호를 자르거나 잇는 역할을 맡고 있다. 자르고 이어주는 능력은 상처가 생긴 부위에 혈액을 잡아두고 이른 죽음을 막는 데 반드시 필요한 재봉 기술이다. 어느 모로 보나 우리의 혈액 응고를 담당하는 단백질들은 보다 일반적인 효소들에서 유래했고 단백질을 만드는 유전자들 또한 그 효소들을 만드는 유전자들과 같은 것으로 보인다. 점차적으로 이 여러 단백질들은 서로 협력해서 혈액 응고 임무를 수행하게 됐고, 자신들의 능력을 연마하고 내부 신호를 더 긴밀히 하고 강화하면서 한 운명, 하나의 힘이 될 수 있도록 상호 간의 의무적인 공생 관계를 구축했다. 오늘날 완성된 혈액 응고 반응 메커니즘은 프로 야구와 같다. 여덟 명만으로는 뉴욕 양키즈 팀이 시합에 나설 수 없는 것처럼 혈액응고인자를 단 한 개 잃어버린 것만으로도 생명 자체가 위협받아 삶이라는 시합에서 패배할 수 있다. 현재 여러 인자들이 경이로울 정도로 놀라운 속도와 힘으로 서로 협력해 혈액 응고 반응을 일으킨다 해서 언제나 그랬을 것이며, 앞으로도 계속 같은 형태일 것이라고 단정할 수는 없다. 밀러는 이렇게 적는다. "혈액 응고 반응은 전부 아니면 아무것도 없다는 식의 현상이 아니다. 복잡한 모든 생리 작용이 다 그렇듯이 혈액 응고 반응 역시 단순하고 불완전한 방식에서 차차 진화해온 결과이다." 메이저리그 야구도 공원에서 두 아이가 공을 가지고 노는 것에서 시작되듯이 성게의 단순한 백혈구에서 혈액 응고가 시작된 것이다.

생명은 멈추지 않는다

우리는 생명이 어떻게 시작되었는지 모른다. 지구의 지질학적 · 생화학적인 위치와 태양의 관대함이 있었기 때문에 지구는 필연적으로 생명을 품을 수밖에 없었던 걸까, 아니면 어떤 영적인 존재, 그 자신을 이해해주었으면 하는 신성한 사랑, 우주의 호기심, 우주의 소망이 생명을 탄생시킨 것일까? 아직 그 누구도 모르고 있다. 우리는 최초의 생명체가 어떻게 생겼으며 어떻게 행동했는지 모른다. 최초의 생명체들은 RNA로 이루어졌거나 단백질로 이루어졌을 수도 있고 아직은 발견되지 않은 아무도 모르는 분자로 이루어졌었는지도 모른다. 45억 년 전 지구가 탄생한 이래로 정확히 언제 생명체가 탄생했다고 단정할 수 있는 사람은 없다. 아마도 생명체는 아주 이른 지구 역사 초기부터 있었는지도 모른다. 1950년대에 시카고 대학교의 해롤드 유리와 스탠리 밀러는 실험실에서 원시 지구 환경을 조성해 단백질의 원료인 아미노산을 합성해냄으로써 세계적인 명성을 얻었다. 누군가 밀러에게 물었다. 아미노산이 생명체로 탄생하려면 어느 정도의 시간이 걸릴 거라고 추측하는가? 밀러는 이렇게 대답했다. "10년은 너무 짧을 테니 100년이라고 합시다. 그러나 1만 년이나 10만 년도 괜찮을 것 같군요. 백만 년도 부족하다면 결국은 어떻게 해도 안 될 겁니다." 그런데 이 질문에서 가장 중요한 단어는 '추측'이라는 점을 유의해야 한다. 초기 생명체들의 화석 증거는 안타깝게도 사실상 전혀 남아 있지 않다. 처음 자신들을 복제하기 시작한 생명체의 모태를 이룬 분자들이 어떤 물질을 포함하고 있었건 간에 단단한 부분이 없었기 때문에 퇴적물 속에 흔적을 전혀 남길 수 없었다. 자신이 가진 화학물질을 외부 환경에서 분리해내는 데 성공하고 나와 내가 아닌 것을 구분하는 탄력적인 지방질 막을 만들어 '이제 나는 세포다'라고 소리칠 수는 있었지만 최초의 생명체들은 미래의 일까지 생각하기에는 아직 너무나도 어렸다.

그러나 어쨌거나 생명체는 탄생했고 한 가지 점만은 분명하다. 생명은 너무나도 살아 있음을 사랑하기에 일단 삶의 첫 발을 내디딘 후로는 한 번도 사는 것을 멈춘 적이 없다. 수십억 년 전 최초의 세포—더 많은 거품을 만들어내는 암호를 둘러싼 거품—가 탄생한 이후 생명은 끊이지 않고 지속되어왔다. 생명의 암호, DNA와 RNA라는 형태로 핵 속에 적혀 있는 글귀들은 만물의 암호이다. 살아 있는 모든 생명체들은 누구나 이 암호를 가지고 있다. '나는 핵산과는 관계없다'고 말할 수 있는 생명체는 하나도 없다. 생명이 한 번 이상 탄생했다면, 즉 생명의 기원이 여러 계통이었다면 현재 존재하는 생명체의 유전암호를 전달하는 방식도 여러 가지가 되어야 한다. 그러나 우리는 그렇지 않다. 해수면 2.5킬로미터 아래의 부글부글 끓어오르고 있는 열수공에 서식하는 생명체들의 세포 속에서도 우리는 DNA를 발견한다. 그뿐인가. 백만 년이 넘는 긴 시간 동안 극지방의 얼음 속에 갇혀 있던 세균의 세포 속에서도 DNA를 본다. 종이 탄생하고 증식하며 분화되고 사라져가는 동안에도 DNA는 변함없이 살아남아왔다. 캄브리아기에 바다 밑바닥을 청소하고 다니던 갈고리 같은 촉수를 일곱 개 가진 할루키게니아*Hallucigenia* 안에서, 데본기 때 살았던 탐욕스러운 포식자인 폐어 디프테루스*Dipterus* 안에서. 삼엽충 안에서, 익룡 안에서, 도도새 안에서, 루이스 캐럴의 안에서 DNA는 계속 존재해왔다. 생명의 시간표에는 대량 멸종 사태와 소량 멸종 사태가 끊임없이 기록되어 있다. 최악의 멸종 사태가 일어났을 때는 90퍼센트가 넘는 생명체들이 완전히 사라지기도 했다. 하지만 DNA는 끄떡없었다. 앞으로도 DNA는 그저 계속해서 많게 혹은 적게 자신을 복제해나갈 것이며 어느 곳에서든 어느 세포에서든 모습을 나타낼 것이다.

록펠러 대학교의 세포 생물학자이자 노벨상 수상자인 군터 블로벨은 끊임없이 이어지고 있는 생명에 대해 감탄을 금치 못한다. "생명의 연속성이라는 점에서 보면 스무 살이라느니, 서른 살이라느니, 마흔 살이라느니 하는 말들은 모두 잘못된 겁니다. 우리들의 나이는 35억 살입니다. 우리들의 조상이 원숭이라는 사실에 경악해하는 사람들이 있지만 어떤 관점으로 보면 오히려 그 편이 더 나을 수도 있죠. 사실 우리는 35억 년 전에 살았던 세포의 후손이니까요."

그는 계속해서 말했다. "가장 처음 탄생한 세포까지 이어지는 생명의 줄은 어마어마하게 깁니다. 이 실은 우리 개개인이 모두 죽은 후에도 계속해서 이어질 겁니다. 이것이 생명의 연속성입니다. 세포는 끊임없이 분열하겠죠. 우리 모두는 이 영속성을 이어가는 역할을 하고 있습니다. 부활이라는 개념은 이런 생물학적 사실을 반영하는 시적 표현이지 않을까요."

블로벨은 정말로 내가 누구인지, 내 조상이 누구인지, 내 후손이 누구인지를 알고 싶다면 거울은 잊어버리라고 말한다. 진실을 알고 싶다면 세포를 가르고 그 속을 들여다봐야 한다고.

7

분자생물학: 세포와 부속품

Molecular Biology: Cells and Whistles

매일 밤, 잠자리에 들기 전이면 언제나 내 입속에서는 격렬한 전투가 벌어진다. 먼저 나는 세 가지 다른 제품의 치실을 사용해서 치아를 정리한다. 대부분의 치아는 평범한 매끄러운 치실로 정리하고 비좁은 뒤쪽 치아는 막대기에 매달린 초극세 치실로 처리하고 초강력 치실이라고 하는 솜털처럼 가볍고 강철처럼 질긴 치실로는 치관과 보철물 아래를 파낸다. 그런 다음에는 그냥 칫솔이나 에로틱한 스타일의 전동 칫솔로 2분 동안, 남은 한 손으로 빨래를 갤 때는 좀더 오랫동안, 치석을 제거하고 잇몸을 마사지한다. 마지막 마무리는 구강청정제를 작은 컵에 가득 받아 입 속에 넣고 부글부글 입 안에서 한 바퀴를 돌리고 윗몸, 아랫몸과 입 안 구석구석을 화끈한 약품으로 청소한 다음에야 비로소 안심하고 내용물을 뱉어낸다.

조금 피로하거나 약간 게을러지는 날이면 하루 정도는 한두 단계를 건너뛰어도 되지 않을까 하고 생각해보지만 그럴 때면 어김없이 열 살 때의 끔찍한 기억을 떠올리게 된다. 그때 내 치아를 살펴본 치과의사는 충치가 새로 스무 개나 생겨서 앞으로 6개월 동안 매주 토요일마다 내 입속으로 징그러운 털이 달린 팔을 집어넣어 치료를 해야 한다고 말했다. 아니, 그렇게까지 멀리 가지 않아도 된다. 최근에 찍은 치아 X선 사진은 신경 치료를 받아야 할 치아가 아홉 개나 된다고 알려줬다(젠장, 정말 그 끔찍한 치아 마취를 또 해야 한단 말이야?). 또 프린스턴 대학교의 미생물학자 보니 바슬러가 말해준 치아 부식에 관한 다채로운 이야기를 생각해보기도 한다.

바슬러는 이렇게 말했다. "충치는 세균 때문에 생긴다는 것은 알고 있을 겁니다. 하지만 세균이 얼마나 정교하고 교묘하며 무자비한 방법으로 충치를 만들어내는지에 대해서는 잘 모를 거예요." 치아에 대한 내 기억은 더할 나위 없이 끔찍하지만 사실 충치를 일으키는 세균이 자신의 이빨을 우리들의 치아에 박아 넣는 일은 쉽지 않을 뿐더러 설령 박아 넣었다 해도 단단한 에나멜을 뚫고 그 속으로 들어가 말랑말랑한 속살로 만찬을 열 수 있을 때까지 치아 위에 오래 머무는 일은 더욱 쉽지 않다. 일단 입속은 끊임없이 침이 흘러나오는 공간이기 때문에 그렇다. 침은 신체의 방어 무기 가운데 하나로 그 자체로도 살균 작용을 하며 치아에 달라붙은 세균을 떼어내 강산이 분비되는 위장으로 떨어뜨리는 역할도 한다. 치아를 덮고 있는 에나멜이 신체에서 가장 단단한 부분이라는 것도 한 이유이다. 이빨의 에나멜 층은 뼈보다 단단하며 발톱보다 단단하다.

에나멜은 죽은 후에도 오랫동안 썩지 않고 남을 정도로 강하다. 화석으로 남아 있는 치아는 정말 많아서 미국 자연사박물관의 마이클 노바체크는 우스갯소리로 지구에 출현한 생명체들의 역사는 치아가 다른 치아를 만나 새로운 치아를 낳았다고 생각해도 될 정도라고 말했다.

그렇다면 입속 세균은 어떤 기술을 활용하기에 생명체의 수명이 다하기도 전에 살아 있는 치아의 에나멜질을 뚫고 들어갈 수 있을까? 우리는 설탕이 든 풍선껌이나 사탕 같은 몇 가지 불량스러운 음식을 입속 세균들에게 제공함으로써 공격 기회를 준다. 설탕은 세균을 불러 모을 뿐 아니라 세균이 치아에 달라붙게 함으로써 세균들이 우리들의 견고한 요새를 손쉽게 공격하게 만든다. 치아를 공격하는 세균들의 전략은 총공격을 감행하는 군사작전과 비슷하다. 한 곳에 폭격기, 헬리콥터, 탱크, 해군 공병대, 특수부대 등을 총 동원해 총력전을 펼치는 전쟁처럼 600종이나 되는 수많은 세균들이 한꺼번에 에나멜질을 뚫으려고 공격을 감행한다. 세균 600마리가 아니다. 서로 다른 종류의 600종이나 되는 세균이, 미생물학자들의 표현대로라면 600가지 계통의 세균 변종들이 한꺼번에 치아를 공격하겠다고 달려드는 것이다. 바슬러는 각각의 변종들은 '지구인과 화성인'만큼이나 유전적으로 차이가 많이 나는 다른 종이라고 말한다. 다시 말해 당신의 치아를 허물어뜨리기 위해 덤벼드는 세균은 종류로는 600여 종, 개체로는 수백만, 수천만 개나 된다는 뜻이다. 바슬러가 설명하기를, 세균들은 저마다 각자 맡은 역할이 달라서 어떤 종은 치아 위에 남은 설탕 잔여물을 분해하고 어떤 종은 세균들이 치아에 달라붙어 있게 만들고 어떤 종은 에나멜을 긁어 부스러지게 한다고 한다. 물론 입속 세균들이 게걸스럽게 치아를 먹어치우는 모습은 보지 못할 것이다. 여느 세균들이 그렇듯 입속 세균들도 체세포 크기의 극히 일부에 지나지 않을 정도로 아주 작다. 핀 머리 위에서 춤추던 세균을 기억하는지? 세균들은 3백만 마리가 한꺼번에 핀 머리 위에서 춤을 출 수 있을 정도로 작다. 그러나 우리들은 치아를 부식시키는 세균들을 느낄 수는 있다. 정확하게 말하면 이 세균들이 치아 위에 남겨 놓은 점액질 물질을 느낄 수 있다. 우리는 이 점액질 물질을 프라그(치석)라고 부른다. 이 프라그는 마치 불사신인 양 굉장한 노력을 기울여 쫓아내도 어김없이 다시 돌아온다. "밤마다 열심히 칫솔질을 해도 아침이면 어김없이 프라그가 생깁니다." 바슬러의 말이다. "프라그는 언제나 다시 생깁니다. 그것도 무질서하게 생기는 게 아니지요. 프라그는 언제나 매일같이 똑같은 구조로 생겨납니다."

세상에는 세균들이 넘친다

그것이 매일같이 치실을 사용하고 칫솔질을 하고 박하가 든 액체로 가글을 할 수밖에 없는 이유다. 나는 이 적군에게 경외심마저 느낀다. 그 적을 완전히 없앨 수는 없겠지만 내 치아에 입히는 피해를 최대한 적게 해서 치과를 찾아가는 일만은 피하고 싶다.

일주일 동안 아무리 많은 양의 살균 소독제를 들이부어도 입속, 얼굴, 머리에 있는 세균을 완전히 없애지는 못한다. 사실 우리는 세균을 뒤집어 쓴 채 살아야 한다. 아마도 피부에 서식하는 세균 집단만 해도 종으로는 수천 종이 넘고 개체로는 거의 5억 개에 달할 것이다. 피부는 그래도 양반이다. 습기가 많은 구멍, 그러니까 입속이나 콧속, 귓속, 질, 요도, 항문, 대장 같은 곳에는 수십억 개체가 넘는 세균이 서식한다. 숨을 한 번 들이마실 때마다 호기성 세균들이 거대한 소용돌이를 일으키며 몸속으로 들어온다. 이런 호기성 세균들은 대부분은 폐에 집단으로 서식해 병을 일으킬 능력이 없는 무해한 세균들이다. 우리는 걸을 때마다 우리 몸을 감싸며 온몸을 뒤덮는 세균 베일을 덮어쓴다. 집게손가락으로 지금 읽고 있는 이 페이지를 한 번 문지르는 것만으로도 족히 백만 개체는 될 세균들의 자리 이동이 일어났을 것이다. 우리들은 평상시에는 이런 세균들에 대해서 신경도 쓰지 않으며 거침없이 세상을 활보하다가도 세균을 죽여버리려 할 때만, 예를 들면 프라그를 없애려 할 때나 연쇄구균을 죽이려 할 때나 기관지염을 일으킨 세균을 박멸하려 할 때만 신경을 쓴다. 그러나 세균들은 대부분 아주 유순하다. 세균들은 우리에게 원하는 것이 우리가 그들에게 바라는 것보다 적은 친구들이다. 게다가 유용한 세균도 아주 많고 우리가 살아가는 데 꼭 필요한 세균도 있다. 세균들은 우리를 먹여 살리고 우리를 위해 요리를 해주며 우리가 어질러놓은 쓰레기를 치워준다. 식물을 위해 질소를 고정시켜주는 뿌리혹박테리아는 식물이 성장할 수 있도록 도와주며 이 식물들은 우리가 먹는 모든 것을 선사한다. 세균이 없다면 우리가 매일 먹는 밥, 김치, 토마토, 구운 고기 등도 없다. 우리가 음식물을 섭취한 뒤에는 장내세균의 도움을 받아야만 그 음식을 소화시킬 수 있다. 소장에 들어 있는 세포의 수가 100이면 99는 세균 세포이다. 장내세균들은 따뜻하고 넉넉한 우리들의 소화기관 속에서 번성하면서 우리에게 필요한 비타민을 합성해주고 그들이 없었다면 항문을 향해 그대로 나아갔을 필수 영양소들을 추출해준다.

당신이 어디를 가건 세균들은 그곳에 있을 것이며, 세상에서 가장 힘들고 더러운 일들을 용감하게 해내고 있을 것이다. 토양 1그램을 파서 들여다보면 수천 종이 넘는 세균들이 보인다. 대부분이 분해자들인 그 세균들은 쓰레기나 사체를 분해해 새로운 생명이 자랄 수 있도록 만든다. 또 열대 우림의 가장 중요한 토지 관리인인 흰개미의 경우를 생각해 보라. 흰개미들은 죽거나 썩은 나무를 갉아 먹어 열대 숲에서 건강한 나무들이 다시 자랄 수 있도록 도와준다. 어떠한 흰개미를 골라잡고 페트리 접시 위에서 관찰해보든 흰개미의 창자에는 어김없이 수백 종이 넘는 세균들이 집단을 이루며 서식하고 있다. 이 세균들은 흰개미가 먹은 나무 부스러기들을 분해해 필요한 영양분을 빼내며 피노키오를 만든 제페토 할아버지처럼 죽은 나무에게 목소리를 불어넣어주는 주역들이다.

세균 중에는 반딧불이가 빛을 낼 때 사용하는 바로 그 화학물질을 이용해 빛을 내는 세균도 있다. 사랑하는 대상을 찾기 위해 빛을 내는 반딧불이처럼 세균들도 주변에 자신과 같은 종류의 세균이 있어야만 빛을 낸다. 마치 자신들이 행위예술가 잭슨 폴록이라도 된 양, 옐로우스톤 국립공원에다가 칼슘을 잔뜩 흩뿌려서 분홍, 파랑, 녹색, 호박색, 벽돌색 줄무늬를 만드는 세균들도 있다. 이 색깔들은 그 세균이 어떤 종인지를 알려주는 표지이기도 하다.

세균은 어디에서나 산다. 도저히 생명체가 살 수 없을 것 같은 곳에서도 세균은 산다. 에베레스트 산 정상에도 세균은 있고 해저 깊은 곳에도 세균은 있다. 극지방의 빙관에도 세균은 있고 펄펄 끓는 열수공에도 세균은 산다. 세균은 지하 깊은 곳에 묻혀 있는 바위 속에서도 살며, 중금속과 유출된 석유도 빨아먹고 러브 운하(미국의 유명한 환경오염 지역—옮긴이)에서도 수영을 할 수 있다. 정말 잘 어울리게도 데이노코쿠스 라디오듀란스*Deinococcus radiodurans*('방사선을 잘 견디는' 이라는 뜻)라는 이름을 가진 세균은 사람을 죽일 수 있는 방사능보다 1,500배나 강한 방사선도 견뎌내며 끈질긴 생존의 대가인 바퀴벌레가 견딜 수 있는 것의 15배가 넘는 화력도 견딜 수 있다.

세균이 지구 전역을 장악하는 힘과 끝없는 활력이 경탄스럽기는 하지만, 사실 그들보다 더 웅장하고 더 유용하며 더 근본적인 탁월한 존재가 있다. 세균은 물론 지구상의 모든 존재를 만드는 최상의 탁월함, 바로 그것은 세포이다. 지구상에서 생명의 역사가 시작된 이래로 나타난 발명품 가운데 가장 위대한 발명품은 분명 세포이다. 군터 블로벨의 말처럼 첫 번째 세포가 탄생한 이후 세포는 언제나 변함없는 그 세포였으며, 끊임없이 분열해서 더 많은 세포를 만들었고 생명체를 살아 있게 한다. 세균은 하나의 세포로 이루어진 생물이기에 생명체를 이루는 세포의 특성을 연구하는 좋은 자료가 된다. 세균 세포는 그 자체로 하나의 생명체다. 세균은 자신 속에 생명을 유지하는 데 필요한 화학물질, 부품, 상태 등을 완벽하게 갖추고 있으며, 자신의 세포적 소명을, 30억 년 전 세포가 처음 탄생한 순간부터 휴가를 즐기거나, 규칙을 어기거나, 지나치게 커지거나, 누군가를 능가하려 하거나, 시대에 뒤지거나, 완전히 사라지는 일 없이 변함없이 자신의 사명을 달성해온 수많은 성공 사례를 담고 있다. 이것은 정말 어마어마한 성과이며 생물학이 제시하는 가장 중요하고도 기본적인 원리이다. 일단 최초의 세포가 만들어진 뒤로는, 즉 여러 물질이 모여 자신의 이익을 도모하는 하나의 개체로 거듭난 뒤로는, 다시 뒤로 돌아간 경우도, 세포가 지구에서 완전히 사라진 경우도 없었다. 행군을 시작한 이 유랑자들은 지구의 여러 시기를 거쳐왔으며, 그 사이 빙하기, 소행성 충돌, 화산 폭발, 해양 지각 변동, 지구 생명체의 90퍼센트가량을 사라지게 한 대량 멸종 사건 등이 벌어졌을 때도 어디에선가 숨을 쉬고 있었다. 지구상에 세포가 한 개도 없었던 적은 단 하루는커녕 단 1나노(10^{-9}), 피코(10^{-12}), 아토(10^{-18}), 욕토(10^{-24})초도 없었다. 지구의 입장에서 볼 때 이 끈질긴 세포는 그저 찌꺼기, 프라그일 뿐이었다. 만약 지구가 세포를 완벽하게 없앨 살균제를 간절히 원했다면 어떤 일이 벌어졌을까? 다행히 지구의 역사에서는 그런 살균제는 만들어지지 않았다. 그렇게 생각해보면 매일 아침마다 프라그가 돌아온다는 사실이 무척 다행스럽지 않은가?

세상에서 가장 자연스러운 세포

세포들의 유전암호를 조사해본 결과 우리는 오늘날 지구상에 존재하는 세포들이 여러 개의 조상에서 각자 갈라져 나와 다른 경로를 밟아온 후손들이 아니며 모든 세포가 하나의 공동 조상 세포에서 나온 후손들임을 알고 있다. 세포들의 내부 구조도 같은 사실을 말한다. 세균 세포이든 옥수수 세포이든 초파리이든 간에 생명체들의 세포 구조는 모두 같다. 어떤 장소에 서식하건 간에 세포는 자신이 생명체의 보편적인 기본 단위이며 그토록 완벽하게 기능을 수행할 수 있는 이유를 확실히 알려주는 일련의 특징들을 확연하게 드러내 보인다. 앞에서 이야기한 입이나 창자, 높은 산, 깊은 열수공 등에 풍부하게 서식하는 세균들을 다시 한 번 생각해보자. 사실 다른 서식처에 사는 세균들은 저마다 다른 종이라고 보는 것이 어느 정도는 옳다. 각 세균 종마다 특별히 분화된 유전자가 있기 때문에 벤젠이나 수은 같은 유독성 물질을 생존에 이용하는 종도 있고 각자 자신에게 알맞은 서식처에서 살아갈 수 있다. 그러나 어떠한 종이든 세균 하나를 택해 그 안을 들여다보면 내부 구조는 모두 같아서 모든 세균이 같은 종이 아닐까 하는 생각을 하게 된다. 화학물질의 구성 상태나 산과 염기의 균형 상태도 세균의 종류에 상관없이 거의 비슷하다. 세균 세포의 내부는 또한 우리 인간의 간이나 심장 세포의 내부 인테리어와도 크게 다르지 않다. 아니, 인간뿐 아니라 지구에 살아가는 모든 생명체들의 세포 내부 환경과도 거의 비슷하다. 이것이 세포가 가진 힘과 아름다움이자 현대 생물학의 가장 획기적인 통찰력 가운데 하나이다. 세포는 자기 자신을 피난처로 만듦으로써 외부 세상의 거침과 불안정에 맞섰다. 세포는 움푹 들어간 자신의 내부 공간을 따뜻하고 촉촉하게 유지하고 경계 안쪽을 질서 정연하고 안정적으로 유지하는 데 필요한 모든 도구를 갖추고 있다. 균형 잡힌 빈틈없는 내부 구조에 더해 최상의 성능을 자랑하는 단백질과 효소라는 엄청난 능력의 일꾼을 갖춘 세포는 언제나 최상의 상태를 유지할 수 있다. 세상에 세포보다 자연스러운 것은 없다. 자연은 세포로 가득 차 있다. 동시에 세포는 푹신한 시트와 개인용 바, 실내 온도 조절 장치를 갖추고서 세상의 거친 풍파를 헤치고 나아가는 리무진이다.

어떤 생물학 책에도, 세포는 생명체의 기본 단위이자 살아 있는 생명체로 볼 수 있는 물질의 최소 단위라고 나와 있다. 바이러스에도 약간은 살아 있는 것 같은 특징이 있기는 하다. 바이러스는 맹렬한 속도로 자신을 복제하고 변이를 일으키며 진화한다. 바이러스는 사실상 단백질과 당분자 껍질이 감싸고 있는 유전자 꾸러미라고 볼 수 있으며, 가장 작은 세포인 세균보다 훨씬 작다. 그러나 과학자들 대부분이 바이러스는 생명체의 가장 기본적인 활동인 먹고 배설하는 일을 하지 않는 데다 새로운 바이러스를 복제하는 과정을 전적으로 자신들이 침입한 숙주 세포의 기관에 의존한다는 사실을 들어 바이러스는 진정한 의미의 생명체가 아니라 기원 생명체protolife, 생명체이기를 열렬히 바라는 존재, 기생하는 의사 생명체라고 규정한다. 바이러스는 지구상에 존재하는 가장 작은 생명체이자 생명체로서의 모든 능력을 가진 가장 작은 물질이라는 타이틀을 세포에게 양보할 수밖에 없다.

세포는 살아 있고 숨 쉬고 먹어야 하며 노폐물도 만들고 필요할 때면 증식도 해야 한다. 세포의 아름다움과 힘은 스스로 자급자족할 수 있다는 데 있다. 그런데 실제적이고도 생체역학적인 관점에서 볼 때 세포란 과연 무엇일까? 세포는 어떤 식으로 작용하고 어떤 일을 주로 하기에 모든 생명체가 세포를 기본 단위로 택한 것일까? 세포가 지금과 같은 형태를 취한 이유는 무엇이며 육안으로는 보이지 않는 아주 작은 크기를 고수하는 이유는 무엇일까? 먼저 나는 모든 세포가 현미경으로만 볼 수 있는 것은 아니라는 사실을 짚고 넘어가야겠다. 세포는 크게 세 가지 부분으로 나누어진다. 첫째, 미끈미끈한 방수복인 바깥의 세포막이 있다. 이는 나와 내가 아닌 것, 다시 말해 세포와 주변 환경을 분리시켜준다. 둘째로 끈적끈적한 내부는 세포질로 세포의 거의 대부분의 기능을 담당하고 있다. 마지막으로 작동 명령이 담겨 있는 매뉴얼이자 내일로 가는 기차표, 세포의 유전물질인 DNA 저장소까지 이렇게 세 부분으로 이루어져 있다. 인간을 비롯해 단 몇 개에 불과할지라도 한 개 이상의 세포가 모여 생명체를 이룬 다세포 생물의 DNA는, 크기는 더 작지만 성분과 구조는 세포막과 동일한 이중 막으로 둘러싸인 안락한 핵 속에 들어 있다. 반면 단세포 생물인 세균의 DNA는 세포질 속에 골고루 퍼져 있다. 그래서 당연하게도 DNA가 들어 있는 형태를 가지고 우리 세포와 세균 세포를 구별하는 기준으로 삼고 있다. 핵막이 있는 세포를 우리는 진핵세포eukaryote cell라고 한다. 'eu'는 '진짜' 혹은 '좋은'이라는 의미를 담고 있고 'karyote'은 당연히 DNA가 들어 있는 '핵'을 뜻한다. 세균을 비롯한 단세포 생물의 세포는 원핵세포prokaryote cell라고 하는데, 'pro'는 'professional'(전문적인)이라고 할 때의 pro와는 전혀 상관없으며 'pre(원시적)'에서 온 뜻이다. 그러니까 원핵세포란 핵막을 가진 '좋은' 세포보다 십억 년 전에 지구를 더럽힌 원시 세포란 뜻이다. 이런 사람들의 평가를 세균은 종종 선페스트나, 탄저, 매독, 산욕열 같은 아주 전문적인 질병을 일으킴으로써 되갚아준다. 물론 충치도 빼먹으면 안 될 것이다.

달걀이 하나의 세포라고

핵막은 있을 수도 있고 없을 수도 있지만 나머지 세 부분은 세포라면 모두 갖추고 있어야 한다. 세포의 3대 요소를 완벽하게 갖추고 있는 예 하나가 바로 달걀이다. 달걀은 세포 바깥을 둘러싸고 있는 껍질막이 있고 우리가 노른자위라고 부르는 먹을 수 있는 끈적끈적한 세포질이 있다. 또 수정란이 아닐 경우에는 체세포 유전자의 절반밖에는 들어 있지 않지만 그래도 어쨌든 반일지라도 분명히 유전물질을 지니고 있는 세포이다. 나머지 절반의 유전물질을 지닌 정자가 핵 속으로 들어와 세포 분열을 통해 배아로 발생하기 전까지는 달걀은 분명 단 하나의 세포이다. 달걀이 단세포임은 마구 휘저어보면 잘 알 수 있다. 당신이 믿건 안 믿건 간에 식료품 가게에서 파는 무정란은 모두 단일 세포이다. 정확하게 말하자면 세포막에 싸여 있는 선명한 마멀레이드 빛의 노른자야 말로 진정한 세포라고 할 수 있을 테지만. 저으면 거품이 나는 단백질이 풍부한 반투명한 달걀흰자와 가장 바깥을 둘러싸고 있는 염화칼슘 껍데기, 껍데기 안쪽의 얇고 하늘하늘한 껍질은 노른자가 어미의 배설강을 타고 내려오면서 얻은 보너스들이다. 달걀만 해도 크기가 장난이 아닌데, 더 어마어마한 알도 존재한다. 세상에서 가장 커다란 세포는 바로 타조 알이다. 타조 알은 크기는 20×12센티미터, 무게는 1,300그램 정도 나가고, 두꺼운 껍데기를 뺀 나머지 부분의 무게만 해도 900그램 정도 된다(그런데 한 가지 흥미로운 점은 어미와 알의 무게를 비교해봤을 때에 타조 알은 비율적으로 가장 작은 알이라는 사실이다. 타조 알의 무게는 어미 무게의 1퍼센트밖에 안 된다. 비율적으로 가장 커다란 알을 낳는 새는 키위와 벌새다. 이 두 새는 어미 무게의 25퍼센트에 달하는 알을 낳는다. 사람으로 치면 13킬로그램이나 되는 아기를 낳는 셈이다).

육안으로 직접 볼 수 있을 정도로 큰 세포는 또 있다. 대부분의 세균 세포는 지름이 수백만분의 1미터에 불과해 현미경으로 보아야만 간신히 보일 정도지만, 나미비아 해안에서 처음 발견되고 황을 좋아해서 나미비아의 유황 진주라는 의미의 티오마르가리타 나미비엔시스*Thiomargarita namibiensis*라는 이름이 붙은 세균은 지름이 몇 밀리미터에 이를 정도로 크기 때문에 육안으로도 보인다. 실험실에서 주로 만나는 아메바나 짚신벌레 등 이른바 원생생물이라 불리는 여러 가지 잡다한 단세포 생물들은 대부분 눈에 보이지 않을 정도로 아주 작지만 예외적으로 아주 큰 경우도 있다. 지금까지 알려진 원생생물 가운데 가장 큰 종은 바다 밑에 서식하는 유공충으로 5센티미터 정도까지 자란다고 한다. 새들의 알처럼, 아주 크게 자라난 이 단세포 생물에게도 크게 자라도록 보호해주는 단단한 껍질인 방해석으로 만든 외벽이 있다.

그러나 그렇게 커다란 세포는 극히 예외적인 예일 뿐이고 대부분의 생명체들은 아주 작은 세포들로 구성되어 있다. 사람은 물론이고 코끼리도, 이 세상에 등장한 생명체 가운데 가장 크다고 하는 흰긴수염고래의 세포도 모두 1만분의 1센티미터 정도에 불과하다. 그렇게 작으면 무엇이 좋은 것일까? 나는 만나는 생물학자마다 그 이유를 물었다. 왜 세포여야 하는가? 왜 크게 자라는 생물들도 눈에 보이지도 않는 작은 세포들로 이루어져야 하는가? 왜 우리는 큰 몸집에 어울리는 좀더 큰 물질들이, 그러니까 조직이라든가 좀더 큰 덩어리로 뭉친 물질들이 층층이 쌓여 만들어지지 않는가?

크기가 작으면 통제하기 쉽기 때문이라고 홉킨스 대학교의 신시아 올버거는 설명했다. 작은 것은 관리하기 쉽다. 작은 것은 유연하다. 세포는 내부 공간을 주변 환경으로부터 보호함으로써 자신이 통제할 수 없는 바깥세상과 달리 내부에서 일어나는 일을 통제할 수 있게 됐다. 한 개의 세포가 감독해야 할 공간이 적으면 적을수록 내부 조직을 좀더 조직적이고 빈틈없이 역동적으로 관리할 수 있다.

기업들도 이런 가르침을 거듭 되새겨, 작고 긴밀히 협력하되 반쯤은 자율적인 소규모 조직이 가지는 활력과 융통성을 충분히 이용하고 있다. 개별적인 담당 영역이 작고 한정적이라면, 다국적 기업이 여러 나라를 좌우하는 골리앗 같은 괴력을 지니면서도 다윗의 교활함 역시 함께 가질 수 있다. 우리 다세포 생물들도 몸집은 분명 거대해졌지만 가장 기본적인 구성단위를 쉽게 관리할 수 있는 형태로 유지함으로써 세상의 풍파에 휘둘리지 않고 재빨리 상황에 맞게 대처할 수 있는 생화학적인 능력을 갖게 됐다.

세포가 작기 때문에 얻는 이익을 확인할 수 있는 가장 좋은 방법은 그 안을 얼른 들여다보는 것이라고 올버거는 말한다. 미리 말해두겠는데, 그리 유쾌한 모습은 아닐 것이다. 나는 올버거에게 세포를 책상 위에 올려놓을 수 있을 만큼 크게 늘리면 어떤 모습일지 물어봤다.

그러자 한 점의 망설임도 없이 올버거는 아주 명랑한 목소리로 말했다. "콧물 같을 걸요."

콧물이라고?

"네, 세포는 아주 끈적거리고 끈끈해요. 우리는 실험실에서 세포를 분리해내는 실험을 정말 자주 합니다. 그럴 때 저는 학생들에게 생체 내, 즉 진짜 살아 있는 세포 내부는 그보다 훨씬 더 끈적끈적한 상태라고 말을 해주지요. 진짜 걸쭉한 콧물 같다고요."

살짝 식욕이 떨어지게 하는 이런 이미지 위에 어리둥절할 만큼 난해한 세포 전문 용어들이 붙는다. 우리가 74조 개나 되는 세포를 소유하고 있다는 사실이 뿌듯할지도 모르지만, 세포 생물학에서 사용하는 용어들을 듣고 있으면 마치 외계 언어를 듣는 듯 당황스럽고 낯설게 느껴진다. 세포막을 뚫고 들어가면 우리는 단백질을 만드는 납작한 주머니인 거친 소포체endoplasmic reticulum에게 두들겨 맞거나, 단백질을 저장하거나 필요할 때면 단백질의 화학 구조를 바꾸는 납작한 주머니인 골지체에게 긁히거나, 아니면 리소좀, 리보솜, 미토콘드리아들에게 연거푸 구타를 당한다. 이런 작은 존재들을 몽땅 다 세포소기관organelles이라고 부른다.

하지만 신경 쓰지 말자. 이런 화려한 용어들에 겁먹지 않아도 된다. 사실 세포의 세계는 우리들의 세계와 크게 다르지 않다. 세포는 대략 원자와 사람의 중간 정도에 위치하는 정도로 작지만, 전자처럼 갑자기 이쪽에서 사라졌다가 다른 쪽에서 펑 하고 나타나는 양자역학의 법칙보다는 우리들처럼 서로 밀고 당기는 전통적인 뉴턴의 물리학에 충실하다. 아무리 작은 세포라 해도 완벽한 3차원 입체 구조를 하고 있으며 기본적인 형태는 말하자면 떨어지는 콧물 한 방울처럼 생겼지만 정교한 형태로 분화된 세포도 많다. 현미경으로 관찰해보면, 피부 세포는 차곡차곡 쌓을 수 있는 정찬용 접시처럼 생겼고 적혈구는 둥글고 한가운데가 우묵하게 들어간 빵처럼 생겼으며 간세포는 일렬로 늘어선 구두 상자처럼 생겼다. 체세포는 보통은 자신들이 몸담고 있는 조직이 화학 신호를 통해 전달하는 규칙을 얌전히 따르지만, 사실 모든 세포의 내면 깊은 곳에는 야수처럼 사납고 반항적인 기질이 숨어 있다. 이를테면 콩팥이나 심장, 혀 같은 조직에서 세포 덩어리를 떼어내 페트리 접시 위에 올려놓고 필요한 영양분이 듬뿍 담긴 배양액을 넣어주면 세포들은 선캄브리아기에 바다 밑바닥에서 살았던 해양 생물들처럼 접시 위를 기어가기 시작한다. 이 세포들을 현미경으로 들여다보면 세포들이 어떤 식으로 박쥐의 날개나 쥐가오리의 지느러미 같은 모양을 만들며 가장자리를 넓혀나가기도 하고, 더 많은 먹이를 찾기 위해 덩어리 전체를 이끌고 나아가거나, 주변을 떠돌고 있는 또 다른 세포 덩어리와 만났을 때 위축되거나 뒤로 물러나는지를 살펴볼 수 있다. 세포들은 그 주인들은 과연 얼마나 강할까 생각이 들 정도로 아주 강하다. 개미는 자기 몸무게의 열 배, 아니 스무 배까지 들

수 있는 탁월한 역도 선수라고 알려져 있다. 그러나 칼텍의 생물공학자인 스코트 프레이저는 세포는 개미보다 적어도 한 수 이상 위라고 말한다. 세포들이 어떤 식으로 신호를 주고받는지 확인하기 위해 진행한 레이저 핀셋과 플라스틱 구슬을 사용한 실험에서 배양액에 들어 있던 세포 한 개에 구슬을 갖다 대자 세포막의 일부가 구슬을 감싸더니 사람이 뿌리째 나무를 뽑아내는 것과 조금도 다르지 않은 모습으로 구슬을 핀셋에서 빼앗아버렸다.

단백질은 죽은 고기가 아니다

세포는 생명체의 기본 단위로 그 사실에 우쭐해하며 전신이 떨릴 정도로 감격해한다. 그런데 이 생명의 기본 단위에는 가장 중요한, 움직이고 흔들리고 잡아당기고 먹고 배설하는 등의 모든 기능을 맡고, 또한 세포 자체를 만드는 역할을 하는 분자가 있다. 바로 단백질이다. 사실 세포를 이해한다는 의미는 단백질을 이해한다는 뜻이다. 그렇지만 일반인들이 단백질에 대해 아는 것이 거의 없다는 사실에 많은 생물학자들은 끊임없는 좌절감을 느끼고 있다. 캘리포니아 공대 스티븐 마요 교수는 교내에 새로 생긴 최신 건물 가운데 한 곳이자 10만 달러가 넘는 장비를 보호하기 위해 첨단 보안 시설을 갖추고 있는 생명과학 종합센터에 있는 연구실 한 곳을 책임지고 있다. 훤칠하고 단정한 젊은 학자인 마요 교수는 빳빳한 치노 바지에 줄무늬 양복 셔츠를 입고 소매를 걷어 올렸다. 마요 교수의 생의학 연구가 창출할 어마어마한 경제적 잠재력을 반영하듯 그의 연구실은 사치스럽지는 않았지만 아주 널찍했고 햇살도 환히 비추고 있었다. 그는 현재 새로운 약을 만드는 데 들어갈 새로운 단백질을 개발 중이다. 마요 교수는 종종 자원봉사를 하고 있는 아내와 함께 사교 모임에 참석하거나 그런 모임을 직접 열기도 하면서 다양한 직업의 사람들을 만난다. “사람들이 ‘어떤 일을 하세요?’하고 물어볼 때면 저는 깊은 숨을 들이마시며 이렇게 말하지요. ‘대학 연구소를 운영하면서 단백질을 연구하고 있지요.’ 그러면 사람들은 ‘아, 영양사이신가 봐요’ 하고 말하죠. 사람들은 단백질이라는 단어를 들으면 햄버거 같은 음식물을 먼저 떠올리는 것이죠.” 그러면 마요 박사는 자신은 새로운 의학 제품이나 제약 제품에 필요한 단백질을 설계하는 컴퓨터 프로그램을 개발하고 있다고 설명해준다. “하지만 그렇게 설명해줘도 언제나 사람들은 햄버거에 대한 생각을 지우지 않지요. 사람들은 이제 막 먹으려고 하는 햄버거에 무슨 문제가 있다는 거지? 하고 의아해하죠.”

물론 마요 교수팀이 연구하고 있는 단백질과 햄버거에 들어 있는 단백질은 분명히 관계가 있다. 고기를 먹는다는 것은 세포를 먹는다는 것이고 세포에는 단백질이 가득 들어 있다. 브로콜리를 먹는다는 것 역시 단백질로 가득 찬 세포를 먹는다는 것이다. 우리 몸이 새로운 세포를 만들고, 손상된 세포를 치료하고, 사라진 면역력을 회복하고, 신체 모든 부위에 힘을 주려면 끊임없이 단백질 음식을 섭취해야 한다. 단백질이라는 말을 들었을 때 사람들 머리에 떠오르는 음식이 브로콜리가 아니라 햄버거인 이유는 근육 세포로 이루어진 동물의 고기에 훨씬 더 많은 양의 단백질이 들어 있기 때문이며 브로콜리 단백질보다는 고기의 단백질이 사람의 단백질과 더 비슷하기 때문이다. 물론 채식주의자들이라면 누구나 입증해보이듯이, 식물 왕국은 넓고 다양해서 주의 깊게 살펴보면 싱싱한 녹색 차양 밑 어딘가에서 우리가 필요로 하는 모든 단백질을 찾을 수 있지만, 복숭아를 먹는 것보다는 다른 동물의 고기를 먹는 것이 훨씬 빠르고 쉽게 우리 몸에 꼭 필요한 단백질을 보충할 수 있다.

어떤 형태의 단백질을 섭취하건 음식으로 섭취하는 단백질은 생명이 없는 활력을 잃은 존재이며, 슬프게도 마요와 다른 생물학자들이 말하는 형태의 단백질을 바라보는 데 장애가 되고 있다. 위장 속으로 들어간 단백질은 모종의 과정을 거쳐 결국에는 아주 작은 조각으로 나누어져 단백질 고유의 활력과 정체성을 잃어버리고, 단백질 화학자들의 표현처럼 변성denature되어버린다. 필요로 하는 부분에 알맞도록 고기를 잘게 부수는 것이 위장이 하는 일이다. 이제는 스테이크를 단백질의 상징에서 몰아내도록 하자. 단백질은 단순히 죽은 고기가 아니다.

그렇다면 자연 상태의 단백질, 정확하게 말해서 세포 상태의 단백질은 어떤 존재일까? 전문적으로 말해보자면 단백질은 생명체에게는 없어서는 안 될 필수 원소인 탄소, 산소, 수소, 질소로 이루어져 있으며 양쪽 끝에 각기 다른 전하를 띠는 손잡이를 가진 독특한 구조 덕분에 일렬로 쭉 늘어설 수 있는 아미노산이 조합된 것이다. 분자 하나가 (+)와 (−)의 양극을 모두 띠고 있는 특성 덕분에 아미노산은 어마어마하게 다양한 구조를 만드는 데 이상적이다. 볼록한 부분과 오목한 구멍이 있는 레고 블록으로 온갖 다양한 모양을 만들어낼 수 있는 것과 마찬가지이다. 세포는 직접 만들거나 음식물에서 추출해낸 아미노산을 가지고 새로운 단백질을 만들어낸다. 새로 만들어진 단백질들은 아미노산이 몇 개밖에 연결되지 않은 짧은 펩티드부터 연결된 아미노산의 개수가 수천 개에 달하는 긴 단백질 사슬에 이르기까지 그 크기가 아주 다양하다. 물론 '크다'거나

'작다' 하는 것은 모두 상대적인 표현으로, 가장 커다란 단백질도 참깨 씨의 10만분의 1 정도밖에 되지 않는다.

단백질의 크기보다 아미노산이 접히고 구부러지고 뒤틀리고 지그재그로 엉키면서 만들어내는 단백질의 입체 구조가 훨씬 더 중요하다. 흔히 단백질을 세포의 작은 기계라고 부르는데, 이 산업적이고 투박한 용어는 단백질이 보여주는 우아한 곡선과 아름다운 탄력을 제대로 담아내지 못하고 있다. 만약 책상 위에서 통통 튀어 다니는 단백질을 보게 된다면 아마도 독특한 모양의 공이거나 버터와 진흙으로 만든 장난감이라고 생각할 것이다. 단백질은 다양한 방식으로 구성되어 있지만 가장 일반적인 단백질을 하나 택해 집게손가락으로 지그시 누른다면 세포의 재료에 걸맞게 겉은 점성이 있고 끈적끈적하지만 속은 아주 단단함을 알 수 있을 것이다. 단백질의 이런 말랑말랑한 성질은 재미를 주기 위해서가 아니며 단백질의 모양은 아무렇게나 만들어지는 게 아니다. 왜냐하면 단백질의 형태는 단백질의 기능을 결정하기 때문이다. 단백질의 특정한 모양과 양전하와 음전하가 분포되어 있는 방식에 따라 단백질은 저마다 독특한 기능을 수행하게 된다. 단 한 개의 세포 속에 들어 있는 단백질만 해도 5만여 종에 달한다. 그중에는 깊은 협곡처럼 생긴 형태도 있고, 승리의 표시를 하는 것처럼 V 형태를 하고 있는 것도 있고, 표적 분자를 나선형으로 휘감아버릴 수 있는 길고 가느다란 색종이 테이프 같은 구조도 있고, 여러 가지 특징을 한꺼번에 가지고 있는 단백질들도 있다. 단백질은 대부분 단단한 부분과 쉽게 모양을 바꿀 수 있는 유연한 부분을 모두 가지고 있다. 다시 말하면 일생 동안 비교적 별다른 변화 없이 그 모습을 유지하는 영역과, 임무에 따라 이웃하는 분자의 자극에 반응해 모양을 바꾸는 부분이 있는 셈이다. 단백질은 일하기 위해 살며, 어떤 모습을 하고 있고 어떤 일을 하는지만이 중요한, 결코 잠들지 않는 복잡한 도시인 맨해튼 같은 곳에서 산다.

단백질은 무엇을 할까

단백질이 쉬지도 않고 그토록 열심히 하고 있는 임무는 무엇일까? 단백질들은 대부분 효소이며, 평상시라면 따로 떨어져 있는 물질들을 함께 묶어서 세포 속에서 일어나는 화학 반응을 활성화시키거나 화학 반응의 속도를 높이는 일을 하며, 또는 다른 단백질의 모양을 바꾸어서 과감한 모험에 뛰어들거나 화학 반응에 불을 붙이도록 자극한다. 아무리 가까운 사람의 핸드폰이라도 모델이 다르면 배터리가 맞지 않듯이, 효소는 저마다 모두 독특한 모양을 하고 있어 한 종류의 효소에 영향을 받는 분자는 세포 내에 한 개밖에 없거나 한 개 이상이라도 지극히 소수에 지나지 않는다. 일단 효소가 기질이라고 불리는 목표 분자와 결합하면 자신들이 명령받은 특별한 변형 임무를 실행할 수 있다. 예를 들어 간세포 속에는 콜레스테롤의 고리를 인식할 수 있는 형태의 효소가 있는데, 이 효소의 걸쇠가 기름진 콜레스테롤 고리에 걸려야만 콜레스테롤을 테스토스테론이나 에스트로겐 같은 몸이 필요로 하는 성 호르몬으로 바꿀 수 있다. 또한 간세포가 분비하는 효소 중에는 염분이나 산, 콜레스테롤, 지방, 색소 등과 결합해 씁쓸한 황갈색 소화액인 담즙을 만드는 효소도 있다. 게다가 간세포는 우리들의 체면을 지켜주는 효소도 분비한다. 잔뜩 취해 인사불성이 되어 토악질을 하거나 고성방가를 하기 전에 지독한 폭탄주를 독성이 없는 작은 분자로 분해해주는 알코올 분해효소가 바로 그것이다.

모든 효소가 우리를 계속 춤출 수 있게 하는 것은 아니다. 백혈구가 분비하는 효소는 바이러스의 껍질을 녹이고, 췌장에서 분비하는 효소는 혈액을 걸쭉하게 만드는 혈당을 조절하며, 신경세포가 분비하는 효소는 뇌로 들어가는 화학 신호를 만들어, 생각하고 느끼고 어떤 일을 하게 만들며, 어떤 일을 한 것을 후회하게도 만든다. 심할 경우에는 우울증까지도 일으키고.

직접 효소로 작용하는 단백질 말고도 세포 골격Cytoskeleton이라고 하는 실처럼 생긴 구조 단백질도 있다. 구조 단백질은 몸을 지탱하는 뼈가 그렇듯 세포의 모양과 구조를 일정하게 유지시켜주며, 뼈 조직이 그렇듯이 전혀 타성적인 존재가 아니어서 아주 혈기왕성하게 자신의 힘을 과시하며 세포 속에 들어 있는 물질들이 밖으로 튀어나가지 못하게 세포의 경계를 관리한다. 구조 단백질 가운데 가장 유명한 단백질은 진핵생물의 세포에서 볼 수 있는 다재다능한 액틴이다. 액틴은 세포의 대들보와 도리 역할뿐 아니라, 다른 세포의 단백질을 이곳에서 저곳으로 수송하는 역할도 하고, 세포 속에 만들어진 쓰레기를 들어 혈관 밖으로 버리는 역할도 하며, 한 개의 세포가 두 개의 세포로 증가하는 정교하고도 복잡한 작전을 수행할 때는 모든 것이 제자리를 지키도록 질서를 유지하는 역할도 한다. 근육 세포 속 액틴은 또 다른 구조 단백질인 미오신과 협력해 아령을 들어 올리거나 음식물 덩어리를 목구멍으로 넘길 때처럼 수축 운동을 할 때면 근육 세포를 잡아당기고, 운동을 끝내거나 음식물을 다 삼키고 나면 근육 세포를 놓아주는 역할도 한다.

구조 단백질들 또한 표준적인 효소들처럼 번잡하고 바쁜 나날을 보내고 있기 때문에 우리 몸의 모든 단백질들은 변화와 생명과 변덕의 엔진인 효소라고 주장하는 과학자들도 있다. '효소enzyme'를 문자 그대로 해석하면 '발효시키는 것'이라는 뜻으로, 빵과 포도주를 발효시키는 효모 단백질에 어원적인 경의를 표하는 단어이다. '르하힘L'chaim' 또한 '자임zyme'과 어원이 같다고 여겨진다. 유대인들이 축제에서 발효주를 높이 치켜들며 외치는 이 말은 간단히 말하면 '삶에게'라는 의미이다.

세포 속에는 단백질이, 효소가, 생명이 가득 들어 있다. 하버드 대학교의 생물학자 톰 마니아티스는 세포의 가장 윗부분을 벗겨내 안을 들여다보면 개미집이나 벌집 같은 광경을 보게 될 거라고 말한다. 그것도 테이프 빨리 감기를 한 듯한 속도로 움직이는. "모든 방향으로 미친 듯이 움직이고 있는 활동들과 번개 같은 속도로 이곳에서 저곳으로 운반되는 단백질을 보게 될 겁니다." 출입구로 수많은 물질들이 쇄도하며, 조용히 거대한 흡수가 일어나고, 탁한 공기 속으로 사라지는 광경을 그려보라. 세포와 세포핵을 감싸고 있는 세포막에는 분자들의 출입을 조절하기 위해 열고 닫을 수 있는 구멍과 수로가 있고, 세포질 곳곳에는 소포체라고 하는 거품처럼 생긴 헐렁한 자루가 있어서 세포 속 액틴의 이동 경로를 따라 움직이다가 분자에게 달려들어 맞춤 제작한 구속복을 입히고 다른 장소로 데려가 뱉어낸다. 또 다른 무시무시한 자루인 리소좀은 세포의 작은 위라고 할 수 있는데 세포 속의 쓰레기는 무엇이든지 집어 삼킨 후 산으로 완전히 녹여버린다. 초고속으로 움직이는 벌집 같은 세포 속에서, 단백질은 서로 셋, 여섯, 혹은 열 개씩 짝을 져 단백질 복합체라는 형태로 함께 몰려다닌다. 아주 최근까지만 해도 생물학자들은 단백질이 억센 개인주의자처럼 단독으로 존재하며 오직 자기 일만 신경 쓴다고 생각했다.

그러나 지난 몇 년 동안 생체 세포를 이용한 실험을 통해 점점 더 많은 동의를 얻고 있는 주요 주장 가운데 하나는 단백질들은 대부분 혼자가 아닌 여럿이 한데 모여 단백질 중합체라는 형태로 활동하기 때문에 각자가 보유하고 있는 효소의 특징과는 전혀 다른 특징들을 펼쳐 보일 수 있다는 것이다. 게다가 단백질들의 연합은 유동적인 데다 쉽게 바뀔 수 있다. 단백질은 슬쩍 한 모임에 가담했다가 이내 모임에서 이탈해 다른 곳에 가입하고는 몇 초, 몇 분 혹은 며칠 만에 또 다시 그곳을 탈퇴해 다른 곳에 가입해버린다. 물론 가입해 있는 모임이 요구하는 임무는 어떤 것이든 거뜬히 해낸다. 단백질들이 서로 가족처럼 협력하여 많은 일을 훌륭히 수행한다는 사실만큼 단백질의 사교성을 명확하게 드러내 보여주는 것은 없다.

톰 마니아티스는 진핵세포의 위를 걷어내면 정말 어지러울 정도로 바삐 움직이는 물질들을 볼 수 있다고 말했다. 이제 핵의 문 속으로, 떠들썩한 소동이 벌어지고 있는 강당으로 들어가보자.

우리들은 언제나 DNA를 먹는다

널리 명성을 얻고 있는 DNA는 분자 중의 거인으로 수많은 별명을 가지고 있다. 우리들의 DNA는 우리들의 유전자로, 반은 어머니에게서 반은 아버지에게서 받았으며, 우리가 치아가 부실할 때나 빨간 불과 파란 불을 구별하지 못하는 색맹일 때 쉽게 책임을 돌리는 대상이다. 우리들의 DNA는 우리들의 염색체이자 우리 아기들의 염색체이며, 뒤틀리고 구부러지고 곡예를 부리는 이 스물세 쌍의 작은 소시지 모양 물체(염색체)는 양수 검사로 부러지거나 불완전하거나 중복된 부분이 있는지 검사해낼 수 있다. 인간의 DNA는 또한 인간 게놈이라고도 한다. 전체 유전자 암호를 알아내 염색체의 염기서열을 밝히고 유전자 지도를 그린다는 목적으로 여러 국가들이 수십억 달러를 투자해 진행한 인간게놈프로젝트 덕분에 인간의 게놈을 이루는 30억 개의 유전자 암호가 모두 밝혀졌다. 이제는 DNA의 위상이 거의 우상 숭배의 단계까지 올라가 성배가 금송아지로 바뀌는 지경에 이르렀으며, 단백질의 경우와는 정반대의 문제가 생겼다. 단백질은 그저 고기의 구성 성분으로 보게 된 반면, DNA는 아무 생물에게나 들어 있기에는 너무나 유명한 존재가 되었고, 먹기에는 너무나 대단하고 위험해졌다. 어떻게 해야 아무 유전자라도 들어 있는 식료품은 '유전자변형식품'이라는 널리 퍼진 오해를 풀고, 자신들은 유전자변형식품을 사용하지 않는다고 광고하기 위해 이중나선에 빨간색으로 사선을 그은 작은 그림을 메뉴판에 붙이는 식당들의 노력이 잘못된 것임을 설명할 수 있을까?

어떤 사람들은 끔찍하게 받아들일지 모르겠지만, 사실 우리들은 언제나 DNA를 먹는다. 공인된 유기농 식품만 먹는 사람도 엄밀히 말하면 지난 1만 년 동안 종자를 선별해 기르거나 교차교배를 시키거나 축산업을 통해 유전자를 변형시킨 음식을 먹고 있는 셈이며 '프랑켄슈타인 음식'이 아니라고 보증된 식품 속에도 분명 서리나 곰팡이 등에 강한 내성을 지닌 특별한 유전자가 들어 있다. 유기농 음식을 먹는 동안에도 당신은 수백만 개의 DNA 속에 들어 있는 수십억 개의 유전자를 먹고 있는 셈이다. 우리가 스테이크, 즉 소의 근육 덩어리를 깨물어 먹을 때마다 단백질과 미오신, 액틴으로 가득 찬 수백만 개의 소의 세포를 먹게 된다. 각각의 세포를 감싸고 있는 세포막과 세포핵을 감싸고 있는 작은 핵막은 콜레스테롤 거품들이고 소의 세포핵 속에는 소의 게놈을 이루고 있는 30쌍의 염색체 속에 소의 유전자 모두를 간직하고 있는 DNA가 있다. 각 세포 속에 들어 있는 게놈만 있으면 복제양 돌리를 만든 것처럼 똑같은 유전자를 간직한 소를 복제해낼 수 있으니 너무 배가 고파서 '소 한 마리도 거뜬히 먹어 치울 수 있다'는 표현도 일리가 있다. 우리들은 감자의 DNA를, 콩의 게놈을, 토마토의 염색체를 먹는다. 편식을 않고 여러 가지 음식을 두루 섭취하는 사람이라면 평생 동안 수천 종이 넘는 생물종의 유전자를 먹는 셈이다. 게놈은 단지 과학자들이나 취급하는 돈이 많이 드는 프로젝트의 재료가 아니다. 게놈은 우리 몸을 이루는 모든 세포 속에 들어 있는 DNA 분자들의 완전한 사본으로, 우리가 수태될 때 양쪽 부모님으로부터 각각 절반씩을 물려받은 것이다. 수정란이 활발히 분열을 개시하여 태아로 성장할 때 게놈 역시 정확히 복제되어 딸세포에게 전해지며, 완전히 다 성장한 후에도 여전히 세포 분열을 할 때마다 정확하게 복제되어 전해진다. 체세포 가운데 DNA가 없는 세포는 우리 몸 구석구석으로 산소를 전달해주는 적혈구뿐이다. 적혈구 세포가 골수 속에서 만들어질 때는 세포핵이 있다. 그러나 적혈구로 탄생하기 직전, 다시 말해 생물체의 혈액 속으로 뛰어들어 폐에 있는 산소를 온몸의 세포로 운반할 준비를 마치면 가운데 들어 있던 핵을 버리고 그 빈 공간에 산소를 운반할 헤모글로빈 단백질을 채운다.

DNA의 이야기에서 가장 중요한 요점은 이런 것이다. 거의 대부분의 체세포 속에는 그 사람만의 모든 유전정보를 간직한 DNA 분자의 완벽한 사본, 즉 23쌍의 염색체, 즉 우리의 모든 유전자, 즉 모두 30억 개의 조각들로 구성된 인간 게놈이 들어 있다. 그렇지만 최근에 과학자들이 완성한 인간 게놈은 절대적인 것이 아니며 개개인의 게놈과는 차이가 있을 것이다. 왜냐하면 인간게놈프로젝트에서 밝혀낸 유전자 지도는 수년 동안 중요한 유전자 연구를 진행해온 환자들과 수년 동안 자신들을 중요하다고 여겨온 두서넛 과학자들에게서 추출한 유전자 표본을 가지고 작성했기 때문이다. 그러나 우리의 거의 모든 세포핵 속에 들어 있는 소박한 게놈 또한 국립보건원 같은 연구소에서 간직하고 있는 거창한 게놈과 거의 유사하다. 인간의 유전자는 누구나 99.9퍼센트는 동일하다. 서로의 게놈에 있는 극히 미약한 차이가 육안으로도 쉽게 구분할 수 있는 커다란 차이를 만들어낸다. 우리가 만약 자신들이 운반하고 있는 게놈을 직접 눈으로 볼 수 있다면 모든 인류가 얼마나 많은 공통점과 동질성을 가지고 있는지 실감할 수 있을 것이다.

사실 우리의 몸속에 들어 있는 게놈보다 우리와 더 가까운 존재도 없을 것이다. 핵이 있는 모든 체세포 속에는 사진 복사를 한 것처럼 모두 똑같은 게놈이 들어 있다. 간세포는 알코올을 해독하는 효소를 만들고 백혈구는 미생물을 없애는 역할을 맡고 있지만 두 세포의 핵 속에 들어 있는 DNA 분자는, 게놈은, 염색체는, 유전자는 모두 같다. 간세포의 DNA와 콩팥이나 뼈의 세포에 있는 DNA와의 차이는 각 세포 안에 있는 단백질이 DNA를 어떻게 다루는지에 있다.

동일한 종류의 DNA를 가진 세포가 저마다 다른 단백질을 만들어내는 이유를 알고 싶다면 핵이라는 소파에 앉아 응석을 부리고 있는 DNA를 가까이에서 들여다봐야 한다. 돌돌 말린 DNA 분자를 쭉 잡아 늘이면 유치원에 다니는 아이만큼의 길이가 된다. 그렇게 DNA는 아주 조그만 핵 속에 엄청나게 돌돌 말린 상태로 있기는 하지만 그럼에도 웬만한 단백질 분자에 비해서는 수백 배 더 크다. 그러나 몸집만 클 뿐 DNA는 아주 단순한 분자로 주위를 둘러싸고 있는 수많은 단백질에 비하면 정말로 간단한 형태를 하고 있다. 단백질을 구성하는 기본 단위는 스무 개 정도 된다. 단백질은 스무 개 정도 되는 아미노산 가운데 필요한 것을 택해 서로 섞고 연결해 만들지만, DNA는 놀랍게도 염기라고 하는 단 네 개의 분자만을 가지고 골격을 만든다. 이 네 염기의 정식 이름은 시토신cytosine, 구아닌guanine, 아데닌adenine, 티민thymine이지만 보통은 이름 대신 알파벳 첫 글자를 따 C, G, A, T라고 쓴다. 네 염기 모두 생긴 모습은 다르지만 질소와 탄소가 고리를 이루는 간단한 구조라는 점과 당과 인산이 결합해 만들어낸 뼈대 속에 들어 있다는 점은 동일하다. 질소와 탄소로 이루어진 고리는 동료를 찾기 위해 자신들의 뼈대 밖으로 뻗어 나온다. 어쨌든 DNA는 이중나선 구조이며 이는 두 개의 당-인산 뼈대에 붙어 있는 두 가닥의 염기로 이루어져 있다는 뜻이다. 한쪽 가닥에 붙어 있는 C, G, A, T들은 각각 다른 염기와 쌍을 이루어 마주보고 있으며 두 염기 사이를 약한 수소결합이 이어주고 있다. 그런데 쌍을 이루는 염기는 아무렇게나 되는 대로 붙는 것이 아니다. A는 언제나 T와 짝을 맺고 C는 언제나 G와 짝을 맺는다. 이렇게 염기들이 정해진 짝과 제대로 결합해야만 DNA가 처음부터 끝까지 일정한 안정된 형태의 나선형 구조를 유지할 수 있다. 아데닌과 구아닌은 상대적으로 크기가 크고 티민과 시토신은 상대적으로 크기가 작다. 몸집이 큰 염기와 작은 염기를 짝지어줌으로써 균형 잡힌 배열 상태를 유지할 수 있다. 아름답지 않은가? 큰 염기는 남자 같고 작은 염기는 여자 같다. 서로 짝을 이루고 있는 이 한 쌍의 커플은 노아의 방주 갑판에도 탈 수 있을 것 같다!

생명의 요리법

DNA는 두 가닥의 나선형 화학 사슬이 느슨하지만 사랑스럽게 연결되어 있는 분자이다. 한쪽 사슬에는 30억 개에 달하는 염기, 수백만에 수백만을 곱한 것만큼 많은 C, G, A, T가 다양한 배열로 늘어서 있고 맞은편의 다른 쪽 사슬에도 마찬가지로 30억 개에 달하는 염기가 짝을 맞춰서 늘어서 있다. 예컨대 CAT의 맞은편에는 GTA가 있는 식이다. 인간게놈 프로젝트의 목적은 인간 DNA의 염기쌍 30억 개의 정확한 염기서열을 밝히는 것이다. 사실 인간 게놈을 모두 밝혀내는 작업은 사람을 녹초로 만드는 아주 지루한 작업이다. 그도 그럴 것이 게놈의 많은 부분은 별다른 의미도 없는 염기가 끝도 없이 반복되어, 우리 안에 놓인 쓸모없는 황무지처럼 보이기 때문이다. 새로운 DNA 사슬이나 새로운 단백질의 형성 같은 주요 역할에 그다지 크게 관여하지 않는 것처럼 보이는 인간 게놈의 광대한 부분을 특별히 정크(쓰레기) DNA라고 부른다. 정크 DNA가 진짜로 쓰레기인지는 아직 특별히 밝혀진 바가 없다. 정크 DNA가 우리의 DNA 안에 남아 있는 이유가 그다지 해가 되지 않아 내보내야 할 진화적 압력이 없어서인지, 아니면 정크 DNA 자체가 DNA가 올바른 구조를 유지하는 데 없어서는 안 될 필수 요소이거나 앞으로 일어날 진화에 필요한 재료이기 때문에 간직하고 있는 것인지는 아직 그 누구도 모른다. 단지 우리가 알고 있는 것은 30억 개의 염기 가운데 극히 소수인 5 내지 10퍼센트만 단백질 생산에 관여한다는 사실이다. 다시 말해서 인간의 전체 DNA 가운데 오직 10퍼센트만이 우리가 유전자라고 부르는 성분인 셈이다.

그러니 이제 우리가 유전자라고 부르는 것을 다시 생각해보자. 30억 개의 염기 가운데 흩어져 있는 3억 개 정도의 염기만이 유전자라 할 수 있다. 이 핵심 화학 서열들이 우리 몸의 단백질을 만들어내는 암호를 담고 있다. 이들은 단백질을 만들어내는 요리법, 공식, 마법의 주문이다. 유전자를 가장 간단하게 말하면 C, G, A, T라는 네 개의 문자로 적혀 있는 단백질 요리법이라고 할 수 있겠다. 유전자 암호는 세 개의 염기가 한 조가 되어 하나의 아미노산을 지정한다. CAT라는 유전자 암호는 보통 히스티딘이라는 아미노산을 만드는 요리법이다. 마찬가지로 GTT라는 요리법이 보이면 아하! 발린이라는 아미노산을 만들라는 뜻이구나 하고 생각하면 된다.* 염기쌍 중에는 '여기부터 요리법이 시작됨'을 알려주는 개시 암호를 담당한 염기쌍도 있고 마침표를 찍는 것처럼 '이제 요리법이 끝남'을 알려주는 종결 암호도 있다. 또한 '더 많은 단백질을 만들 것', 혹은 '두세 개만 만들 것' 같은 지시를 하는 염기쌍도 있다.

그러나 단백질 대본이 순서대로 쭉 연결되어 있지는 않다. 한 유전자의 다른 부분, 즉 요리법의 다른 단계가 거대한 DNA 분자 여기저기에

* 네 개의 염기를 셋씩 짝지어 만들 수 있는 염기쌍의 조합은 64개이며 64개의 염기쌍이 지정하는 아미노산의 종류는 스무 개이기 때문에 아미노산 하나를 만드는 요리법은 보통 여러 개가 된다. 가장 다양한 요리법을 가진 아르기닌, 류신, 세린 같은 아미노산은 6개나 되는 염기쌍 요리법이 있는 반면 트립토판이나 메티오닌 같은 아미노산의 요리법은 단 한 개뿐이다. 그러니 트립토판이 단백질 사회에서 비교적 진귀한 재료에 속하는 것도 놀랄 일이 아니다. 트립토판은 인간의 건강과 행복을 위해 없어서는 안 될 필수 아미노산의 하나로, 트립토판이 있어야 우울증을 치료해주는 것으로 유명한 뇌 화학물질인 세로토닌을 만들 수 있다.

따로 새겨져 있고 단백질이 만들어지는 순간에야 한 맥락에서 암호를 '읽을' 수 있다. 정크 DNA와 의미를 알 수 없는 유전자들이 유전자들 사이뿐 아니라 한 유전자 안에도 끼어 들어가 있다.* 과학자들은 인간 게놈 해독을 상당 부분 마무리 지었지만 염기서열 해독은 고작 개시 암호인 ACT 단계에 머물러 있을 뿐, 그 뒤는 아직 미지의 세계로 남아 있다. 아직 우리는 인류의 DNA가 얼마나 많은 유전자를 품고 있는지도 알지 못한다. 우리가 유전자를 자세히 들여다볼 때마다 전체 유전자의 개수는 계속해서 줄어들고 있다. 비교적 최근이라 할 수 있는 1990년대 후반만 해도 인류의 유전자는 10만 개 정도라는 사실이 보편적으로 받아들여졌다. 2000년이 되자 인간 유전자의 개수는 8만 개 정도로 떨어졌다. 그리고 몇 년 되지 않아 그 수는 절반으로 뚝 떨어졌다. 가장 최근에 발표된 자료에 따르면 인간 유전자는 2만여 개 정도가 될 것이라고 한다.

그런데 신체가 생산하는 단백질의 종류는 2만 5천 종이 넘는다고 하며, 그 수가 20만에 이를 것이라 추정하는 사람도 있다. 이제 유전자 하나가 단백질 하나를 만들 것이라는 깔끔한 짐작은 설 자리를 잃었다. 실제로 유전자는 '아버지가방에들어가신다'와 같은 문장과 같다. 문장 내 띄어쓰기와 구두점을 바꾸어 완전히 새로운 문장을 만들어낼 수 있듯이 세포 속의 눈치 빠른 감독관은 몸 안의 유전자를 다양한 방식으로 읽어낸다. 이런 감독관 역할을 하는 단백질은 몸이 필요로 하는 단백질의 종류를 재빨리 파악해서 DNA 분자로 다가가 필요한 단백질 생산을 개시

* 세균을 비롯한 원핵세포의 유전자에는 해당되지 않는 말이다. 세균의 유전자는 짧은 시기 동안 자주 세포분열이 일어나기 때문에 유전자 사이에 관계가 없거나 불량한 유전자가 끼어드는 틈을 허용하지 않는다. 우리에 비하면 세균의 게놈은 아주 깔끔하고 간결하다.

하게 한다.

당신이 췌장 세포라고 해보자. 특히 이빨이 썩는 것도 모르고 사탕 그릇에 끊임없이 손을 대는 어리석은 생명체의 췌장 세포라고 말이다. 이 대책 없는 생명체는 1분도 안 되는 짧은 시간에 캐러멜을 세 개나 까서 꿀꺽 삼켜버린다. 이제 혈액 속에는 포도당이 가득해진다. 이제 이 생명체는 인슐린(세포 사이에서 신호를 전달하는 일을 하는 단백질인 호르몬의 한 종류)을 다량 분비해 간과 근육 세포로 하여금 과하게 쌓인 혈액 속 포도당을 치우게 해야 한다. 인슐린을 분비하는 기관은 췌장이고 당신은 췌장에 배치된 일꾼이다. 그러니 갑자기 전화를 걸어 당뇨병에 걸렸다는 무책임한 말은 할 수 없다. 당신은 인슐린을 만들어내야 한다. 하지만 어떻게 해야 인슐린을 만들 수 있을까? 다행스럽게도 당신은 30억 년간의 진화를 경험해온 이점이 있는 세포이기 때문에 호모 사피엔스가 아직 명확하게 알지 못하는 해결 방법을 본능적으로 알고 있다. 모든 단계마다 바깥세상—세포의 외부 환경—에서 전하는 신호를 정확하게 세포 깊은 곳까지 전달해야 하며, 그 신호로 새로운 단백질이 만들어지게 해야 한다. 두루뭉술하게 서술했지만 대략 이와 비슷한 일이 일어난다.

혈액 속의 당 분자가 세포막을 두드리면 췌장의 세포는 일을 해야 할 때가 되었음을 감지한다. 당 분자가 압박 신호를 보내오면 재빨리 모양을 변화시키는 일군의 단백질들이 그 신호를 세포질을 거쳐 아래로 전달한다. 이는 마치 어린아이가 미합중국 대통령에게 무언가를 부탁하는 편지를 쓰는 장면이 나오는 감동적인 영화의 스토리와 흡사한 과정이다. 영화에서 아이가 보낸 편지는 먼저 지방 우체국 직원이 중앙 우체국으로 가져가고 그곳에서 백악관의 하급 비서관에게 전달되고 하급 비서관은 백악관 보좌관에게, 그 보좌관은 자신보다 더 높은 사람에게 그 편지를 건넨다. 관객들은 편지가 손에 손을 거쳐 좀더 높은 사람에게로 전달되는 모습을 가슴을 졸이며 지켜보면서, 과연 이 편지가 결국 대통령에게 전달될 것인지 궁금해한다. 오, 좋아, 틀림없이 대통령은 편지를 곧 보게 될 거야! 보좌관은 대통령 집무실로 달려 들어가고, 대통령은 세포핵이 그렇듯 보디가드, 국회의원들, 로비스트, 정부 고관들, 하급 관리들, 대통령 주치의, 대통령 전속 점성술사, 대통령 개인 트레이너, 대통령 헤어스타일리스트 같은 수많은 사람들에게 둘러싸여 있다. 모여 있는 사람들은 중요하지 않다. 편지를 가지고 들어간 사람이 대통령과 독대할 필요는 없다. 다른 모든 사람들이 그렇듯, 잠깐 사이에 정보를 전해주기만 하면 되며, 그것으로 문제는 해결된다.

암호를 해독하라

핵 속에 앉아 있을 때 DNA는 단백질과 한데 뭉친 채 똬리를 틀고 또 틀고 또 틀어 빽빽하게 뭉쳐진 형태로 있다. 오직 세포가 둘로 갈라지려고 하는 순간에야 DNA는 뭉친 상태를 풀고 염색체라는 우리가 식별할 수 있는 형태로 바뀐다. 그렇지 않을 때는 게놈을 이루는 모든 염색체의 성분들은 하나로 엉켜 있다. 우리의 췌장 세포처럼 평상시 분열하지 않는 세포 속에 들어 있는 DNA는 엄청나게 꼬여 있는 것은 물론 이중나선 구조를 하고 있다. 염기가 모두 상보적인 염기와 쌍을 이루고 있는 DNA 이중나선 구조는 화학적으로 매우 안정하다. 간혹 호박 속에 갇힌 곤충 같은 고대 물질에서 DNA 표본을 얻는다거나 공룡 화석에서 추출한 유전자를 가지고 공룡을 복제해 '쥐라기 공원'을 세운다는 가설이 완전히 터무니없는 공상만은 아닌 것도 DNA가 비교적 탄탄하고 안정적인 구조로 되어 있기 때문이다.

그러나 안정성이 곧 유용성을 의미하지는 않는다. 책 속에 든 내용을 읽으려면 반드시 책을 펼쳐야 하듯이 필요한 명령을 수행하기 위해서는 이중나선 구조를 쪼개 그 속에 감춰진 지시사항을 읽어내야 한다. 췌장 세포 속에는 배배 꼬인 거대한 DNA의 어디쯤에 더 많은 인슐린을 단계적으로 만들라는 명령이 적혀 있는지 아는 단백질이 있다. 어떤 방법으로 30억 개나 되는 염기쌍 더미 속에서 정확하게 지시사항이 적힌 부분을 찾아내는지는 아직 밝혀내지 못했지만 그런 단백질이 있다는 사실, 인슐린 암호를 찾아내는 인식 단백질이 있다는 사실은 분명히 알고 있다. 왜냐하면 췌장에서는 매일같이 인슐린을 분비하고 있으니까. 그 단백질은 명령서가 있는 DNA 부위에 붙어서 꼬인 나선 가닥을 풀고 이중나선 가닥을 두 가닥으로 분리해 염기를 벌린 입 사이로 보이는 치아처럼 밖으로 들어나게 한다. 일단 이중나선 가닥이 벌어지면 또 다른 단백질들이 펼쳐진 나선 안으로 들어가 인슐린을 만들기 위해 필요한 정보인 염기 암호를 수집한다. 물론 그 정보는 매우 귀중한 것이기 때문에 단백질들이 원본을 오랫동안 점유하고 있는 것은 바람직하지 않다. 너무 오랫동안 마구잡이로 이중나선 가닥을 벌려놓으면 그 부분에 변이가 생겨 잘못된 단백질을 만들 수도 있고, DNA 자체의 변형 때문에 훗날 암 같은 훨씬 더 큰 위험에 처할 수도 있다. 따라서 인슐린을 만들 때 단백질들이 제일 먼저 할 일은 인슐린 만드는 법이 실린 부분을 복사하는 것이다. 이 복사본을 인슐린 유전자의 RNA 메시지, 과학자들의 표현을 빌자면 전령(메신저) RNA(mRNA)라고 한다. 단백질들은 벌어진 DNA를 따라 천천히 움직이면서 앞이 보이지 않는 사람이 점자책을 읽듯이 촉감으로 그 부분을 해독해낸 후 세포에 들어 있는 여분의 염기를 가지고 와 전령 RNA를 만들어낸다. 전령 RNA는 단 하나의 예외가 있을 뿐 원본 DNA와 거의 유사하게 생겼다. 전령 RNA에는 DNA를 구성하는 티민 염기 대신에 티민과 비슷한 친척 염기인 우라실(U)이 있다. 전령 RNA가 최종적으로 단백질을 만들어내기 위해서는 유전자 사이사이에 끼어 있는 쓸데없는 암호를 삭제하고 진짜 인슐린 합성 유전자만을 하나로 잇는 편집 단백질의 교정 과정을 반드시 거쳐야 한다.

교정 과정을 거쳐 깔끔해진 전령 RNA는 세포 속에 있는 수많은 리보솜 가운데 한 곳(혹은 여러 곳)으로 이동하고 리보솜과 RNA 덩어리는 새로운 단백질을 만들어낸다. 전령 RNA 위를 미끄러지듯 이동하는 리보솜도 촉각을 이용해 RNA의 유전암호를 읽어낸다. 리보솜은 세 염기가 한 개의 아미노산을 지정하는 호출 부호를 스캔해낸다. 물론 T가 U로 바뀌었기 때문에, 이곳 단백질 생산 공장에서는 히스티딘을 만드는 암호는 CAT가 아니라 CAU이며 트립토판을 만드는 암호는 TGG가 아니라 UGG이다. 전령 RNA의 암호를 읽은 리보솜은 필요한 아미노산을 찾아 나선다. 당신의 세포는 일종의 벼룩시장과 같아 단백질을 만들 재료와 RNA, 다른 단백질, 새로운 DNA 등으로 가득 차 있다. 인슐린을 만들려면 리보솜이 110개의 아미노산을 가져와야 한다. 110개의 아미노산을 순서에 맞춰 늘어세우고 나면 리보솜은 손을 떼고 새로 만든 단백질이 제 갈 길을 가도록 한다. 리보솜에서 벗어난 아미노산 사슬은 주변에 있는 단백질들의 도움을 거의 받지 않은 채 스스로의 힘으로 종이접기처럼 정해진 방식으로 구부러지고 접히면서 입체 구조를 만들어간다. 기다란 아미노산 끈에서 탄탄한 단백질 덩어리로 바뀌는 변신 쇼는 각 아미노산의 밀고 당기는 타고난 성질 때문에 거의 자동적으로 일어나는 현상이지만, 어린아이의 놀이처럼 단순한 과정은 아니다. 과학자들은 여전히 아미노산들이 스스로를 접어 단백질로 만들어지는 과정에 대해 당혹스러워만 할 뿐이다. 과학자들은 유전자를 분리해내고 염기서열을 알아내는 데 능숙하며, 인간뿐 아니라 생쥐, 파리, 선충, 쥐, 개, 말, 침팬지, 무시무시한 수많은 병원균들까지 게놈 전체의 서열도 척척 알아냈다. 게다가 유전자의 DNA 염기서열만 주어지면 필요한 단백질을 만들기 위해 준비해야 할 아미노산의 이름도 문제없이 이야기한다. 그런데도 과학자들은 유전자 염기서열이나 아미노산의 배열 순서를 보고 어떤 모양의 단백질이 만들어질지, 단백질의 모양을 결정할 때 어떤 힘이 작용하는지에 대해서는 전혀 모르고 있다. 과학자이자 시인이었던 루이스 토마스는 과학자들은 이런 과정에 너무도 무지해서, 간이 하는 일을 맡는 것보다 12,000미터 상공에서 비행기를 모는 일을 더 잘할 것이라고 말했다. "그런 일을 맡았다면 어떤 것도 저와 제 간을 구해주지 못했을 겁니다. 제가 간보다 훨씬 덜 영리하다는 것은 확실합니다." 다행히 간은 우리보다 영리해서 자신의 역할을 다해 우리가 원하는 단백질을 만들어낸다.

세포는 힘이 세다

모든 몸은 우리보다 영리하다. 듣기만 해도 도무지 감당해낼 수 없을 것 같은 복잡한 단백질 합성 작업을 세포는 큰 어려움 없이 신속하게, 그것도 대량으로 해낸다. 단 한 개의 전령 RNA에 동시에 여러 개의 리보솜들이 달라붙어 한꺼번에 수많은 단백질을 만들어내는 것이다. 일반적으로 사람의 세포 속에서 1초 동안 만들어지는 단백질의 양은 2천 개 정도되며 하루 단위로 봤을 때는 한 세포당 1억 7천3백만 개가량의 단백질을 만들어낸다. 한 사람의 전체 체세포는 74조 개 정도이니 당신이 하루에 만들어내는 단백질의 양은, 어이쿠, 1.28×10^{21}개나 된다. 매일같이 이토록 많은 단백질을 만들어내는데도 어째서 우리는 계속해서 커지지 않는 걸까? 아, 그래, 우리들이 계속해서 커지고 있기는 하다. 국제적으로 비만이 전염병처럼 늘어나고 있다니까. 물론 여기서는 그런 경우가 아니며 게다가 수렵 채집인들 역시 세포가 하루 동안 수조에 수백만을 곱한 양의 단백질을 만들어내는데도 비쩍 말랐다. 그토록 많은 단백질을 생산하는데도 우리 세포가 터지거나 갈라지지 않는 이유는 만들어내는 양만큼 단백질을 가차 없이 파괴하고 있기 때문이다. 세포는 단백질을 만들어내기도 하지만 끊임없이 분해하기도 한다. 세포가 만들어내는 단백질 가운데 상당수는 다른 분해 효소를 포함해 다양한 단백질을 분해하는 효소들이다. 효소 중에는 콜라겐 섬유를 분해하는 효소도 있고 뼈 단백질을 분해하는 효소도 있고 콜라겐 섬유와 뼈 단백질을 분해하는 효소를 분해하는 효소도 있다. 세포가 만들어내는 단백질은 보통 하루에서 이틀 정도밖에 살아남지 못하며 사실 리보솜에서 태어나자마자 분해되고 마는 단백질도 있다.

그렇게 보면 그 많은 단백질들이 정말 비효율적이고 낭비라는 생각도 든다. 기껏 열심히 음식을 먹고 단백질을 만들었는데 그것을 도로 파괴한나고?! 세포가 그렇게 바보 같고 헛돼 보이는 일을 하는 이유가 뭘까?

사실 끊임없이 생산되고 파괴되는 단백질은 생물학의 깊은 신조를 반영하고 있고 왜 세포는 그렇게 작은가에 대한 질문으로 다시금 돌아가게 한다. 캘리포니아 대학교의 신경생물학자인 메리 케네디는 '동적 평형 dynamic equilibrium'의 원리를 설명해주었다. 동적 평형이란 세포처럼 고도로 복잡한 생물계를 이루는 구성원들은 정확하면서도 느슨하게 결합해야 한다는 뜻이다. 효소는 자신이 목표로 삼은 분자와 정확하게 결합해야 하며, 비슷하다고 해서 아무렇게나 결합하면 안 된다. 인슐린을 지정하고 있는 DNA 사슬에 달라붙어야 하는 효소가 갑상선 호르몬을 지정하고 있는 부분에 달라붙는 것을 바랄 사람은 아무도 없을 것이다.

또한 인슐린을 만들어낸 뒤에도 효소가 못으로 박아놓은 것처럼 DNA에 달라붙어 있는 것도 원하지 않을 것이다. 케네디는 효소는 정확한 동시에 유연할 필요가 있다고 말했다. 더구나 경우에 따라서 유연함의 정도도 달리 할 수 있어야 한다. 어떨 때는 아주 단단하게 달라붙어야 하고 어떨 때는 조금 유연하게 어떨 때는 아주 유연하게 달라붙을 수 있어야 한다. 경우에 따라 달라지는 DNA 분자의 유연성은 중요한 정보를 전달한다. 이를테면, '내가 여기 단단하게 달라붙은 이유는 내 임무를 아주 중요하게 생각하기 때문이야', '인슐린 호르몬을 아주 많이 만들어내야 하거든', '그냥 여기 어슬렁거리고 있는 거예요' , '윈도우 쇼핑만 하고 있어요' , '아직 인슐린을 만들 필요는 없지만, 누가 알겠어요? 저녁을 먹고 디저트를 먹게 될지'라는 식의 메시지를 전해준다. 케네디는 정확하되 유연함을 가지는 동적 평형 상태를 유지하면 '시스템 내 모든 단계에서 어마어마한 규모의 조절과 피드백이 가능해진다'고 말한다. 세포가 이 특별한 정확성과 유연성을 동시에 얻는 한 가지 방법은 한꺼번에 수많은 단백질과 전령 RNA들을 내부에 두는 것이다. 많은 거주자들이 몰려 있기 때문에 세포 안은 굉장히 비좁겠지만, 덕분에 필요한 것들을 필요한 때에 즉각 사용할 수 있다. 그러나 그 안이 비좁기 때문에 만들어지는 만큼 예전 것들은 분해되어야 한다. 세포가 기름을 칠한 듯 매끄럽게 일할 수 있는 것은 새 단백질을 다양하게 많이 만들어내고 오래된 것들은 처분하는 시스템 덕분이다.

끊임없이 단백질을 생산하고 파괴하는 것은 단백질의 행동을 조절하는 효과적인 수단이기도 하다. 많은 단백질이 이마에 조건부 만료 일자를 찍은 채 태어난다. 외부에서 아직 사라질 때가 아니라는 지시가 오거나 다른 일에 쓰이지 않는 한 단백질들은 대부분 생성되자마자 사라질 운명이다. 이 같은 방식은 특히 세포 분열을 시작하게 하는 단백질처럼 가장 막강한 힘을 과시하는 단백질들이 도를 넘지 않고 규칙을 지키게 하는 유용한 방법이다. 분열하기 쉽고 빨리 반응해야 하는 단백질, 이를테면 바이러스가 침입한 초기에 곧바로 복제를 시작하는 면역 세포 같은 것이 있다고 해보자. 그렇지만 동시에 아무 때나 자기 마음대로 세포 분열을 시작해서 복제된 단백질이 세포 주위를 무작정 떠돌아다니는 일도 바람직하지 않을 것이다. 이럴 때 해결 방법은 이것이다. 단백질을 지속적으로 합성하되 불안정한 상태로 두는 것. 단백질이 안정한 상태로 제 기능을 발휘하려면 세포 속으로 단백질을 성장시킬 적당한 성장 호르몬이나 단백질과 결합할 다른 분자가 들어와야 한다.

다시 한 번 우리는 세포를 맨눈으로 볼 수 없는 이유에 대해 알게 된다. 세포는 초소형 관리에 능숙하며, 높은 단백질 밀도와 지속적인 단백질의 유동은 작고 촘촘한 그릇에서 가장 잘 성취될 수 있다. 방수 세포막과 알맞은 입체 구조로 단백질을 에워싼 세포는 염분을 처리하고 최상의 수소 이온 농도를 유지하고 동적 평형 상태를 유지한다. 모든 세포는 본질적으로 불안정한 환경에서 안정을 이루며 축제를 벌이는 집단이며, 독자적으로 행동하지만 귀는 외부 세계를 향해 활짝 열어두고 있다.

간세포 속에 들어 있는 DNA는 뇌나 혀, 췌장, 방광 세포의 DNA와 전혀 다를 것이 없으며 모든 세포 속에 들어 있는 DNA는 몸속 어디에 속하든지 정확하게 그에 맞는 임무를 수행할 수 있는 지시사항을 모두 갖고 있다. 사실 세포 속에서 DNA가 수행해야 하는 임무의 대부분은 세포가 속한 장소에 상관없이 거의 비슷한 일상 업무이다. 체세포라면 반드시 DNA 암호 일람표를 이용해 흡수한 음식을 세포가 사용할 수 있는 연료로 바꾸는 크레브스 회로를 가동시킬 단백질을 만들어내야 한다. 또한 체세포라면 누구나 망가지거나 변이를 일으킨 DNA를 수선할 단백질을 만들기 위해 DNA 암호 일람표를 펼쳐봐야 한다. DNA를 건강하게 유지하려면 매일 같이 유지보수에 힘써야 한다.

그러나 DNA 암호 일람표 속에는 특별한 암호들도 있다. 이런 암호는 모든 세포의 암호 일람표 속에 똑같이 들어 있지만 펼쳐보는 세포는 소수에 불과하다. 방광 세포의 게놈 속에도 인슐린을 만들 때 필요한 암호가 들어 있지만 소변보기가 어렵다고 해서 방광이 인슐린 만드는 비법을 펼쳐보지는 않는다. 이론적으로 췌장 세포는 디저트 속에 들어 있는 쓴맛을 느끼는 미각 수용체를 활성화시킬 수도 있지만 복강 뒤쪽에 매달려 있는 커다란 망치처럼 생긴 이 분비샘은 그보다는 자신이 더 잘할 수 있는 일에 전념한다. 체세포가 조직마다 다른 기능을 수행하는 이유는 DNA가 다르게 가동하기 때문에, 다시 말해 활동하는 유전자와 입을 다물고 있는 유전자가 다르기 때문이다. 단백질은 유전자의 전원을 켜거나 끄는 역할을 맡은 노동자들이다. 단백질은 유전자를 활성화시키기도 하고 유전자를 잠재우기도 한다. 뇌 세포 속에 들어 있는 단백질은 DNA 분자에 달라붙어 그 위에 적힌 도파민이나 세로토닌 같은 신경전달물질을 만들라는 지령을 복사해 꼬불꼬불한 피질을 가로질러 그 신호를 전달한다. 그렇다면 뇌 세포에 들어 있는 신경전달물질을 만드는 유전자의 스위치를 켜는 단백질이 피부 세포에는 들어 있지 않은 이유는 무얼까? 뇌 세포는 세로토닌이나 도파민 같은 뇌 분비 화학물질을 만드는 DNA 암호에 접근할 단백질을 만드는 방법을 어떻게 알까? 머리를 구성하는 세포 속 DNA나 발가락을 만드는 세포 속 DNA가 정말로 그렇게 똑같다면 왜 발로 생각은 할 수 없는 걸까?

어째서 세포가 서로 달라지고 각자의 위치에 알맞은 특수한 임무를 어떻게 인식하게 되는지에 대한 해답은 대부분 배아 발생이라는 수수께끼 속에 숨겨져 있다. 난자와 정자와 결합해 생명의 첫걸음을 내딛었을 때, 경이로운 능력을 지닌 수정란은 본질적으로는 단 하나의 세포에 불과했지만, 자신의 미래를 모두 알고 있었고 모든 기관으로 분화할 수 있는 잠재력을 가지고 있었다. 배아가 자라나 세포의 수가 급속도로 늘어나면 점차 세포들은 집단을 이루고 층과 구역이 생겨나면서 원시 기관으로 나누어지기 시작한다. 세포의 수가 많아질수록 그리고 다리나 신장, 폐처럼 특정한 임무를 띤 기관의 일원이 되어갈수록 세포의 행동과 가능성에 더 큰 제약을 받는다. 세포 분화가 진행되어가면서 각 세포 속에 들어 있는 게놈은 조금씩 미묘한 변화를 겪는다. 간의 일부가 될 운명을 타고난 세포는 간의 활동에 필요한 유전자 암호가 서서히 활동적인 상태로 바뀌게 된다. 어쩌면 해당 유전자가 있는 DNA 부분이 살짝 바깥으로 나와서 그 부분을 활성화시킬 전사 단백질의 접근을 용이하게 하는지도 모른다. 그와 동시에 간세포가 쓸 일이 없는 유전자는 덮개를 씌어 놓거나 밑에 쑤셔 넣어 두거나 입에 재갈을 물려놓는 것처럼 '메틸기'라고 하는 화학물질로 자물쇠를 걸어둔다. 현재 엄청난 찬사와 정치적 이해관계가 복잡하게 얽힌 줄기세포 연구를 비롯해 배아의 세포를 대상으로 하는 다양한 연구가 진행되고 있지만 우리는 배아의 발생 과정과 그 뒤에 있는 유전자의 조화에 대해서는 아는 바가 거의 없다.

세포들은 부드러운 근육 세포나 털이 나는 모낭 세포가 될 것이라는 자신들의 기본 정체성을 자각한 뒤에도, 주변에서 들리는 소리에 귀를 기울임으로써 계속해서 자신들의 기술을 연마하고 기억을 새롭게 다진다. 간세포가 자신이 간세포임을 알게 되는 이유는 배아 발생 동안의 조기 교육과 더불어 주변에 있는 세포들이 매일 매순간 자신이 간세포라는 사실을 상기시켜주기 때문이다. 세포들은 수다쟁이이며, 잔소리꾼이고, 도청꾼이자, 유순한 양떼들이다. 세포들은 이웃 세포들을 따라다니고 이웃들에게 호통을 치며 무리에서 벗어나지 못하게 한다. 세포 속에 들어있는 단백질의 절반가량이 다른 세포가 보내온 신호를 받아 필요한 충고는 받아들이고 고칠 부분이 있으면 세포의 의견을 다른 세포에게 전해주는 통신 활동에 전념하고 있다. 세포막에는 쭉 뻗은 팔처럼 밖으로 튀어나온 수용체 단백질이 수백 개 내지 수천 개 정도 있다. 각 수용체들은 저마다 제각기 다른 호르몬이나 성장 인자 같은 특정한 분자와 결합한다. 자신과 모양이 맞는 분자와 결합하면 수용체 단백질은 세포막 아래 전체에 확실히 전달할 수 있게끔 자신들의 형태를 분명하게 변화시킨다.

세포는 분자 서한을 혈액이나 림프액에 띄워서 몸의 다른 부분으로 보낸다. 뇌에 자리 잡고 있는 뇌하수체의 세포들은 난소 세포를 설득해 난자를 성숙시키거나, 정소 세포를 설득해 새로운 정자를 만들어낼 성호르몬을 분비한다. 면역계의 대식 세포는 몸속으로 침입한 알레르기를 유발하는 위험한 물질을 만나면 주변 조직에 히스타민이라는 화학물질을 뿌린다. 대식 세포 주변에 있다가 히스타민 세례를 받은 세포의 수용체는 즉시 그 신호에 반응해 눈을 붓게 하고, 콧물이 나오게 하고, 여러 차례 재채기를 나오게 하고, 천식처럼 씩씩거리게 하는 등 몸에서 불쾌한 반응을 유발한다.

이런 세련된 화학적 외교 말고도, 고전적인 강제력을 동원하기도 한다. 세포는 힘이 세다. 앞에서 이야기했듯이 세포는 개미보다 강해서 침입한 물질을 세게 끌어당기거나 확 잡아챌 수도 있고 표면에서 멀리 밀어낼 수도 있다. 물리적인 자극을 받은 수용체는 강력한 호르몬 신호를 받았을 때처럼, 세포 내부의 단백질을 재배치하고 핵으로 이어지는 화학적 신호를 내려 보낸다. 신호가 전달되는 동안 단결과는 거리가 멀게 살아온, 내성적이며 자기만의 페이스로 오직 자기 일만 하는 세포들이 한순간에 서로 힘을 합해 마치 하나의 세포가 된 것처럼 일사불란하게 움직인다. 상처를 입게 되는 순간 상처 주변에 있는 세포들은 자극을 받고, 서로 잡아당기고 뻗어나가면서 상처를 치료해나가기 시작한다. 반대로 세포 속으로 바이러스가 침입하면 세포는 대의를 위해 자신을 희생하는 자살 프로그램을 작동시키고, 자살 프로그램으로 죽은 세포의 쭈글쭈글한 세포막은 만일의 경우에 대비해 주변에 있는 건강한 세포들도 같은 행동을 하도록 유도한다.

서로에게 귀를 기울이며

과학자들은 여러 차례에 걸쳐 세포들이 집단 순응 현상을 보이는 모습을 관찰해왔고 세포들의 선동 행위를 도청해왔다. 만약 발생 초기의 생쥐 배아에서 줄기세포를 추출해 성체 생쥐의 혈관 속에 주입한다면 이 순진한 세포들의 운명은 그들이 정착한 부위에 따라 달라진다. 간에 정착한 줄기세포는 간세포가 되고 근육에 정착한 줄기세포는 근육 세포가 되며 신장에게 붙잡힌 줄기세포는 주변 세포와 운명을 같이한다. 어떤 단계에서 추출하건 배아 줄기세포는 정상적인 배아의 성장 과정대로 자라지 않고 자신의 유전자를 변화시켰다. 성체 생쥐의 기관에 정착한 배아 줄기세포는 자신들이 맡아야 할 임무가 무엇이 됐건 군말 없이 받아들였다. 주변에 있는 어른 세포들이 하는 이야기가 담즙 분비나 혈액 양 조절, 지방과 당분 저장이나 해독 작용 같은 온통 간의 임무에 대한 것뿐이라면 줄기세포는 주변 정보를 아무 저항 없이 받아들여 간세포로서의 삶을 살아간다. 줄기세포의 핵 속에 들어 있는 DNA는 점차 간조직의 특별한 요구에 맞게 자신을 바꿔나간다. 세포의 기술 습득은 끝이 없는 과정이며 세포 분화는 평생 교육을 필요로 한다.

세포들은 반드시 자신이 속한 공동체가 언제 분열을 시작하는지 알 수 있도록 세심한 주의를 기울여야 한다. 우리 몸의 많은 체세포들은 언제나 어디서나 분열할 준비가 이미 되어 있다. 세포들의 기본 방침은 성장이라서 다른 명령이 내려오지 않는 한 세포들은 성장하려 한다. 그래서 세포가 다른 세포들에 보내는 화학 신호의 대부분은 바로 성장 억제를 명령하는 신호이다. 성장을 억제하는 신호가 없는 동시에 성장을 촉진시키는 신호를 받아야만 세포는 다양한 단백질 집단이 수행하는 분열의 춤을 추기 시작한다. 유전자 암호를 읽을 때처럼 세포가 분열할 때도 DNA 이중나선 가닥이 벌어져야 하는데, 이때는 일부가 아니라 DNA 전체가 갈라져 모든 염기가 밖으로 드러나야 한다. 밖으로 드러난 30억 개나 되는 염기는 철자를 철저하게 점검하고 잘못된 부분이 있으면 고쳐가면서 상보적인 짝염기를 찾아 새로운 이중나선 가닥을 두 개 만든다. 염기를 짝짓는 일이 모두 끝나면 모母 DNA와 이 엄마를 똑같이 닮은 딸 DNA라는 무거운 두 분자를 각각 핵의 반대편 모퉁이로 가져간 후 핵 가운데 부분이 갈라져 완전한 DNA가 들어 있는 작은 두 개의 핵으로 나뉘고 곧이어 세포도 완전히 반으로 갈라진다. 세포는 단백질 생산을 사랑하듯이 쪼개지는 일도 사랑해서 잘 조절된 방법으로 정말 아주 잘 해낸다. 수백만 개에 달하는 당신의 체세포는 매일같이 분열되고 있다. 그렇기 때문에 떨어진 피부를 대신할 새로운 피부가 자라고 머리카락이 1년 동안 15센티미터가량 자라는 것이며 병원균이 침입하면 면역계가 적당한 전사세포를 폭발적으로 만들어낼 수 있는 것이다.

그러나 우리는 가장 나은 세상일지는 모르지만 완벽하지는 않은 세상에서 살고 있다. 세포가 분열하고 DNA가 복제될 때마다 실수가 생긴다. 구아닌이 있어야 하는 자리에 티민이 들어가거나 A 대신 C가 들어가기도 한다. 30억 개에 달하는 핵산의 글자를 하나도 남김없이 지금 읽고 있는 책의 활자만 한 크기로 직접 입력한다고 했을 때 지금 당신이 읽고 있는 이 책 정도 분량이 되는 책이 5천 권이나 만들어진다는 것을 생각해보라. DNA를 복제할 때 일어나는 실수는 세포 분열이 완전히 끝나기 전에 교정 단백질이 발견해 고쳐나간다. 몇 가지 실수는 그냥 교정하지 않고 넘어가기도 하는데 그런 곳은 해가 없는 부분이라 그대로 놔두어도 대부분 아무 문제가 없다. 그러나 이따금 심각한 변이를 못 보고 지나치는 경우도 있어서, 분열 후 생긴 딸세포 속에는 암호가 바뀌어 실제로 기능을 못하는 단백질이나 잘못된 기능을 하는 단백질을 만드는 DNA가 들어가기도 한다. 그리고 아주 기능이 망가진 단백질은 자신을 낳은 세포를 공동체로부터 자유롭게 '해방'시킬 것이다. 다시 말해 자신이 속한 세포를 암세포로 바꿔버리는 것이다. 암세포는 주변에서 들려오는 화학 신호의 감독을 듣지 못하는 귀머거리이며 이웃 세포의 원성과 비난에도 신경 쓰지 않는 무법자이다. 암세포는 더 이상 외부의 호르몬에 구애받지 않으며, 끊임없이 더욱더 많은 양의 단백질을 만들어낸다. 암세포 표면의 수용체들은 위에서 아무 명령도 받지 않아도 계속해서 자라나고, 자라나고, 또 자라나라는 신호를 핵 쪽으로 보낸다. 세포들이 공동체 속에서 분리되지 않도록 가장 바깥쪽 세포막에서 분비되는 접착제는, 암세포가 가고 싶은 곳을 찾아 마음대로 떠날 수 있을 정도까지 묽어진다. 형제자매들에게 반항하고 튀어나온 암세포는 다른 장소에 정착한 다음에도 외부에서 들려오는 신호에는 귀 기울이지 않고 오직 자기 내면의 소리에만 집중한다. 내면의 소리는 외친다. 너는 세포야. 반드시 살아남아야 해! 살아남으려면 계속해서 분열하는 수밖에 없어! 그러나 이 소리는 잘못된 신호다. 이기적인 결정으로 끝없는 분열을 계속하다보면 결국 암세포는 자신이 속한 유기체를 죽이게 되고, 유기체와 함께 자기 자신도 죽게 된다.

우리와 함께 살고 있는 정상적인 세포, 곧 다세포 생명체의 법칙과 조화를 이루며 살아가는 세포들은 한 세포와 그 세포를 둘러싼 환경, 그리고 더 세밀하게는 DNA와 DNA를 둘러싼 단백질들 사이에서 작용하는 동적 평형의 좋은 예이다. 많은 생물학자들은 사람들이 세포의 환경은 고려하지 않고, 암이나 심장병, 우울증, 배우자 선택과 같은 모든 문제에 대한 해답을 DNA에서 구하고 있는 것은 심각한 오해라며 불만을 터뜨린다. 사람들은 본성 대 양육을 놓고 논쟁을 벌이며 자신들의 특징 중 얼마만큼이 일반적으로 '본성'이라고 부르는 DNA에 의해 결정됐으며, 얼마만큼이 조기 교육, 좋은 학교, TV 같은 외부의 환경 혹은 '양육'에 의해 결정됐는지를 알고 싶어 한다. 그러나 과학자들은 본성과 양육에 관한 논쟁은 과학적으로는 완전히 의미가 없는 사소한 문제로 그저 논쟁과 싸움 붙이기를 좋아하는 언론이 과장하고 질질 끌어오는 문제라는 사실을 알리기 위해 애를 쓰고 있다. "이 문제의 불행은 본성nature이라는 말과 양육nurture이라는 말이 비슷하다는 거지요." 언젠가 스티븐 제이 굴드는 설정부터 잘못된 이런 본성 대 양육에 관한 논쟁이 계속해서 사라지지 않는 이유는 바로 이 발음의 유사성 때문이라는 한탄을 나에게 늘어놓았다. 굴드를 비롯한 여러 과학자들은 직사각형의 세로를 가로와 떼어놓을 수 없는 것처럼 본성도 양육과 떼어놓을 수 없다고 말한다. "자연과 양육은 서로 영향을 주는 진정한 연합체입니다. 논리적으로나 수학적으로나 철학적으로나 둘을 갈라놓는 것은 불가능합니다."

물론 이런 상호 영향론자들의 결론은 의심할 바 없이 정확한 것이지만 사실 DNA와 환경이 서로 협력해 한 개인의 인격을 형성했다는 주장은 그다지 놀라울 정도로 인상적인 것은 아니다. 당신의 DNA 속에 새겨져 있는 암호화된 지시 사항과 실제 삶에서 그 지시 사항을 해독하고 실행하는 것은 결코 분리될 수 없는 하나의 고리를 이루고 있으며, 이는 모든 세포들에게 적용되는 심오한 진리이다. DNA는 분명 우두머리 분자라고 불릴 만하다. 그러나 자기 혼자만으로는 아무 일도 할 수 없으며 단백질의 도움이 있어야만 제 기량을 발휘할 수 있다. 단백질들은 서로가 서로를 돌보고 자신들을 감싸고 있는 주변을 돌보면서 자신들의 우두머리가 무엇을 만들려 하는지 세심하게 주의를 기울인다. 또 외부 신호를 받아 DNA에게 전달하는 단백질은 때로는 자신들이 활성화시키는 유전자를 미세하게 변화시킴으로써 게놈의 특성을 직접 바꾸기도 한다. 본성은 양육을 필요로 하고 양육은 본성을 빚어낸다. 서로를 의지하고 있는 둘의 대화는 결코 끝나지 않는다. 이들의 대화는 당신의 몸 구석구석에서 일어나고 있다. 사람들은 흔히 'DNA에 암호화되어 있다'고 하면 고정되어 있고 손댈 수 없는 것이라고 생각한다. 반대로 환경은 쉽게 바뀔 수 있을 것이라고 믿는다. 그러나 그런 생각은 틀렸다. 당신의 게놈은 환경과 완전히 분리된 존재가 아니다. 모든 세포는 복잡한 도시를 작게 축소해놓은 공간이며 모든 게놈은 그 속에서 활동하는 사람들이다. 게놈은 반응하는 존재이며 변화에 마음을 활짝 열어놓고 있다.

실제로 제약회사들은 게놈의 유연성을 기꺼이 활용하여 환자 세포 속의 근원 암호에 직접 개입할 수 있는 약을 개발하고 있다. 유전자의 발현을 세밀히 조절해서 문제를 해결하는 것이다. 간세포로 하여금 좋은 고밀도 콜레스테롤을 만들고 나쁜 저밀도 지방단백질은 적게 만들도록 하거나, 뼈 조직으로 하여금 스스로를 재조직해 부러진 엉덩이뼈를 치료하게 하거나, 뇌로 하여금 우울증이나 절망, 까닭도 없이 언제나 불쾌한 만성적인 열등감을 치유해줄 신경전달물질 칵테일을 분비하게 하는 것이다. 더 이상 원치 않는 악몽에 시달릴 필요도 없을 것이다.

오, 우리가 언젠가 뉴런과 흉금을 털어놓고 솔직하게 대화를 나누고 우리 게놈에 꼭 맞는 약을 맞출 수 있는 날이 오기를! 오, 간의 지혜와 단세포의 약삭빠름을 갖게 되는 날이 오기를!

8

지질학: 세계의 조각들을 상상하기

Geology: Imaging World Pieces

세계에서 테러리스트들이 가장 많이 노리고 있는 나라의 수도인 워싱턴 D.C. 인근에 살다보면 여러 가지 걱정해야 할 것들이 많다. 아이들이 가지고 노는 연은 탄저균을 살포하기 위한 것은 아닌가 싶고, 교차로에서 아직 노란불인데도 빽빽 경적을 울리고 있는 트럭은 시한폭탄을 싣고 있는 것은 아닌지를 걱정하게 된다. 몸에 맞지 않는 코트를 입고 있는 남자는 수상해 보인다. 몸에 맞지 않는 코트를 입지 **않고** 있는 남자도 수상해 보이긴 하지만.

그러나 여기에서 전혀 걱정하지 않아도 되는 것들도 있다. 지진도 그 중 하나다. 봄날 오후 집이 좌우로 가볍게 흔들리는 것처럼 느껴졌을 때 테러리스트가 공격을 해온 것일까? 탱크가 지나가는 것일까? 온갖 추측을 다 했으면서도 끝내 지진의 가능성은 떠올리지 않은 것도 그런 이유이다.

하지만 흔들림이 계속해서 멈추지 않자 이와 똑같은 느낌을 샌프란시스코에서도 겪었다는 사실을 깨달았다. 지금 벌어지고 있는 일은 지진임이 틀림없었다. 거의 30초 동안 우리 집이 흔들리고 있을 때 나는 의자에 꼼짝도 않고 앉아 있었다. 그리고 마침내 집이 흔들리는 위기가 지나갔다는 판단이 섰을 때 집에서 10킬로미터 떨어진 워싱턴 시내에서 일하는 남편의 사무실로 전화를 걸었다.

"당신도 느꼈어?" 내가 숨을 헐떡이며 말했다.

"뭐 말이야?"

"그게, 믿지 않을지도 모르겠는데, 지금 막 지진이 일어난 거 같아. 거의 100퍼센트 확신해!"

"여보, 새로 약물 치료받아야 하는 거 아니야?"

그 말에 나는 마음이 상해서 속으로 욕하며 전화를 끊었다. 그런데 1분 정도 지났을 때 남편이 전화를 걸어왔다. "당신 말이 맞았어!"

남편은 이제 막 버지니아 일부 지역에서부터 우리가 살고 있는 메릴랜드 지역에 걸쳐 리히터 규모 4.5의 지진이 발생했다는 뉴스를 들었다고 말했다. 용기를 내 거실로 나온 내 눈에 벽에 걸려 있던 그림들이 비뚤어져 있는 모습이 들어왔다.

워싱턴 D.C.는 본래 지진 활동이 활발한 지역이 아니다. 이 도시는 격렬하게 요동치는 캘리포니아 단층 지대와도 거리가 멀고 격렬한 화산 폭발이 일어나는 하와이 열도와도 멀리 떨어져 있다. 그러나 때로는 지질학적인 위험 요인이 없는 조용한 지역이라도 사람들을 깜짝 놀라게 할 수 있고 지구 과학자들의 관심을 필요로 하기도 한다. 이런 간헐적인 요동과 떨림은 지질학의 기본 원리에 대한 명확한 증거를 제시한다. 우리가 살고 있는 행성은 의미심장한 의미에서 살아 있으며, 끝에서 끝까지, 핵에서부터 겉 표면에 이르기까지 활력으로 가득 차 있다. 앞에서도 잠깐 이야기한 것처럼, 지구는 흔히 골디락스 행성이라고 불린다. 너무 춥지도 덥지도 않고 원자가 자유롭게 분자를 이루며 물방울이 모여 바다를 이룬 덕분에 생명체가 쾌적하게 살 수 있다. 골디락스에게는 까다로운 입맛 외에도 그녀를 주목하게 만든, 우리의 관심을 끄는 특별한 점이 또 있다. 이 소녀는 결코 가만히 앉아 있는 법이 없다. 끊임없이 움직이며 충동적이고 놀라울 정도로 무례하다. 어디로 간다거나 언제 집으로 오겠다는 말 한마디 없이 숲속을 거닌다. 초대도 받지 않은 집으로 함부로 쳐들어가 남의 음식을 먹고 가구를 부순다. 하지만 그런 골디락스를 비난하지 말라. 골디락스 스스로도 자신을 어찌할 도리가 없기 때문이다. 동화 속 주인공인 골디락스와 마찬가지로 행성 골디락스 또한 활력이 넘치게 태어났다. 만약 지구가 계속해서 흔들리며 활동하지 않았다면 지구는 대양도, 하늘도, 무자비한 태양의 전자기파를 막아줄 보호막도 갖지 못했을 것이다. 또한 그랬다면 DNA를 나르고 있는 활동적인 우리들도 결코 바다 밑바닥에서 지구의 표면으로 나오지 못했을 것이다. 그러나 거래는 한 방향으로만 진행되지 않는다. 끊임없는 행성의 움직임은 생명을 낳았으며, 끊임없이 이어지는 생명은 지구의 모습을 바꾼다.

"오늘날 우리는 생명이 단순히 물리적 변화의 풍파에 적응하기만 하는 것이 아니며, 환경의 변화에 적극적으로 가담한다는 사실을 알고 있습니다." 하버드 대학교의 앤드류 놀은 말한다. "우리 행성의 역사라는 방대한 주제는 지구가 긴 시간 동안 물리적으로 그리고 생물학적으로 어떤 식으로 공진화해왔는가를 다루고 있습니다."

만약 온 세상이 당신의 연구 주제라면, 당신은 정말로 다재다능해야 할 것이다. 지질학자들은 정말로 많은 학문 분야를 섭렵해야 한다. 지질학자들은 현장 연구도 해야 하고 연구실에서 실험도 해야 하며 물리학, 생태학, 미생물학, 식물학, 고생물학, 복잡성 이론, 역학은 물론이고 컴퓨터 모델링도 한다. 지질학자들은 단백질 화학자들과 함께 3차원 입체 영상 만들기로 경쟁을 할 정도이다. 지질학자들은 야외 활동도 좋아한다. 바위를 깎고, 가파른 절벽을 뛰어다니며, 서서히 깡마른 몸매로 변해간다. 지질학자들은 빼어난 자연의 미를 자랑하는 곳이라면 위험한 지대도 겁 내지 않고 찾아간다. 화산 지대, 단층 지대, 전쟁이 자주 일어나는 산악 지대도 꺼리지 않는다. 전혀 자연스럽지 않은 보기 흉한 곳이 지질학자의 마음을 잡아끌 때도 있다. 산을 뚫어 터널을 새로 만든다는 소식을 들으면 지질학자들은 잠깐 동안 모습을 드러낼 광대한 지구의 역사를 연구하기 위해 공사 현장으로 모여들며, 시간을 끌 필요가 있을 때면 대학원생들을 앞세워 접근하는 레미콘 차량을 막아서기도 한다.

돌멩이에 새겨진 지구의 역사

지질학자들에게는 모든 돌덩이가 지구의 기념비적인 사건을 기록한 로제타스톤이 될 가능성을 품고 있다. 지질학자와 함께 공원을 걷다보면 뒤집어보지 않는 돌덩이가 한 개도 없고 살펴보지 않는 광맥 노출부도 단 한 곳도 없다. 이상스럽게 춥던 여름날 오후, 함께 아놀드 수목원을 거닐던 킵 호지스 교수는 딱딱한 쿠키 반죽 덩어리처럼 생긴 허리 높이 정도 되는 거석 앞에 서더니 그 돌의 이력을 설명해주었다. "이 돌은 우리가 흔히 역암이라고 하는 돌입니다. 단순히 여러 가지 물질이 한데 섞여 있는 암석이지요." 그는 그 돌 속에 들어 있는 땅콩처럼도 보이고 회색 초콜릿 쿠키처럼도 보이는 덩어리를 가리키며 말했다. "여기 이 암석 속에 들어 있는 덩어리의 크기가 무척 다양한 것을 보실 수 있을 겁니다. 그리고 그 주위를 아주 작은 입자들이 감싸고 있죠. 아마 막 무더기로 쏟아진 큰 덩어리들이 그대로 굳어버린 것 같군요." 호지스는 암석 표면을 손으로 문질렀다. 그래서 나도 따라해보았다. 무척 울퉁불퉁했고 차갑게 느껴졌다. 호지스는 이렇게 작은 입자와 큰 덩어리가 함께 섞여 있는 암석을 보면 빙하가 만든 암석이라고 생각해도 된다고 설명했다. 그는 그 거석 위에 앉았다. 그래도 될까 하는 생각이 들긴 했지만 나도 따라 앉았다. 무척이나 울퉁불퉁했고 빙하가 만든 암석이라 생각하니 더욱 차가웠다. 우리가 살펴보고 있는 거석 속에 들어 있는 덩어리들은 미끄러지는 빙하가 운반해온 침식물인지도 모른다. 어느 순간 빙하가 녹자 빙하가 운반하던 침식물은 밑에 있던 퇴적물에 섞여 들어갔다. 호지스는 말을 이었다. "이제 다음 물음은 언제 이런 모든 일이 벌어졌는가입니다."

그는 거석의 생성 연대를 밝혀내는 작업은 여러 과정을 거치는 일이며 특히 우라늄이나 토륨 같은 방사성 추적자가 많이 들어 있는 알갱이에서 표본을 추출해내는 아주 어려운 과정이 필요한 힘든 일이라고 말했다. 그러나 그 과정은 대단한 결실을 맺어준다. 우리가 앉아 있는 거석은 5억 9천만 년 전부터 5억 7천만 년 전 사이에 만들어진 것으로 지구 곳곳에서 볼 수 있는 평범한 거석 가운데 하나이다. 관련 연구 결과를 종합해본 결과와 이 거석의 생성 연대와 분포 상태는 아주 오래전에 넓은 지역을 뒤덮었으나 지금까지는 알려지지 않았던 빙하기가 존재했음을 말해주고 있다. 현재 이에 대해서는 많은 지질학자들이 연구를 진행 중이다. 호지스는 아주 사랑스럽다는 듯 거석을 두드리며, 지질학자들이 야외 연구를 진행하면서 가장 명심해야 할 기본 원칙은 가장 평범해 보이는 돌이 사실은 가장 소중한 보석일 수 있다는 사실을 명심하는 것이라고 말했다.

"우리들은 자신의 역사를 기록하는 행성에 살고 있습니다"라고 앤드류 놀은 말했다. "차를 타고 유타 주를 달리다보면 내 앞에 펼쳐져 있는 멋진 역사 앞에서 언제나 감탄하게 됩니다. 지구의 놀라운 역사는 과학자가 아니어도 충분히 느낄 수 있어요. 그랜드 캐넌을 걷는 동안 두 눈을 크게 뜨고 있으면 분명히 화석을 발견할 수 있을 겁니다. 절벽을 깎아 만든 도로를 가도 볼 수 있고요."

그러나 이 모든 기록들은 지구의 겉 표면에서 긁어낸 것일 뿐, 깊은 곳에 있는 기록들은 물리적 침입을 허락하지 않고 있다. 현재 인류가 지표면에서 밑으로 파고들어간 최대 깊이는 12킬로미터 정도로 지표면에서 불타는 핵까지 이르는 전체 거리의 500분의 1에 불과하다. 지질학자들이 지구 내부에 대해 알아낸 사실은 모두 간접 증거들이다. 실험실에서 지질학자들은 바위가 걸쭉하게 녹아내릴 때까지 바위에 열과 압력을 가하고 비틀어 짜보면서, 학대받은 바위들이 새롭게 선보이는 행동 변화나 전기 전도적 특성들을 꼼꼼하게 기록한다. 여러 가지 자료로 철저하게 무장한 지질학자들은 다른 모든 이들의 악몽 같은 날을 최대한 잘 활용한다. 지진이 발생하면 지질학자들은 지진파의 속도와 진행 방향, 거리가 멀어짐에 따라 줄어드는 지진파의 상대적인 강도, 지진파의 겹침과 여진 등을 측정해 진앙에서 시작된 지진파가 어떤 식으로 퍼져나갔는지를 아주 정확하게 파악해낸다. 그런 다음에는 자신들이 알아낸 단단한 고체 암석과 녹은 암석을 통과하는 지진파의 특성을 실제 일어난 지진파들의 특성과 비교해본다. 초음파로 몸 내부를 들여다볼 수 있듯이, 지진, 정확히 말하면 지진파라는 파장은 지표면 밑에 숨어 있는 부분을 엿볼 수 있게 해준다.

지질학자들은 우리들이 우리가 살고 있는 행성보다 외부 행성을 탐험하는 데 더 많은 시간과 노력을 쏟아 붓고 있다고 불평을 터뜨리며, 둘 사이에 있는 지식의 격차를 메우기 위해 종종 극단적인 해결책을 내놓기도 한다. 예를 들어 칼텍의 데이비드 스티븐슨은 지표면에서 핵에 이르는 얇은 틈을 파서 핵 표본을 채취해올 탐사선을 직접 아래로 내려 보내자고 제안했다. 「네이처」에 이 같은 글을 발표한 스티븐슨은 글의 제목을 아이러니하게도 "얌전한 제안"이라고 지었다.

"당연히 놀림거리가 됐죠. 하지만 정말 터무니없는 제안은 아니라는 사실을 사람들이 알아주었으면 합니다." 스티븐슨은 내게 이렇게 말했다. "그런 틈을 만드는 작업은 처음에는 힘들지 모르지만 일단 만들기 시작하면 중력의 영향을 받아 저절로 뚫릴 겁니다."

땅 밑의 뜨거운 지옥불

기술적인 제약에 굴하지 않고 지질학자들은 쥘 베른이 지구 중심부에는 마스토돈, 어룡, 공룡, 거대한 유인원 같은 멸종한 고대의 생물들이 가득 있을 것이라고 상상했던 때부터 지금까지 큰 발전을 이룩했다. 지질학자들은 땅 밑에 뜨거운 지옥불이 불타고 있다는 중세인들의 상상과 비슷하게 지구 내부는 뜨겁게 요동치고 있다는 사실을 밝혀냈다.

우리들은 지구의 표면이 여러 조각으로 갈라져 있다는 판 구조론과 이런 판의 움직임이 지진이나 화산 활동과 관계가 있다는 사실을 잘 알고 있다. 그런데 지각판들이 서로 부딪히고 스치면서 계속 움직이는 이유는 그다지 잘 알려져 있지 않다. 그런 점에서 아주 오래전에 존경할 만한 기독교 신학자들이 지옥이 실제로 지하 깊은 곳에 존재하는 아주 뜨겁고 끔찍한 장소를 가리킨다는 생각을 폐기하고, 대신 '신에게 등을 돌린 사람들이 거주하는 영혼의 사막'이란 은유적인 표현이라고 가르친 것은 아쉬운 일이었다. 공교롭게도 지표면에서 2,800킬로미터 정도 내려가면 진짜 지구의 지옥이 있다. 바로 우리 행성의 핵이다. 이 악마의 사우나는 거의 화성만큼이나 큰 금속 불덩어리이다. 90퍼센트는 철이고 나머지는 니켈로 이루어져 있으며 온도는 태양의 표면 온도와 거의 비슷한 섭씨 5,500도이다. 지구가 탄생한 직후부터 격렬하게 끓고 있는 지구의 핵은 그 기세가 거의 꺾이지 않은 채 지난 40억 년이 넘는 세월 동안 불과 섭씨 150도 정도밖에 차가워지지 않았다. 지구의 핵이 품고 있는 열은 대부분 펄펄 끓는 큰 냄비 같았던 태양계 초기 시절의 열과 멀리 퍼져 있던 물질들이 중력을 받아 조밀한 공갈이 생긴 행성으로 뭉쳐질 때 위치에너지가 열에너지로 바뀌면서 생겨난 열이 남은 것이다. 나머지는 풍부하게 쌓인 우라늄, 토륨, 칼륨 같은 불안정한 방사성 원소들이 붕괴하면서 내는 것으로 이런 원소들은 주변으로, 지구의 펄펄 끓는 국물 속으로 에너지를 방출해 계속 냄비가 끓도록 하고 있다. 지구는 유독 방사성 물질이 많은 곳으로, 기본적으로 핵이 품고 있는 열과 더불어 무거운 원자들이 붕괴되면서 계속해서 열을 내고 있기 때문에 태양계를 구성하는 행성 가운데 지표면의 구조가 가장 많이 바뀌고 지각이 전도되는 일이 가장 많은 변화무쌍한 행성이 되었다. 화성도 한때는 지구와 비슷하게, 부글부글 끓는 핵 때문에 지각이 갈라지고, 화산이 폭발해 재와 가스를 분출하는 지표면 역전 현상이 자주 일어났다. 그러나 화성은 지구보다 훨씬 크기가 작았기 때문에 내부에 그다지 많은 열을 갖고 있지 않은 데다, 방사능 붕괴를 일으키는 원소도 얼마 없어 10억 년쯤 전에 핵 용광로 자체가 차갑게 식어버리고, 현재 관찰할 수 있는 닳고 오목한 구멍들만이 표면에 남은 심심한 행성이 되었다. 그런 화성과 달리 지구는 여전히 조각 맞추기 놀이를 멈추지 않는다. 여기 인도를 마다가스카르 밑에 갖다 붙여볼까? 아니면 중국에 붙여볼까? 호주는 어떨까? 여기 남극에다 붙이는 게 낫겠다. 아니면 인도양에다 따로 떨어뜨려 놓을까? 아니, 북쪽으로 끌어올려서 일본을 덮는 게 어떨까?

지구는 거대한 열 엔진이고 자신을 식히기 위해 영원히 노력하는 불타는 존재이다. 예일 대학교 지구 물리학과의 데이비드 베르코비치 교수는 지구는 자신의 에너지를 끊임없이 우주로 방출하는 커다란 뜨거운 공이라고 생각하는 것이 지구를 이해하는 가장 좋은 방법이라고 말했다. 결국 지구의 활동도 열역학 제2법칙으로 설명할 수 있다. 열은 상대적으로 뜨거운 곳에서 상대적으로 차가운 곳으로 이동한다. 지구 핵의 온도는 섭씨 5,500도나 되지만 지구를 둘러싸고 있는 우주의 온도는 섭씨 −270도에 불과하다. 그렇기 때문에 지구의 핵은 끊임없이 자신의 열을 외부로 벗어던지고 핵을 빠져나간 열은 우리들이 속한 장소를 벗어나 냉랭한 우주로 빠져나가버린다. 아, 그러나 규칙대로 하는 것이 언제나 쉬운 일은 아니다. 우라늄과 토륨 같은 방사성 원소의 붕괴로 생긴 열은 핵에 끊임없이 열을 전달해줄 뿐 아니라 열의 대류 현상이라는 형태로 핵에서부터 두꺼운 지구 내부를 지나 부서지기 쉬운 연약한 지각까지 올라온다. 그러려면 수천 킬로미터에 달하는 두툼한 바위와 금속, 물컹물컹한 내부를 통과해야 하며, 열이 통과하려고 시도하는 물질들이 어떤 식으로 반응하는지는 알려져 있지 않다. 오그라들까, 붕괴될까, 갈라질까, 밖으로 펑 터져 나갈까? 아무도 모른다. 하지만 한 가지 확실한 사실이 있다. 우리 세상의 내부에는 열이 있고 이 열은 밖으로 나오기를 원한다.

"커피 잔에서 일어나는 일과 똑같습니다." 베르코비치의 말이다. "어떤 것이든 거대하고 차갑고 비어 있는 공간인 우주와 열적 평형 상태를 이루고 싶어 하죠. 차갑게 식어가는 과정을 거쳐 마시지도 못할 정도로 차가워지는 것, 이것이 모든 종류의 차가운 물질들이 하는 일입니다."

그렇다면 어떤 종류의 차가운 물질이 열의 이동을 일으키는 걸까? 세계를 갈라 열고 그 안을 들여다보자.

다음에 나오는 천문학 장에서 자세히 이야기하겠지만 지구는 45억 년 전쯤, 중력 붕괴로 뭉쳐진 거대한 가스 구름이 태양을 만들고 남은 잔재들인 암석과 먼지 고리가 응축되면서 탄생했다. 지구를 비롯한 태양계 행성들은 일반적인 천체들의 관점에서 본다면 아주 빠른 속도로 천만 년 내지 3천5백만 년이라는 비교적 짧은 시간 안에 행성체로서의 질량과 회전 타원체로서의 모양을 완성시켰다(회전 타원체란 표면에 미치는 중심부 중력의 힘이 모두 일정한 물체를 뜻한다). 행성이 형성되던 초기 태양계는 무법천지의 난장판이었다. 행성들 사이의 하늘은 혜성, 소행성, 성간 쓰레기들로 가득했고 타원형 궤도는 아직 완성되지 않았다. 태양계가 탄생하고 5천만 년 정도 흘렀을 때 지구는 자신 크기의 절반 정도 되는 행성과 충돌하는 대사건을 겪게 되는데 이는 지구에 이중으로 영향을 주었다. 지구로 뛰어든 불운한 행성의 질량은 상당 부분 우리 지구로 녹아들어 지구의 순 중량을 10퍼센트 정도 늘렸으며, 그와 동시에 원래 지구의 일부였던 덩어리가 충돌 때 밖으로 튀어나가 지구가 혼자 낳은 딸, 유일한 위성인 달이 되었다.

좀더 커져서 새롭게 태어난 지구는 지금과 같은 형태로 변화되기 시작했다. 철이나 니켈처럼 무거운 물질은 중심에서 끌어당기는 중력장 때문에 점점 지구 중심을 향해 가라앉기 시작했고 산소나 규소를 포함한 가벼운 원소들은 중력의 영향을 그리 크게 받지 않아 지구의 중간이나 바깥층에 남았다. 오늘날의 지구를 단순하게 생각해보면 바로 이런 모습이다. 터무니없게도 조밀한 금속들을 가볍고 부드러운 층이 둘러싸고 가장 바깥쪽에는 바삭바삭한 지각으로 덮여 있다. 그리고 안쪽에서는 엄청난 압력과 방사성 물질이 불을 계속 지피고 있으며, 때때로 그 불길이 지상으로 올라오기도 한다.

깊고 깊은 아래에는

지상과 지상 주위에서 사는 우리들이 지하 깊은 곳에 존재하는 압력을 느끼는 경우는 거의 없다. 알려진 모든 생명체들, 심지어 해저 깊은 곳에서 뿜어져 나오는 열수공 주위에서 사는 주민들도 지각에 국한된 존재들이다. 인간은 주로 대기의 압력을 받고 산다. 그러나 아무리 지구의 대기가 두툼하고 우리 위에 아무리 많은 대기가 있다 해도, 그 무게는 극히 미약해서 1제곱센티미터 정도 되는 면적에 작용하는 공기의 무게는 1킬로그램 정도밖에 되지 않는다. 그러나 지구 내부는 사정이 전혀 달라서, 지하로 내려갈수록 작용하는 압력은 엄청나게 증가한다. 지층을 이루는 물질들은 대부분 고체이거나 고체에 가까운 물질이기 때문에 아래로 내려갈수록 위에 축적된 물질의 양이 증가해 더 많은 압력을 받게 된다. 일반적으로 지하 30킬로미터 정도에 이르면 1제곱센티미터당 10,000킬로그램의 하중을 받게 된다. 지하 300킬로미터 정도에 이르면 1제곱센티미터당 100,000킬로그램의 하중을 받고 가장 안쪽에 있는 핵에 이르면 1제곱센티미터당 350만 킬로그램의 하중을, 다시 말해 지표면보다 350만 배나 더 큰 압력을 받게 된다.

철이나 니켈을 비롯한 무거운 원소들로 이루어진 작은 공인 지구의 핵은 말 그대로 공 안에 들어 있는 작은 공이다. 지구 내핵의 크기는 지름이 2,600킬로미터인 달과 비슷하고 내핵을 둘러싼 외핵의 크기는 화성의 크기와 비슷하다. 내핵의 온도는 섭씨 5,500도 정도 된다. 태양의 표면처럼 뜨거운 온도라면 일반적인 상황에서는 내핵을 구성하는 철을 녹이고도 남을 것이다. 그러나 지구의 내핵은 층층이 둘러싸고 있는 지층의 강한 압력을 받고 있기 때문에 철 원자들이 빽빽하게 정렬해 있으며, 이들이 조직을 이탈하거나 액체로 변하는 일은 일어나지 않는다. 그 결과 내핵은 거대한 철 결정으로 이루어진 공 같은 단단한 고체 상태를 유지한다.

외핵이 받는 압력은 내핵에 비해 상대적으로 약하기 때문에 구성 분자들이 좀더 자유롭게 움직일 수 있다. 외핵도 내핵처럼 주요 구성 성분은 철이지만 외핵의 철은 액체 상태로 출렁거리며 존재한다. 외핵의 유동성은 한 가지 반가운 부수적인 효과를 낳아 지구를 생명체가 살기 좋은 곳으로 만든다. 외핵을 구성하는 액체 철이 내핵의 고체 철 주위를 도는 동안 지구의 자기장이 생성되는데, 이는 지구의 자기장 방어막이라고 부를 수 있다. 우주로 수천 킬로미터 이상 뻗어 있는 지구의 자기장은 태양의 표면에서 쉴 새 없이 뿜어 나오는 다량의 고에너지 입자로 구성된 태양풍을 대부분 막아주는 방패 역할을 한다. 만약 지구의 자기장이 보호해주지 않으면 지구의 대기는 말 그대로 바람에 날리듯 벗겨져나가고 말았을 것이다. 지자기는 응석받이 대기와 함께 태양이 뿜어내는 아주 위험한 광선으로부터 지구 표면을 지켜준다. 지구의 자기장은 대기와 힘을 합해 태양이 보내오는 X선, 우주선, 감마선이 지표면에 도달해 우리들의 세포와 유전자를 해치기 전에 이 광선들은 흩어지게 만든다.

또한 지구에 남극과 북극을 만들어 나침반의 바늘이 한결같이 남쪽과 북쪽을 가리키게 하는 것도 자기장의 영향이며, 덕분에 비둘기, 혹등고래, 연어, 붉은바다거북, 제왕나비 같은 생물들은 자기장을 감지해 길을 찾아가는 선천적인 능력을 갖추어 대담하게 먼 길을 떠날 수 있다. 본능을 이용해 길을 찾을 능력이 없는 우리들에게도 지자기는 아주 쓸모가 있어서, 우리가 산이나 숲으로 여행을 나가 길을 잃었을 때도 항상 헬기를 띄울 필요 없이 나침반을 사용하면 된다.

내핵과 외핵을 합한 지구의 핵은 부피에 있어서는 지구 전체의 6분의 1밖에 되지 않지만 무게로 보면 지구 전체의 3분의 1을 차지한다. 이는 핵이 아주 조밀하고 밀도가 크다는 뜻이다. 지구를 구성하는 물질 가운데 양성자와 중성자를 많이 가지고 있는 가장 강력한 원자들은 중력에 이끌려 중심으로 끌어당겨지며, 그보다 작고 가벼운 원자들은 같이 딸려 오다가 중간 중간 행렬 밖으로 떨어진다. 결국 가벼운 원자는 거의 사라진 채 핵은 철이나 니켈과 같은 무거운 원자들로만 구성된다. 핵에 속한 원자들과 그렇지 않은 원자들 사이에는 뚜렷한 경계가 있다. 맨틀은 핵과 가장 가까이에 붙어 있지만, 맨틀과 핵의 밀도는 우리가 밟고 서 있는 지각과 위에 있는 하늘의 밀도 차이만큼 극단적으로 차이가 난다.

지구의 둘레는 대부분 맨틀 때문에 결정된다. 맨틀은 독일어에서 유래한 말로 '외투'라는 뜻이다. 다시 말해 핵을 둘러싼 외투인 셈이다. 핵을 덮고 있는 외투는 물론 핵보다는 훨씬 조밀함이 덜하지만 그렇다고 하늘하늘 나풀거릴 정도는 아니다. 맨틀은 고체 상태의 암석으로 이루어져 있으며 주성분은 여러 가지 금속과 우리가 흔히 돌이라고 하는 물질의 주요 성분인 산소와 규소 사슬을 주축으로 만들어진 다양한 규산염이다. 맨틀에 대한 사람들의 가장 큰 오해는 맨틀이 하와이 열도에 있는 화산 분화구에서 흘러나오는 용암처럼 지각 밑을 자유롭게 움직이고 있는 액체라는 생각이다. 실제로 맨틀은 각 구성 성분이 녹는점에 가까운 상태에 있으며 특히 핵과 맞닿아 있는 부분은 거의 녹는점에 도달해 있긴 하지만 그렇다고 액체 상태는 아니다. 그보다는 지질학자가 과시용으로 들고 있다가 따분할 때 갖고 노는 고무 찰흙과 비슷하다고 할 수 있다(그런 지질학자들이 적어도 한 명은 넘는다). 고무 찰흙처럼 맨틀도 단단하지만 말랑할 정도로 탄성이 있어서 움직일 수 있으며, 항상 움직이고 있다. "빙하를 생각해보세요. 빙하는 단단한 얼음이지만 움직입니다. 아주 느린 속도이기는 하지만 아무튼 움직이지요"라고 데이비드 베르코비치는 말한다. 맨틀도 마찬가지다. 정말 느리기는 하지만 움직인다. 맨틀은 고무로 만든 암석층처럼, 머리카락이 자라는 속도보다도 훨씬 느린 1년에 10센티미터의 속도로 지구 중심부에 있는 핵 주위를 움직인다.

맨틀 위에 있는 것이 지구의 가장 바깥층, 지구의 진짜 외투, 우리가 가장 잘 알고 있는 장소, 바로 지구의 껍질인 지각crust이다. 지구의 껍질crust이라니, 우리를 먹여 살리고 보금자리를 제공하는 공간을 가리키는 용어라고 하기에는 너무나도 밋밋하고 멋이 없게 들린다. 지구에 살아가는 모든 생명체들은 지각의 안이나 위에서 살아간다. 7대륙도, 사람이 살아가는 10만여 개가 넘는 섬들도 모두 지각 위에 존재하며 대양도 해저도 모두 지각의 일부분이다. 우리가 석유, 천연 가스, 석탄을 캐내는 곳도 지각이다. 우리는 지각을 전적으로 신뢰하며 앞으로도 그럴 것이다.

한편으로 지각은 정말로 껍질처럼 아주 얇다. 지각은 지구 전체 질량의 0.5퍼센트, 전체 부피의 1퍼센트도 되지 않을 정도로 아주 얇고 작다. 당신이 감옥에 갇혀 있는데 누군가가 보통 크기의 빵을 전체 지구의 부피에서 지각이 차지하고 있는 비율만큼만 잘라 던져준다면 너비는 0.5밀리미터, 두께는 눈꺼풀을 두세 겹 겹쳐놓은 것 같은 빵조각을 받게 될 것이다. 전체 지구의 크기에 비하면 지각의 두께는 거의 없는 것과 같아서, 지구의 모양은 그대로 둔 채 크기만 농구공만큼 줄이면 가장 바깥쪽에 있는 지각은 농구공은커녕 볼링공처럼 아주 매끈매끈할 것이다. 인간의 입장에서는 정복하는 순간 무한한 자부심을 주는 높은 산이나 깊은 골짜기들도, 맨틀이나 핵의 크기에 비하면 없는 것이나 다름없다.

지각은 호수 위에 생기는 얇은 얼음 층을 생각해보면 이해하기 쉽다. 얼음 층이 호수 위에 뜨는 이유는 아래 있는 물보다 밀도가 작기 때문이며 깨지기 쉬운 결정을 이루는 이유는 위에 있는 차가운 겨울철 공기 때문에 온도가 내려가기 때문이다. 마찬가지로 비교적 밀도가 작은 암석으로 된 지각은 조밀하고 무거운 맨틀 위로 뜨게 된다. 지각은 또한 지층 가운데 가장 차가운 부분이어서 쉽게 갈라지고 부서진다. 호수 위에 떠 있는 얼음의 두께가 서로 다르듯, 지각의 두께도 아주 다양해서 하와이 밑에 있는 해양 지각의 두께는 5킬로미터 정도밖에 되지 않는 반면 히말라야 고원이 있는 대륙 지각의 두께는 70킬로미터나 된다. 일반적으로 대륙 지각이 해양 지각보다 6배 내지 7배 정도 두껍다. 해저 하면 왠지 신비롭고 고대의 유적과 유물이 숨어 있는 오래된 장소 같은 생각이 들지만 사실 해양 지각은 대부분 아주 젊어서 우리가 걸어 다니는 건조한 대륙보다 수억 년에서 수십억 년 정도 늦게 만들어졌다. 이런 사실은 지질학의 가장 기본적이고도 체계적인 이론이자 20세기의 가장 위대한 발견 가운데 하나로 손꼽히는 판 구조론이라는 웅장한 이론을 가져다준다. 그것은 또한 아주 뜨거운 물체가 차갑게 식어가는 과정과 관계가 있다. 물을 끓이면 밑에서 거품이 올라오듯이, 종류에 상관없이 뜨거워진 물질은 모두 아래에서 위로 올라온다. 커피든, 죽이든, 맨틀이든 종류가 무엇이든.

땅덩어리가 움직이는 까닭

사실 지구 위에 놓인 땅덩어리가 서서히 움직이고 있다는 생각이 전혀 새로운 것은 아니다. 지도 제작술이 발전하면서 과학자들을 포함한 여러 사람들 눈에 멀리 떨어져 있는 대륙들의 생김새가 퍼즐 조각들처럼 들어맞는다는 사실이 분명해졌다. 전 세계 곳곳에 놓여 있는 화석, 암석 퇴적물, 빙하가 암석을 깎은 홈의 모양 등에 새겨져 있는 분명한 증거들을 근거로 독일의 지질학자이자 기상학자인 알프레트 베게너는 1912년에 '대륙 이동설'이라는 놀라운 가설을 발표했다. 베게너는 2억 년 전에는 지구상의 모든 대륙들이 '판게아(모든 땅이라는 뜻)'라는 거대한 대륙으로 뭉쳐 있었지만 어떤 이유에서인지 조각조각 나뉜 뒤 각기 다른 곳으로 흩어졌다고 했다. 공교롭게도 소설가와 그가 쓴 탐정소설 속 주인공의 이름을 합쳐놓은 이름을 가진 영국의 지질학자 아서 홈스가 베게너의 대륙 이동설을 뒷받침해줄 물리적 메커니즘을 제안했다. 지금의 임페리얼 칼리지Imperial College에서 물리학과 지질학을 공부한 홈스는 난로 위에다 스프 냄비를 놓고 끓일 때처럼, 지구 내부에서 끊임없이 일어나는 방사능 붕괴로 발생하는 열이 지표면까지 올라오는 거대한 대류 현상을 일으키는 것인지 모른다고 생각했다. 그러나 2차 세계대전이 끝나기 전까지 과학자들은 지구 내부에서 일어나는 방사능 붕괴의 열이 해저 지형을 확장시켜 대륙을 움직이게 한다는 실험적 증거를 확보하지 못했고 1960년이 될 때까지도 지질학자들은 거대한 대륙이 작은 조각으로 나뉘게 된 원리에 대해 설명하는 여러 가지 가설을 하나의 커다란 이론으로 통합시키지 못하고 있었다. 판 구조론 또한 이질적인 일련의 발견들을 만족스럽게 설명해주는 거대한 개념의 틀이자 새로운 자료들이 계속해서 쌓이면서 더욱 강해지고 튼튼해지는 명실상부한 진짜 이론의 하나로, 지구의 움직임에 대한 참신하지만 불명확한 가설들을 점검하고 명확하게 규정시켜준다. 물론 과학자들이 우리나 보험 회사가 바라는 것처럼 지진이나 화산 폭발을 근접하게라도 예측하는 것은 불가능할지도 모른다. 그러나 과학자들은 어디에서 얼마 만에 한 번쯤은 지진이 일어날 것이라는 통계적인 예측은 할 수 있다.

'지각 변동tectonic shift'은 '양자 도약'과 비슷할 정도로 대중들에게 익숙한 용어로, 정말 거대하고 일반적으로는 건설적이지만 위험도 따를 수 있는 변화를 가리킬 때 쓰는데, 단어의 의미를 아주 정확히 잘 살리고 있다. 'tectonic'이라는 말은 그리스어로 '건설자'를 뜻하는 'tekton'에서 왔다. 판 구조론plate tectonics theory은 움직이는 판이 어떻게 우리가 살아가는 거대한 환경을 만들었는가에 관한 학설이다. 우리가 알다시피 건설 현장은 위험한 일이 벌어질 가능성이 있는 곳이다. 판과 판이 만나 우리의 세상을 만드는 과정 역시 건설적인 동시에 지진과 화산 폭발 등 아주 위험한 일이 벌어지기도 한다. 지각판은 장난삼아 한 나라 전체를 만들기도 하고 비틀어 부수기도 하고 마음대로 뜯어 갈라버리기도 하지만, 우리는 어디에 지각판이 있는지 알 수 없다. 대륙의 모양을 보고 알 수 있는 것도 아니며 바다와 육지가 만나는 곳이 판의 경계도 아니다. 실제로 지구의 판의 경계를 알아내는 일은 매우 까다로우며 다루기 어려운 작업이다. 현재 판의 개수는 큰 판이 일곱 개 내지 열 개 정도, 작은 판이 스물다섯 개에서 서른 개 정도라는 주장이 일반적으로 받아들여지고 있다. 그러나 판의 개수를 알아내는 일은 판이 어떻게 움직이는지, 판이 향하는 곳은 어딘지, 두 판이 충돌하면 어떤 일이 벌어지는지를 알아내야 하는 것에 비하면 덜 어렵다.

그러면 지각판tectonic plate이란 대체 무엇일까? 일반적으로 알려져 있는 오해와 달리 지각판은 단순히 지구 지각crust의 조각이 아니다(물론 일반적으로 지각을 구성하는 암석은 한 판과 다른 판의 경계선을 따라 갈라져 있는 경우가 많지만). 실제로 판은 지각보다 더 깊은 곳까지 뻗어 있어 맨틀의 상부까지 들어간다. 판은 보통 80킬로미터 정도로 두껍지만, 지각과 마찬가지로 너비와 밀도가 아주 다양하다. 대륙을 이루는 판은 비교적 가볍고 두꺼운 반면 해저 분지를 두르고 있는 판은 얇고 무겁다. 판은 움직임에 의해서도 특징지어진다. 판은 지구 바깥쪽의 한 구획으로서 적당히 한 단위로 응집해서 미끄러지듯 움직인다. 움직이는 판의 가장 윗부분, 즉 지각 부분은 부서지기 쉬워서 쉽게 갈라지고 주름이 잡힌다. 반대로 아래쪽 맨틀에 속한 부분은 보다 뜨겁고 말랑말랑하기 때문에 압력을 받으면 쉽게 구부러진다. 모든 판은 아래쪽에 있는 좀더 점성이 강한 하부 맨틀 위를 미끄러지거나, 어떤 경우에는 하부 맨틀과 함께 1년에 평균 1센티미터에서 10센티미터의 속도로 움직이고 있다(손톱이 자라는 속도와 비슷하다). 인간의 관점에서 보면 이 정도 속도는 달팽이 기어가는 속도 정도밖에 되지 않지만 지질학적인 관점에서 보면 결코 만만히 생각할 속도가 아니다. 왜냐하면 백만 년 동안 50킬로미터나 이동하는 속도이기 때문이다. 어떤 판에게 시간을 1억 년 준다면 5,000킬로미터, 거의 뉴욕에서 런던까지 이동할 것이다.

판을 움직이는 원동력은 질식할 것 같은 뜨거운 열을 밖으로 방출하려는 지구의 끊임없는 노력이다. 지구에게는 열을 식힐 수 있는 방법이 몇 가지 없다. 지구는 전도를 통해 소량의 열을 외부로 방출한다. 전도는 빠르게 움직이는 원자나 분자가 자신과 맞닿아 있는 느리게 움직이는 원자나 분자에게 자신이 가진 여분의 열을 전달하는 방식으로, 뜨거운 커피 잔에 넣어둔 금속 수저가 뜨겁게 되는 것이 바로 전도 현상이다. 지구는 또한 화산 폭발이나 온천, 가스 분출 같은 직접 열을 발산하는 방법으로도 소량의 열에너지를 외부로 내보낸다. 그러나 지구가 열을 방출하는 주요 수단으로 삼는 것은 뭐니 뭐니 해도 대류이다. 대류는 뜨거운 물질을 직접 바깥으로 밀어낼 뿐 아니라 근처에 있는 차가운 물질을 당겨옴으로써 열을 식힌다는 이점이 있다. 지구 전체를 순환하고 있는 대류의 흐름은 대기 속에서 일어나는 기후 변화 패턴처럼 아주 복잡해서 경로를 추적하기가 쉽지 않지만 대략적인 흐름을 정리하자면 이렇다. 먼저 철로 된 핵 속에서 발생한 열이 암석으로 이루어진 맨틀 하부로 올라온다. 핵과 맨틀 경계에 있는 암석이 열을 받으면 팽창해 밀도가 낮아지기 시작하고, 뜨거운 기체가 상승하는 것처럼 열을 받아 팽창하기 시작한 암석도 위에 있는 차가운 맨틀 암석을 뚫고 상승하기 시작한다. 이럭저럭 높이 올라가면 압력이 줄어들기 때문에 점점 더 말랑말랑해진다. 암석이 말랑말랑해질수록 흐름이 더 좋아지고, 그만큼 지각까지 올라가는 길이 수월해진다. 그러나 어떤 지점에 도달하면 물리학의 또 다른 작은 원리, 바위를 위로 올려 보내는 원리의 뒷면이 암석의 상승을 방해하는 요인으로 작용한다. 뜨거운 암석은 상승하는 동안 주변에 자신의 열을 나누어주어 차갑게 식게 되고 그 결과 밀도가 높아지게 된다. 무거워지는 것이다. 주변에 열을 나누어준 암석은 자신이 뚫고 올라가야 하는 물질보다 무거워지고 그 때문에 당연히 밑으로 가라앉기 시작한다. 계속해서 아래로 내려가 결국 또 다시 뜨거운 핵에 도달한 암석은 더 많은 열을 받아 또 다시 상승이라는 원대한 꿈에 도전한다. 이것이 바로 지구 내부에서 일어나는 대류의 기본 원리다. 암석은 밑에서 열을 받아 뜨거워지고, 팽창하고, 상승하고, 차가워지고, 수축하고, 밑으로 가라앉는다. 그리고 다시 숨을 고르고 같은 일을 반복한다. 지구 내부에서 일어나는 대류는 핵 주위를 뱅글뱅글 도는 소규모 형태도 있고 맨틀의 넓은 지역을 아우르는 대규모 형태도 있다. 때로는 맨틀을 완전히 가로질러 올라온 다음 얇은 해양 지각을 뚫고 해양 속으로 콸콸 솟아져 나와 지구의 솔기를 터뜨려 버리는 대류도 있다.

넓어지는 바다, 솟아나는 산

판 구조론에 힘을 실어준 여러 발견들 가운데 가장 중요한 몇 가지는 1950년대에 진행한 해저 연구에서 나왔다. 1950년대 해저 연구는 수많은 놀라운 성과를 이룩했다. 그중에 한 가지는 해저에 긴 산맥(해령)이 존재한다는 사실을 밝혀낸 것이다. 특히 대서양과 인도양 중심에는 3천 미터 이상 되는 산맥이 우뚝 솟아 있었다. 해저에는 산맥만 있는 것이 아니었다. 해저에는 협곡(해구)도 있었는데 규모가 큰 것은 그 깊이가 2천 미터가 넘었다. 과학자들은 또한 해저에 있는 암석의 생성 연대가 많아야 1억 8천만 년밖에 되지 않는다는 사실을 알아냈다. 보통 수십억 년에 이르는 육지 암석과 비교해봤을 때 놀라울 정도로 젊은 암석들이었다. 발랄한 해저 암석 중에서도 가장 나이가 어린 암석들은 중앙 해령 근처 가까이 있는 암석들이었고 중앙 해령에서 멀어질수록 암석의 연령은 계속해서 올라가 해구 가장자리에서 최대가 됐다. 또 한 가지 알아낸 것은 육지가 오랜 세월 바다에다 버려온 죽은 식물과 동물의 사체, 모래, 자갈, 진흙, 뼈, 껍데기, 각종 쓰레기 등이 해양 지각에 너무나도 적다는 사실이었다. 마치 바다가 퇴적물들을 어딘가로 다시 버렸거나 진공청소기로 빨아들였거나 옥션에서 경매로 팔아넘기기라도 한 듯했다.

판 구조론은 깊은 해양의 지각이 터무니없이 젊은 이유에 대해 설명해준다. 열의 대류 현상은 뜨거워진 암석이 지각까지 올라오게 한다. 지각에 도달한 뜨겁고 어린 암석은 반쯤 굳은 고체 상태인 마그마라는 형태로 지각을 뚫고 나온다. 마그마가 뚫고 나오는 지역의 해양판은 반으로 갈라져 양 옆으로 벌어지고 그 결과 차갑고 덜 어린 암석은 바깥쪽으로 미끄러지듯 이동한다. 미끄러지듯 나아가는 차가운 해양판의 끝부분은 지각의 또 다른 틈, 차가운 암석을 다시 맨틀로 되돌려줄 깊은 해양 협곡 속으로 파고들어간다. 맨틀의 거대한 입으로 들어가는 암석은 부서지고 가루가 되고 다시 재정비되며 살균 처리된다. 따라서 이 암석의 어느 부분이 다시 지각의 경사면을 따라 올라간다고 해도 보기에는 완전히 새로 태어난 암석인 것이다. 포세이돈의 컨베이어 벨트는 덜컹거리며 달리는 것을 결코 멈추는 법이 없고 오래된 지구의 역사에서 지각의 낮은 부분인 해저 분지는 수십 차례 순환됐다. 그러나 대륙은 다르다. 대륙 지각은 비교적 가벼운 물질로 이루어져 있기 때문에 맨틀 속으로 들어가는 일 없이 이리 밀리고 저리 밀리기만 한다. 앞에서 살펴본 것처럼 대륙 지각은 자신들의 이동 경로를 바꾸거나 서로 손을 잡는 대륙 지각을 끊임없이 바꾸기는 하지만 수십억 년이 넘는 세월 동안 맨틀 속으로 녹아들어가는 운명에 처하지는 않았다.

곳곳에서 솟아오른 녹은 암석은 판을 끊임없이 움직이게 하고, 움직이는 판은 생명체가 활발하게 활동하고 있는 지각이라는 놀이판을 변화시킨다. 중앙 해령을 중심으로 옆으로 퍼져나가는 해저 지형은 몇 개의 판이 움직이도록 유도하고, 움직이는 판은 적하물을 싣고 다른 판에서 멀어져간다. 북아메리카 대륙과 유라시아 대륙이 서로 반대 방향을 향해 나아가고 있는 것이 그런 발산의 예이며 대서양이 1년에 5센티미터씩 넓어지는 것도 같은 이유다. 반대로 좁은 도로에서 맞은편에서 걸어오는 두 사람이 서로 양보하지 않고 길싸움을 하는 것처럼 충돌하고 있는 판도 있다. "당신은 저쪽 길로 가지? 싫어! 나는 이 길로 갈 거야! 이런, 아무도 양보하지 않으니까 갈 수가 없잖아. 내가 당신 다리 밑으로 기어 갈 테니까 이 우스운 상황을 끝내자고." 이런 식으로 두꺼운 대륙판이 얇은 해양판과 만나면 얇은 판이 두꺼운 판 밑으로 파고들면서 오래된 해양판이 맨틀로 돌아가는 섭입대subduction zone를 형성한다. 해양판이 대륙판 밑으로 파고드는 과정에서 그 경계면에서는 엄청난 변동이 일어난다. 줄줄이 화산이 솟거나 화산에 폭발할 것 같은 마그마가 채워지고, 높은 산맥이 형성된다. 세인트헬렌스 산이 속한 북서부 지역에 있는 캐스케이드 산맥과 남아메리카 대륙의 안데스 산맥은 해양판과 대륙판이 충돌한 결과물이다.

충돌하는 두 판이 모두 대륙을 운반하고 있다면 두 대륙은 아주 느린 속도로 충돌할 것이고, 충돌하는 두 지각의 앞부분은 위쪽을 향해 구겨지면서 불편하고 험악한 동맹을 맺을 것이다. 대륙의 중앙에 있는 산맥들은 보통 한때는 떨어져 있던 대륙이 두 판의 충돌로 만나면서 형성된 흔적이다. 히말라야 산맥은 인도 아대륙을 운반하는 판이 아시아 대륙을 운반하는 판과 충돌한 4천5백만 년 전부터 위를 향해 솟아나기 시작했다. 유럽의 알프스 산맥은 아프리카 판 위에 타고 있던 이탈리아 반도가 오늘날의 독일과 프랑스와 거의 동시에 부딪히면서 생겨났다. 두 차례의 세계대전, 공통 통화, 문화의 교류에도 불구하고 이 어려운 합병은 아직도 진정되지 않았다.

그러나 판이 정면충돌만 하는 것은 아니다. 때로는 반대 방향에서 서로를 향해 다가오는 두 판이 완전히 부딪치지 않고 그저 서로를 긁고 지나가거나 거의 스칠 정도로 가깝게 지나가는 경우도 있다. 만약 스쳐 지나가는 도중 일부 지역이 만나게 되는 일이 생기면 그 부분은 단단히 들러붙게 되는데, 특히 부서지기 쉬운 윗부분의 지각이 그렇다. 판의 아래쪽 부분은 계속해서 자기가 가던 길을 가겠다고 고집하지만 끈끈하게 달라붙은 위쪽의 지각은 그 자리에서 꼼짝도 하지 않으려 한다. 지각은 계속해서 압력을 받아 팽팽하게 잡아당겨지게 되며 온갖 종류의 방법을 동원해 버텨보려 한다. 그러나 압력이 계속해서 작용하면 결국 잡아당겨지던 암석 표면이 끊어지고, 두 판은 서로 어긋나게 빗겨가면서 지진이라는 경련을 일으킨다. 지진을 뜻하는 'Seismic'이라는 단어는 '흔들린다'는 뜻의 그리스어에서 왔으며, 단층선—밑에 있는 지각의 움직임 때문에 암석이 다른 암석을 긁어내며 스쳐가는 부분—을 따라 갑작스럽게 지각이 내려가면 오랫동안 압력을 받아 에너지를 억제하고 있던 바위들이 일제히 속박에서 벗어나 파동의 형태로 에너지를 발산하기 때문에 땅이 흔들리고 갈라지는 지진이 발생한다.

이런 위험한 판 경계 가운데 가장 유명한 곳은 캘리포니아에 있는 샌앤드레이어스 단층San Andreas Fault이다. 이곳은 태평양판이 북아메리카 대륙판을 스치고 지나가면서 암석 지각 표면이 맞물렸다가 미끄러지기를 반복하는데 점점 그 강도가 세지고 어떨 때는 한 번에 수 미터씩 솟아오를 때도 있다. 1906년에 발생한 샌프란시스코 대지진 때는 캘리포니아 올레마 부근에서 지각이 6미터 높이까지 솟구쳐 올랐다. 만성적으로 반복되는 판의 마찰과 미끄러짐은 경계면에 있는 암석들에 여러 방향, 여러 층에 걸쳐 영향을 미치며, 1906년에 발생한 대지진의 경우에는 그 영향이 9.6킬로미터 깊이까지 이르렀다. 그렇기 때문에 샌앤드레이어스 단층 지대 같은 대규모 단층은 지각에 생긴 단 하나의 균열이 아니라 여러 방향으로 갈라진 암석층들이 덤불을 이루고 있는 것이라 볼 수 있다. 이 암석층들은 때로는 거침없는 판의 움직임을 완화하기도 하고, 때로는 그런 노력을 거두고 한층 더 쪼개지기도 한다. 단층 지대 암석 덤불의 어느 가닥이 얼마만큼의 탄성을 가지고 있는지 알아내기 어렵기 때문에 다음 번 지진이 언제 일어날지, 피해가 얼마나 심각할지 예측하기가 어려운 것이다.

물과 공기의 행성

거대하게 솟구쳐 오르는 맨틀은 불타는 마그마로 지각을 무한히 두드리는 것 말고도 여러 가지 다른 방식으로 지각에 영향을 끼친다. 지구 내부에서 순환하는 힘은 지구의 해저를 만들 뿐 아니라 그 위에 물을 채우기도 했다. 물론 지구는 물로 가득한 곳이다. 지구에 존재하는 물은 모두 12.3×10^{20}리터로 전 세계 바닷물의 깊이를 4킬로미터로 통일하면 지표면의 4분의 3을 덮을 만큼의 양이다. 누구나 잘 알고 있듯이 물은 생명체에게 없어서는 안 될 필수요소이며, 우리 이웃 행성들 중에서 지구처럼 물이 풍족한 곳은 아무데도 없다. 지구가 싱그러운 푸른 행성이 된 과정에 대해서는 아직 활발한 논의가 진행 중이지만 천체의 작용과 지구의 보존력이 함께 기여했다는 데는 대부분 의견의 일치를 보고 있다. 태양계에서 액체 상태로 모인 H_2O를 보기란 쉬운 일이 아니지만(아마도 전 우주를 통틀어서도 그럴 것이다) 다른 상태의 H_2O는 그렇지 않다. 태양계 변두리에 많이 있는 혜성을 우리들은 아무 거리낌 없이 '더러운 눈뭉치'라고 부를 수 있다. 혜성은 사실 그저 지름이 15킬로미터 정도 되는 얼음과 먼지 덩어리에 불과하다. 인상적인 혜성의 긴 꼬리는 태양에 가까이 간 혜성의 얼음이 증발해 길게 늘어나면서 생겨나는 것이다. 태양계의 진화 초기에 태양계 외곽에 있던 다량의 혜성들이 행성계의 거인인 목성의 막강한 중력에 이끌려 태양계 안으로 끌려 들어왔다고 여겨진다. 이때는 GPS도 없었기 때문에 이런 혜성들 가운데 많은 수가 길을 잃어버리고 자신의 진로를 수억 킬로미터나 이탈해 지구로 돌진해왔다. 당시 지구는 아직 어렸고 손댈 수 없을 정도로 뜨거웠기 때문에 혜성이 가져온 물은 대부분 재빨리 우주 밖으로 증발해버리고 말았다. 그러나 일부는 어린 지구의 깊은 곳으로 스며들어가 우리 행성의 물 저장량을 크게 늘렸다. 40억 년 전쯤부터 화산이 폭발하면서 지하 세계에 묻혀 있던 물을 저장고에서 끌어올려 수증기로 뿜어내기 시작했으며, 지구의 표면은 온화해졌다. 지구의 지각은 차갑게 식어갔고 지구 중심에서 소용돌이치는 액체 철은 매서운 태양풍을 막아줄 자기장을 만들어내기 시작했다. 방어막이 생기자 화산이 뿜어내는 수증기는 우주로 날아가지 않고 땅 위에 머물며 폭풍우처럼 으르렁대기 시작했다. 마침내 화산이 뿜어내는 수증기는 더 이상 모일 수 없을 만큼 최대로 모였다. 수증기의 과포화 상태에 이른 하늘은 중력을 버틸 수 없을 만큼 무거워졌고 습도는 더할 수 없이 높아졌다. 지상 가까이 머물던 수증기들에게는 비가 되어 땅을 향해 떨어지는 길밖에 달리 선택의 여지가 없었다. 그때는 물론 방주에 태울 한 쌍의 동물들도 존재하지 않았던 때이지만, 당시 비는 노아의 방주가 경험해야 했던 억수 같은 비보다도 더 규모가 컸고 더 오래갔다. 수만 년, 수십만 년 동안 이어진 이 대홍수는 새로 형성된 캐러멜처럼 말랑말랑한 지구 표면의 움푹한 곳이 가득 넘치도록 비를 뿌렸다. 당시 쏟아져 내린 폭우는 우리의 관점으로는 도저히 믿을 수 없는 엄청난 것이었겠지만, 지구의 역사라는 거대한 시간표를 놓고 볼 때 우리의 바다가 형성된 기간은 재채기 한 번 하는 정도의 시간에 불과하다. "퇴적암은 액체로 된 물이 있어야만 형성될 수 있으며, 이는 바다가 약 30억 년, 어쩌면 40억 년 전에 생겼다는 것을 증명해준다." 지질학자 로버트 캔들의 글이다. 또한 처음 생겼을 무렵의 바다의 부피는 지금과 거의 다르지 않았다고 한다. 달리 말하면 우리의 지각이 움푹 파인 땅을 형성하기 시작하자마자 하늘은 막대한 물을 쏟아 부어서 가득 채웠다는 이야기이다. 이 12.3×10^{20}리터의 물을 욕조에다 담아 지구에서부터 태양까지 쭉 늘어놓는다면 태양까지 가고도 5백만 번이나 더 왕복할 수 있다. 물론 그 욕조들에서 목욕을 하려면 자신이 쓸 수건, 샴푸, 그리고 숨 쉴 공기는 각자 알아서 챙겨가야 한다.

아, 맞다. 숨을 쉴 수 있게 해주는 공기! 우리들은 꼭 필요한 것을 얼마나 쉽게 잊고 사는지! 우리는 물이 없어도 3일 정도는 버틸 수 있다. 탈수 현상이 시작된 후에도 차가운 그늘에 머물 수 있다면 일주일에서 열흘 정도 버티는 것도 가능하다. 그러나 숨 쉬는 걸 멈춘다면 몇 분 안에 죽고 말 것이다. 고맙게도 쉽게 들이마실 수 있는 공기는 물에 비하면 아주 단순하고 그리 많아 보이지 않는다. 어쨌든 공기는 더욱 무미건조하고 비어 있는 것처럼 보이니 말이다. 그러나 언제나 그렇듯 겉모습은 속임수일 수 있다. 물론 이 경우에는 겉모습도 보이지도 않지만. 사실 지구의 대기는 아주 풍부하고 물보다 훨씬 복잡한 구성원들로 이루어져 있으며 우리들이 분당 7.5리터, 하루에 약 11,000리터씩 들이마시는 현재의 공기로 진화하기까지 걸린 시간도 물이 현재의 상태로 진화하기까지 걸린 시간보다 훨씬 길다. 우리가 하루에 들이마시는 공기의 양은 태양까지는 닿지 못할, 욕조 100통을 채울 수 있는 양이다. 기체도 질량이 있으며 우리가 매일같이 들이마시고 내뱉은 공기의 질량은 약 13.6킬로그램 정도 된다.

사실 대기는 지구의 일부분으로 핵, 맨틀, 지각으로 이어지는 지정학의 주역들 위에 위치하는 또 다른 주역이다. 지구에 속한 모든 부분이 그렇듯이 대기도 지구 내부에서 태어나 거침없이 밖으로 튀어나왔다. 지구는 겨우 근사한 구의 형태를 갖추기 시작하면서 태초부터 암석 속에 가두고 있던 뜨거운 기체 구름을 뿜어내 대기의 초석을 마련했다. 태초의 대기는 대부분 수소와 헬륨으로 가득 차 있었지만 두 기체가 이 세상에 머문 시기는 그리 길지 않다. 당시 지구의 중력은 그렇게 가벼운 기체들을 잡아두고 있을 만큼 강력하지 않았고 어린 핵도 내핵과 외핵으로 분화되지 않아서 태양풍을 막아줄 자기장을 만들어내지 못한 상태였다. 결국 지구가 태어난 후 5억 년도 되지 않아 원시 대기는 새로운 대기로 바뀌었거나 지구상에서 완전히 사라지고 말았다. 헬륨의 경우 오늘날의 대기에도 전체의 1퍼센트 정도로 소량 들어 있지만 순수한 수소 분자는 전혀 들어 있지 않다. 지구에서 볼 수 있는 수소는 물의 형태로 산소와 결합해 있거나 유전자나 단백질의 형태로 탄소와 질소와 결합한 형태이다. 그래서 수소 자동차에 넣을 만한 순수한 수소 분자를 얻고 싶다면 다른 분자 속에 들어 있는 수소를 억지로 빼내야 한다.

지구의 두 번째 대기는 첫 번째 대기와는 날리 금방 사라져버리지 않았다. 지각은 차갑게 식었고 화산은 격렬하게 폭발하면서 오늘날 대기 속에 들어 있는 공기의 양보다 100배는 많은 기체가 채워질 때까지 땅속 바위에 숨어 있던 휘발성 기체들과 수증기, 질소, 이산화탄소, 암모니아 등을 놀라운 속도로 뿜어냈다. 이 하늘에 떠 있던 독성 강한 연무 속에서 수증기는 비로 응축되기 시작했고 그 결과 현재 우리가 보고 있는 바다와 우리에게 필요한 공기의 초석이 마련되기 시작했다. 비가 내려 대양이 만들어지자 대양은 대기 속에 들어 있는 몇몇 기체들을 거두어 들였는데 그중에서도 해수면 근처에 있던 이산화탄소를 다량으로 받아들여 해수는 광천수로 변했다. 해수는 대류 현상을 일으켜 대기 속 이산화탄소의 절반이 바다로 녹아들어갈 때까지 이산화탄소 거품을 넓고 깊은 곳까지 크게 휘저었다.

지구에 산소를 내뿜다

우리는 이 행성에서 생명이 어떻게 시작됐는지 모른다. 또한 우리는 생명이 햇빛이 반짝이던 해수면에서 탄생했는지, 뜨거운 물이 분출하는 검은 바다 밑 열수공 근처에서 탄생했는지, 조용한 삼각주 진흙 속에서 탄생했는지, 파도가 세차게 들어갔다 나오는 해변의 퇴적물 속에서 탄생했는지, 생명의 탄생 장소도 알지 못한다. 생명의 탄생 순간도 대략적으로 38억 년 전부터 32억 년 전쯤이라고 추정할 뿐 정확하게 모르기는 마찬가지다. 최초의 생명체가 어떤 형태였는지도 모른다. 그러나 생명이 이 물로 가득하고 활발한 행성에 일단 출현한 후부터는 보이는 모든 것에 영향을 미쳤다는 사실은 알고 있다.

생명체가 지구에 미친 영향력은 극적이었으며 그 자체로 거대한 지각 변동이었다. 생명체가 지구에 미친 영향을 공기만큼 분명하게 보여주는 존재도 없을 것이다. 최초의 생명을 낳은 당시의 대기는 첫 발을 내딛기를 주저하던 생명체들의 화학 조성에는 아주 이상적인 환경을 제공해주었지만, 지금 살아가는 대부분의 유기체들이 '신선하다'고 생각할 만한 공기는 전혀 아니었다. 무엇보다도 당시의 대기 속에는 산소가 전혀 들어 있지 않았다. 물론 수증기의 형태로 머리 양쪽에 수소 귀를 붙인 산소는 많이 있었지만 산소 원자만 두 개 달라붙은 순수한 산소, 우리가 숨쉴 때 필요한 O_2는 거의 찾아볼 수 없었다. 오늘날 O_2는 전체 대기의 20퍼센트를 차지하고 있다. 그렇다면 순수한 산소 분자는 누가 만들어주었을까? 자기희생 정신이 강한 우리들의 선조 시아노박테리아가 바로 그 주인공이다. 거대한 무리를 지어 바다 위를 떠돌던 이 미생물들은 원시 태양전지solar cell였으며, 빛을 이용해 당분을 만들어냈다. 청록세균이라고도 부르는 시아노박테리아는 가장 먼저 탄생한 생명체들 가운데 하나로 화려한 성공신화를 자랑한다. 시아노박테리아는 태양에너지와 물과 탄소를 이용해 다목적 음식인 당분을 만들어내는 광합성이라는 기술을 가장 먼저 습득했다. 태양빛이야 어디에나 널려 있었고 물은, 뭐 수생생물인데 걱정할 것이 뭐 있겠나. 문제는 탄소를 어디에서 공급하느냐인데, 시아노박테리아에게는 바다가 대기에서 흡수해놓은 이산화탄소 거품이 있었다. 시아노박테리아는 이 거품을 탐욕스럽게 먹어치웠다. 흡수한 CO_2에서 C는 자신들이 먹어야 할 일용할 양식인 탄수화물을 만드는 데 썼고 필요 없는 산소 원자 두 개는 함께 합쳐 위대한 O_2를 만들어 밖으로 내보냈다. 그러나 시아노박테리아가 탄생한 뒤에도 대기는 오랫동안 산소가 없는 상태였다. 왜냐하면 급속하게 늘어난 지구의 원시세균 농장에서 산소가 만들어지는 즉시 무언가를 녹슬게 하는 데 소비되고 말았기 때문이다. 당시 바다에는 철이 많이 녹아 있었으며, 바닥에 가라앉은 암석에도 철이 많이 들어 있었다. 철은 산소와 쉽게 결합한다. 지구에서 광합성 활동이 시작된 후 10억 년이 넘는 세월 동안 바다에 있던 철은 산소를 바로바로 빨아들였고 그 결과 그때까지 만들어진 산소 분자의 대부분이 붉은색을 띤 녹슨 고대 암석 속에 갇히게 되었다.

그러나 생명은 계속 전진했고 광합성 세균들은 점점 넓게 퍼져갔다. 마침내 20억 년 전쯤 산소를 들이키던 탐욕스러운 철 원자의 활동이 끝나고 대양은 남은 산소를 대기 속으로 뱉어내기 시작했다. 대기로 나온 산소 중 일부는 간간히 서로 결합해 오존O_3을 만들었고 오존들은 한데 모여 태양이 보내오는 자외선을 막아줄 오존층을 만들기 시작했다. 오존층 아래의 생명체들은 서서히 수적으로나 종의 다양성으로나 환경적으로나 훨씬 발전할 수 있게 됐다. 오존층의 보호막은 생명체들이 바짝 구워질 염려 없이 육지로 나올 수 있는 여건을 마련해주었으며, 대기 속 산소의 양은 위대한 산소 혁명이라고 부를 수 있을 정도로 늘어났다.

7,500여 종에 달하는 현생 시아노박테리아들은 많은 수가 조상 종처럼 산소가 없어도 생존에 필요한 활동을 너끈히 해내는 혐기성 세균들이다. 사실 이들은 오히려 산소에 노출되면 죽고 만다. 광합성을 하지 않는 우리 장 속에 살고 있는 세균들이나 파상풍이나 보툴리누스 중독증을 일으키는 덜 친절한 다른 혐기성 세균들도 그렇다. 그런데 혐기성 세균의 신진대사 방식은 아주 유용하다. 혐기성 세균의 신진대사 방식은 다른 생물이 살지 못하는 곳에서도 살아갈 수 있게 해주며, 우리들의 몸속에서

는 적절한 시기에 산소가 공급되지 못해도 근육이 짧은 시간 동안 폭발적인 활동을 가능할 수 있게 해준다. 그러나 누구나 알고 있듯이 산소는 태우는 방법만 제대로 알고 있다면 아주 강력한 연료이기 때문에 산소를 이용해 에너지를 얻는 세균은 산소가 필요 없는 혐기성 세포들보다 훨씬 효율적으로 오랫동안 살아갈 수 있다. 산소를 이용해 에너지를 얻는 호기성 세균들의 분열 속도가 혐기성 세균들보다 30배 내지 50배 정도 빠른 것은 그 때문이다. 우리가 혐기성 세균의 방식만을 택한다면 전력 질주를 1분에서 2분 정도밖에 못하겠지만, 완만한 속도로 순환계에 필요한 산소를 공급할 수 있으면 몇 시간이고 뛸 수 있으며 하루 종일 올림픽을 대비한 훈련을 할 수도 있다.

자유 산소를 이용해 내부 기관을 움직이는 최초의 호기성 미생물은 20억 년 전 무렵부터 15억 년 전 무렵 사이에 대기의 혼합 기체 속 산소의 양이 1퍼센트에 가까울 정도로 증가했을 때 나타났다. 빠른 분열 속도에 힘입어 산소를 좋아하는 미생물들은 생명계의 일인자가 되려는 장대한 여정을 시작했다. 호기성 생물들은 혐기성 세균들을 몰아내거나 훨씬 바쁘게 움직이는 자신들의 볼록한 모포 속에 집어넣어버림으로써 청록색 경쟁자들이 만들어내는 산소를 고갈시켜버렸다. 산소가 사라져 호기성 생물들이 사라지면 다시 혐기성 세균들이 번식해 또 다시 산소를 만들어냈다. 그러니 만약 어떤 원시 생명체가 이중의 생존 전략을 택해서, 산소를 이용할 수 있을 때는 산소를 이용하고, 그렇지 못할 때는 산소 없이 에너지를 획득할 수 있었다면 분명 큰 이득을 얻었을 것이다. 실제로 그런 일이 벌어졌으며, 결과는 훌륭했다. 첫 번째 진핵세포, 자신들의 유전자 물질을 핵 속에 가두고 있으며 세균 세포에 비해 훨씬 더 조직적이고 내부가 잘 구획되어 있는 최초의 진핵세포는 전혀 다른 방식으로 생활하던 두 종류의 세포가 합병을 한 결과물이 아닐까 여겨지고 있다. 아마도 그런 합병은 우연히 일어났을 테고 결과적으로는 아름다운 결합이지만 처음에는 탐욕스러운 포식활동이 원인이었는지 모른다. 어쨌거나 우리 세포, 즉 전체 진핵세포의 분자 조성과 신진 대사 방식은 아주 오래전 거대한 혐기성 세포—광합성을 하는 시아노박테리아가 아닌 다른 세포를 잡아먹는 포식성 세포—가 자신보다 작은 호기성 세포를 흡수 또는 삼켰거나 혹은 작은 호기성 세포에게 감염됐을 가능성을 제시하고 있다. 거대한 혐기성 세포 속으로 들어간 작은 호기성 세포는 산산이 분해되어 영양분으로 쓰이는 대신 거대한 세포의 세포질 속에서 온전히 살아남았고 그 결과 세상에서 가장 위대한 첫 번째 공생 관계 하나가 탄생했다. 거대한 세포는 작은 세포를 보호해주었고 산소가 모자를 때는 혐기성 세포의 신진대사 방식을 활용해 작은 세포가 굶어죽지 않도록 도와주었다. 반면 작은 세포는 산소가 거대한 세포의 젤라틴처럼 생긴 내부 속으로 들어와 자신을 자극하면 산소 호흡을 통해 자신의 보호자에게 에너지를 공급했다. 두 가지 호흡 방식을 모두 활용하는 초기의 공생 세포는 어딘지 솜씨가 서툴러 복제하고 분열하는 동안에는 한몸으로서가 아니라 각각 독자적인 두 개의 세포로 행동한다는 난처한 문제에 직면해 많은 수가 사라져갔을 것이다. 그러나 순수 호기성 미생물보다는 분열 속도가 훨씬 느렸겠지만, 두 가지 신진 대사 방식을 택한 유연함은 많은 수가 번성하는 데 유리한 이점으로 작용했음이 분명하다.

위대한 공생

이 원시 공생 관계의 모습을 가장 잘 관찰할 수 있는 현생 세포는 오늘날 가장 원시적인 진핵세포로 인정받고 있으며 빵을 만들 때 없어서는 안 되는 효모이다. 효모 세포는 산소를 필요로 하는 단계와 산소가 없어야 하는 단계가 뚜렷하게 구별되는 생활사를 갖는다. 산소가 있어야 하는 첫 번째 단계를 이용해 만드는 것이 맥주의 거품이고 산소가 없어야 하는 두 번째 단계를 이용하는 과정이 바로 발효이다. 그러나 사실상 모든 진핵세포들이 원시 공생 관계의 증거를 간직하고 있다. 모든 진핵세포는 공생의 결과물이다. 당신 몸의 세포 가운데 아무것이나 하나 골라 아주 강력한 현미경을 가지고 들여다보면 미토콘드리아를 발견할 수 있을 것이다. 줄무늬가 쳐진 소시지처럼 생긴 이 세포소기관은 산소를 태워 음식물 분자를 에너지 다발로 바꾸어 저장하고, 필요할 때 사용하는 일을 한다. 미토콘드리아는 오래전 독립생활을 하던 세포의 후손이다. 생존을 위해 오래전에 자유를 포기한 미토콘드리아지만 자신이 갖고 있는 작은 유전자 꾸러미 속에 먼 옛날의 자유에 대한 기억을 간직하고 있다. 미토콘드리아의 DNA는 훨씬 커다란 세포 핵 속에 들어 있는 DNA와 뚜렷이 구별되며 그다지 많지 않은 유전자 염기서열의 대부분이 호흡과 에너지 생산과 관련된 것들이다. 미토콘드리아를 제외하고 우리의 거대하고 혼잡한 세포 구성물 가운데 이런 자체적인 유전자를 갖는 물질은 없다. 미토콘드리아의 DNA 속에는 고대 진핵세포들의 합의 내용이 들어 있고 그 내용은 수십억 년이 넘는 진화의 시간 동안에도 바뀌지 않았다.

고대 세포들이 합병을 추진한 예는 또 있다. 현생 식물들의 세포는 값이 들시 않는 무한한 태양에너지를 이용해 화학물질을 합성하는 고대 시아노박테리아와 공기 속에 산소가 풍부해야만 잘 지낼 수 있는 호기성 세포가 결합한 결과라고 보고 있다. 다른 종류의 고대 세포들이 결합했음을 알려주듯 현생 식물들은 지킬 박사와 하이드 같은 이중적인 생활사를 보여준다. 태양에너지가 광합성 기관을 자극하는 낮 동안은 시아노박테리아가 그랬듯이 이산화탄소를 들이마셔 당분을 만들고 산소를 배출한다. 그러나 밤이 되면 소량의 산소를 흡수해 당분을 직접 만들어 온몸 구석구석까지 운반한다.

호기성 세포와 혐기성 세포가 번갈아가며 증가했다 감소하기를 반복하는 동안 대기 속 산소의 양은 4억 년 전 무렵까지 꾸준히 증가해 마침내 현재 공기 속 산소의 양과 비슷한 전체 대기의 5분의 1을 차지하는 수준에 도달했으며 그 후로도 조금씩 증가하거나 감소하기는 했지만 대체로 일정한 수준을 유지했다. 과학자들은 산소 양의 변화가 수많은 진화상의 지진을 일으킨 자극이었다고 언급한다. 그런 지진 중의 한 가지가 바로 7억 년 전 무렵 처음 등장한 다세포 생물이다. 그 무렵 독립적으로 생활하던 진핵세포들이 한데 뭉쳐 서로를 의존하는 무리를 이룬 후 각기 다른 임무를 맡은 분업화를 이룩했다. '네가 소화관이 되면 내가 입이 되어줄게'라는 식으로 말이다. 또 다른 것은 5억 3천만 년 전의 이른바 '캄브리아기 대폭발'로, 이때 지구상에 존재하는 주요 동물군의 조상이 모두 탄생했을 정도로 엄청나게 많은 다세포 생물 종이 탄생했다. 대략 3억 년쯤 전이었던 석탄기 때 독수리만큼 거대한 날개를 가진 잠자리나 스컹크만 한 크기의 전갈 같은 거대한 절지동물들이 출현할 수 있었던 이유는 관속 식물이 기하급수적으로 증가해 대기 속 산소의 양이 엄청나게 많아졌기 때문이라고 보는 과학자들도 있다. 게다가 오늘날에도 상대적으로 산소가 많은 곳에는 종종 보통보다 큰 생물들이 거주하고 있다. 가장 거대한 해파리와 해양 선충은 아주 차갑고 산소가 풍부한 바다에 산다. 그러나 생물들의 거대화와 산소의 관계에 대해서는 아직까지 분명하게 밝혀진 것은 없다. 단지 내가 이야기할 수 있는 것은 환기가 거의 되지 않는 찬장이나 지하실에 사는 도시 곤충들도 악의만 있으면 충분히 골리앗처럼 변한다는 것뿐이다.

생물과 환경이 끊임없이 주고받는 것은 산소뿐만이 아니다. 탄소만 해도 오늘은 대기 속에 이산화탄소의 형태로 있다가 내일은 썩어가는 식물의 사체 속에 들어가 퇴적물로 가라앉는 등 물, 공기, 진흙, 살아 있는 생물체, 죽은 생물체의 몸을 두루 돌아다니며 끊임없이 순환하고 있다. 칼슘도 마찬가지다. 칼슘은 바위, 물, 조개의 껍데기, 우리의 세포 속을 두루 순환한다. 철을 비롯해 여러 가지 미량 금속들도 생물의 몸 안에서는 사적인 생물화학적 요소로, 대양에서는 공적인 지구화학적 요소로, 두 군데서 모두 중추적인 역할을 하며, 어디에서 얼마큼 독점하고 있느냐에 따라 다른 쪽의 활동에 영향을 미친다.

우리는 살고 있는 이 골디락스 행성은 가장 성공한 인생을 걸어왔다. 우리보다 태양과 가까운 금성은 평균 온도가 섭씨 500도에 달하며 우리보다 훌쩍 멀리 떨어져 있는 화성은 평균 온도가 영하 23도이다. 지구야말로 생명체가 탄생하기에 가장 적합한 곳이다. 지구의 생명체는 30억년이 넘는 세월을, 생명체의 치아에 달라붙어 있는 생명체와 마찬가지로, 지구의 피부에 찰싹 달라붙어 있다. 지금까지 지구상에 나타났던 생명체 가운데 99퍼센트는 이미 완전히 사라지고 말았다. 우리 인류는 이상하게도 지구와 교류하는 일에 서툴고 독단적이다. 그러나 지구와 지구의 생명체는 우리보다 훨씬 큰 존재들이다. 지구와 지구가 품고 있는 생명체들은 우리하고는 상관없이 하던 일을 계속할 것이다. 어쩌면 우리는 이곳에서 완전히 철수해서 우주에 있는 어딘가를 향해 정해진 여정이라곤 전혀 없는 휴가를 떠나야 할지도 모른다. 이제 일반인들도 우주여행이 가능한 시대가 되었으며 저렴하게 우주 비행을 할 수 있는 가능성이 열렸다. 누구나 지구 밖 세상을 보고 깜짝 놀랄 경이로움을 느낄 기회를 가질 권리가 있다. 우주 비행사들이 꼽는 가장 경이로운 순간은 밝은 파란색 구슬처럼 생긴 지구를, 자신들의 유일한 고향을 바라볼 때라고 한다. 그러면 지구는 그들을 똑바로 쳐다보며 '나도 알아'라고 대답해준다.

9

천문학: 천상의 피조물들

Astronomy: Heavenly Creature

수많은 책들 중에서도 어린 시절 가장 기억에 남는 책이나 아름다운 시, 그리고 교훈적인 격언들은 대부분 천문학과 관계가 있었다. 우리들은 빛나는 별, 밝은 별, 오늘밤에 처음 보는 별에 소원을 빈다. 우리는 '별 위에서 그네를 타고 싶지 않나요'라고 질문을 받고, '잘 자요, 달님'이라고 인사를 한다.

우리들은 누구나 처음부터 별들을 동경하며, 벨벳 같은 밤하늘에서 보석처럼 빛나는 별빛에 매혹되고, 좀더 가까이 끌어당기기를 열망한다. 누구나 하늘의 별자리를 말해보라고 하면 적어도 북두칠성이 있는 큰곰자리, 작은곰자리, 오리온자리, 카시오페이아 같은 아주 쉬운 몇 가지는 댈 수 있다. 우리는 또한 스스로 빛나느냐, 아니면 별빛을 받아 반짝이고 있는 것이냐에 따라 천체가 별(항성)과 행성으로 나뉜다는 사실을 알고 있다. 또 별은 아주 멀리 있기 때문에 밤하늘에 반짝이는 아주 작은 한 점으로 보이며 별빛이 우리에게 오는 동안 지구 대기의 교란 현상 때문에 쉽게 흩어지고 가물거리지만, 반면 행성이 반사하는 빛은 다른 방향으로 나가거나 굴절되는 일 없이 대기를 통과할 수 있을 만큼 가까이 있기에 흔들리거나 깜빡이지 않고 우리 눈에 들어온다는 사실도 알고 있다. 실제로 적당한 상황에서 평범한 야외 망원경만 있으면 태양계에 있는 우리 형제자매 행성들의 맨얼굴을 바라볼 수 있다. 붉은 반점(사실은 최소한 400년 이상 지속되는 지구를 세 개 합한 크기의 거대한 회오리바람이다)이 있는 목성, 얼음과 암석과 먼지로 이루어진 훌라후프 같은 고리가 있는 토성, 진한 귤빛의 화성과 달처럼 하얀 금성 등. 그러나 아무리 좋은 망원경이 있다 해도, 별의 크기가 아무리 크다 해도 가장 가까운 별의 원반도 볼 수 없다. 별은 너무나도 멀리 있어 점으로밖에는 보이지 않는다.

우리는 밤하늘을 바라보고, 또 바라보며 저 경이로운 침묵을 이해하려고 한다. 그러다 칠흑 같은 하늘을 가로지르는 쏜살같은 빛줄기를 발견하면 우리는 그 광경에 사로잡히고 전율하며, 그때마다 어린아이처럼 소원을 빈다. 바로 별똥별이다. 알고 있겠지만 별똥별은 별이 아니다. 별똥별은 태양계 내부의 빈 공간에 흩어져 있는 유성체로 우주의 암석 부스러기라고 할 수 있다. 운석은 대부분은 아주 작아서 구슬보다도 크지 않다. 우주를 떠돌던 운석이 지구 대기에 닿으면 포물선을 그리며 아주 빠른 속도로 지구 대기로 뛰어든다. 그때 발생한 마찰력으로 운석이 타기 때문에 수천 킬로미터 떨어진 지상에 있는 구경꾼들이 불타는 암석 구슬을 볼 수 있다.

연기를 뿜어내며 자신을 불태우는 장렬한 공연을 벌이는 덕분에 유성은 인류의 마음을 사로잡아 사랑을 받게 됐지만, 사실 지구가 태양 주위를 돌고 있는 동안 다른 별들과 행성들도 우리 밤하늘을 가로지르고 있다. 우리의 달 역시 지구 주위를 돌며 부풀어 오르고, 줄어들었다가 다시 부풀어 오르기를 반복한다. 이 변화는 요요 현상처럼 제멋대로 일어나지 않으며 마치 시계처럼 정확하게 일어난다. 고대인들은 재깍재깍 변해가는 달의 변화를 놓치지 않았다. 문명 세계가 가장 처음 만든 인공물들 속에는 오랫동안 인류를 매혹시킨 하늘에서 빛나는 빛의 모습이 담겨 있다. 35,000년 전쯤, 아프리카 남쪽에 있는 레봄보 산에 살았던 조각가이자 하늘의 관찰자였던 누군가는 비비원숭이의 뼈에 일정한 간격으로 각각의 달의 위상을 나타내고 있는 것처럼 보이는 홈을 파놓았다. 홍적세에 살았던 예술가들도 동굴 벽화로 유명한 프랑스의 라스코Lascaux 동굴에서 얼마 떨어지지 않은 유적지에 그와 비슷한 형태로 조각한 수리의 뼈를 남겨두었다. 고대 중국학자들은 별의 이동 경로를 기록하고 수백 개가 넘는 별자리를 구별하기 위해 뼈나 거북 껍데기에 하늘의 모습을 기록했다. 뚱하게 서 있는 스톤헨지의 거석과 팔렝케Palenque의 마야 도시는 천문학 관측소였을 것으로 추정하고 있다. 스톤헨지나 마야의 도시는 여러 고대 문명에서 신성한 날로 생각했던 하지 때 태양빛이 웅장한 장면을 연출하도록 설계되어 있다. 일주일이 7일이 된 것은 태양과 달, 그리고 우리가 오늘날은 행성임을 알고 있는 변덕스러운 다섯 '별'들의 행동을 관찰한 바빌로니아와 그리스 사람들 덕분이다. 이 다섯 행성들은 비교적 가까이에 있기 때문에 맨눈으로도 밤하늘에서 움직이는 것을 볼 수 있었으며 다른 무수한 항성들과 비교해보면 매일매일 그 위치가 조금씩 바뀐다는 것을 알아차릴 수 있었다(행성—움직이는 별—을 뜻하는 영어 'planet'은 사실 그리스어로 '방랑자'라는 말에서 유래했다). 고대인들은 자신들의 신의 이름을 따 직접 눈으로 볼 수 있는 천체들의 이름을 지었고 이 눈에 띄는 천체들의 이름을 요일에 붙여주었다. 로마 제국과 그들의 게르만 식민지는 신들의 속성은 그대로 둔 채 그리스 신들의 이름을 자기 식으로 바꾸었다. 앵글로 색슨 식으로 바꾼 요일 이름으로는 요일과 하늘에서 빛나는 물체를 연관 짓기가 쉽지 않지만 라틴어권인 프랑스어나 스페인어를 조금만 아는 사람이라면 요일이 하늘의 천체와 어떤 관련이 있는지 알 수 있다. 일요일Sunday은 태양의 날이다. 월요일Monday은 달의 날Moonday이다. 스페인어로 화요일Tuesday은 'martes'인데 화성(마르스)의 날Marsday이라는 뜻이다. 수요일Wednesday는 'miércoles'로 수성(머큐리)의 날Mercuryday이고, 목요일Thursday은 'jueves', 즉 목성(주피터)의 날Jupiterday이며, 금요일Friday은 'viernes', 금성(비너스)의 날Venusday이고, 내가 가장 좋아하는 토요일Saturday은 토성(새턴)의 날Saturnday이다.

순수한 별, 순수한 학문

오랜 세월 동안 하늘에 대해 잘 알고 있는 사람은 사제나 현인으로 여겨졌으며, 농작물이 열매를 맺어야 할 시기가 되거나 이성의 사랑을 얻고 싶을 때, 새로운 항해에 나설 때나 전쟁을 벌이려 할 때면 찾아가 조언을 구하는 상대였다. 언제나 정해진 경로를 따라 천상의 높은 곳을 가로지르는 천체들을 사람들은 자신들에게는 없는 체계적이고 확실한 신의 의지를 나타내는 상징이라고 생각했다. 아래쪽, 지상에 속한 것 가운데 풍작이나 흉년, 또는 메뚜기 떼의 출현을 알려주는 것이 무엇이 있는가? 그러나 우리는 위쪽, 남동쪽 하늘에 처녀자리가 나타나면 봄이 온다는 것을 안다. 인간의 운명이 별자리와 밀접하게 관련되어 있다는 확신은 점성술과 세계 경제를 탄생시켰다. 고대 상인들은 짧은 간격으로 깜빡거리는 북극성에 시선을 고정하고 있었기 때문에 망망대해인 바다를 가로질러 고향으로 돌아갈 수 있었다.

오늘날에는 천문학자들을 더 이상 문명의 성직자로 여기지도 않으며, 때로 천문학자들은 천문학에 대한 사람들의 무지에 종종 볼멘소리를 하기도 한다. "저희는 하늘을 보고 점치는 사람도 실패한 우주 비행사도 아닌데 말이죠." 캘리포니아 대학교 천문학자 알렉스 필립펜코의 말이다. 그러나 천문학자들은 과학자들 중에서는 가장 존경받고 사랑받는 위치를 차지하고 있다. 물론 천문학자들도 그런 사실을 잘 알고 있으며 그런 사실에 즐거워한다. "우리는 대중들의 커다란 관심을 즐깁니다. 사실 우리는 실제보다 더 크게 평가를 받고 있지요"라고 칼텍의 천문학교수 척 스타이들은 말한다. "주치의나 치과 의사를 찾아갈 때마다 언제나 놀라고는 합니다. 그 사람들은 제가 오기를 기다리며 질문할 거리를 잔뜩 준비해놓고 있거든요. 고에너지 물리학 같은 분야랑 비교해보세요. 우리들은 정말 쉽게 사람들의 관심을 받고 있죠."

천문학은 정말 쉽게 빠지게 된다. 천문학은 멋진 마법들로 가득 차 있으며, 게다가 그것들은 모두 사실이기까지 하다. 신성, 초신성, 원자핵만큼 밀도가 높고 엄청난 속도로 회전하며 파장을 방출하는 펄서, 더 밀도

높고 더 어두워 빛조차도 빠져나갈 수 없는 블랙홀, 크기는 별만 한데도 방출하는 빛의 양은 은하만큼이나 많은 우주의 가장자리에서 빛나는 용광로 퀘이사, 우리가 알고 있는 4차원 이외의 또 다른 차원의 존재나 우주의 시공간을 접어 타임머신이 될지도 모르는 웜홀 등 정말 공상과학 같은 진짜 과학이 천문학에서 이루어지고 있다. 천문학은 인류의 가장 거대한 미개척지에 대해 연구한다. 또한 동서고금을 통틀어 사람들은 천문학의 연구 분야, 즉 하늘이 가장 위대한 신이 거주하는 신성한 곳이라고 생각했다. 많은 종교에 반영되어 있는 이 같은 사실이 천문학을 좀더 중요하고 친근한 학문처럼 여기게 만드는 원인인지도 모른다. 천문학은 다른 학문들보다 훨씬 순결한 학문처럼 보이기도 한다. 진정 순수한 마음으로 이루어지며 부도덕과는 거리가 먼, 돌연변이, 독성물질, 동물 실험과도 관계없는 순수한 학문처럼 보인다. 공정하든 않든 간에, 어쨌든 물리학은 핵폭탄이나 핵폐기물과 관계가 있으며 화학은 살충제를, 생물학은 유전자변형식품과 유전자 맞춤 수퍼 아기를 떠오르게 한다. 그러나 천문학은 어쩐지 그저 고해상도 광학 장비만 가지고 눈앞에 펼쳐져 있는 풍경만 바라보는, 환경을 어지럽히지 않는 책임감 있는 관광객 같다. 천문학자들은 일반 대중들에게 보여줄 모습을 찍기 위해 망원경만 들여다보고, 멀리 떨어진 화성 토양에 타이어 자국만 남길 뿐 해가 되는 일은 하나도 하지 않는 것 같다. 게다가 천문학자들의 장비는 멋지기까지 하다. 천문학자들은 정말 순수하다. 그것도 아주 매혹적으로 순수하다. 천문학자들은 오전 12시, 밤하늘을 쳐다보면서 우리가 학생 때나 했음직한 질문들을 한다. 우리는 누구일까? 우리는 어디에서 왔을까? 무엇 때문에 시험 전날 우리는 밤에 밖에 나와 서성이는 것일까? 생계를 위해 아버지나 다른 사람들처럼 일만 하는 삶을 살아야 할까? 천문학자들은 더 이상 학생들처럼 시험 볼 걱정은 하지 않지만, 연구 보조금을 받을 수 있을지, 새로운 망원경을 설치할 수 있을지, 적어도 오래된 망원경을 유지할 수 있는 예산을 배정받을 수 있을지를 걱정한다. 아무튼 직업적인 철학자이자 탐정인 천문학자들은 우리가 어디에서 왔는지, 우리가 어떤 존재인지와 같은 커다란 질문을 던지며, 놀랍게도 별을 관찰하며 그 해답을 찾아냈다. 지난 50여 년 동안 수많은 경이로운 발견을 거듭해온 천문학계는 그중에서도 두 가지를 가장 뛰어난 성과로 꼽는다. 그것은 우주의 시작을 알린 빅뱅을 발견하고 설명한 것과 태고의 별이 지구에서 생명이 탄생하는 데 놀랄 만큼 중심적인 역할을 했다는 사실을 알게 된 것이다.

대부분 사람들은 천문학은 밤이나 어둠과 관련이 있다고 생각하겠지만 천문학의 가장 기본적인 신조 가운데 하나는 전적으로 빛에 의존하는 학문이라는 점이다. "천문학자들에게는 우주가 연구실입니다. 그리고 우리가 그 연구실에서 하는 일은 빛을 분석하는 일이죠." 존스 홉킨스 대학교의 천문학교수 윌리엄 블레어의 말이다. "소행성이나 운석 같은 아주 드문 경우를 제외하면 우리가 연구하는 대상을 직접 손에 넣게 되는 경우는 없습니다. 그러나 저 먼 곳에 있는 물체가 내는 각기 다른 종류의 빛의 파장을 분석해 아주 많은 정보를 알아낼 수 있지요. 저는 대부분의 사람들이 우리 분야에 대해 가장 모르고 있는 것 중 하나가 바로 이 점이라고 생각합니다. 천문학이 알아내는 우주의 신비는 대부분 빛을 연구해서 얻는다는 사실 말이죠." 전자기파 스펙트럼 가운데 우리가 볼 수 있는, 우리가 하늘을 올려다볼 때 깜빡이는 빛을 전해주는 영역인 가시광선에 대해 다시 떠올려보라. 말했다시피 가시광선은 천문학자들이 연구하고 있는 빛의 파동 가운데 극히 일부에 지나지 않는다. 천문학자들은 자외선에서부터 X선을 거쳐 감마선에 이르는 파장이 짧은 영역들과, 그 반대편의 적외선부터 오해의 소지가 있는 이름의 마이크로파와 정말 긴 에너지 파장을 갖고 있는 라디오파(전파)에 이르는 영역까지, 창공이 보내오는 모든 빛 신호를 감지할 수 있는 대단한 능력의 눈들을 만들어 냈다. 완고한 관료집단과 싸워가며 기이한 천문학 현상의 원인을 밝히고 외계 문명의 흔적을 찾아내려는 여성 천문학자의 이야기인, 조디 포스터 주연의 1997년도 영화 〈콘택트〉를 본 적이 있다면 푸에르토리코의 산기슭에 곧게 서 있는 유명한 아레시보 전파 망원경의 모습이 눈에 익을 것이다. 그것은 지름이 305미터에 달하는 정말 거대한 망원경으로, 망원경 접시의 지름은 얼마나 많은 영역의 전파를 감지할 수 있는지를 알려주는 척도이다.

빛이 알려주는 사실은

존재하는 모든 파장을 감지할 수 있는 장비를 이용해 하늘을 관찰한 천문학자들은 우리가 살고 있는 세상이 어떤 곳인지 알아낼 수 있었다. 적외선 망원경을 사용하면 은하의 항성 육아실인 두툼한 먼지 구름의 내부를 엿보고 그 속에 있는 배아기 항성이 방출하는 빛 신호를 감지할 수 있다. 자외선은 뜨거운 어린 거성이나 차가운 늙은 왜성, 활동적인 은하, 활동 과다 상태인 퀘이사 등의 성질을 알려준다. X선과 감마선은 블랙홀, 펄서, 초신성, 별이 아주 격렬하게 폭발하는 것이라고 생각은 하지만 정확한 정체는 모르는 감마선 폭발체 같은 현상을 연구하는 데 이용하며,

사방팔방의 모든 곳에서 나타나고 있는 낮게 깔리는 전파는 빅뱅으로 인해 발생한 것이다.

각자의 기원을 밝혀주는 것 외에도 전자기파들은 자신들이 망원경에 도달할 때까지 거쳐 왔던 여행 경로에 대해서도 말해준다. 지나온 장소가 황폐했는지, 먼지가 많았는지, 격렬했는지, 아니면 고요했는지, 또 통과한 물질은 무엇인지, 여기까지 오는 데 걸린 시간은 얼마인지, 오래전에 그 빛에 생명을 부여한 발광체의 현재 운명은 어떤지까지도 알 수 있다. 천문학의 또 다른 기초적인, 그러나 놀라운 진리 하나는 멀리 떨어진 우주를 보는 것은 곧 우주의 먼 과거의 모습을 보는 것이란 사실이다. 우리가 알기로 우주에서 빛을 추월할 수 있는 것은 아무것도 없다. 그러나 빛의 속도는 무한히 빠른 것이 아니어서 a 지점에서 b 지점까지 가는 데는 시간이 걸린다. 그런데 우주는 아주 넓고 어떤 물체건 두 물체는 아주 멀리 떨어져 있기 때문에 우리가 보는 별빛에 담긴 소식은 예전의 것들이다. 가장 가까운 별인 태양의 표면에서 출발한 빛도 우리 피부에 닿으려면 텅 비어 있는 우주 공간을 약 1억 5천만 킬로미터나 달려와야 하기 때문에 8분이라는 시간이 걸린다. 야외에 나가 광학 망원경으로 보는 목성의 모습은 30분 전의 목성 모습이고 토성의 모습은 70여 분 전의 모습이다. 태양계 너머를 응시하는 순간 우리는 오래된 빛의 기록을 파헤치기 시작한다. 큰개자리를 찾아보면 밤하늘에 빛나는 다른 별들보다 최소한 두 배는 더 밝게 빛나는 시리우스를 발견할 수 있다. 그 반짝이는 빛은 대략 9년 전쯤에 지구를 향해 출발했다. 작은곰자리의 소북두칠성으로 시선을 돌려 자루 끝에 있는 멋진 별을 바라보자. 그 별 북극성이 보내온 빛은 윌리엄 셰익스피어가 활동하던 시기에 출발한 것이다.

물론 그렇다 해도 밤하늘에서 육안으로 볼 수 있는 거의 모든 별들은 빛이 출발한 시간과 도달한 시간이 크게 차이나지 않는 것들이다. 별이 정말 아주 잘 보이는 밤에 밖으로 나가 하늘을 쳐다보면 한 장소에서만 해도 2,500개가 넘는 별을 찾을 수 있다. 고대인들이 별자리 이름을 붙여 거의 대부분을 기록으로 남긴 이 별들은 모두 우리은하에 위치해 있고 대부분은 우리와 아주 가까워서 태양과 불과 수백 광년밖에 떨어져 있지 않다. 주변이 충분히 어둡고 시간이 적당하다면 흔히 은하수라고 부르는 희미한 빛의 띠를 하늘에서 볼 수 있다. 원반처럼 생긴 우리은하의 볼록한 중심에는 은하를 이루는 3천억 개의 별 대부분이 모여 있는데, 이것이 우리 눈에는 밤하늘을 흐르는 강물처럼 보이는 것이다. 태양과 은하 중심부 사이에 놓인 두툼한 성간 가스와 성간 먼지가 시야를 방해하기는 하지만 은하의 중심부가 아주 멀리 떨어져 있는 것은 아니다. 우리 지구는 바람개비처럼 뱅글뱅글 돌고 있는 우리은하의 주요 나선 팔 네 개 중 하나의 끝에서 3분의 2 지점에 위치해 있으며 지구에서부터 은하 중심부까지는 불과 26,000광년밖에 되지 않다. 우리은하 말고도 몇몇 은하는 육안으로 간신히 볼 수 있는데 그중 가장 유명한 것은 카시오페이아 바로 남쪽에 있는 안드로메다은하이다. 안드로메다은하는 눈에 보이는 모든 별들보다 훨씬 멀리 있지만 우리은하와 가장 가까운 커다란 이웃으로 250만 광년밖에 떨어져 있지 않다. 평범한 별들도 수십억 광년이 넘는 곳까지 빛을 보내는 우주에서 250만 년은 사실 정말 눈 깜빡할 새라 할 수 있다. 그렇다, 우리가 오늘밤에 보는 별빛은 수백 년, 수천 년, 수백만 년 전에 반짝인 빛이지만 몇 가지 예외만 빼면 별들은 여전히 우주 저편에서 변함없는 모습으로 밝게 타오르고 있을 것이다.

아주 성능이 뛰어난 망원경을 가지고 아무리 많은 별을 관찰해도 아직 발견하지 못한 별은 얼마든지 더 있다. 망원경의 성능이 뛰어날수록 천문학자들은 더 멀리 있는 천체를 볼 수 있다. 천문학자들은 우리은하와 안드로메다 같은 국부 은하군이라고 부르는 가까운 은하를 넘어 수천, 수억, 수십억 광년 떨어진 곳에 있는 수백만 개의 은하를 볼 수 있다. 그런 은하들 중에는 우리은하와 비슷하게 검은 커피 위에 하얀 크림으로 소용돌이를 그려놓은 것처럼 생긴 나선은하들이 모인 곳도 있고, 거대한 쌀알처럼 생긴 타원은하도 있고, 나선형이라고 하기도 뭐하고 타원형이라고 하기도 뭐한, 짐수레 바퀴나 맥주통, 폭찹, 연필 혹은 목걸이에 거는 평평한 원숭이 펜던트처럼 생긴 불규칙 은하도 있다. 천문학자들은 또한 먼 곳의 은하 내부에 들어 있는 별들과, 가스와 구름으로 된 성운은 물론이고 행성과 혜성의 흔적까지 찾아낼 수 있다. 천문학자들은 10만 개의 별들로 이루어진 꼬마 요정 같은 은하들도 찾아냈고 3조 개가 넘는 별들로 이루어진 거인 은하들도 찾아냈다. 그 모양과 별의 수가 어떠하든, 은하는 모두 틀림없는 통일성을 보여주고 있으며, 그 구성원들은 중력으로 서로를 묶어 한 공동체를 이루어 반짝이는 별로서의 운명을 함께 나누고 있다. 알려져 있는 천억 개의 은하들은 그 하나하나가 모두 우리의 은하처럼 별들의 거처이다. 혹은 거처**였다**. 더 먼 곳에 있는 은하가 살짝 보여주는 모습은 더 오래된 은하의 영상이라는 사실을 떠올려보면 어쩐지 마음이 애틋해진다. 훌륭한 과학박물관이나 천문대에 가보면 멀리 있는 은하를 찍은 멋진 사진을 볼 수 있다. 그런 은하의 별들은 몇몇 예외를 빼면 대부분 아주 오래전에 수명을 달리해 바지직거리는 불꽃을 내며 활기 없는 갈색왜성으로 붕괴됐거나 바깥 부분을 모두 외부 세계로 흩날리며 폭발해 초신성이 되었을 것이다. 가끔은 고대 별들의 자리를 대신한 뜨겁게 빛나는 새로 탄생한 별이 우리 망원경에 잡히기도 한다. 그러나 은하들 대부분은 시차를 겪는 우리 눈에 들어오는 아름다운 모습보다 훨씬 더 차가워지고 어두워지고 고요해졌을 것이다. 그런 은하들 중에는 이미 옆에 있는 은하들 속으로 흡수되어버렸거나 중심에 숨어 있던 거대한 블랙홀 속으로 빨려 들어가버린 것도 있을 것이다.

여러 가지 면에서 먼 우주를 들여다보는 일은 먼 과거의 환영을 쫓는 일이다. 예를 들어 천문학자들은 끊임없이 하늘을 들여다보며 초신성과 그런 장대한 빛의 공연이 제공할 법한 풍부한 자료를 찾는다. 평균적으로 한 은하에서 100년에 한 개꼴로 별이 폭발한다고 한다. 이렇게 드물게 벌어지는 천상의 쇼를 찾아내기 위해 천문학자들은 일주일에 최소한 8,000개는 되는 은하의 사진을 찍고 또 찍어댄다. 화요일에 찍었으면 같은 은하를 다음 주 화요일에 또 찍는다. "그래서 어떤 차이가 있는지 알아보지요." 알렉스 필립펜코는 말한다. "대부분은 거의 차이가 없습니다. 하지만 그래도 새로 폭발하고 있는 별을 썩 자주 찾아냅니다. 작년에는 82개를 찾았죠." 이번 주에는 여전히 변함없는 오래된 막대나선은하였다가도 다음 주가 되면 눈부신 폭발 장면이 고요한 은하의 정경을 마구 흔들어댄다. 거대한 태양이 눈앞에서 눈 깜빡할 사이에 펑 하고 터져버리는 것만큼 경이로운 장면이 또 어디 있을까! 그러나 역시 우리가 그 광경을 볼 수 있게 되기까지는 절대적이고 경이로운 빛의 한계가 결정하는 시간을 기다려야 한다. 천문학자가 오늘 발견한 갑자기 일어난 천상의 쇼는 5억 년 전쯤에 일어난 사건으로, 지금 '새로' 폭발한 별은 이미 오래전에 허공 속으로 산산이 흩어져버린 별이다. 그러나 누가 또 알겠는가? 그 별의 죽음은 완전한 죽음이 아니며, 또 다른 태양과 그 나름의 목성과 토성과 또 지구 같은 행성을 탄생시킨 씨앗을 낳았을지. 적어도 우주의 관점에서는 언제나 죽음에서 새로운 희망이 피어난다.

터졌다!

절대로 빠져나갈 수 없는 우리가 살고 있는 이 우주는 약 140억 년 전에 탄생했다. 좀더 정확하게 말하면 137억 년이라고 하지만(과학자들은 여러 가지 증거를 종합해봤을 때 137억 년이 타당하다고 확신하고 있다). 우주와 그 안에 담겨 있는 모든 것—물질과 에너지로 표현될 수 있는 모든 것, 모든 공간과 시간, 모든 부서져버린 꿈과 잃어버린 사랑도—은 137억 년 전 우리가 빅뱅이라고 부르는 기념비적인 사건으로부터 비롯되었다. 빅뱅이라는 이름이 왠지 약간 유치하게 느껴진다면 그건 진짜 그런 의미가 담겨 있기 때문일 것이다. 60여 년 전 한 라디오 인터뷰에서 위대한 프레드 호일 경이 그 용어를 처음 사용한 데는 약간 경멸적인 의미로 헐뜯으려는 의도가 있었다. 저명한 우주 학자이자 완고한 무신론자인 프레드 경은 당시 부상하고 있던 우주의 기원에 관한 이 학설을 수많은 종교들이 내세우는 창조 신화와 비슷하다고 여기며 심히 불쾌해하고 있었다. 프레드 경과 그의 지지자들은 우주는 과거나 현재나 변하지 않았다는 '정상 우주론'을 주장했다. 프레드 경의 야유 섞인 말은 이내 사람들의 뇌리에 박혀 그 생각을 찬성하건 반대하건 간에 이 가설을 빅뱅이라고 부르게 됐다. 점점 더 불어나는 증거들로 그럴 듯한 추론에서 이 시대 우수 과학의 기본 조석이 된 후에도 이 유쾌한 빅뱅이라는 용어는 사라지지 않았다. 물론 실제로 쾅 소리bang는 없었다. 소리인 음파가 이동하려면 공기가 필요한데 태초에 우주는 공기도 분자도 심지어는 원자도 없는 그저 순수한 에너지 상태였기 때문이다.

그렇다면 크다big는? 태초에 우주는 그보다 작을 수도 없을 만큼 아주 작았다. 우주의 모든 것이 원자핵의 10^{21}분의 1에 불과한 작은 공간 안에 들어 있었다. 그렇지만 한번 진지하게 생각해보자. 우주의 탄생이라는 사건은 굉장히 커다란big 사건임이 분명하며 폭발한다는 의미에서 '쾅bang'이라고 붙일 만하다. 수없이 많은 것들, 모든 에너지와 모든 물질들의 씨앗, 무엇보다도 우주 그 자체가 특이점singularity이라고 하는 지극히 작은 공간 속에 갇혀 있다가 갑자기 자유를 얻고 튀어나와 놀라운 힘으로 빛의 속도에 거의 가까운 속도로 모든 방향을 향해 부풀어 오르기 시작했다. 이것이야말로 대폭발(빅뱅)이 아니면 무엇이겠는가! 호일의 뛰어난 유머 감각 덕분에 우리는 우주의 탄생을 표현하는 가장 적절한 명칭을 얻게 되었으니 그저 감사할 일이다.

우리는 왜 빅뱅이 일어났는지 모른다. 어떤 과정으로 진행됐으며 무엇이 빅뱅을 일으켰는지, 빅뱅이 일어난 순간에 어떤 일이 벌어졌는지 알지 못한다. 과학자들은 수학 모델을 활용해 빅뱅에 아주 근접한 순간까지는, MIT 물리학자 앨런 구스에 따르면 '시간이 시작된 이후 10^{-35}초'까지는 거슬러 올라갈 수 있다. 그러나 10^{-35}초부터 0초 사이의 극히 짧은 시간 동안의 우주의 모습은 아직 밝혀내지 못하고 있다. 이 짧은 시간 동안의 모습을 밝혀내려면 먼저 물리 법칙들이 빅뱅과 함께 탄생했으며 따라서 빅뱅이 일어난 특이점에서는 모든 물리 법칙들이 쓸모가 없어지는 것인지, 아니면 물리학의 법칙들은 빅뱅 전에 이미 존재해서 그 법칙들이 빅뱅을 낳은 것인지와 같은 몇 가지 난제들을 해결해야 한다. 원인이 무엇이건 간에 이미 결론은 알고 있다. 우리의 우주는 빅뱅과 함께 시작됐으며 그 후로는 계속해서 팽창하면서 식어가고 있다. 현재 우리의 우주를 구성하는 모든 것들, 다양한 천체와 사물, 우주의 구조, 모양 등은 시간을 거슬러 올라가면 무한히 작은 한 점에서 완벽한 통일을 이루고 있었다. 물리학자이자 과학 작가인 사이먼 싱은 빅뱅의 발견이야말로 '인류 역사를 통틀어 가장 중요한 발견'이라고 했는데 그의 말이 옳을 것이다. 그런데 과연 빅뱅이 어떤 놀라운 일을 해냈기에 우리가 이런 영예스러운 칭호를 붙이는 것일까? 우리는 빅뱅을 볼 수도 만질 수도 맛볼 수도 없다. 그런데 왜 우리가 빅뱅을 사실이라고 믿어야 할까?

우주에 관한 빅뱅 모델이 정립된 과정은 역逆심리학의 방식과 비슷하다. 먼저, 천문학자들은 우주가 부풀어 오르는 풍선처럼, 효모가 든 빵처럼, 물속에 들어가면 펼쳐지는 일본 종이꽃처럼 사방으로 팽창해 나가고 있다는 사실을 알게 되었다. 그러자 그들은 거꾸로 생각해보기 시작했다. 영화를 보다가 되감기를 실행하는 것처럼 모든 것이 거꾸로 돌아간다면 어떻게 될까? 하늘 위에 둥실 떠 있던 동그란 풍선이 평평한 고무로 되돌아가고 활짝 피어 있던 수국이 무언지 모를 작은 종이뭉치로 오므라들 것이다. 마찬가지로 우주의 시간을 거꾸로 돌리면 우주에 넓게 흩어져 있는 천체들이 점점 더 가까이 다가가 붙어 결국 최초의 순간에는 아주 작은 한 점으로 압축될 것이다. 정말 한 점 정도까지는 아니더라도 한눈에 모두 볼 수 있을 정도로 작은 공간으로 말이다.

우주의 팽창을 발견한 것으로 널리 알려져 있는 사람은 미주리에서 태어나 파이프 담배를 즐겼던, 영리한 머리만큼이나 외모도 뛰어났던 전설적인 인물 에드윈 P. 허블이다. 그의 아내는 경탄하길, 그는 "그리스 신화에 나오는 올림푸스 산의 신처럼, 크고 강하고 아름다웠으며 조각 같은 어깨를 가졌다"고 한다. 허블은 또한 자신의 상당한 명성을 누릴 줄 아는 인상적인 재주를 지녔으며, 드높은 과학계의 명망을 유지하면서도 천문학과는 관계가 없는 더글러스 페어뱅크스, 콜 포터, 이고르 스트라빈스키 같은 유명 인사들과 친분을 다질 수 있었다. 그가 세상을 떠난 지 50년이 흘렀지만 그의 넓은 영향력은 아직까지도 남아서, 천문학자들은 '허블의 법칙'이나 '허블 상수' 같은 용어를 사용하지 않고는 연구를 할 수 없으며, 일반인들도 수십억 달러의 제작비가 들어간 허블 망원경이 천천히 부식되어 결국 기능을 멈추기 전까지는 그의 이름을 계속해서 듣게 될 것이다.

허블은 우리은하가 우주의 유일무이한 은하가 아니며, 구름처럼 생겼기 때문에 성운이라 불렀던 천문학자들의 사진판에 찍힌 정체를 알 수 없는 얼룩들이 당시 주류 학자들이 생각하던 것과 달리 사실은 우리은하의 구성원이 아니며, 우리은하에서 아주 멀리 떨어져 독립적으로 존재하는 천체라는 사실을 논리정연하게 발표함으로써 처음으로 명성을 얻게 되었다. 곧 이 천체들은 전부 다른 은하라는 사실이 밝혀졌다. 허블은 이 가물거리는 별 무리의 특징을 아주 상세히 분석하면서, 이런 외부 은하들이 아주, 아주 멀리 있을 뿐만 아니라 시간이 흐를수록 점점 더 멀어지고 있다는 증거를 찾아냈다. 우주의 어떤 위치에 있는 은하를 무작위로 골라 측정해봐도 예외 없이 그 은하는 우리은하가 마치 눈병에라도 걸렸거나 설거지하는 걸 도와달라고 하기라도 한 것처럼 멀리 도망가고 있었다. 더구나 멀리 떨어져 있는 은하일수록 달아나는 속도도 훨씬 빨랐다.

이것은 빨리 달리는 은하는 얼굴이 빨개지기 때문에 알 수 있는 일이다. 그리고 멀리 있는 은하일수록 얼굴은 더 빨갰다.

빛이 붉어지는 이유는

여기서 우리는 천문학의 가장 기본 사항이자 필수 요소, 우주의 탄생과 진화를 설명하는 빅뱅 모델의 결정적인 증거 하나를 만나게 된다. 바로 은하가 발산하는 빛의 파동이 우리에게 도달하기 전에 적색편이redshift라고 부르는 현상을 겪는다는 사실이다. 빛의 원자스펙트럼은 그 빛을 내보낸 원자들의 정체를 밝혀주는 지문이라고 할 수 있는데, 먼 은하에서 보내온 빛의 스펙트럼과 지구에 있는 빛의 스펙트럼을 비교해보면 어두운 선과 밝은 선이 나타나는 수나 패턴이 똑같은 것을 볼 수 있다. 여기나 저 먼 은하나 빛을 내보내는 원소의 종류가 같다는 의미이다. 그런데 다만 은하가 보내온 빛의 스펙트럼은 지구에 있는 빛의 스펙트럼과 비교해봤을 때 모든 선이 전자기파 스펙트럼의 짧은 파장인 푸른색 쪽에서 멀리 떨어져 긴 파장 쪽인 붉은색 부분으로 밀려나 있다. 이렇게 빛의 파장이 붉은색 쪽으로 이동하는 적색편이 현상이 생기는 이유는 무얼까? 그 이유는 맥동하는 별빛의 파장이 고향 은하를 떠난 후 우주의 망망대해를 지나 잠들지 않는 우리의 망원경에 도달할 때까지 길어지고 당겨지고 늘어났기 때문이다. 먼 거리를 이동하는 동안 파동의 마루와 골은 점점 넓어지고 파고는 낮아지고 능선은 완만해진다.

적색편이 현상이 일어나는 이유를 파악하는 데는 기차가 지나가면서 내는 기적 소리의 변화를 생각해보는 것이 도움이 된다. 애간장을 녹이며 길게 이어지는 기적 소리를 듣다보면, 기적 소리가 기차의 거리에 따라 달라진다는 것을 분명히 느낄 수 있을 것이다. 가까이 다가오는 동안에는 귀를 자극하는 높은 음의 소리가 들린다. 기적을 울리는 기차와 나란히 서면 기적 소리는 본연의 평범한 삑삑 소리로 들린다. 그리고 먼지를 내뿜으며 지나쳐 멀어져 갈 때면 점점 더 낮은 음 단계로 내려가다가 마침내는 잔뜩 졸린 듯한 길고 활력 없는 소리가 들린다.

기차를 타고 있으면 이런 소리의 변화를 알 수 없지만, 역에 가만히 앉아 들어보면 기적 소리가 가까이 다가올 때와 멀리 떨어질 때 극적으로 차이가 난다는 사실을 실감할 수 있다. 어떤 한 물체에 대해서 소리의 근원이 움직일 때 일어나는 소리의 변화를 설명하는 것이 바로 유명한 '도플러 효과'이다. 도플러 효과는 이 현상을 발견한 19세기 오스트리아의 수학자이자 물리학자인 크리스티안 도플러의 이름을 딴 것으로 도플러는 움직이는 물체가 발산하는 파동의 세기는 그 물체가 관찰자에게서 멀어지는가, 가까워지는가에 따라 달라진다고 말했다. 만약 이 물체가 소리를 내는 것이라면 물체의 음파는 관찰자 가까이 다가올수록 점점 압축되어 더 높은 음을 내고, 관찰자에게서 멀어질수록 점점 이완되어 낮은 음으로 바뀌어갈 것이다. 물체가 물 위에 떠 있는 잎이라면 물 위에 물결이 일어날 텐데, 이 물결 사이의 간격은 잎이 관찰자에게서 가까이 올수록 촘촘해지고 멀어져갈수록 넓어질 것이다. 외부 은하를 관찰하는 동안 발견한 적색편이 현상도 바로 이 도플러 효과의 또 다른 예이다.

그런데 여기서 중요한 사실 한 가지는 우리은하가 속한 친근한 국부은하단에서는 가까이 오는 것도 있고 멀어지는 빛도 있는 반면 아주 멀리 있는 외부 은하에서 오는 빛은 언제나 한 방향으로만 이동한다는 것이다. 예를 들어 안드로메다은하에서 오는 빛은 청색편이가 일어나는데, 이는 안드로메다은하가 우리은하를 향해 다가오고 있고 우리은하도 안드로메다은하를 향해 나아가고 있다는 설득력 있는 증거이다. 아마 지금부터 60억 년 정도 지나면 두 은하가 아주 가까이 접근하게 될 테고 두 은하의 중력이 서로를 잡아끌어 하나의 은하로 재탄생할 것이다. 그런데 우리 이웃 너머의 은하들은 예외 없이 온통 붉어지고만 있다. 전자기파 스펙트럼에서 붉은색 쪽으로 이동했다는 것은 빛의 파장이 늘어났다는 의미이므로, 먼 곳의 은하들은 모두 우리에게서 멀어지고 있는 것이 틀림없다. 더구나 은하와 우리들 사이의 거리가 멀면 멀수록 적색편이 현상은 거리와 거의 비례한다고 해도 좋을 만큼 더 크게 나타난다. 다시 말해 A 은하가 B 은하보다 두 배 멀리 떨어져 있다면 적색편이 현상, 파장이 길게 늘어나는 정도도 두 배이고 세 배 멀리 떨어져 있다면 세 배 더 늘어날 것이다. 먼 은하와의 거리와 적색편이 효과 사이의 이런 관계는 무엇 때문일까?

도플러 효과에는 파동을 일으키는 물체가 움직이는 방향뿐만 아니라 그 물체가 움직이는 속도 역시 관여한다. 쉽게 짐작할 수 있듯이, 물체의 속도가 빠를수록 파장의 변화도 커진다. 외부 관찰자에게는 빠르게 이동하는 기차의 기적이 천천히 이동하는 기차의 기적보다 가까이 다가올 때 훨씬 날카롭게 들리고 멀어질 때는 훨씬 애달프게 들린다. 사실 물체의 이동 속도와 도플러 편이의 변화 정도가 갖는 상관관계 덕분에 경찰관이 스피드건으로 과속차량을 잡아낼 수 있다. 경찰은 스피드건으로 차에다 레이저파를 쏘고서 파장을 얼마나 많이 교란시켰는가를 보고 차의 이동 속도를 알아낸다. 도플러 편이가 크게 나타날수록 내야 할 벌금의 양은 늘어난다. 마찬가지로 먼 곳에 있는 은하의 적색편이 현상이 크게 나타난다는 사실은 가까이 있는 은하들보다 훨씬 빠른 속도로 우리로부터 달아나고 있다는 뜻이다.

아, 물론 우리 은하가 특별히 이상해서 다른 은하들이 달아나고 있다고 생각하는 것은 피해망상이다. 우리은하가 아닌 안드로메다은하나 솜브레로은하 혹은 M63은하에 있더라도 먼 은하에서 오는 빛의 적색편이 현상은 똑같이 나타날 것이다. 우주 어디에 있건 외부 은하들은 계속해서 우리에게서 멀어져갈 것이며 거리가 먼가, 가까운가에 따라 속도도 그에 비례해 달라질 것이다. 어떻게 이런 일이, 서로 미워하는 이웃들처럼 천체들이 서로에게서 멀어져가는 일이 가능할까? 그 이유를 알아보기 위해 한 가지 간단한 실험을 해보자. 이 실험을 위해서 준비할 것이라곤 풍선 한 개, 매직 펜, 그리고 입술뿐이다. 먼저 흐늘흐늘한 풍선에 될 수 있는 한 거의 비슷한 간격으로 떨어져 있는 점들을 그려 넣자. 다 그렸으면 이제 막 단장을 마친 풍선을 도우미에게 천천히 불어달라고 부탁하자. 도우미가 풍선을 부는 동안 풍선에 찍힌 점 가운데 하나를 골라 당신의 손가락을 올려놓고 그 주위에 있는 다른 점들을 관찰하자. 풍선이 커지는 동안 주변에 있는 점들은 점점 더 당신의 손가락에서 멀어져갈 것이다. 손가락 가까이 있는 점들은 천천히 멀어져가지만 손가락과 멀리 떨어진 곳에 있는 점들은 빠르게 멀어져간다. 그 이유는 손가락과 그 주변 점 사이에 있는 고무가 멀리 있는 점 사이의 고무보다 적게 팽창해서 손가락 주변에 있는 표면이 상대적으로 덜 늘어났기 때문이다. 이제 손가락을 떼고 멀리 떨어져 있는 점에 손가락을 대고 다시 주변에 있는 점들을 관찰해보자. 처음과 똑같은 모습이 보일 것이다. 풍선이 커질수록 풍선 위의 점들은 점점 더 서로에게서 멀어져가며 멀리 있는 점이 손가락 가까이 있는 점들보다 더 빨리 멀어진다.

초속 590킬로미터

우주가 훨씬 크고 차가우며 어둡기는 하지만 우주가 팽창해나가는 모습은 풍선이 커져가는 모습과 그다지 다르지 않다. 풍선 실험을 통해 우리는 팽창하는 공간에서는 모든 지점이 실제로는 중심이 없는 우주의 중심부라고 할 수 있으며, 가까이 있는 물체보다 멀리 있는 물체가 훨씬 빠르게 움직이는 것처럼 보이는 이유는 실제로 그렇게 빠르게 움직이기 때문이 아니라 상대적으로 그렇게 보일 뿐이라는 사실을 알 수 있다. 아주 먼 곳의 은하라고 해서 미칠 듯이 질주하는 것이 아니다. 먼 외부 은하의 놀라운 속도는 사실 우리에게나 놀라운 속도일 뿐 은하들은 서로가 서로에게 하등 놀라울 것이 없는 속도로 움직이고 있다. 알베르트 아인슈타인이 특수 상대성 이론에서 설명했듯이 우주에서 움직이고 있는 물체의 절대 속도나 절대 운동에 대해서 이야기한다는 것은 아무 의미가 없는 일이다. 왜냐하면 우주에는 절대적인 심판관도 기록을 측정할 절대적인 기준점도 없기 때문이다. 우리가 질문할 수 있는 것은 그저 '무엇과 비교했을 때 빠른가'뿐이다. 우리의 관점으로 봤을 때 우리와 우리 근처에 있는 은하들의 이동 속도는 초속 590킬로미터 정도지만 우리은하에서 가장 멀리 떨어져 있는 은하가 우리에게서 멀어져가는 속도는 거의 빛의 속도에 가까운 초속 수천, 수만 킬로미터나 된다. 하지만 막상 그 근처에 가서 측정해보면 아주 먼 은하의 이동 속도도 초속 590킬로미터 정도로밖에는 보이지 않을 것이다.

점을 그려 넣은 풍선 실험을 통해 우리가 알 수 있는 우주의 특성은 또 있다. 점들이 주도적으로 서로에게서 멀어져가는 것이 아니라는 점이다. 점들은 표면 위를 기어가는 개미가 아니라 그저 표면에 그려져 있는 무늬일 뿐이다. 실제로 점들 사이를 넓히는 것은 고무 표면이다. 마찬가지로 우주에 있는 은하들도 실제로 서로를 밀어내며 멀어지고 있는 것이 아니다. 은하는 우주를 가로지르며 여행하는 것이 아니라 우주와 함께 여행하고 있다. 은하는 제자리를 지키고 있는데 은하 사이에 놓인 우주가 계속해서 넓어지는 것이다. 이것이 다른 천체 순례자들의 운동과 거대한 은하의 운동 사이의 차이점이다. 지구와 이웃 행성들이 태양의 둘레를 도는 이유는 중력장 때문이다. 우리의 태양계도 조밀하고 중력이 막강한 은하 중심부 주위를 2억 3천만 년에 한 번 꼴로 천천히 회전하고 있다. 그러나 우주 전역에 흩어져 있는 은하들은, 우리은하와 안드로메다은하처럼 가까이 붙어 있어서 서서히 서로를 향해 다가가고 있는 것 같은 몇몇 지역적 예외들을 제외하면, 놀라울 정도로 균일하게 흩어져 있으며 서로에게 중력을 작용해 영향을 주는 일은 없다. 은하들은 스스로 움직이거나 멀어지지 않는다. 벨트를 계속 풀고 있는 것은 은하가 아니라 우주 그 자체이다.

그런데 아무리 얼굴이 파래지도록 풍선을 분다 한들, 우주가 팽창한다는 이야기가 쉽게 이해되는가? 눈에 보이는 은하가 움직인다는 것은 이해가 가도 우주 자체가 커지고 있다니, 그게 대체 무슨 의미일까? 무엇보다도 우주가 그냥 비어 있는 거대한 공간이 아니라는 사실을 좀처럼 받아들이기 힘들다. 더구나 팽창하는 것이 우주 자체라면 우주는 대체 어

디에서 팽창해 나가고 있는 것인가? 우주는 또 다른 우주 속에서 팽창해 나가고 있는 것인가? 만약 그렇다면 어째서 우리 우주를 둘러싼 우주가 우리 우주로 스며들지 않는 걸까? 다른 우주 속에서 팽창하는 우주라니, 어떻게 그럴 수 있을까? 만약 그렇다면 풍선에 공기가 가득 차면 터져버리듯 우리 우주도 터져버리지 않을까? 뭐, 사실 천문학자들도 이런 문제에 이렇다 할 답변을 못하는 것은 마찬가지다. 미시건 대학교의 천문학 교수인 마리오 마테오는 이렇게까지 말한다. "우주의 팽창이라는 개념은 수학적으로는 이해하고 있습니다. 하지만 개인적으로는 아닙니다. 도통 모르겠어요."

실제로 존스 홉킨스 대학교의 물리학 교수이자 천문학 교수인 라만 순드룸은 우주의 팽창과 '은하는 어디로 가고 있는가'에 대해 일반인들을 상대로 강연할 때 간단한 수학을 이용해 설명한다. "먼저 저는 1, 2, 3, 4, 5와 같은 간단한 정수를 떠올려보라고 말합니다. 그리고 나란한 정수의 차이가 몇이냐고 묻죠. 사람들은 간단히 1이라고 대답합니다. 그러면 앞뒤 숫자의 차이가 1인 정수의 개수는 몇 개냐고 묻습니다. 이번에도 사람들은 쉽게 무한대라고 대답하지요. 그러면 모든 정수를 두 배로 만들어보자고 합니다. 1은 2가 되고 2는 4가 되고 3은 6이 되고 4와 5도 두 배로 되겠죠. 똑같이 1씩 차이가 나는 숫자를 이용해 두 배씩 늘렸을 뿐인데 나란한 두 수의 간격은 커졌습니다. 이제 두 배를 한 수에 또 두 배로 해봅니다. 각각 4, 8, 12, 16, 20이 되겠지요. 그 수들을 또 두 배로, 8, 16, 24, 32, 40으로 만듭니다. 원래부터 있던 수를 계속해서 곱해나가는 것뿐인데 나란한 두 수의 차이는 더욱더 커지죠. 다시 말해 처음에 있던 숫자들이 2를 곱하는 과정을 반복하면서 더욱더 빠르게 서로에게서 멀어져간다는 뜻입니다. 우리가 보는 은하도 마찬가지입니다. 현재까지 알려진 지식에 의하면 우주는 정수의 두 배가 무한히 계속될 수 있는 것처럼 영원히 팽창해나갈 수 있습니다. 우주가 어떤 것 속에서 팽창해 나가느냐고요? 글쎄요, 정수가 어떤 것 속에서 팽창해 나가나요? 아니지요. 우주의 밖은 없어요. 튀어나갈 경계도 없고요. 그저 은하는 우리의 정수가 그렇듯이 계속 커져나갈 뿐입니다."

팽창하고 있는 우주를 생각하는 것보다는 우주학자들이 비디오테이프를 뒤로 돌리기라도 한 것처럼 수축하는 우주를 상상하는 편이 훨씬 쉬울지도 모르겠다. 멀어져가는 이동속도와 반비례하는 속도로 순서대로 모든 은하를 끌어당긴다면 은하들은 마침내 한 점에 차곡차곡 쌓일 것이다. 수천억 개가 넘는 별들로 이루어진 천억 개 정도 되는 은하들이 우주도, 공간도 없었던 태초의 장소로 되돌아가는 것이다.

은하의 적색편이 현상을 발견한 후 우주 전역에 퍼져 있는 점들을 다시 태초의 한 점으로 모아보면 우주의 탄생일을 알 수 있을 것이라는 생각이 들자 과학자들은 우주가 새로 탄생했을 때 어떤 모습이었을지를 어느 정도나마 가늠해보기 시작했다. 과학자들이 수행한 계산은 물질적으로나 심미적으로나 큰 성과를 거두었으며, 특히 결과적으로 잠시 후에 이야기할 빅뱅 이론의 두 번째 주요 증거를 찾아내는 데 큰 기여를 했다. 그럼 장래에 엄청나게 부풀어 오를 신생아는 어떤 모습이었을까? 우주학자들은 무엇보다 우주의 탄생은 어떤 특정한 공간에서 발생하지 않았다는 사실을 명심해야 한다고 말한다. 왜냐하면 우주의 공간과 물질은 거의 동시에 튀어나왔기 때문이다. 어디에서 나왔냐고? 글쎄……. 사실 우리는 알지 못한다. 아무것도 없는 진공에서 나왔을까? 아니면 우리 우주는 또 다른 우주 속에 들어 있는 것일까? 우리는 그에 대해서 아는 것이 없고 아마 앞으로도 모를 것이다. 우리가 어떤 장비와 센서를 만들어내든지 우리는 영원히 우리 우주 너머를 감지해내지 못할 것이다. 그것은 천체물리학의 영역이 아니라 형이상학의 영역이다.

태초에

어찌 되었든, 우리는 다음의 사실에 대해서는 분명한 증거를 가지고 있다. 태초에 빛이 있었다. 이것은 확실하다. 그것도 모든 것을 압도할 정도로 밝고 뜨거운, 이제껏 한 번도 본 적도 느낀 적도 없는, 또는 볼 수도 느낄 수도 없는 빛이 있었다. 왜냐하면 앨런 구스가 짓궂은 어조로 말했듯이 눈에 있는 빛을 감지하는 세포가 그쪽을 쳐다보는 순간 증발해버리고 말았을 테니까. 바로 그 빛, 그 빛이야말로 격렬하게 폭발해 모든 존재를 만들어낸 순수한 에너지의 빛나는 씨앗이었다. 원자에 들어 있는 양성자보다도 작은 점 안에 거의 무한대에 가까운 질량을 담고 있던 수억, 수조 도가 넘는 작은 씨앗은 갑자기 순식간에 부풀어 오르기 시작했다. 폭발이 일어난 직후 에너지 중 일부가 물질로, 전자나 양성자, 중성자, 쿼크 같은 물질의 기본 입자와, 기본 입자들과 반대 전하를 띠고 반대로 회전하는 양전자, 반쿼크 같은 반물질로 응축되기 시작했다.

그러는 동안에도 우주는 계속해서 놀라운 속도로 퍼져나갔다. 양성자보다 작았던 우주는 폭발 후 1조분의 1초도 안 되는 시간에 수박만큼 커졌고 1,000분의 1초 정도 지나자 지름이 1킬로미터 정도로 커졌다. 당시 우주는 망막을 손상시켜 눈을 멀게 할 정도로 밝게 빛나고 있었을 뿐 아니라 우리가 매일같이 보는 일상의 빛이나 태양의 빛, 혹은 폭탄이 내뿜는 빛과 달리 극도로 균일하고 순수했다. 물론 온통 빛으로 채워져 있던 초기 우주의 여명 속에는 앞으로 우리를 구원하게 될 조그만 잔물결이, 미약한 불규칙이 간간이 숨어 있기는 했지만, 그런 희미한 실낱같은 깜박임은 그저 양자만 한 크기에 불과했기 때문에 전체적으로 봤을 때 그 빛은 천상에 속한 빛이라고 해도 좋을 만큼 믿을 수 없이 순수했다.

처음 태어난 입자들은 순전한 무법자들로 끊임없이 서로 부딪쳐 산산이 깨져 빛으로 돌아갔다가 다시 뭉쳐 입자가 되는 일을 수없이 반복했다. 그러나 팽창이 계속되면서 조금씩 성질을 죽였고 가장 초기 단계가 지나자 계속해서 물질이 응축될 수 있을 만큼 식어가기 시작했다. 쿼크는 세 개가 한 조가 되어 상당히 튼튼한 양성자와 중성자가 되었고 그와 거의 비슷한 수로 반쿼크가 세 개씩 결합해 반양자를 만들어갔다. 물론 뜨거운 고대 스튜 속에서는 전자와 양전자도 계속해서 만들어졌다. 그러나 물질과 반물질이 같은 영역에서 같은 삶을 산다는 것은 있을 수 없으며 둘은 서로 충돌해 에너지로 변한다. 양자와 반양자는 서로 부딪쳐 산산이 가루가 됐으며 전자와 양전자는 서로를 들이받으며 함께 죽는 길을 택했다. 그런데 다행히도, 정확한 이유는 아직 밝혀지지 않았지만, 태고의 우주에는 반물질보다 물질이 조금 더 많았다. 뜨거운 고대 스튜 속에 반양자와 양전자가 각각 십억 개씩 있다면 양자와 전자는 왠인지 모르지만 십억 개 하고도 한 개씩이 더 있었다. 그래서 어떻게 됐느냐고? 모든 반물질이 물질과 부딪쳐 완전히 사라지고 난 후에도 고대 우주에는 원자와 별, 은하, 고양이, 모자, 피아노, 피아노 조율사, 물리학자, 태초의 우주를 재현해보겠다고 원자들을 부딪치는 사람들을 만들어낼 전자와 양성자가 충분히 남게 되었다.

모든 반물질이 사라진 뒤에도 눈으로 볼 수 있는 우주가 되려면 또 다시 50만 년 가까이 지나야 했다. 탄생 후 50만 년 정도가 지난 우주는 안개처럼 보였다. 여전히 아주 뜨거웠고 밀도가 높았기 때문에 마치 물 분자들이 떠다니는 뿌연 안개나 구름처럼, 모든 물질이 원자핵과 전자가 분리되어 마음대로 빛 속을 떠돌아다니는 플라스마 상태였다. "플라스마는 전자기 복사선을 거의 통과시키지 않습니다. 초기 우주의 광자들은 끊임없이 자유 전자들과 부딪쳐 사방으로 흩어졌습니다. 그러니 당시에는 광선이라는 것을 만들어낼 수가 없었지요"라고 앨런 구스는 설명한다. 두툼한 구름 속을 직접 들여다보는 것이 불가능한 것처럼, 천문학자들은 초기 우주의 플라스마 상태 때문에 빅뱅에서 나온 전자기파 신호를 찾아내는 일은 불가능할 것이라고 생각한다.

그로부터 30만 년 정도가 흐르자 안개가 걷히기 시작했다. 우주는 현재 크기의 1,500분의 1 정도의 지름으로 커졌고 온도는 3,000도에 불과해 전자와 양성자가 본연의 호환성, 전자기적인 상보성을 발휘해 중성인 원자로 결합할 수 있을 만큼 차가워졌다. 현재 존재하는 모든 원자들을 만들 수 있을 만큼은 안 됐지만 수소나 헬륨처럼 아주 간단한 원자를 만들 수 있을 만큼은 되었다. 불투명한 플라스마 상태의 가스는 마침내 투명한 기체 상태로 바뀌기 시작했다. 드디어 고대 우주의 방사선 에너지는 번번이 자신들을 가로막던 플라스마 안개에서 벗어나 그 어느 때보다 자유롭게 날아올라 직선으로 뻗어나가기 시작했다.

1940년대, 우주 기원에 대한 빅뱅 모델을 신봉하던 사람들은 청명한 하늘에 떠 있는 거대한 구름의 경계를 볼 수 있는 것처럼, 불투명했던 초기 우주와 지금의 투명한 우주의 경계를 찾아낼 수 있을 것이라고 생각했다. 우주의 역사에서 물질과 천상의 빛이 뿌옇게 섞여 있던 그 경계를 과학자들은 '마지막 산란면surface of last scattering'이나 '빛의 벽the wall of light'이라고 부른다. 과학자들은 빛의 벽은 우리 주위의 모든 곳에 있어야 한다고 말했다. 왜냐하면 이 빛은 우주가 지금보다 아주 작았을 때 우주 전체에서 발갛게 타오른 빛이며, 따라서 우주가 부풀어 오르면서 풍선 위에 그려진 점이 퍼져나가듯 이 빛도 같이 퍼져나갔을 것이기 때문이다. 짙은 연기가 점점 퍼져나가 보이지 않게 되었다고 해서 연기가 사라진 것은 아니듯 빛이 퍼져나가 보이지 않게 되었다고 해서 사라진 것은 아니다. 그 흔적은 우리 주위에 반드시 남아 있다.

빅뱅을 주장하는 과학자들은 현재의 우주에도 과거의 빛이 남아 있어야 한다고 생각했다. 그 빛은 우주의 일부이다. 그러니 달리 어디로 가겠는가? 또한 과학자들은 마지막 산란면이 생겼을 때 우주의 온도는 3,000도였기 때문에 고온의 상태에서 튀어나온 전자기파는 분명 아주 짧은 초단파였을 것이라고 생각한다. 그러나 고대 우주에서 지금까지 수십억 년이라는 긴 세월 동안 여행해왔을 고대의 빛은 적색편이 현상이 일어나 파장이 길어질 대로 길어져서, 전자기파 스펙트럼으로 관찰하면 붉은색 끝 쪽에 치우치는, 3,000도는커녕 온도가 3도밖에 되지 않는 물체가 발산하는 스펙트럼을 나타내야 한다. 그리고 1960년대 중반 뉴저지에 있는 벨연구소의 천문학자들이 3도 정도 되는 물체가 내는, 우주 전역에서 쏟아지는 고대 우주의 잔재를 발견해냄으로써 노벨상을 받았다. 우주의 모든 곳에서 발견되는 이 희미한 빛의 파동을 우주배경복사the cosmic microwave background라고 한다. 우주배경복사는 특별한 관측 장비가 없어도 집에서 편안하게 관측할 수 있다. 조정을 하지 않은 텔레비전 화면에 보이는 하얀 간섭무늬도 어느 정도는 우주가 태어나고 30만 년 정도 흘렀을 때 차갑게 식어가던 우주가 바지직 소리와 함께 남겨놓은 잔재 때문에 일어난다. 우주배경복사는 우주 최초의 화석이며 가장 처음 찍은 스냅 사진이며, 음악처럼 들리진 않아도 우주의 음악이라 할 만한 것에 가장 가깝다. 우주배경복사와 저 멀리 떨어져 있는 외부 은하의 적색편이 현상은 부드럽게, 그러나 확실하게 137억 년 전 있었던 빅뱅이라는 거대한 폭발이 있었다는 사실을 노래해준다.

최초의 별

우주배경복사는 도처에 있으며 놀라울 정도로 균일하다. 호주의 오지에서 보는 밤하늘과 별자리는 캐나다에서 보는 밤하늘과 별자리와 사뭇 다르겠지만 두 곳에서 관측되는 우주배경복사는 길이와 파장이 모두 같다. 장소에 상관없이 우주배경복사가 모두 같다는 사실은 넓게 퍼져나간 중년의 현재 우주보다 작고 조밀했던 과거의 어린 우주가 훨씬 균일한 온도 분포를 보이고 있었다는 증거이다. 초기 우주의 전파가 균일하게 퍼져 있다는 사실은 또한 빅뱅 이후, 혹은 적어도 플라스마 시대가 끝난 이후로 우주가 균일하게 팽창해왔음을 뜻한다. 우주는 모든 방향으로 동일하게 퍼져나갔기 때문에 모든 방향에서 똑같은 형태의 차갑고 긴 전파 신호가 온다.

그런데 사실 우주배경복사가 우주 전역에서 완벽하게 동일한 것은 아니다. 높이 떠 있는 인공위성이나 기구氣球에 장착한 고성능 장비를 이용해 우주의 빛을 관측한 천문학자들은 우주배경복사가 모두 같은 것이 아니며, 좀더 강하거나 파동의 길이가 좀더 긴 경우도 극히 일부지만 있다는 사실을 알아냈다. 우주학자들에게 그런 깜빡거림은 고대 우주, 빛이 직선으로 나아가지 못하도록 계속해서 튕겨냈던 플라스마 상태 우주의 물질이 완벽하게 균일한 상태는 아니었다는 뜻이다. 우주론자들은 물질이 물질의 형태를 갖춘 순간부터, 우주에는 소립자들의 변덕스러운 행동으로 생기는 이른바 양자요동quantum fluctuation이라고 하는 현상 때문에 뭉치는 부분이 생겨났다고 말한다. 우주학자들은 물리의 법칙상, 양자역학의 자연스러운 확률적 본성상 완벽히 매끈한 부분은 있을 수 없으며 약간은 주름질 수밖에 없다고 말한다. 일반적으로 관측할 수 있는 우주배경복사에 존재하는 극히 미미한 이런 차이가 우주에 수많은 기회와 다양성을 낳았다. 구스는 말한다. "이런 작은 파동들이 은하와 항성을 만들고 우주의 기본 형태를 결정했습니다. 이런 주름이 없었다면 우주는 거대한 수소 구름으로만 가득 찬, 재미없고 지루한 곳이 되었을 겁니다."

우리 우주는 전혀 지루한 가스 덩어리하고는 상관이 없다. 처음부터 우리 우주는 세포의 뼈대처럼 완벽한 구조 속에 우주가 자랄수록 점점 더 강해지고 강렬해지는 비교적 조밀한 섬유를 품고 있었다. 수억 년 정도의 시간 동안 원자와 에너지가 뭉친 부분이 점점 더 커지면서 최초의 별들과 은하들이 생겨났다. 지금은 비록 은하만이 별들의 고향이라고, 은하만이 별들이 태어나고 죽는 유일한 장소라고 알려져 있지만, 은하 바깥에서 외로이 떠다니는 별을 찾지 못했다고 해서 은하가 별보다 먼저 생겼다고 생각하면 안 된다. 어쨌든 따뜻한 고향을 만들고 번성하는 공동체를 이루는 법을 가장 잘 아는 것은 그 구성원들이 아니겠는가. 현재의 우주가 탄생하기까지 우주가 어떤 식으로 진화해왔는지에 대해 많은 것을 알아낸 천문학자들은 여기저기 거미줄처럼 가스 덩어리가 퍼져 있던 고대 우주에서 가장 먼저 형태를 갖춘 천체는 은하가 아닌 별이었을 것이라고 생각하고 있다. 물론 아무 별이나 최초의 별 타이틀을 달 수 있는 것은 아니다. 적어도 우리가 사랑해 마지않는, 그 자리에 있어준 것만으로도 정말로 감사한 우리의 태양 같은 별은 안 된다. 최초의 별들은 우리 태양보다 최소한 수천 배는 컸다. 거대한 별은 물질의 성질을 바꿀 수 있는 연금술의 능력을 갖추고 있다. 거대한 별들은 혼자서도 너끈히 수소나 헬륨 같은 가볍고 간단한 원자들을 만들어낼 수 있을 뿐 아니라 이런 원소들을 자신의 조밀한 용광로에서 합성해, 보다 아름다운 원소들, 니켈이나 동, 아연, 크립톤, 은, 백금, 금, 텅스텐, 탄탈, 그리고 수은이나 납 같은 원소들을 만들어낸다. 반짝이는 것을 좋아하는 것은 인간만이 아니다. 일단 최초의 항성 연금술사의 선물로 무거운 금속이라는 씨앗이 뿌려지자 초기 우주의 거대한 가스들은 제 모습을 갖추기 시작했고 이내 하늘은 수백만 개의 별들이 모인 은하수들로 빛나게 되었다.

여기서 우리는 현대 천문학이 이룩한 또 하나의 위대한 발견을 만날 수 있다. 우리는 모두 별의 부스러기로 되어 있다. 오늘날 우리 생명체들은 단 하나의 살아 있는 별에 의지해 살아가고 있지만, 생명이 탄생하기 위해서는 우리 태양 이전에 존재했던 다른 태양들의 죽음이 필요했다.

눈에 보이는 우주를 그저 특별한 모양이 없는 수소 구름 덩어리라고 하기에는 무리가 있을지 모르지만, 사실 양성자 하나 전자 하나로 이루어진 모든 물질 가운데 가장 간단한 수소야말로 우주 전역에서 가장 흔한 존재여서, 전체 물질의 4분의 3가량을 수소 원자가 차지하고 있다. 또한 멘델레예프의 주기율표에서 두 번째 자리를 차지하고 있으며 원자핵 속에 양성자 두 개와 중성자 두 개가 들어 있는 헬륨은 현재 알려져 있는 전체 물질 가운데 24퍼센트를 차지하고 있다. 오늘날 존재하는 모든 수소와 헬륨, 더불어 우주 전역에서 반짝거리고 있는 리튬과 붕소, 베릴륨 원자들은 우주의 탄생을 불러온 빅뱅이 직접 만들어낸 원자들이다.

비록 빅뱅의 위력은 무시무시했지만, 빅뱅의 발명 능력은 제한적이었고 오래가지 않았다. 물리법칙상 수소 원자핵 속의 양성자들 사이에는 전자기력이 작용해 서로를 멀리 밀어내며, 무언가가 양성자들을 아주 가까이 붙여놓아야만 강한 핵력이 작용해 원자핵을 이룰 수 있다. 우주에서 가장 강력한 힘이라고 알려져 있는 강한 핵력은 천성적으로 외부인을 싫어하는 수소 원자핵을 강제로 다른 핵들과 융합시켜서 헬륨이라는 새로운 원자를 만들어낼 수 있다. 또 헬륨과 수소 원자가 융합해 좀더 커다란 핵 연합체인 리튬 원자를 만들어내기도 한다. 그러나 더 크고 복잡한 원자 사회로 변하려면 전자기력의 반발력을 극복하고 강한 핵력이 자신의 외교술을 발휘할 수 있는 더 뜨겁고 더 밀집된 극단적인 환경이 조성되어야 한다. 빅뱅은 위력이 사라지기 전에 최대 다섯 개의 양자를 원자가 될 수 있는 거리까지 밀어 넣어 베릴륨이라는 원자를 만들어내는 데는 성공했지만 초기 우주의 압력솥 같던 상태는 더 큰 원자를 만들어내기 전에 사라져버리고 말았다. 현재 우주에 존재하는 원자들 대부분이 우주가 탄생했을 때 만들어진 수소 원자인 이유는 우주 건국 초기의 이런 상황 때문이다.

그렇다고 해서 원자가 만들어지는 과정이 모두 끝난 것은 아니다. 수소 구름 속에는 양자가 만들어낸 떨림이, 덩어리가 있었고 관대하고 따

듯하며 실용적인 중력이 있었다. 중력은 자연의 네 가지 기본 힘 가운데 가장 약한 힘이지만 넓은 영역에서 작용하며 언제나 서로를 끌어당기기만 할 뿐 밀어내는 법이 없다. 밖으로 뻗어나가려는 빅뱅의 거침없는 팽창이 있은 후 백만 년 정도 지나자 중력이 빅뱅의 속도를 늦추는 약한 반발력으로 작용하기 시작했다. 전반적인 팽창 속도가 아주 미약하기는 하지만 조금 느려지자 우주의 물질들은 한데 뭉쳐 꾸물거리고 빙글빙글 돌고 마구 뒤섞이고 여기저기 둘러볼 여유가 생겼다. 수소 원자들이 한데 뭉쳐 점점 더 조밀해지자 중력은 점점 더 큰 힘을 갖게 되고 그 결과 수소 기체들이 안쪽으로 끌어당겨지면서 가스 구름은 점차 공처럼 둥글게 변해갔다. 수소의 양이 늘어날수록 가스 구름의 온도는 올라갔고 수소 원자는 점점 더 난폭해졌다. 가스 구름의 온도가 올라가면서 수소 원자에 갇혀 있던 전자가 파트너인 핵을 버리고 밖으로 튀어나왔기 때문에 가스 구름은 작은 초기 우주처럼 플라스마 상태로 변했다. 열과 압력이 최대 권고치까지 올라간 둥근 가스 구름의 중심에서는 전자들이 양성자를 벗어나 자유의 몸이 됐을 뿐 아니라 수소 원자핵 속의 양성자들이 점점 더 가까이 다가가 마침내 전자기적 반발력을 이기고 빅뱅 때 만들어졌던 핵보다 훨씬 크고 대담한 형태의 새로운 핵을 만들어내는 상황에 이르렀다.

별의 용광로

에너지 산업계가 이 힘을 길들이기 위해 오랫동안 애써왔다는 사실에서 잘 알 수 있듯이 핵융합은 정말 놀라운 힘이다. 핵융합은 가볍고 단순한 원자를 무겁고 복잡한 원자로 바꿀 뿐 아니라 핵을 융합하는 동안 막대한 양의 에너지를 발산한다. 우리 인류는 수소 원자를 핵융합시켜 다량의 에너지를 방출하는 데 성공했다. 수소폭탄이 가공할 파괴력은 여기에서 나온다. 핵융합에서 가장 어려운 점은 반응을 규칙적으로 잘 통제하는 것이다. 물론 비용 대비 효율을 만족하는 방식으로 해야 한다. 정말로 어려운 일이지만 우리 태양을 비롯한 수조 개가 넘는 별들은 매일같이 아무렇지도 않게 해내는 일이기도 하다. 별의 에너지, 별의 빛, 별의 열, 우리를 인도하는 소망의 빛의 근원은 조밀한 항성의 핵에서 일어나는 지속적인 병합, 많은 수의 작은 원자들이 적은 수의 큰 원자로 바뀌는 열핵융합반응이다. 핵융합의 힘이야말로 별의 분명한 표식으로 어느 정도 이상의 무게와 밀도가 있어야만 가능하다. 목성은 아주 거대한 가스 덩어리지만 별이 될 정도로 크지는 않다. 목성의 핵 속에 있는 원자는 다른 원자로 변할 만큼 커다란 압력은 받고 있지 않다. 가스 덩어리의 부피가 최소한 목성의 여덟 배는 되어야 주저하는 원자들이 부부 관계를 맺고 찬란한 열을 방출하게끔 압력을 가할 수 있다.

원시 성운 속에서 처음으로 응축되어 탄생한 별들은 목성을 80개 합친 것보다 훨씬 더, 아니 우리 태양을 800개 합친 것보다 더 컸던 것으로 보인다. 두텁게 뭉쳐 있던 기체들이 조밀하게 구형으로 밀착되면서, 밀도가 증가한 천체는 주변에 있는 먼지들을 보다 더 강하게 끌어당겼을 테고 당연히 커져가는 동안 흡착 속도도 성장 속도도 훨씬 더 빨라졌을 것이다. 오늘날의 우주보다 훨씬 비좁고 난잡하며 먼지가 많고 가스로 가득 차 있던 초기의 우주에서, 압축된 구체에게는 주위에 있는 막대한 물질들을 강력한 힘으로 끌어당기고 스스로 더 단단해지는 길 말고는 없었다. 그 결과 질량은 증가했지만 부피는 점점 작아졌다. 거대해진다는 것은 사실 값비싼 희생을 요구했다. 거대한 별은 젊은 나이에 화려하게 죽어가야 했다. 그러나 인생은 짧아도 예술은 오래가듯이, 최초의 별들은 요절했지만 그들의 유산은 길이길이 남아 있다.

단순하게 생각하기 위해서 가장 먼저 탄생한 별들은 빅뱅 때 만들어진 다른 원소들은 하나도 섞이지 않은 순수한 수소 덩어리였다고 생각해보자. 이 예로 든 별은 우리 태양보다 수백 배는 많은 수소가 압축된 덩어리로 모든 원자의 전자들이 양성자의 영향력에서 벗어난 극도의 플라스마 상태이다. 중력은 주변의 모든 물질들을 한가운데에 있는 가상의 구심점으로 끌어당기기 때문에 깊은 곳으로 들어갈수록 쌓여 있는 수소 입자의 밀도는 더욱 커진다. 상상도 할 수 없을 정도로 뜨겁고 압력이 높은 중심부에 자리한 수소 원자의 핵은 빙글빙글 소용돌이치면서 압축되고 또 압축되어 전자기력이 버틸 수 있는 임계점을 넘어선다. 그 결과 반발력은 사라지고 수소 입자들은 헬륨의 핵으로 융합된다. 수소 원자핵의 열핵융합반응으로 발생한 열은 중심에서 바깥쪽을 향해 뻗어나가기 시작하고, 바깥쪽으로 뻗어나가는 열과 빛의 파장은 안쪽으로 향하는 중력의 힘을 상쇄시켜주는 역할을 한다. 실제로 이 진동하는 방사선, 핵융합반응의 산물이야말로 계속해서 쌓여가는 물질들 내부가 붕괴되지 않고 별이 제 모습을 유지할 수 있도록 해주는 주역이다. 그러나 그런 노력은 많은 에너지를 필요로 하며 매우 탐욕적인 과정이다.

옥스퍼드 대학교의 화학자 피터 앳킨스의 글처럼 수소를 갈망하는 항성의 식욕은 '정말로 경이로운' 수준이다. 우리 태양만 해도 1초 동안 7억 톤이나 되는 수소를 헬륨으로 바꾸는 과정을 통해 어머니 태양 주위를 돌고 있는 아홉(혹은 여덟) 자녀, 자녀들이 거느리고 있는 달들, 소행성 벨트, 혜성 등으로 구성된 태양계 가족을 두루 비추어줄 빛과 열을 만들어낸다. 우리 태양은 이미 50억 년이나 빛을 내고 있으며 매 순간 여위어가고 있지만 빽빽하게 쌓여 있는 수소는 앞으로도 50억 년 동안은 계속해서 핵융합반응을 해나갈 것이다.

그러나 우리의 방탕한 고대 항성들은 그렇게 오래가지 못했다. 계속해서 쌓이는 물질의 어마어마한 무게 때문에 별의 핵은 급속도로 빠르게 달구어지면서 핵융합 속도가 기하급수적으로 빨라져 저장되어 있던 수소 원료는 금세 사라지고 말았다. 아마도 수소 원료가 고갈되는 데는 탄생 후 몇백만 년이 채 걸리지 않았을 것이다. 수소 원료가 고갈되면 중력으로 별이 붕괴되는 것을 막던 밖으로 향하는 에너지가 사라져, 별은 다시 중력의 영향만을 받으며 수축하기 시작한다. 중심부를 향해 수축하는 핵의 온도와 밀도는 또 다시 열핵융합반응의 임계점에 도달할 때까지 계속해서 올라간다. 이전 핵융합반응의 부산물인 헬륨 입자들은 서로 융합해 탄소를 만들기 시작하고 또 다시 폭발적인 에너지를 발산해서 중력의 붕괴 작용을 다시 한 번 막아낸다. 헬륨이 모두 사라지면 별은 다시 붕괴되기 시작하고, 다시 어느 지점에 이르면 새로운 융합, 이른바 핵합성이 일어나 탄소보다 무거운 원자를 창조한다. 별이 완전히 붕괴되지 않기 위해 애쓰는 과정에서 질소, 산소, 나트륨, 인, 칼륨, 칼슘, 규소 등등 원소 주기율표에 적혀 있는 순서대로 작은 원자핵을 갖는 것부터 큰 원자핵을 갖는 것까지 원소들이 차례 차례 만들어진다. 핵합성 반응이 만들어내는 가장 안정된 원소는 철과 니켈이다. 원소 주기율표에서 철과 니켈은 겨우 4분의 1지점에 위치하며 아직 만들어내야 할 무거운 원소들이 즐비하지만 철과 니켈은 핵융합반응으로 에너지를 만들어내는 단계가 끝났음을 알려주는 표지 물질들이다. 철의 원자핵을 또 다른 철의 원자핵과 융합시켜도 에너지는 나오지 않는다. 에너지가 나오기는커녕 이 무거운 원자들이 하나로 합쳐지기 위해서는 에너지가 **투입**되어야 한다. 그 때문에 바깥쪽을 향해 자유롭게 날아올라야 할 복사에너지가 밖으로 나가지 못하고 안으로 함몰된다. 마지막 작별 인사를 해야 할 때가 온다는 뜻이다.

이 시점이 되면 별의 중심핵에는 철과 니켈이 빽빽하게 들어서고 그 주위를 그동안 뜨겁게 달궈졌지만 타 없어져버리지는 않은 가벼운 원소들이 순서대로 둘러싼다. 중력 붕괴를 버텨낼 방사선 방파제가 없기 때문에 계속해서 중심을 향해 붕괴되는 핵의 온도는 철과 니켈보다 무거운 원자를 만들어낼 수 있는 80억 도에 이르지만 이런 상황은 별에게 조금도 도움이 되지 않는다. 열핵융합반응의 동력은 멈추고 핵융합반응으로 생산하던 에너지는 더 이상 나오지 않는다. 결국 별의 핵은 버틸 힘을 상실하고 붕괴되며 바깥층은 안쪽으로 무너져 내린다. 사방으로 광폭한 광자들이 날아다니며 자신이 가는 길에 있는 무거운 원자들은 무엇이든지 쪼개버린다. 별의 내부는 자유 낙하 상태가 되어 플라스마 상태의 내부 물질들은 점점 중심에 있는 가상의 한 점을 향해 떨어져 내린다. 정말 1초도 안 되는 짧은 시간 동안 태양만 한 넓이의 핵이 북아메리카 대륙 정도로 작아진다. 갑자기 붕괴된 핵은 그 여파로 항성 전체를 뒤흔드는 충격파를 내보내고 그 결과 별의 바깥층을 감싸고 있던 가벼운 원소들은 피터 앳킨스의 표현처럼 '거대한 해일이 덮친 듯이' 모두 날아가버리고 만다. 초신성으로 폭발하는 무시무시한 생명의 마지막 순간에 우리의 별은 원소 주기율표에 나오는 백금, 탈륨, 비스무트(창연), 납, 텅스텐, 금 같은 진정한 헤비급 원소들을 만들어낸다. 새로 만들어진 무거운 원소들은 이전에 만들어놓은 비교적 가벼운 원소들과 함께 우주 속으로 산산이 흩어진다.

바로 이 산산이 흩어지는 금속 유탄들이야말로 우리가 행운의 별들에게 감사해야 할 이유다. 맨 처음에 생겨난 얼마 되지 않는 거대신성 meganova들이 젊은 우주에 무거운 원소들을, 그중에서도 특히 금속들을 만들어줌으로써 항성계가 폭발적으로 탄생할 수 있었다. 척 스타이들은 기체로 가득 찬 우주는 너무나도 뜨거웠기 때문에, 지나칠 정도로 뜨겁고 활성화된 기체 속에서 물질이 모여 별로 태어나기에는 무리가 있었다고 설명한다. 조상 별이 유산으로 물려준 금속 입자들은 가스로 가득 찬 우주를 충분히 차갑게 식혀서, 많은 성운들이 소용돌이치며 별로, 별들의 무리로, 떠들썩하게 별들이 새로 태어나는 지역으로 응축할 수 있었다. "우리들은 거대한 별에서 작은 은하가 출현하기까지의 시간이 상당히 짧았을 것이라고 봅니다. 우주 탄생 후 10억 년 정도 동안 그런 일이 벌어졌다고 생각합니다." 스타이들의 말이다. 거대한 은하는 그 후 작은 은하들이 서로 합쳐지거나 다른 은하를 흡수하면서, 즉 은하가 서로 충돌한 후 합쳐지거나 상대적으로 조밀하고 큰 은하가 작은 은하를 빨아들이는 과정을 통해 생겨났을 것이다. 120억 년 전 무렵, 그러니까 빅뱅 후 17억 년 정도 지났을 무렵에 우리은하를 비롯해 오늘날의 우주에 존재하는 대부분의 은하들이 탄생했다. 이 은하들은 질량의 중심을 빙글빙글 돌면서 각자 진화해나가고 있으며, 은하 내의 항성 시민들은 각각의 질량과 다른 별들과의 근접성에 따라 저마다의 온도와 속도로 삶을 이어가고 있다. 수많은 은하들, 그중에서도 특히 나선형 은하들 속에서 우리는 활발하게 별들이 태어나고 있는 육아소를, 새로운 별들로 끊임없이 수축되고 있는 두툼한 가스와 먼지로 된 성운의 존재를 확인하며 거대한 늙은 별의 격렬한 예정된 죽음이 곧 새로운 별의 탄생으로 이어지는 것을 목격한다.

태양의 과거와 미래

우리 태양계도 비슷한 과정을 거쳐 탄생했을 것이다. 50억 년 전쯤, 폭발하는 초신성이 발산하는 충격파와 그 별이 함께 뱉어낸 영양가 높은 무거운 원소들이 성간 공간으로 튀어나오면서 우리은하의 팔 가운데 하나를 만들 가스와 별 부스러기를 자극해 수축되기 시작했다. 수축해가는 동안 피겨스케이팅 선수가 두 팔을 움츠려서 돌게 되듯이 성운은 회전을 하게 되고 점점 평평한 원반 모양으로 변해갔다. 빙글빙글 돌기 시작한 뒤 몇백만 년 정도 흐르면 원반을 구성하는 물질들 대부분이 팬케이크의 중심부에 모이고 뜨겁고 조밀한 상태로 볼록해지던 중심부는 마침내 핵융합반응을 시작했다. 새로운 태양이 탄생한 뒤에도 원반 주변에는 가스와 먼지가 조금 남아 있었고 훗날 드미트리 멘델레예프가 주기율표라는 이름으로 기록할 100여 개 정도 되는 원소들도 남아 있었다. 이런 물질들도 점점 한데 뭉쳐 원시행성과 원시위성이 되었다. 원반의 중심부에 가까울수록 기체들은 우주로 날아가고 뜨거운 온도를 이겨낼 수 있는 암석과 금속만이 남았다. 태양계 안쪽에 있는 수성, 금성, 지구, 화성 같은 내행성이 암석과 금속으로 된 핵을 갖는 지구형 행성이 된 이유이다. 원반의 바깥쪽은 얼음이 얼 정도로 추웠기 때문에 얼음 입자가 가스와 먼지와 한데 섞여 눈덩이가 커지듯 커져 소위 기체 행성이라고 부르는 네 개의 외행성, 목성, 토성, 천왕성, 해왕성이 됐다. 명왕성과 세드나(현재까지 발견된 태양계의 가장 먼 곳에 위치한 천체-옮긴이) 같은 태양계의 최외각에 위치한 가장 차갑고 얇은 카이퍼대에 있는 작은 천체들은 몸집을 키울 만한 재료가 거의 없었다. 명왕성이나 세드나는 카이퍼대에 속한 얼음과 암석 천체들 중에서는 상당히 큰 축에 속하지만 명왕성 열 개를 합해도 수성보다 작으며 지구만큼 키우려면 최소한 명왕성이 150개는 있어야 한다.

우리의 태양은 아주 훌륭하고 튼튼한 별로 이제 전체 수명의 반 정도만 살았을 뿐이다. 그러나 일단 수소 원료의 양이 고갈되기 시작하면 태양이 자신의 플라스마 화염을 유지하기 위해 택할 수 있는 방법은 얼마 없다. 앞으로 50억 년쯤 지나면 수소로 가득 차 있던 태양의 핵이 고갈되면서 태양은 상대적으로 얇은 대기 속 수소를 이용해 불타기 시작할 테고 태양의 둘레는 지금보다 30배 정도 커질 것이다. 부피가 팽창한 태양은 지금보다 차가운 별이 되고 방출하는 복사선의 색도 더 붉어진다. 우리의 태양은 적색거성이 되며 붉게 부풀어 오르는 그 광경을 지켜보는 지구인이라면 누구나 극심한 비탄에 잠길 것이다. 그때가 되면 지구의 모든 것이 증발하고 말 텐데 왜 안 그렇겠는가! 우리의 먼 후손들은 태양이 적색거성이 되기 전에 지구를 포기하고 목성이나 토성의 커다란 위성 가운데 하나로 옮겨가는 것이 최선이다. 태양이 팽창될 무렵이면 목성의 위성인 가니메데나 토성의 위성인 타이탄은 하늘은 청명해지고 얼음은 모두 녹아 대양이나 강을 이루어 지금보다 훨씬 살기 좋은 곳으로 바뀔 것이다. 게다가 타이탄은 지금은 숨 쉴 수 있는 공기가 없지만 그때가 되면 인류가 숨 쉬기 적합한 공기로 바뀔 가능성이 있으며 멋진 토성의 고리까지 볼 수 있으니 금상첨화다. 우주 나그네들이 어디에 착륙하건 일단 정착하면 신발을 벗어 던지고 안락한 의자에 앉아 편히 쉬어도 좋다. 왜냐하면 태양은 적색거성인 상태로 20억 년 동안 빛을 발할 테니까.

그 다음은 어떻게 하냐고? 그때야말로 완전히 짐을 꾸리고 태양계를 벗어나야 한다. 우리의 태양에는 폭발할 만한 질량이 없기 때문에 바지직 바지직 마지막 빛을 내기 위해 애쓰다가 누구도 알아볼 수 없는 무명의 불모의 땅으로 변해갈 것이다. 외곽에 있는 수소까지 다 써버린 태양의 핵은 급속도로 수축하기 시작하고 상부 층은 허물을 벗듯 우주로 날아가버린다. 결국 남는 것은 지구보다 조금 큰 산소와 탄소의 잿불 덩어리이다. 한때는 태양계를 밝히는 등불이었고 한때는 기운 찬 적색거성이었던 우리들의 태양은 결국에는 희미한 백색왜성이 된다. 그때가 되면 더 이상 핵융합반응으로 에너지를 만들어낼 수는 없지만 순수한 열기로 나머지 생애 동안 빛을 내는 상태를 유지할 것이다.

태양 같은 중간 크기의 별들은 빅뱅이 만들어낸 적은 수의 원소를 가지고 생명체 창조에 꼭 필요한 탄소, 산소, 질소 같은 원소들을 만들어낸다. 평범한 별들도 산소를 만들어내는 경우가 많다는 사실은 산소가 수소, 헬륨 다음으로 우주에서 세 번째로 많은 원소인 이유를 설명해준다. 그리고 수소와 산소가 결합하는 일이 우주에서는 드문 일이 아니라는 사실은 비록 음료수로 활용할 수 있을 만큼 풍부한 액체 상태의 물은 지구에만 있지만 물 분자가 우주 전역에서 발견되는 흔한 분자라는 사실을 말해준다. 그러나 폭발하지도 않고 성격도 얌전한 별들은 자신들이 만든 물질을 대부분 자신들이 간직할 뿐 헬륨을 가지고 만들어낸 자신들의 발명품, 즉 질량이 큰 원소들을 극히 소량만 우주로 방출한다. 결국은 지상에서 사라져야 할 우리들 육신이 품고 있는 수많은 원소들—세포를 구성하는 탄소, 뼈를 구성하는 칼슘, 피 속에 들어 있는 철, 심장이 뛰게 해주고 뇌세포를 흥분시키는 전해질을 구성하는 나트륨과 칼륨—은 거의 대부분 우리들의 태양이 아니라 그보다 훨씬 큰 용광로를 가지고 있던 고대 거성들이 폭발하면서 우주로 뿌려놓은 물질들이다. "우리는 별의 성분이며 우주의 일부입니다." 알렉스 필립펜코의 말이다. "그냥 하는 말이거나 비유가 아닙니다. 실제로 우리 몸의 모든 세포들, 당신의 몸과, 내 아들, 당신의 애완용 고양이의 몸을 이루는 모든 세포를 구성하는 원자들은 고대 거성들의 내부에서 만들어진 겁니다. 저는 이 같은 사실이 과학의 역사에서 가장 놀라운 발견 가운데 하나라고 생각합니다. 정말 누구나 이런 사실을 알기를 바라고요."

우리의 태양계를 형성한 가스 성운은 100억 년간 일어난 여러 차례에 걸친 화려한 초신성 대폭발의 결과로 별의 성분들이 몇 배는 더 풍부해졌다. 매번 초신성이 폭발해서 성분을 더할 때마다 성운의 온도가 내려가고 물질들이 휘저어지고 수축해서 별을 만들 기회가 늘어났으며, 내부에 생명체가 살아갈 수 있는 암석으로 된 행성을 만들어낼 만큼 충분한 원소를 가지게 되었다.

우리는 지구에 생명체가 있으며, 수없이 많은 생물종 가운데 적어도 한 종은 도구를 만들 수 있을 정도로 영리하다는 사실을 알고 있다. 물론 알다시피 항상 현명하고 이성적인 것은 아니지만. 어쨌든 우리는 곁에 없는 사람들과 대화를 나눌 수 있는 도구를 만들어냈으며, 덕분에 운전을 하거나 무단횡단을 하거나 딸아이의 피아노 연주회에 참석했을 때조차도 다른 이들과 소통할 수 있다. 쉼 없이 원격 의사소통에 매진하는 우리 65억 인류는 만족하지 못하고 어딘가에 우리와 통화할 수 있는 존재가 또 있지는 않을까 의문을 품는다. 누군가 다른 존재들이 살고 있는 또 다른 세계가 있어 우리가 그들에게 연락을 취할 수 있을까? 아니면 그들이 우리에게 연락을 취해올까? 지구는 생명체가 살아가는 유일한 공간일까, 아니면 우리은하만 해도 생명체가 사는 행성이 수백만 개가 넘고 우주 전역으로 따지면 수십억 개가 넘을까? 아무리 묻고 또 물어봐도 어렵고 공허하게 느껴지는 이런 질문에 해답이 있기는 할까? 외계 생명체가 살고 있다는 증거를 한두 개 정도는 찾아내지 않았을까? 이런 질문들에 대해 천문학자들은 어떤 생각을 하고 있을까? 천문학자들은 다섯 살 난 아이가 우주를 꿈꾸는 것보다 이런 질문들에 대해 더 많이 고민하고 있을까?

만남은 이루어질까

이 같은 질문들에 대한 대답으로는 나쁜 소식도 좋은 소식도 무소식도 있다. 나쁜 소식은 우리가 아직 단 한 번도 외계 생명체들과 연락을 취한 적이 없다는 것이다. 우주 비행사에게 전화를 걸어 우주 식량에 대해 시시껄렁한 농담을 나누고 에베레스트 산에서 폭풍우를 만나 꼼짝없이 갇힌 상태에서도 사랑하는 사람과 대화를 나눌 수 있는 장거리 통신 장비를 발명했는데도 말이다.

외계 생명체가 보내오는 신호는 안타깝게도 전혀 없거나, 있다 해도 우리는 감지해내지 못하고 있다. 다른 세상에 생명체가 살고 있음을 알려주는 증거는 단 하나도 발견하지 못했다. 정말로 단 한 개도 말이다. 1990년대에 화성에서 살고 있거나 살았을 미생물의 흔적을 찾아냈다며 한 차례 떠들썩한 소동을 치렀지만 결국 화성 생명체의 증거는 아니었다. 이제까지 지구를 방문했거나 지구인을 납치했다거나 누구도 알 수 없는 사악한 의도를 가지고 지구의 생명체를 해부했다는 외계인에 대한 증거는 하나도 나오지 않았다. 외계 생명체들은 1977년 두 대의 보이저호에 실어 보낸 55개의 언어로 된 인사말에도 전혀 응답을 하지 않고 있으며 함께 실어 보낸 바흐, 베토벤과 루이 암스트롱의 음악과 페루의 팬파이프 연주, 아제르바이잔의 발라반 연주의 감상평도 보내오지 않았고 고래의 노래, 침팬지의 투덜거림, 도플러 효과를 분명히 들려주는 기차의 기적 소리에도 묵묵부답이다. 다른 행성에는 생명체가 있을까? 우리는 그 대답이 예스인지 노인지 모른다. 그러면 과학자들은 뭔가 정확한 답을 말할 수 있을까? 그래도 과학자들인데?

하지만 과학자들도 정확한 답은 말할 수는 없다. 그러나 과학자들은 자신들의 생각을 말할 수는 있다. 내가 전할 수 있는 좋은 뉴스는—사실 썩 좋은 뉴스라고는 할 수 없지만—내가 만나본 과학자들 중 상당히 많은 수가 다른 행성에 생명체가 살고 있다고 믿는다는 점이다. 그중에는 생명은 아주 보편적인 현상이며 오래전부터 거대 항성의 부산물로 가득 차 있는 우주에는 세포를 기본 구조로 하는 생명체들이 아주 많을 것이라 생각하는 사람들도 있고, 생명은 아주 희귀한 경우이지만 그렇다고 해서 지구가 생명의 유일한 고향은 아니라고 말하는 사람도 있다. 과학자들의 확신은 분명한 통계와 큰 수의 법칙에 기인하고 있다. "지구가 생명체가 살아가는 유일한 공간일까요?" 프린스턴 대학교의 네터 배철은 말한다. "제게는 이 질문에 대한 답이 너무나도 쉽고 분명합니다. 우리의 태양은 우리은하에 있는 수천억 개의 별 가운데 하나일 뿐입니다. 우리 은하도 수조 개가 넘는 은하 가운데 하나일 뿐이고요. 그러니 우리가 우주 유일의 생명체라는 것이 오히려 불가능하죠."

또 칼텍의 데이비드 스티븐슨은 이렇게 말했다. "저는 생명이 우주에서 아주 흔하게 나타나리라고 생각합니다. 물론 제가 틀렸을 수도 있겠죠. 하지만 일단 저는 그렇게 믿고 있습니다."

세상을 떠나기 직전에 있었던 인터뷰에서 프린스턴 대학교의 존 바콜은 "지구 밖에도 생명체가 있다는 사실을 확신합니다. 증거가 하나도 없는데도 기꺼이 큰돈을 걸 수 있는 정말 몇 안 되는 경우이죠. 확률적으로 제가 엄청 유리합니다"라고 했다.

천문학자들은 생명체들을 먹여 살릴 에너지를 만들어내는 별의 수만 해도 수십억 개가 넘는 데다 그 주위를 돌고 있는 행성들도 수십억 개가 넘으니 먹고, 싸고, 복제하고, 서로 사랑하고, 싸우는 생명체가 있는 장소 또한 수십억 곳이 있을 것이라고 말한다. 행성은 거대한 가스 구름이 별로 수축되는 곳에서 흔히 만들어지는 부산물로 별이 빙글빙글 돌면서 오그라들 때 각운동량의 결과로 만들어진다. 자신의 주위를 도는 행성이 있는 별은 전체의 10에서 50퍼센트 정도라고 여겨진다. 현재 많은 천문학자들이 외계 행성을 찾기 위해 활용하는 방법은 별빛을 관찰하는 것이다. 별빛이 흔들리거나 불규칙하면 이는 빛을 교란시키는 중력을 가진 물체가 가까이에 있다는 뜻이며, 간간이 깜빡이는 불빛은 별과 지구 사이를 통과하는 궤도 운동을 하는 행성이 있다는 사실을 말해준다. 한동안 천문학자들이 찾아낸 행성들은 대부분 생명체가 살지 않는 거대한 기체 행성이었지만, 최근 들어 모母 항성과 적당히 떨어져서 궤도를 도는 지구와 닮았을 가능성이 있는 작은 행성들도 관측되고 있다.

천문학자들은 또한 지각이 식은 후 비교적 빨리 지구에 생명체가 살기 시작했다는 사실을 위안으로 삼으며 생명에 대한 흔들리지 않는 확신을 줄곧 고수해왔다. 천문학자들은 아주 작은 크기의 물질을 연구하는 화학 분야인 나노 기술 분야의 최근 업적을 예로 들며 탄소 분자는 자발적으로 생명체로 탄생할 수 있는 구형의 구조나 고리 구조, 관 구조도 만들어낼 수 있음에 주목한다. 과학자들은 탄소는 초신성이 폭발하면서 여기저기 흩트리는 아주 평범한 원소로 얼마든지 스스로를 조합해 생체분자를 만들어낼 수 있으며, 탄소가 자신의 자기 조직화가 가능한 적당한 환경만 만나면, 예컨대 액체 물이 있는 행성만 만나면 그 즉시 생명체가 탄생할 수 있을 것이라고 말한다. 다시 한 번 말하지만 이런 주장은 터무니없는 주장이 아니다. 탄소와 마찬가지로 물도 우주에서 흔히 볼 수 있는 물질로 대부분은 기체나 얼음 상태로 존재하지만 드넓은 우주 어딘가에는 액체 물이 오아시스를 이루고 있는 곳이 분명히 또 있을 것이다. "지구를 보세요. 물이 있는 곳이라면 어디에나 생명체가 있습니다." 칼텍의 앤디 잉거솔의 말이다. "생명체는 아주 추운 곳이나 뜨거운 물에서도 너끈히 적응할 수 있는 아주 강인한 존재입니다. 강산성의 물에서도 살아가지요. 그러니 미생물의 강인한 생명력을 생각해볼 때, 물이 있는 곳에서 생명이 그 물을 이용할 길을 찾지 못했다는 것은 생각하기 어렵습니다."

외계 생명체가 얼마나 복잡한 형태를 하고 있을지, 외계 생명체가 우리와 통신을 할 수 있을 정도로 고도로 발전된 문명을 이루었을지에 대해서는 천문학자들도 훨씬 유보적인 반응을 보인다. 칼텍의 데이비드 스티븐슨은 이렇게 말한다. “일단 진화를 시작한 생명체가 통신도 하고 여행도 할 정도로 고도로 발달한 생명체로 진화할 확률이라……. 글쎄요, 저는 우리가 그에 대해서 뭔가 분명한 결론을 내릴 입장에 있지 않다고 생각합니다.”

그러나 몇몇 쾌활한 영혼들은 바로 그런 생명체들을 찾기 위해 노력하고 있다. 그중에서도 가장 유명한 사람은 코넬 대학교의 천문학자이자 1960년대 외계지적생명체탐사계획Search for Extra-Terrestrial Intelligence, SETI을 시작한 프랭크 드레이크로 그는 오늘날 드레이크 방정식이라고 알려져 있는, 우리은하 밖에 존재하는 ‘통신 가능한 사회’의 수를 계산하는 체계적인 방법을 제시했다. 그는 살펴보아야 할 변수를 일곱 개로 설정하고서, 새로운 별이 생성되는 비율이나 행성을 가지고 있는 항성의 수 같은 비교적 직접적인 변수를 시작으로 생명체가 사는 특정한 장소에 고등 생명체가 존재할 확률, 그 고등생명체가 땜질을 하고 도구를 만들 확률, 그리고 마지막으로 고도로 발달한 문명을 지닌 생명체가 우리와 인사를 주고 받을 때까지 오랫동안 살아남을 확률 같은 좀더 간접적이고 종속적인 변수들로 차례로 나아간다.

스티븐슨은 드레이크 방정식이 제시한 변수 가운데 가장 불확실하고도 가장 의욕을 꺾는 변수는 마지막 사항이라고 말한다. “고도로 발달된 문명의 생존 기간이 고작 수천 년에 불과하다면 우리가 외계 고등 생명체와 접촉할 가능성은 아주 낮습니다. 우리들이 보낸 메시지가 도착하기 전에 한 문명이 탄생했다가 사라질 수도 있고, 우리 메시지가 이제 막 문명의 태동을 시작한 생명체들에게 전달됐다 해도 그들의 답이 오는 동안 우리 문명이 사라져버릴 수도 있겠죠. 어떤 경우든 현재 우리은하에서는 우리가 유일하게 번영하고 있는 문명이라고 할 수 있을 것 같습니다."

그렇다고 낙담하지는 말자. 우리가 밤하늘에서 육안으로 관찰할 수 있는 곳은 대부분 우리은하에 한정되어 있지만 우리의 우주는 고작 그 정도로 그치지 않는다. 은하마다 우리와 통신할 수 있는 문명이 한 개밖에 없다 해도 이론적으로 우리의 전화를 받을 수 있는 문명이 우주 전역에 수십억 개는 더 있다는 뜻이니 희망을 갖자. 분명 공상과학소설과는 달리 은하들 사이의 너무나도 먼 거리는 외계 문명과의 통신을 불가능하게 만들지만, 저 먼 우주 어딘가에 시공간을 함께 나누고 있는 누군가가 있다고 생각하는 것도 멋진 일 아니겠는가! 더구나 누가 알겠는가? 외계 문명을 이룩한 생명체들이 우리보다 훨씬 뛰어나 은하 간 여행이 가능한 완벽한 웜홀을 만들어 지금 우리를 향해 오고 있을지. 제발, 제발, 언제 어느 때라도 좋으니 이곳을 한 번 들러주기를. 약속할 수는 없지만 그대가 올 때까지 온 마음과, 온 헤모글로빈과, 90조에 달하는 모든 체세포들과, 공생하는 세균들과 함께, 우리가 만들어낸 우리 자신의 곤경에서 벗어나 살아남을 수 있도록 노력할 테니까.

감사의 글

저도 압니다. 중요한 집필 작업에 매달려 반 이상 작업을 진행한 순간에도 몇날 며칠을 매일같이 작업을 그만둘 수 있는 완벽한 이유, 모든 것을 접고 빙글빙글 돌아가는 공책들을 모두 재활용 상자에 넣어버리고 하드디스크를 깨끗하게 포맷한 다음에 가족들마저 내팽겨쳐버리고 어딘가로 도망갈 구실을 찾기 위해 절실하게 노력하는 작가가 저뿐이 아님은 잘 알고 있습니다.

하지만 집필 작업이 중반을 넘기고도 저는 우아하게 포기할 수 있는 방법을 찾지 못했습니다. 더구나 계속해서 '책? 엄마 책 써?' 하고 묻는 아이를 실망시킬 수도 없었고 그때까지 고생해온 똑똑하고 관대한 사람들의 시간을 헛되게 만들 만큼 배짱이 크지도 않았습니다.

그렇기 때문에 지금 저는 이 책을 집필할 수 있도록 도움을 준 많은 과학자들에게 진심으로 감사의 말을 전할 수 있게 됐습니다. 그들의 해박한 지식과 친절한 설명, 비현실적이지만 세심한 충고, 지적인 농담들에 정말 큰 도움을 받았습니다. 제게 소중한 정보를 나누어주었지만 이 책에서 그 이름을 직접 언급하지 못한 수많은 과학자들에게도 이 자리를 빌려 마음 속 깊이 감사의 말을 전합니다. 제가 마음대로 표절할 수 있었던 유수한 과학자들의 지식이 없었다면 이 책은 탄생하지 못했을 겁니다. 그 고마움을 어찌 말로 할 수 있을까요.

그중에서도 특히 책으로 나오기 전 원고를 검토해 주신 잭키 바튼, 브라이언 그린, 앨런 구스, 조 한델스만, 킵 호지스, 조너선 퀼러, 진 로빈슨, 도널드 새도웨이, 멕 우르리, 데이비드 웨이크에게 특별한 감사의 말을 전합니다. 이 분들은 사실과 다르거나 비논리적인 부분, 개념이 틀렸거나 문장이 틀린 부분을 바르게 교정해주셨고 반드시 첨가해야 할 내용과 빼내야 할 불필요한 부분을 지적해주셨으며 제가 스스로 자초한 터무니없는 수많은 실수들을 고쳐주셨습니다.

이 책을 마무리하면서 전문가들의 조언도 구하고 가능한 한 한 줄도 빼놓지 않고 사실 여부를 확인했습니다. 그러나 분명 어처구니없는 실수들이 분명히 남아 있을 겁니다. 그런 실수들에 대한 책임은 전적으로 제게 있습니다.

또한 저를 위해 거듭해서 인터뷰 일정을 잡아주고 조정해주신 각 대학 출판부 관계자 여러분께도 감사의 말씀을 전합니다. 덕분에 긴장이 흐르는 긴 인터뷰를 부드러운 분위기 속에서 끝낼 수 있었으며 게다가 아주 바쁠 때는 제 딸아이를 지역 캠프로 보내주어 방해받지 않고 일을 계속할 수 있었습니다.

제 책이 그럴듯한 모양을 갖추도록 다듬어주었고 제가 홀로 버려진 고아 같다는 생각을 조금은 덜 하게 해준 담당 편집자인 아만다와 제인, 그리고 제 에이전트인 앤에게도 감사의 말을 전합니다. 제 썰렁한 농담에도 인내심을 가지고 웃어주었죠. 글을 쓰려면 고요하고도 고립된 장소가 필요합니다. 그런 의미에서 집중해서 글을 쓸 수 있는 작가 사무실을 제공해주신 의회 도서관과 브루스 마틴에게도 감사의 말을 전합니다.

우주에 대해 다양한 정보를 주신 데니스에게도, 한 번도 내게 '책은 얼마나 썼어?' 하고 물어보지 않은 낸시에게도 감사의 말을 전합니다.

그리고 릭. 숙적 그렌델을 물리친 베어울프에게 헤오로트의 사람들이 보냈을 감사의 마음을 밤하늘의 별빛을 모두 담을 수 있는 카드에 적어 릭에게 보냅니다. 동료 작가이자 과학을 사랑하는 릭은 책을 쓰는 동안 매 순간 상상도 할 수 없는 도움의 손길을 주었습니다. 릭은 과학자들을 만나 이야기를 나누어주었고 책의 구조를 정하는 데 도움을 주었으며 이 책의 대주제와 소주제를 분명히 나눌 수 있도록 도와주었습니다. 자신의 밤과 주말과 휴가를 제 책을 위해 희생해주었으면서도 한 번도 객관적이고도 명쾌한 판단력을 희생한 적은 없었습니다. 릭은 언제나 제 속의 악마와 그렌델을 물리쳐주었습니다. 집에서 맛난 커피를 마실 수 있었다는 건 정말 좋은 일입니다.

찾아보기

DNA

–의 구조 67, 335~336

–의 발견 67, 71

–의 안정성 341~342, 348

–의 종 간 유사성 283

–의 크기 149~150

–의 화학 염기쌍 336~339

단백질과 – 337~339

미토콘드리아 – 391

만물의 암호로서의 – 308~309

분자 결합과 – 228, 232

세포 구조와 – 319, 332~333, 335~339

인간 게놈과 – 334~335, 339

진화와 – 265

HIV 바이러스 102~103

RNA 71, 306, 308, 342~343, 347

ㄱ

강한 핵력 164~167, 170, 426

갤리슨, 피터Galison, Peter 27~28

게놈 150, 333~337, 339, 341, 344, 348~349, 356~357

결합

공유 – 213~218, 221

금속 – 220~221, 237

분자 간 – 221~225

분자와 – 210~221

수소 – 221~223

유기화학과 – 227~231

이온 – 218~221

곱셈 법칙 87

공유결합 213~219, 221~225, 227, 232

과학적으로 생각하기 36~84

신비와 – 44~48

불확실성과 – 58~72

비판적 사고 대 냉소 73~77

일상생활에서의 – 41~43
증거와 – 58~67
직관적 개념과 – 77~84
통계와 – 55~57
관성의 법칙 79
구아닌 336, 353
굴드, 스티븐 제이Gould, Stephen Jay 9, 73, 266, 355
그린, 브라이언Greene, Brian 17, 44, 48, 52~53, 158~159, 170
글릭, 제임스Gleick, James 238
금속결합 220~221, 237~238

ㄴ

놀, 앤드류Knoll, Andrew 43, 58, 360, 363
놀런, 데보라Nolan, Deborah 74, 85~89, 92~94, 113

ㄷ

다윈, 찰스Darwin, Charles 69, 253~254, 258, 260, 267, 283~284, 288, 295, 298~299, 303~304
단백질
–의 구성 325~328
–의 기능 329~332
–의 합성 337~348
동적 평형과 – 346~347, 354~356
세포와 – 326~332
수소결합과 – 232~233
유전자와 – 71
혈액 응고 메커니즘과 – 300~306
DNA와 – 335~339
단속평형설punctuated equilibrium 266
닫힌계 194~196, 201~203
대기
– 속의 산소 392
– 속의 질소 217
–의 형성 384~393
생명과 – 387, 392~393
대류 367, 374, 377~379, 386
대륙 이동설 374
대륙 지각 373, 379
대장균 149
대통일장이론 166
더프, 마이클Duff, Michael 40
덧셈 법칙 88
도브잔스키, 테오도시우스Dobzhansky, Theodosius 252
도킨스, 리처드Dawkins, Richard 257, 275, 292
도플러 효과 412~413, 438

동위원소 162, 276~277
동적 평형dynamic equilibrium 346, 348, 355
딜라드, 애니Dillard, Annie 129

ㄹ
러스틱, 신디Lustig, Cindy 82
레더만, 레온Lederman, Leon 155
로빈슨, 진Robinson, Gene 63~64
뢴트겐, 빌헬름Roentgen, Wilhelm 192
루브너, 마이클Rubner, Michael 33
르윈, 월터Lewin, Walter 80

ㅁ
마요, 스티븐Mayo, Stephen 325~327
맥스웰, 제임스 클러크Maxwell, James Clerk 184~185
맨틀 230, 371~373, 375~380, 382, 385
머레이, 찰스Murray, Charles 112
머서, 몰리Mercer, Molley 97
메이어로위츠, 엘리엇Meyerowitz, Elliot 60
물
  대기와 − 383~384
  생명과 − 440
  수소결합과 − 221~223
  지구와 − 235, 382~384
  혜성과 − 383
  화학결합 137
물리학
  −의 네 기본적인 힘 165~166
  과학 교육에서의 − 155
  빛과 − 188~193
  색깔과 − 48
  수학과 − 52~55
  시간과 − 134
  원자 가설과 − 154, 157~160
  원자 구조와 − 167~169
  전류와 − 177~187
  전자기력과 − 170
  전하와 − 172~177
물질 180~181
  −의 기원 419~421
  −의 상태 210, 235~240
  수소와 − 426
  양자요동과 − 424
미토콘드리아 323, 391
밀러, 스탠리Miller, Stanley 307

ㅂ
바머스, 해럴드Varmus, Harold 15
바슬러, 보니Bassler, Bonnie 55, 311~313
바콜, 존Bahcall, John 51, 439

바튼, 재클린Barton, Jacqueline 14
반감기 277
반 데르 발스의 힘 223~225, 229, 233~234, 238
벅, 린다Buck, Linda 83
베게너, 알프레트Wegener, Alfred 374
베르톨레, 클로드Berthollet, Claude 211
베링 육교 279
별(항성)
 – 사이의 거리 145~146
 –의 숫자 439
 거대 – 425, 428~432
 은하와 – 424~425
 인체의 성분과 – 436
보트슈타인, 데이비드Botstein, David 27, 42
볼티모어, 데이비드Baltimore, David 23, 39
북극성 399, 403
분자→DNA
 –의 정의 218
 –의 크기 150
 결합과 – 210~221
 상태와 – 210, 235~240
 열과 – 199~200
 원자와 – 159~162
불확정성의 원리 33, 158, 168
브라운, 마이클Brown, Michael 45, 47, 144
블랙홀 400, 402, 406
블로벨, 군터Blobel, Gunter 308, 309, 316
비티, 윌리엄 J. Beaty, William J. 175, 176
빅뱅 49, 65, 401
 –의 초기 418~433
 개념 407~408
 물리 법칙과 – 420~427
 모델 408~409, 411
 에너지 보존과 – 196
빛
 –의 벽 422
 –의 속도 190, 403
 우주 시작과 – 419~422
 전자기 스펙트럼과 – 187~193, 401
 천문학과 – 401~403, 411~413
 파장과 – 190~192

ㅅ

산소
 적혈구 세포와 – 334
 지구 대기와 – 392
삼엽충 9, 262~263, 308

생명(체)
–의 기초 단위로서의 세포 316~323
–의 지속성 306~309, 316~317
–의 정의 253
–의 지질학적 영향 386~394
다세포 –의 출현 392
돌연변이와 – 267~268
외계 – 292, 437~442
우연이 아닌 – 291~292
지구에서의 기원 306~307, 386
지적 설계론과 – 298~301
화학 반응과 – 245~247
화학결합과 – 227~228, 230~231, 232~234
섭입대subduction zone 380
성선택sexual selection 295
성운 405, 428, 432~433, 436
세균(박테리아)
–의 크기 149
공생 314, 391
단세포 생명체로서의 – 316, 320
지구의 생명과 – 387~390
지적 설계와 – 300
치아 부식과 – 311~313
세로토닌 338, 349
세포
–의 기본 요소 319
–의 죽음 351
–의 크기 321~322
–의 힘 351
단백질과 – 326~332, 344~348
생명의 기본 단위로서의 – 318~319
생명의 지속성과 – 308~309
세균으로서의 – 316
지적 설계와 – 298~301
탄소와 – 227~228
세포질 319~320, 331, 340, 390
소포체 323, 331
수소 425
–의 원자 구조 161
화합물과 – 214
자유 – 385
융합 428~426
수소결합 221~223, 232~234, 336
슈미트, 마르텐Schmidt, Maarten 146~147
슈빈, 닐Shubin, Neil 39~40
슈워츠, 존Schwarz, John 52
스타이들, 척Steidel, Chuck 70, 399, 432
스턴버그, 폴Sternberg, Paul 41
스트로벨, 스코트Strobel, Scott 36~38, 40~41, 69
스티븐슨, 데이비드Stevenson, David 38,

73, 364, 439, 440~441
승화 239~240
시간
  -의 일상 감각 129~130, 134
  과학 기수법과 - 135~139
시리우스 403
시아노박테리아 387~388, 390~391
시토신 336
싱, 사이먼Singh, Simon 409

ㅇ

아데닌 336
아레시보 전파 망원경 11, 402
안드로메다은하 145~146, 404~414, 416
암흑에너지 49~50, 196
앳킨스, 피터Atkins, Peter 293, 429, 431
약한 핵력 55, 164, 166
양자 도약quantum leap 169, 375
양자요동quantum fluctuation 424
에너지 180~182
  -의 보존 194~197
  우주 초기와 -419~421
  운동 - 182, 186~187
  위치(잠재) - 182
  핵융합과 - 427~428
에너지 보존 법칙 194, 196
에얼릭, 폴Ehrlich, Paul 280
엔트로피 201~205, 267
열
  분자 상태와 - 235~240
  지구 대류와 - 376~377
  지구 중심과 - 364~369
  화학 반응과 - 243~244
열린계 194
열역학 제1법칙 194, 196~198, 202
열역학 제2법칙 197~204, 267, 366
와인버그, 스티븐Weinberg, Steven 24, 49, 55
왓슨, 제임스Watson, James 67, 71
요한슨, 도널드Johanson, Donald 281
우리은하Milky Way Galaxy 53, 126, 145~146, 220, 404~405, 410, 412~416, 432~433, 437, 439, 441~442
우주
  -에서의 거리 143~147
  -에서의 빈 공간 144~146
  -의 나이 142~407
  -의 탄생(빅뱅) 407~408, 418~433
  엔트로피와 - 204~205
  열역학 제1법칙 196
  외계 생명체 437~442

팽창 49~50, 409~418
우주배경복사 422~424
워드, 베스Ward, Bess 75
원자
– 속의 전하 163~164
–의 모형 159~160
–의 유형 150~151
–의 크기 161~162
원자 가설 154, 157~160
원자가valence 216
원핵세포 320, 339
월리스, 알프레드Wallace, Alfred 267
위그너, 유진Wigner, Eugene 52
위글러, 마이클Wigler, Michael 66
윌슨, 에드워드 O. Wilson, Edward O. 289
유리, 해롤드Urey, Harold 307
은하
– 사이의 거리 145~146
–의 형성 432~433
–의 유형 405
이온결합 218, 220~221, 224~227, 236, 238
이중나선 구조 67, 150, 232, 336, 341~342
인슐린 232, 340, 342~343, 346, 348
인체
– 속의 단백질 338~347
–의 별의 성분 426
–의 분자 구조 227~228
–의 세균 313~314
세포와 – 323~324
언어 진화와 – 293~294
혈액 응고 305~306
잉거솔, 앤디Ingersoll, Andy 69, 440

ㅈ

자기(력)
전류와 – 184~186
지자기 70
자연선택
–에 대한 과학자들 간의 불일치 266~267
–에 대한 저항 255, 291, 297~301
–에 대한 증거 275~291
–의 작동 방식 267~274
남은 특성과 – 294
무작위성과 – 291~292
분류학과 – 285~287
생물지리학과 – 283~284
성선택과 – 295~296
수렴 진화와 – 287~296

지적 설계 논쟁과 – 287~291
창조론과 – 40, 297~298
화석 기록 275~282
적색편이 411~414, 418, 422, 423
전령(메신저) RNA(mRNA) 343, 345
전자
– 사이의 반발 166~171
–의 이동성 172~174
반 데르 발스의 힘과 – 223~24
원자의 크기와 – 151
전하와 – 163~164
질량과 – 180
'회전'과 – 185~186
전자기력 164~165, 170
기본적인 힘으로서의 – 55
빅뱅과 – 429
전류와 – 183~187
화학결합과 – 211
전자 바다electron sea 221, 237
전하
보존 194
아원자 163~164, 169~170
정량적 사고→확률, 통계
과학적으로 생각하기와 – 56~64
증거와 – 58~67
확률과 – 55~56, 105~108
정상 우주론 407
정크(쓰레기) DNA 337, 339
제프, 로버트Jaffe, Robert 50, 134, 138, 253
존스, 루시Jones, Lucy 19~21, 65, 67
종형 곡선 112~115
주기율표 39, 58, 211~212, 228, 426, 430~431, 433
중력 164~165
관성과 – 79
우주의 형성과 – 427~432
중력장 185
지구의 핵과 – 367~369
태양계와 – 413
지각 188, 276, 366~368, 371~373, 375~377, 379~387, 440
지구
–의 기원 367~368
–의 나이 140~142
–의 대기 384~385
–의 핵 368~370
대양 형성 383~384
맨틀 371~372, 376~377
물과 – 235, 382~384
지각 367, 372~373
판 365, 373~382

지적 설계론 255, 298~303
–에 대한 반응 302~306
지진
–에 관한 연구 363~364
– 예측 374~382
미신 20
지진파 363~364
지질학
– 연구의 특성 361~364
– 의 학제적 특성 361
지질학적 시간 140
진핵세포 320, 332, 389~392

ㅊ

창조론 255, 297
천문학
빅뱅 이론 407~416
빛 401~403
암흑에너지 49~50
외계 생명체 437~442
초기 우주의 상태 418~433
태양계의 형성 433~434
초신성 193, 399, 402, 406, 431, 433, 436, 440

ㅋ

카시오페이아 395, 404
칼더, 니겔Calder, Nigel 141
캐리, 수전Carey, Susan 77~79
콰멘, 데이비드Quammen, David 286
쿼크quark 137~138, 154, 172, 419~420
크라우스, 로렌스Krauss, Lawrence 106
크레브스 회로 39, 348
크릭, 프랜시스Crick, Francis 67, 71

ㅌ

태양→태양계
–의 수명 434~435
융합 430~431
태양복사 370
태양계
–에서의 거리 144~145
우주의 팽창과 – 416
–의 형성 433
밤하늘과 – 397~398
안정성과 – 138
통계
–로 거짓말을 하기 109~121
'평균' 111~112
비판적 사고와 – 55~58
상관관계와 인과관계 74~75, 117~121

종형 곡선 112~115
통계적으로 의미 있는 109~110
표본 크기 113~114, 121
트레필, 제임스Trefil, James 198
티민 336, 343, 353

ㅍ

파울로스, 존 앨런Paulos, John Allen 57, 58, 116
파인먼, 리처드Feynman, Richard 48, 153~154, 156, 160
파인버그, 앤디Feinberg, Andy 24
파인스타인, 앨번Feinstein, Alvan 110
판 구조론 67, 260, 365, 373~375, 378
페토, 리처드Peto, Richard 120~121
평균으로의 회귀 115~117
풀, 밥Full, Bob 293
프루시너, 스탠리Prusiner, Stanley 71
프리온 71
플랑크 시간Planck time 139
필립펜코, 알렉스Filippenko, Alex 66, 399, 406, 436
핑크, 제럴드Fink, Gerald 60

ㅎ

하이젠베르크, 베르너Heisenberg, Werner 33, 158, 168
하젠, 로버트Hazen, Robert 198
해구 378
해령 378, 379
해양 지각 373, 378
핵
세포의 - 159, 167~168
원자의 - 319~320
허블, 에드윈 P. Hubble, Edwin P. 410
허블 망원경 410
허블 상수 410
허블의 법칙 410
허프, 대렐Huff, Darrell 109, 119~120
헌스타인, 리처드 Herrnstein, Richard 112
혈액 응고 300~306
무척추 동물의 - 304~305
호일, 프레드Hoyle, Fred 407, 408
호지스, 킵Hodges, Kip 54, 140~141, 362~363
호크필드, 수전Hockfield, Susan 35
호프만, 로얼드Hoffmann, Roald 207, 209~211, 221
화석
기록의 공백 275~280
형성 275~276
화학

결합 210~230
물질의 상태와 – 235~240
화학 변화 240~247
화학 반응 240~247
발열 반응 243~245
발효 240~243
산화 244
흡열 반응 244~245
확률→통계
곱셈 법칙과 – 87
정량적 사고와 – 55~58
추측과 – 105~109
패턴과 – 89~95
표본 공간과 – 96~105
효모
발효와 – 241~242
세포 분열과 – 265
신진대사와 – 391